高等职业教育"十二五"规划教材

高职高专电子信息类系列教材

彩色电视机原理及维修技术

王　璇　马晓阳　主编

科学出版社

北　京

内 容 简 介

本书以通俗易懂、简明扼要的语言,系统而全面地介绍了模拟彩色电视机的原理和维修技术以及数字电视与机顶盒的原理和维修技术,并以市场上通用的典型彩色电视机和机顶盒机型为例加以说明和实践。书中对原理的阐述简洁明了,注重实际电路的分析和维修技术的介绍,并在每章后面附有相应的实验操作,适用于理论和实践一体化的教学模式。

本书的内容丰富、层次分明、系统性强、技术性强,以实用、够用为原则,适合作为高职高专院校电子技术类、通信技术类及信息技术类等专业的教材,也可作为相关专业工程技术人员的培训教材和参考用书,还可作为无线电爱好者或发烧友的参考阅读资料。

图书在版编目(CIP)数据

彩色电视机原理及维修技术/王璇,马晓阳主编.—北京:科学出版社,2011

(高等职业教育"十二五"规划教材·高职高专电子信息类系列教材)

ISBN 978-7-03-032035-3

Ⅰ.①彩… Ⅱ.①王… ②马… Ⅲ.①彩色电视-电视接收机-理论-高等职业学校-教材 ②彩色电视-电视接收机-维修-高等职业学校-教材 Ⅳ.①TN949.12

中国版本图书馆 CIP 数据核字(2011)第 162923 号

责任编辑:孙露露　赵丽欣/责任校对:王万红
责任印制:吕春珉/封面设计:子时文化

科学出版社 出版

北京东黄城根北街 16 号
邮政编码:100717
http://www.sciencep.com

北京虎彩文化传播有限公司 印刷

科学出版社发行　各地新华书店经销

*

2011 年 8 月第 一 版　　开本:787×1092　1/16
2019 年 8 月第二次印刷　　印张:19 1/4
字数:461 000

定价:49.00 元
(如有印装质量问题,我社负责调换〈虎彩〉)

销售部电话 010-62142126　编辑部电话 010-62135763-2010

前　言

　　本书以高职教育的职业能力培养目标为指导,注重以系统理论为基础,以技能培训为前提,将理论与实践紧密结合,内容实用、够用。理论知识依据对大量企业的调研、行业发展的需要,注重系统组成框图与功能模块的作用介绍,从企业获得实际生产案例,注重专业能力的培养,充分体现了专业课教学的基础性、实用性、可操作性等特点。

　　本书内容涉及微电子技术、光电技术、计算机信息处理技术、精密加工技术和专门工艺等技术范畴。彩色电视机是扩展学生专业知识、培养学生职业岗位能力的很好载体。

　　本书从彩色电视的原理出发,系统地讲述了彩色模拟电视和现代数字电视的信号形成、编解码原理、信号流程、电路结构与典型电路原理分析,在模拟彩色电视机和数字电视原理与机顶盒两部分分别以市场上通用和典型的汇佳彩色电视机和 ST 方案的熊猫机顶盒为例,注重实际电路的分析和实践维修技术。全书分为两大部分,共 12 章,分别介绍了彩色电视基础知识、广播电视的发射和接收、电源电路原理与故障维修、控制系统原理与故障维修、公共通道原理与故障维修、伴音通道原理与故障维修、彩色解调解码电路原理与故障维修、扫描系统原理与故障维修、数字电视原理、数字电视广播系统、数字电视机顶盒和数字有线电视机顶盒的原理与故障维修。

　　本书内容充实,技术性与实用性较强,力求理论与实际维修技术相结合,基本兼顾了系统与典型、传统理论与新知识、实用技术与高新技术等关系,适合作为高职高专院校电子技术类、通信技术类和信息技术类等相关专业的教材,也可供电视工程技术人员或家电维修人员作为培训教材或参考书,还可作为电视技术爱好者的自学用书。

　　根据各院校的不同情况,"彩色电视机原理及维修技术"课程的教学安排可以灵活多样,但建议教学学时数为 80 学时左右。

　　本书由王璇编写 1、2、9~12 章,由马晓阳编写 3~8 章。

　　在本书的编写过程中,得到了金明高级工程师的大力帮助,季顺宁研究员级高级工程师对书稿进行了审读,在此表示衷心的感谢。

　　由于电子技术发展很快,编者水平有限,书中难免有错误和不妥之处,恳切希望广大读者批评指正。

目　　录

第一部分　模拟彩色电视机

第二部分 数字电视原理与机顶盒

第一部分
➡ 模拟彩色电视机

第1章 彩色电视基础知识

1.1 电视传像原理

1.1.1 图像的分解与重现

电视系统传送活动景物分为摄像、传输和显像3部分。电视技术就是传送和接收图像的技术。由光-电转换原理实现电视图像的传送，由电-光转换原理实现电视的接收显像，完成两种原理的关键器件是传送端的摄像管和接收端的显像管。

电视传像的基本过程如图1-1所示。在传送端，摄像机利用光-电转换原理将图像信号（光信号）转换为视频信号（电信号），通过视频信号放大处理耦合到图像发射机。话筒录下的声音信号经过音频放大耦合到伴音发射机。图像信号和伴音信号在发射机中分别调制到相应的载波上形成图像高频信号和伴音高频信号，然后用同一发射天线发送出去。在接收端，电视天线接收到高频图像和伴音信号，在接收机（电视机）中经过相应处理提取出视频信号放大后送给显像管重新显示出图像；另一端提取出伴音信号，经过处理后在扬声器中还原出声音。

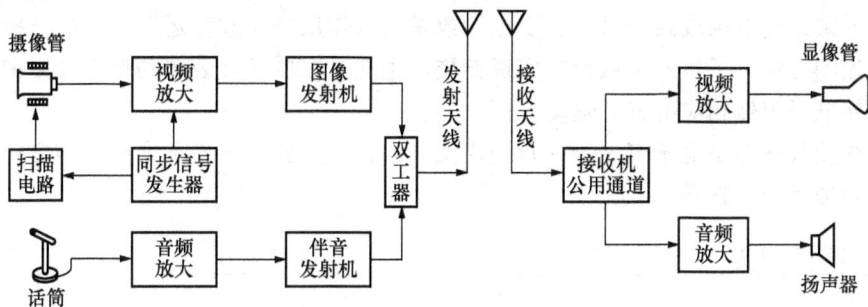

图 1-1 电视传像的过程

1.1.2 电视图像的顺序传送

每幅图像都是由许多密集的细小像素点组成的。我们把这些构成一幅图像的基本单元称为像素。像素越小，单位面积上的像素数目越多，图像就越清晰。

一幅图像包含几十万像素，对一幅图像的传送是按一定的顺序分别将这些像素的亮度转换成相应的电信号后依次传送出去，在接收端按同样的顺序把电信号转换成相应的像素点重现出来。利用人眼的视觉惰性和发光材料的余辉特性，只要顺序传送的速率足够高，人眼就会感觉是一幅连续的图像。如图 1-2 所示，这种按顺序传送图像像素信号的方法是构成现代电视系统的基础，称为电视图像的顺序传送。

将一帧图像的像素按顺序转换成电信号的过程称为扫描。扫描是从左到右、自上而下按顺序依次进行的。图 1-2 中的开关 S_1、S_2 同时转动，它们接通的某个像素被同时发送和接收，发送和接收的像素位置一一对应，称为同步。在实际的电视技术中采用电子扫描方式来实现同步。

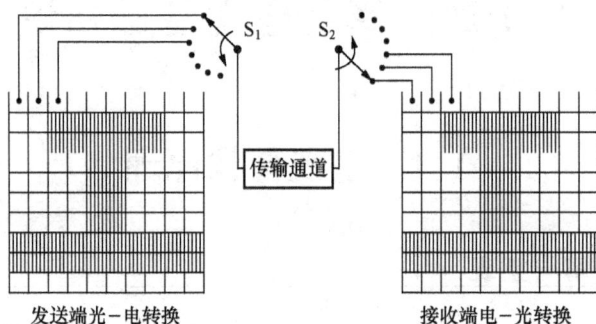

图 1-2　顺序传送图像的过程

1.2　电子扫描

电子束在电磁场的作用下，在摄像管和显像管的屏面上按一定规律做周期性的运动称为扫描。电视技术中有两种直线型扫描：一种是水平方向的扫描，称为行扫描；另一种是垂直方向的扫描，称为场（帧）扫描。电视发送端将图像分解为像素和接收端将像素重新组合成图像的过程，就是靠摄像管和显像管中电子束的扫描运动来完成的。

当电子束通过电场或磁场时，会受电场或磁场的作用力而改变运动的方向。摄像管和显像管利用磁场力使电子束发生偏转来实现扫描，也就是在器件外装置的偏转线圈中通以锯齿波电流，使电子束做相应的偏转运动。

传送和接收图像是电子束一行一行扫描完成的，因此就存在着不同的扫描方式。扫描方式有逐行扫描和隔行扫描。

1.2.1　逐行扫描

电子束按照从左到右、从上到下的顺序逐行依次进行匀速扫描的方式称为逐行扫描。电子束在水平方向的扫描叫行扫描，其中电子束从左到右的水平扫描叫行扫描的正程，从右回到左的水平扫描叫行扫描的逆程。电子束做垂直方向的扫描叫场扫描，其中沿垂直方向自上而下的扫描叫场扫描的正程，沿垂直方向自下而上的扫描叫场扫描的逆程。电子束在扫描的正程时间传送和重现图像，而扫描逆程只为下次扫描正程作准备，不传送图像内容。因此，电子束扫描正程时间要长，而逆程时间要短，并且扫描逆程时要消隐，不能在屏幕上出现扫描线（回扫线）。

　　电子束同时进行行扫描和场扫描，即电子束在水平扫描的同时也要进行垂直扫描。由于行扫描速度远大于场扫描的速度，因此在荧光屏上被看到的是一条一条稍向下倾斜的水平亮线形成的光栅，如图 1-3 所示。从图中可以看出，电子束在垂直方向从左上角开始扫描，到右下角完成一场扫描，为场扫描正程；再从下向上回到起点的位置准备开始下一场扫描的过程，即为场扫描逆程。为了使图像清晰，在逆程期间利用消隐脉冲截止扫描电子束，使逆程扫描线消失，消隐后的扫描光栅如图 1-3（c）所示。

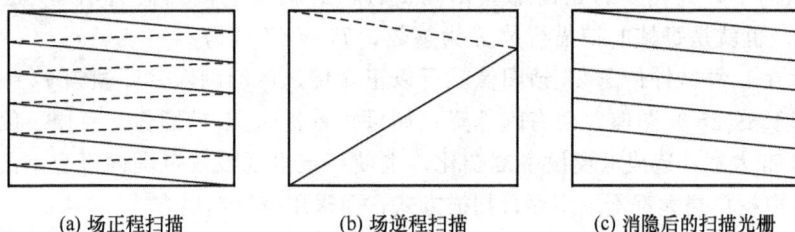

(a) 场正程扫描　　　　　　(b) 场逆程扫描　　　　　(c) 消隐后的扫描光栅

图 1-3　逐行扫描

　　一场图像的传送和重现是电子束经过行、场均匀扫描完成的。显像时电子束的扫描，是由显像管管颈上的两种偏转线圈所产生的磁场力作用而实现的。将线性锯齿波电流分别通入两偏转线圈，产生相应的线性磁场来控制电子束作水平和垂直方向的扫描，如图 1-4 所示。其中，行偏转线圈使电子束做水平方向的扫描，场偏转线圈使电子束做垂直方向的扫描。

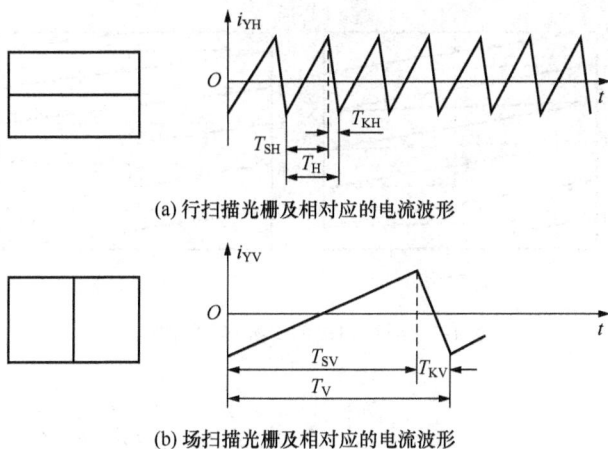

(a) 行扫描光栅及相对应的电流波形

(b) 场扫描光栅及相对应的电流波形

图 1-4　行和场扫描示意图

　　图 1-4（a）所示的行扫描锯齿波电流，当电流线性增长时电子束在水平方向上受到自左向右的作用力，因此电子束从左向右做行扫描正程的匀速运动。之后偏转电流很快线性减小，电子束受到自右向左的作用力从右向左做行扫描逆程运动，又回到屏幕的最左边。电子束在水平方向往返扫描一次所需的时间称为行扫描周期（T_H）。行扫描周期 T_H 等于行正程时间 T_{SH} 和行逆程时间 T_{KH} 之和。只在行偏转线圈中通以锯齿波电流时，在屏幕中间会出现一条水平亮线。

　　图 1-4（b）所示为场扫描锯齿波电流，电子束在垂直方向上受到作用力，产生自上而下、再自下而上的运动，分别形成场扫描正程和逆程。场扫描周期 T_V 等于场扫描正程时间 T_{SV} 和场扫描逆程时间 T_{KV} 之和。只在场偏转线圈里通以锯齿波电流，则荧光屏上就只出现

一条垂直亮线。

逆程扫描线会降低图像质量，在行、场逆程期间可用消隐脉冲截止扫描电子束，使逆程扫描线消失。为了提高效率，正程扫描时间应远远大于逆程扫描时间。电视标准规定了行逆程系数 α 和场逆程系数 β：

$$\alpha = \frac{T_{KH}}{T_H} = 18\% \qquad \beta = \frac{T_{KV}}{T_V} = 8\%$$

在逐行扫描中，所有帧的光栅都应相互重合，这就要求帧扫描周期 T_F 是行扫描周期 T_H 的整数倍，也就是每帧的扫描行数 Z 为整数，$T_F = ZT_H$，$f_H = Zf_F$。

电视技术中，每秒钟传送 25 帧图像就可以正常传送活动图像，即帧频 $f_F = 25\,\mathrm{Hz}$。如果逐行扫描每秒传送 25 帧图像，会有闪烁感；如果每秒传送 50 帧图像，克服了闪烁感，但电视信号所占频带太宽，造成电视设备复杂化，也使一定电视波段范围内可容纳的电视节目数减少。因此，电视广播大都不采用逐行扫描方式，而采用隔行扫描方式。

1.2.2　隔行扫描

隔行扫描就是把一帧图像分为两场进行扫描。第一场扫描 1，3，5，…奇数行，形成奇数场图像，如图 1-5（a）所示；第二场扫描时插入 2，4，6，…偶数行，形成偶数场图像，如图 1-5（b）所示。奇数场和偶数场图像镶嵌在一起，由于人眼的视觉暂留特性，看到的是一幅完整的图像，如图 1-6（a）所示。

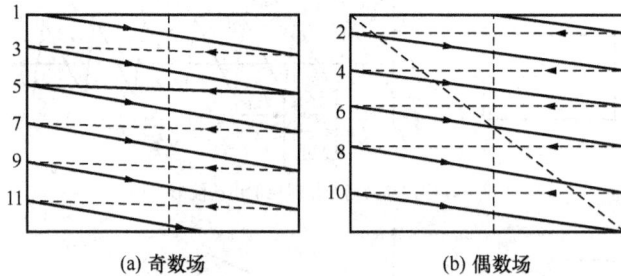

(a) 奇数场　　　　　　　　(b) 偶数场

图 1-5　隔行扫描的奇数场和偶数场

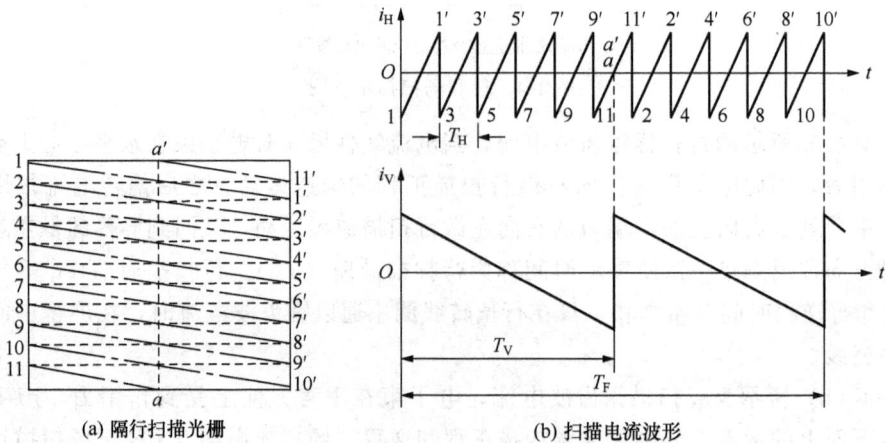

(a) 隔行扫描光栅　　　　　　　　(b) 扫描电流波形

图 1-6　隔行扫描光栅和电流波形

采用隔行扫描，如果每秒传送 25 帧图像，每秒则扫描 50 场，即帧频为 25Hz，场频为 50Hz，由于人眼每秒依次看到 50 幅画面，不会有闪烁感。

我国电视标准规定：帧频为 25Hz，场频为 50Hz，一帧图像分 625 行（正程 575 行，逆程 50 行）传送，所以行扫描频率为 $f_H = 25\text{Hz} \times 625 = 15\ 625\text{Hz}$。隔行扫描电子帧频较低，电子束扫描图像时所占的频带宽度较窄（约 6MHz），对电视设备要求不高，因此它是目前电视技术中广泛采用的方法。

隔行扫描的关键是要保证偶数场和奇数场均匀镶嵌，否则，屏幕上扫描光栅不均匀，会降低图像的清晰度，甚至出现并行现象。要保证隔行扫描准确，选取每帧扫描行数为奇数，每场均有一个半行。我国电视标准规定为 625 行/帧，每场扫描 312.5 行。这要求奇数场扫描正程结束于最后一行的半行，偶数场扫描正程则起始于屏幕最上边的中央处。这样，可保证相邻两场的扫描线不会出现重合。隔行扫描的电流波形见图 1-6（b）。

采用隔行扫描时，一帧由两场复合而成，每帧画面仍为 625 行，图像清晰度没有降低，而频带却压缩一半。然而，隔行扫描也存在一些缺点，如行间闪烁效应、并行现象、垂直边沿锯齿化现象等。

注：为了节约电视的传输带宽，我国电视采用隔行扫描。

1.3　色度学基础知识

1.3.1　光与彩色

1. 光与色

光是一种具有能量的物质，它可以电磁波的形式进行传播，它是电磁辐射中的一小部分。电磁波的频率范围很宽，其范围为 $10^5 \sim 10^{25}$ Hz。光的传播速度为 3×10^8 m/s。人眼可以看见的光叫可见光，只占整个电磁辐射波谱上极小的一部分，可见光谱的波长范围在 380～780nm（纳米）之间，如图 1-7 所示。

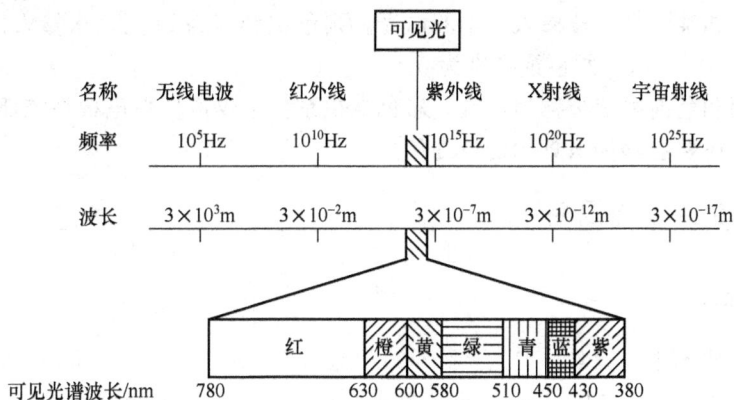

图 1-7　电磁波频谱图

彩色是光作用于人眼而引起的一种视觉反映。所以，在可见光谱中，不同波长的光射入人眼时，会引起不同彩色的感觉。

由图 1-7 可知，随着波长的缩短，所呈现的彩色分别为红、橙、黄、绿、青、蓝、紫，如果将上述彩色混在一起便呈现白光。

2. 物体的颜色

彩色来源于光，所以人眼对于一个物体的彩色感觉必然与照射该物体的光源有着密切的关系。物体呈现的颜色就是物体表面对照射光源中某些光谱成分反射进入人眼引起的视觉效果。例如，当一块绿布受到阳光（白光）照射后，由于主要反射了其中的绿色光谱成分，而吸收了其余的光谱成分，则被反射的绿光在人眼中将产生绿色视觉效果，使人感到这块布是绿色的。至于透明物体，则是透射光所引起的视觉效果。

物体呈现的颜色不仅与物体本身吸收或反射某种光谱的属性有关，还与照射光源的属性也有关。例如，绿布在日光灯或自然光照射下呈现绿色，而将其移到红光灯下则呈黑色，这是由于绿布在红光灯下吸收红光而无反射光，所以让人感觉其为黑色。因此，同一物体在不同光源照射下呈现的彩色也有所不同。在没有光源照射的黑夜里，任何物体都呈现为黑色。

可见，物体反射与其相同颜色的光，而吸收所有与其不同颜色的光。

1.3.2　彩色三要素

亮度、色调和色饱和度称为彩色三要素。任何一种彩色对人眼引起的视觉作用，都可以用彩色三要素来描述。

亮度是指人眼所感觉的彩色的明暗程度，亮度主要取决于光的强度，还与人眼的光谱响应特性有关。对于同一物体，照射的光越强，反射光也越强、越亮；反之，则越暗。对于不同的物体，在相同照射的情况下，反射越强者越亮。

色调是指彩色颜色的类别，如红、橙、黄、绿、青、蓝、紫分别表示不同的色调。色调是彩色最基本的特性。物体的色调主要取决于物体的吸收、反射或透射特性，还与光源的光谱分布有关。不同波长的光具有不同的色调。

色饱和度是指彩色的深浅程度。同一色调的彩色，其色饱和度越高，颜色越深。色饱和度与彩色中掺入白光的多少有关，掺入的白光越多，色光越浅，色饱和度越低。色饱和度用百分数来表示，如某色光中若掺入一半的白光，则色饱和度为 50%，未掺入白光的纯色光，其色饱和度为 100%。白光的色饱和度为 0。

通常把色调和色饱和度统称为色度。彩色电视系统不仅像黑白电视系统那样能够传送景物的亮度信息，还要能够传送景物的色度信息。

1.3.3　三基色原理与混色

1. 三基色原理

在彩色电视技术中，以红（R）、绿（G）、蓝（B）为三基色。国际上规定红光的波长取 700nm，绿光的波长取 546.1nm，蓝光的波长取 435.8nm，为物理三基色。

用 3 种不同颜色的基色光按一定的比例混合，可以得到自然界中绝大多数的彩色，这一原理称为三基色原理。三基色原理主要包括以下内容：

1）自然界的所有彩色都可用 3 种基色按一定的比例混合而成；反之，任何彩色也可分解为比例不同的 3 种基色。

2）3 种基色必须相互独立，即任一基色不能由其他两种基色混合而成。

3）混合色的色调和饱和度由三基色的混合比例决定。

4）混合色的亮度等于三基色亮度的总和。

利用三基色原理，彩色电视传送和重现自然界中的各种彩色，只要将各种彩色分解成不同比例的三基色信号进行传送，在重现彩色时将比例不同的三基色信号相加混色，就可以重现被传送的彩色图像。三基色原理是实现彩色电视的基本原理之一。

2. 混色法

利用 3 种基色按不同比例混合来获得彩色的方法就是混色法。混色法分相加混色和相减混色两种方法。彩色电视技术中使用的是相加混色法。

将红、绿、蓝 3 束光投影到白色屏幕上，调节它们的比例，可得到如图 1-8 所示的相加混色效果：红＋绿＝黄；红＋蓝＝紫；蓝＋绿＝青；红＋绿＋蓝＝白。

改变 3 种基色光的强度比例，基本上可以混合出自然界中所有的颜色。

如果某一基色与某种彩色进行等量相加时产生白光，则称此彩色是该基色的补色。黄、青、紫分别为蓝、红、绿的补色，同样蓝、红、绿分别为黄、青、紫的补色。

相加混色法分为直接混色法和间接混色法。直接混色法是将三基色直接混合在一起，而间接混色法的实现有以下 3 种不同方式。

图 1-8 相加混色图

1）空间混色法：将 3 种基色光同时投射到同一平面相邻近的 3 个点上，由于人眼的彩色分辨力较弱，只要这 3 个点相距足够近，人眼就分辨不清是由 3 个基色点构成，而感觉到的则是 3 种基色的混合色。空间混色法是现代彩色电视能以同时制传送的基础，用于同时制电视系统，也是制造彩色显像管荧光屏的理论基础。

2）时间混色法：将 3 种基色光按一定顺序轮流投射到同一位置上，只要投射的速度足够快，由于人眼视觉的暂留特性，人眼所感觉到的是 3 种基色光的混合色。时间混色法是彩色电视的顺序制传送的理论基础，用于顺序制电视系统。

3）生理混色法：当两只眼睛分别看两个不同彩色的景物时，也会产生混色效果。

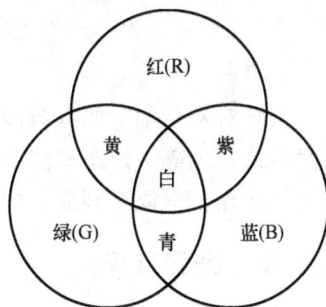

1.3.4 彩色光的复合与分解

我们通常把单一波长的光叫单色光，而把含有两种及两种以上波长的光称为复合光。

太阳光给人以白色感觉，但是把一束太阳光投射到三棱镜上，可以分解为红、橙、黄、绿、青、蓝、紫的彩色光带，见图 1-9 所示。可见，太阳光谱包含全部可见光谱，白色光是由 7 种单色光复合而成的复合光。某种颜色的光，可以是单色光，也可以是由几种单色光混合而成的复合光。彩色光的混合遵循相加混色规律。

1.3.5 人眼的彩色视觉特性

在可见光的光谱范围内，人眼对不同波长光的敏感程度不同，称为视觉灵敏度。人不仅对不同波长光的颜色感觉不同，而且对亮度的感觉也不同。图 1-10 所示为人眼的相对视敏度曲线。由图可见，对于波长为 555nm 的黄绿光 $V(\lambda)=1$，亮度感觉最大；对于其余波长的光 $V(\lambda)<1$，说明亮度感觉减弱；可见，光谱范围之外的光 $V(\lambda)=0$，没有亮度感觉。这也就是人眼看绿色省力，不易疲劳的原因。

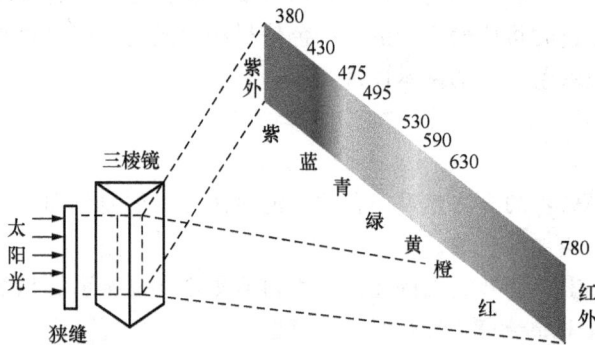

图 1-9　阳光的波谱

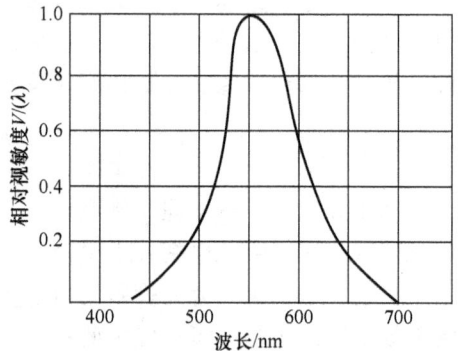

图 1-10　人眼的相对视敏度曲线

人眼对彩色细节的分辨能力比对黑白（亮度）细节的分辨能力要低。例如，黑白相间的等宽条纹，远隔一定距离能分辨出黑白差别；如果是同等宽度的红绿相间条纹，人眼就分辨不出红和绿，只能看到混合的黄色。

1.3.6　亮度方程

三基色混合后，除包含一定的色调和色饱和度外，还包含一定的亮度。混合色的总亮度是三基色亮度之和。彩色电视图像的色彩是靠由彩色显像管荧光屏上的 3 种颜色的荧光粉在电子枪的轰击下分别发出红、绿、蓝 3 种基色光后混合形成的，所以将显像三基色直接写作 R、G、B。由于人眼对各基色光的亮度感觉不同，经过理论研究得出，混合光的总亮度（用 Y 表示）与三基色光的关系可以表示为

$$Y=0.30R+0.59G+0.11B$$

这个方程称为亮度方程。式中，Y 代表彩色图像的亮度，也就是黑白电视中的图像信号。

1.4　摄像与显像

1.4.1　摄像原理

电视摄像就是图像的光信号转换成电信号的过程，由摄像机来完成。摄像机的核心是摄像管，它的作用是把图像的光信号转换成相应的电信号。摄像管的种类很多，比如氧化铅光导摄像管、CCD 摄像管等，但主要结构和工作原理基本相同。我们以光电导摄像管为例，说明图像摄取的原理。

光电导摄像管内部主要由电子枪和光电靶两部分组成，外部装有偏转线圈、聚焦线圈和校正线圈，如图 1-11（a）所示。

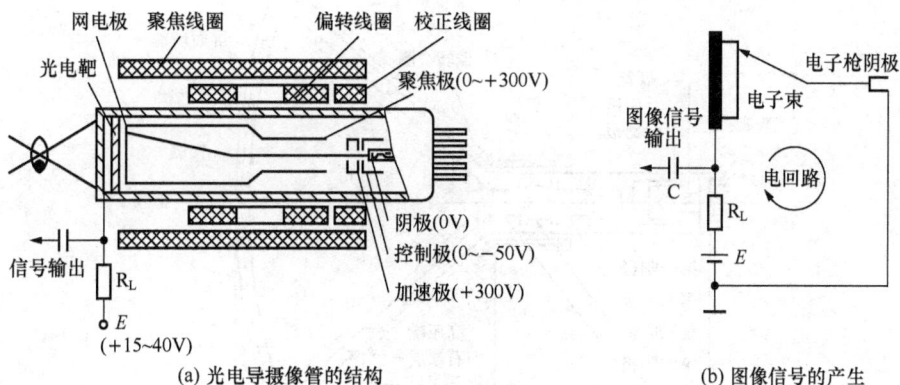

图 1-11 摄像管及图像信号的产生示意图

电子枪的作用是发射电子，由装在真空玻璃管内的灯丝、阴极、控制栅极、加速极和聚焦极组成。

摄像管的前方玻璃内壁上镀有一层透明的、导电性能良好的金属膜，在金属膜内有一层光电导层，称为光电靶。光电靶由半导体光敏材料制成，它的作用是完成光-电转换。被摄景物通过光学镜头在光电靶面上成像，由于光像各点的亮度不同，使靶面各点的电导率不同，与光像较亮的部分对应的靶像素电导较大，与光像较暗部分对应的靶像素电导较小。

电子枪产生的电子束从阴极射到光电靶上，电子束在行、场偏转磁场的作用下，沿靶面从上到下、从左到右地进行扫描，光电靶上各点的信号产生相应的回路电流，如图 1-11（b）所示。当电子束扫描到亮点对应的光电靶时，由于靶像素电导较大，产生的回路电流较大，输出的图像信号电平较低；当电子束扫描到暗点对应的光电靶时，由于靶像素电导较小，产生的回路电流较小，输出的图像信号电平就较高，由此形成对应图像的电信号。

CCD 摄像管采用固体摄像元件电荷耦合器件（Charge Coupled Device），运用其兼有光-电转换与自扫描的双重特性来实现摄像。CCD 摄像有许多氧化铅光导摄像不可比拟的优点，如自扫描、不需要高压、灵敏度高、动态分解力高、无滞后、低功耗、体积小、重量轻、抗冲击、寿命长等，被广泛应用于图像摄像领域。

1.4.2 显像原理

电视显像就是将电信号转换为光信号的过程，由显像管来实现。显像管是一个真空阴极射线管，它的外壳由玻璃制成。由于管内真空度很高，整个外壳承受很大的大气压力，故玻璃较厚，以防爆裂。显像管的外部结构可分为屏幕、管锥体、管颈与管脚 4 部分。显像管内部主要由电子枪和荧光屏两部分组成，其结构如图 1-12 所示。

电子枪被封装在玻璃管壳内，由灯丝（F）、阴极（K）、栅极（G）、加速极（第一阳极 A1）、聚焦极（第三阳极 A3）、高压阳极（第二阳极 A2、第四阳极 A4）组成。其中，灯丝由钨丝组成，接上额定电压，钨丝发热，加热阴极，使之发射电子；阴极是一个金属圆筒，筒内罩着灯丝，筒上涂有金属氧化物，受热后可以发射电子；栅极也是一个金属圆筒，中间有一个小孔，让电子束通过，由于它距离阴极很近，其电位的变化对穿过的电子束有很大的影响，实

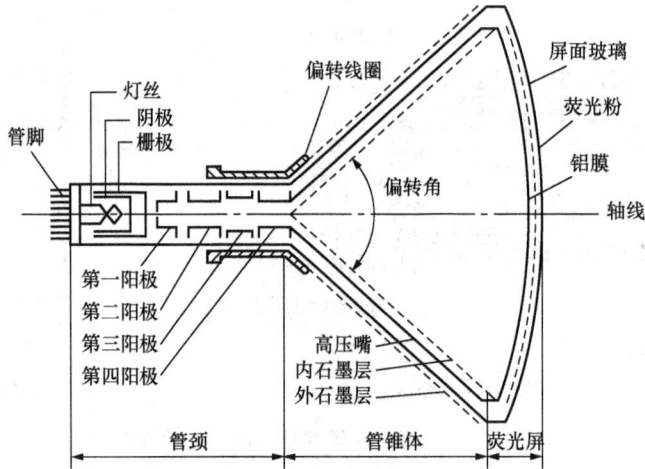

图 1-12　显像管结构示意图

际中要求栅极电位低于阴极，形成一个负栅极电压，即 $U_{GK} = U_G - U_K$ 为负值，U_{GK} 的负值越大，阴极发射电子的数量越少，束电流越小，光栅越暗；加速极加有几百伏的正电压，用以加速电子；聚焦极加上所需的正常可调正电压，使电子束聚成很细的一束，黑白电视机的聚焦电压在几百伏内，彩色电视机的聚焦电压为几千伏；高压阳极是用金属连接起来的两个中央有小孔的金属圆筒，中间隔着第三阳极，给它们加上正常的工作电压，使电子束进一步加速和聚焦，黑白电视机的高压阳极电压为 10kV 以上，彩色电视机的高压阳极电压为 20kV 以上，高压由高压帽提供，它经高压插座与管壁内的石墨层相通，再通过金属弹簧片和第二、四阳极相接。

　　显像管屏面玻璃内壁涂有一层荧光粉，因此称为荧光屏。电子枪的作用是发射一束高聚焦度的电子束，高速地轰击荧光屏上的荧光粉，使之发光。荧光屏的发光亮度除了与荧光粉的发光效率有关外，还与电子束电流的大小和轰击的速度有关。

　　偏转线圈（DY）是显像管的主要附件之一。电视机的偏转线圈由行偏转线圈和场偏转线圈两部分组成，其作用是当在偏转线圈中流过锯齿波电流时，能够产生按照行、场频率变化的相互垂直的偏转磁场，控制电子束完成从左到右、从上到下的扫描，形成扫描光栅。

　　行场偏转线圈都是由两组完全相同的绕组串联或并联连接而成，但行偏转线圈呈马鞍形绕制，场偏转线圈呈环形绕制。偏转线圈的外形及结构如图 1-13 所示。

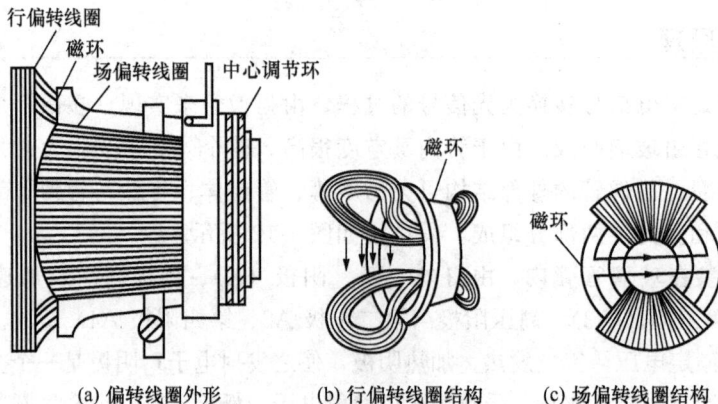

(a) 偏转线圈外形　　　　(b) 行偏转线圈结构　　　(c) 场偏转线圈结构

图 1-13　偏转线圈的外形及结构示意图

在显像管电子枪各极加上适当的直流电压，则产生一个高聚焦度的电子束高速轰击荧光屏，在屏幕中心形成一个亮点。给管颈上的偏转线圈中通入合适的锯齿波电流，形成一定的偏转磁场，可以控制电子束对荧光屏进行均匀扫描，形成"光栅"。在显像管的阴极和栅极之间加上图像电信号，控制电子束电流的大小，使电子束电流的变化与发送端摄取景物的亮度相同，而且电子束的扫描与发送端的扫描保持同步，就可在荧光屏上重现被摄景物的图像。

彩色电视机都使用自会聚彩色显像管，有 3 个独立的阴极用来产生 RGB 3 条电子束。自会聚彩色显像管采用精密一字形一体化结构电子枪，以使 3 条电子束准确定位。荧光屏后采用槽形荫罩板，使 3 条电子束准确击中相应的三基色条状荧光粉条。使 3 条电子束同时穿过同一个荫罩孔打在同一组荧光粉条称为会聚；否则，称为失会聚。在扫描过程中的会聚称为动会聚，而没有扫描运动时的会聚称为静会聚。在电子枪外的管颈上配置着动会聚自校正型偏转线圈、调整静会聚的一对四极磁环和一对六极磁环以及调整色纯的一对双突耳双极性磁环。

1.5   人眼的视觉特性与电视的基本参数

1.5.1   人眼视力范围与电视机屏幕形状

人眼视觉最清楚的范围大约是垂直方向 15°夹角、水平方向 20°夹角的一个矩形，如图 1-14 所示，因此电视机屏幕多设计为宽高比是 4∶3 的矩形。为配合高清晰度要求增强现场感与真实感，高清晰度电视屏幕的宽高比一般为 16∶9。电视机尺寸大小常用显像管屏幕的对角线尺寸来表示，一般家用彩色电视机有 21 英寸（54 厘米）、25 英寸（64 厘米）、29 英寸（74 厘米）（1 英寸＝2.54 厘米）。

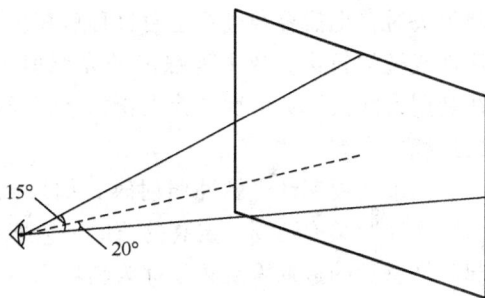

图 1-14   人眼的视力范围

1.5.2   人眼视觉的适应性与电视图像的亮度、对比度和灰度

亮度是指人眼对光明暗程度的感觉。其大小不仅与光的辐射能量大小有关，还与人眼的主观感觉有关。客观景物的最大亮度与最小亮度之比称为对比度。人眼能感觉的亮度范围非常宽，与所处环境的平均亮度有关，环境的平均亮度降低时，人眼能感觉的亮度范围减小，人眼能自动降低亮度感觉。

黑白图像从黑色（最暗）到白色（最亮）之间的过渡色统称为灰色。灰色所划分的能加以区分的亮度层次数，称为灰度等级。灰度等级越多，图像就越清晰、逼真。电视用的标准彩条信号具有 8 级灰度。

电视屏幕重现图像不必与客观景物亮度一致，只要与客观景物的对比度相同和保持适当的亮度层次，就能给人以真实的亮度感觉。

1.5.3 人眼的视力与电视的扫描行数

一块白色的屏幕上有两个距离很近的黑点，人离屏幕一定距离时便分辨不出是两个黑点，只感觉是连在一起的一个黑点。这说明，人眼分辨景物细节的能力有一定极限，我们将这种分辨细节的能力称为人眼的分辨力。分辨力定义为人眼对被观察物上相邻两点之间能分辨的最小距离所对应的分辨角 θ 的倒数，即

$$分辨力 = 1/\theta$$

人眼的最小分辨角 θ_{min} 与能分辨的相邻两点的距离 d、视距 L、亮度 B、照明强度等因素密切关系。在中等亮度的室内，正常视力的 θ_{min} 为 $1' \sim 1.5'$。电视技术中根据 θ_{min} 来确定扫描行数。对于电视图像，观看环境亮度较低，人眼的分辨能力较弱，所以一般取下限 $1.5'$。而人眼在垂直方向上的视力范围为 $15°$，我们希望在观看电视图像时不能分辨出一行行扫描线，一幅图像的扫描行数为 Z，则有

$$Z = (15 \times 60)/\theta_{min}$$

当 $\theta = 1.5'$ 时，$Z = 600$ 行。目前，世界上采用的标准扫描行数有 625 行和 525 行。我国采用 625 行。高清晰度电视的扫描行数为 1000 行以上。

1.5.4 人眼的视觉惰性与图像场频

当一定亮度的光照射到人眼时，需要经过一短暂过程后才会形成稳定的亮度感觉。当光突然消失时，也需要经过一短暂过程后亮度感觉才能逐渐消失。人眼的这一视觉特性称为视觉惰性或视觉暂留。在中等强度的光照射下，正常视力人眼的视觉暂留时间大约为 0.1s。电视利用人眼的视觉惰性、荧光粉的余辉及电子束的高速连续运动，使屏幕上不连续的亮点形成连续的图像。

当人眼受周期性光脉冲照射时，如果光脉冲频率不够高，则会产生一明一暗的闪烁感觉。当光脉冲频率达到一定高的值时，人眼就觉察不到闪烁，而感觉是连续的均匀的光。不引起闪烁感觉的最低重复频率称为临界闪烁频率，人眼的临界闪烁频率大约为 46Hz。电视的活动图像是由一幅幅静止的画面组成的，只要画面变动的速度足够快，由于视觉惰性，人眼对前一幅画面的感觉尚未消失时，后一幅画面已经到来，于是就会觉得画面中的动作是连续的。只要每秒出现在眼前的画面大于 46 幅，就可以克服闪烁感，使人觉得屏幕上的图像是连续的。

电视技术利用人眼的视觉惰性来确定场频。为了克服电视机电源不良对图像的影响，一般都规定场频与本国的电网频率一致。

注：我国广播电视采用隔行扫描，规定场频 $f_V = 50\text{Hz}$。

1.6 全电视信号

1.6.1 黑白全电视信号

黑白全电视信号包括图像信号、复合同步信号、复合消隐信号、槽脉冲和均衡脉冲。图像信号反映了电视系统所传送图像的信息，是电视信号的主体，它是在行、场扫描正程期间

传送的。而其他几种信号是为了保证图像的清晰和稳定而设的必需的辅助信号。其中，复合同步信号、槽脉冲和均衡脉冲的作用主要是使重现图像与发送的图像保持同步、稳定；而复合消隐信号是为了消除回扫线而使图像清晰。这些辅助信号都是在行、场逆程期间传送的。

1. 图像信号及其特征

图像信号是由摄像机将明暗不同的景象转换而来的电信号。从图像信号的电平和反映的亮度间的关系来讲，可以分为正极性和负极性两种。正极性图像信号的电平越高，景物越亮；负极性图像信号的电平越高，景物越暗，见图 1-15。

图像信号的幅度在电视信号相对幅度的 75% 以下，一般在 12.5%～75%。其中，幅度为 12.5% 的电平称为白电平；幅度为 75% 的电平称为黑电平。

图像信号具有如下特征。

1）单极性：图像信号的数值总是在零值以上或以下的一定电平范围内变化，不会同时跨越零值上、下两个区域，这称为单极性。图像信号含有直流，即图像信号具有平均直流成分，其数值反映了图像的平均亮度。

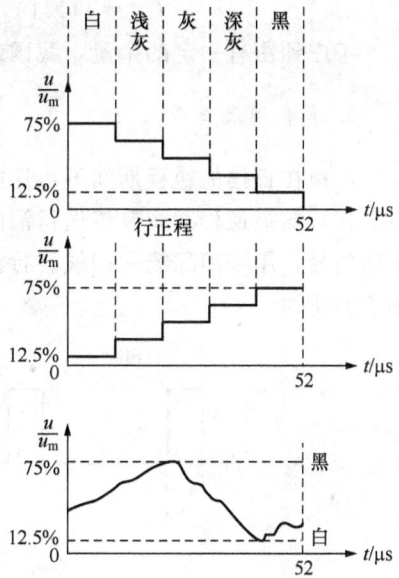

图 1-15　图像信号

2）相关性：活动图像相邻两行或相邻两帧信号间具有较强的相关性，图像信号具有周期性扫描的特点。

3）离散谱结构：图像信号的主频谱为线状离散性质，各主频谱处在行频及其谐波频率上。如图 1-16 所示，主频谱线两侧是以场频间隔的副频谱线，构成谱线簇。它们的主要能量均集中在 nf_H 附近，非均匀分布，每个谱线簇之间存在一定空隙，为彩色电视传送色度信号提供了条件。

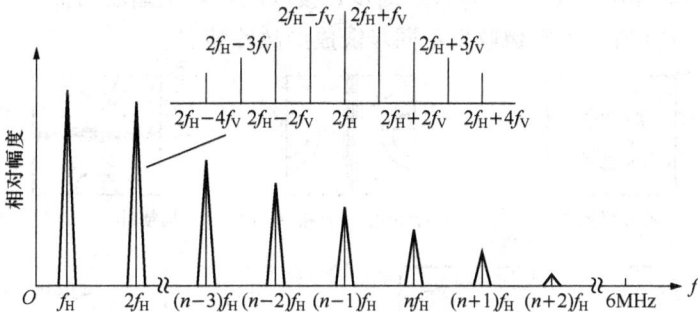

图 1-16　图像信号频谱

图像信号频带宽度决定电视频道的带宽，图像信号的带宽是其最高和最低频率之差。当传送的图像信号基本无变化时，其频率为 0，也就是信号的最低频率 $f_{min}=0$。图像信号的最高频率表现图像的细节部分，细节越清晰，信号频率就越高。我国电视扫描行数为 625 行，其中正程 575 行，逆程 50 行，即一帧图像显示的扫描行数为 575 行。一般电视机屏幕的宽

高比为 4：3，一帧图像的总像素数约为

$$(4/3) \times 575 \times 575 \text{ 像素} = 440\,000 \text{ 像素} = 44 \text{ 万像素}$$

我国电视标准采用隔行扫描，规定 1 秒传送 25 帧图像，该图像的最高频率为

$$f_{max} = 44 \times 10^4 \times 25 \div 2 \text{Hz} = 5\,500\,000 \text{Hz} = 5.5 \text{MHz}$$

考虑到留有一定的余量，我国电视标准规定，图像信号的频带宽度为 6MHz。

2. 复合消隐信号

电视在扫描的逆程期间不传送图像信号，必须使摄像管和显像管的扫描电子束截止。所以，在行扫描逆程期间要传送行消隐信号，用来消除行回扫线；在场扫描逆程期间要传送场消隐信号，用来消除场回扫线。行消隐信号和场消隐信号合称复合消隐信号，其电压波形如图 1-17 所示。

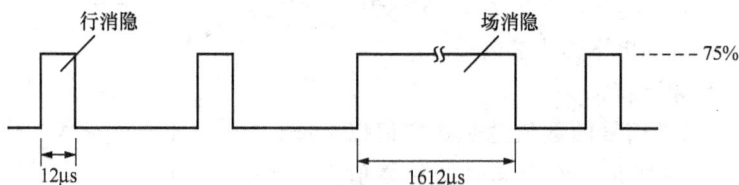

图 1-17　复合消隐信号

复合消隐脉冲的相对电平为 75%，相当于图像信号黑电平。行消隐脉宽为 12μs，行周期为 64μs，场消隐脉宽为 1612μs，场周期为 20ms。

3. 复合同步信号

为了能正确地重现发端的图像，必须保证接收端与发送端的扫描同步，即收发同步。也就是说，接收端与发送端的扫描电流要同频、同相、波形相同。

当收、发两端的电子束扫描不同步时，重现的图像会不稳定或无法收看。如果接收端与发送端扫描频率不相同，就会出现行不同步；接收端与发送端场扫描频率不相同，就会出现场不同步。图 1-18 所示为图像收发不同步造成的故障情况。

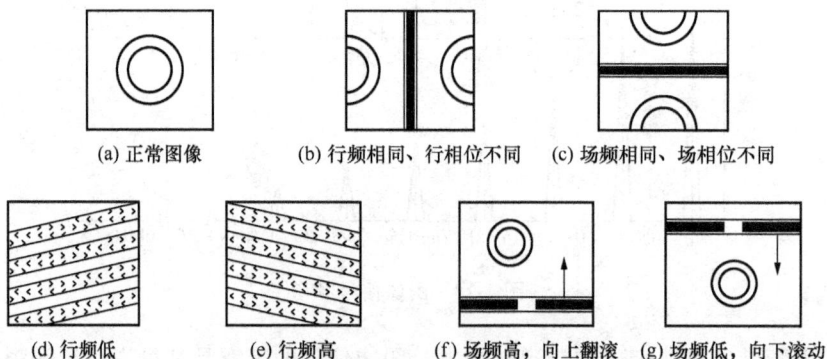

(a) 正常图像　　(b) 行频相同、行相位不同　　(c) 场频相同、场相位不同

(d) 行频低　　(e) 行频高　　(f) 场频高，向上翻滚　　(g) 场频低，向下滚动

图 1-18　收发不同步造成图像的故障

为了收发同步，必须发送同步信号。复合同步信号包括行同步脉冲、场同步脉冲、开槽脉冲和前后均衡脉冲。

行、场同步脉冲信号在行、场消隐期间传送，用来保证电视机的行、场扫描与发送端同步。行、场同步信号的电平高于消隐电平 25％，占电视信号的 75％～100％。行同步脉宽为 4.7μs，其脉冲前沿滞后行消隐脉冲前沿大约 1.3μs；场同步宽为 160μs（2.5 个行周期），其脉冲前沿滞后场消隐脉冲前沿大约 160μs。行、场同步信号如图 1-19 所示。

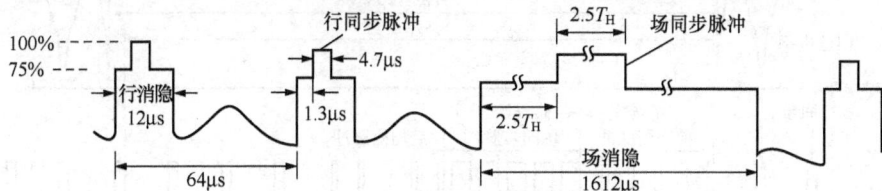

图 1-19　行、场同步信号波形图

在场同步脉冲持续的 2.5 个行周期中会丢失 2～3 个行同步脉冲，使行扫描失去同步，一直要到场同步脉冲过后，再经过几个行周期，行扫描才会逐渐同步，这样会造成图像上边起始部分不同步。为此，可在场同步脉冲期间开 5 个小槽来延续行同步脉冲，这就是槽脉冲。槽脉冲与行同步脉冲宽度相同，它的后沿与行同步脉冲前沿（上升沿）相位对应。这样，在场同步脉冲期间，槽脉冲起行同步脉冲的作用，避免了图像上部的不同步。

为保证隔行扫描中偶数场与奇数场的均匀镶嵌而不出现并行，在场同步脉冲前、后各加 5 个窄脉冲，称为前、后均衡脉冲，如图 1-20 所示。均衡脉冲的间隔为行周期的一半，脉宽为 2.53μs，使奇数场和偶数场的复合同步信号通过积分电路而得到的场同步信号波形一致，从而保证了隔行扫描的准确性。

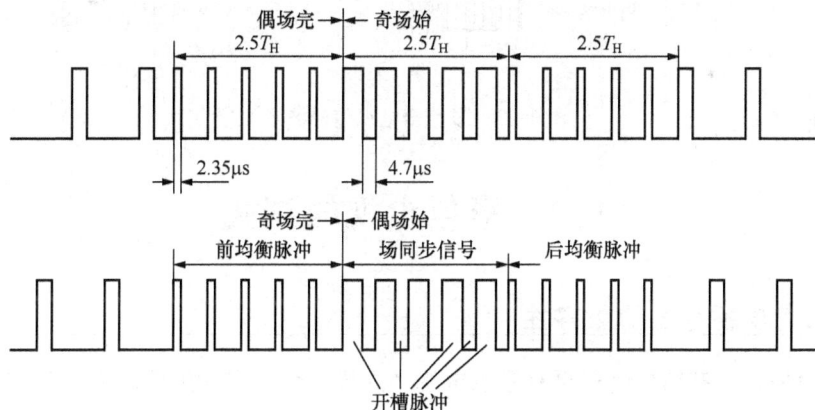

图 1-20　槽脉冲与前、后均衡脉冲

电视将图像信号、复合同步信号、复合消隐信号、槽脉冲和均衡脉冲混合成一个复合信号进行传输，称全电视信号。图像信号中只有亮度信号时称为黑白全电视信号，如图 1-21 所示。

1.6.2　彩色全电视信号

彩色电视的全电视信号除了包含黑白全电视信号的全部信息外，还包括反映图像彩色信息的色度信号和色同步信号（在下一节详细介绍）。彩色全电视信号的图像信号分为亮度信号和色度信号，亮度信号反映图像的细节，色度信号反映图像的颜色。

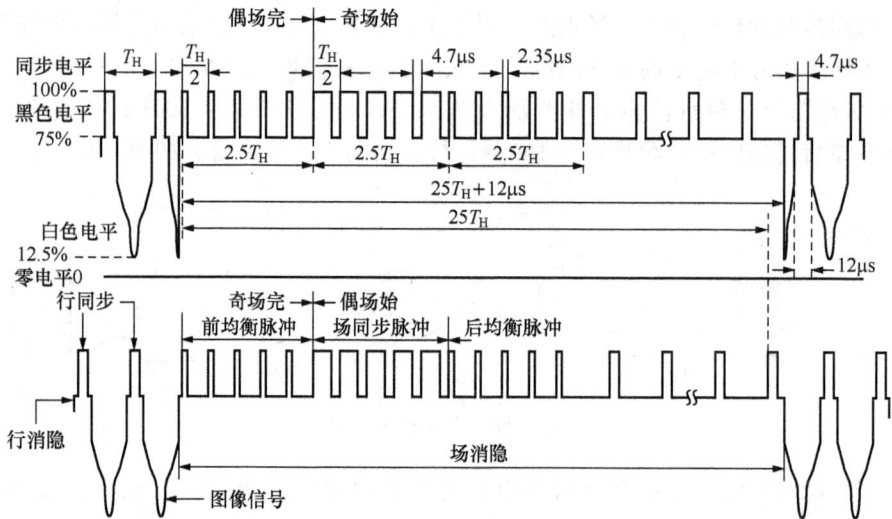

图 1-21   黑白全电视信号

图 1-22 所示为压缩后的负极性彩色全电视信号的波形图。

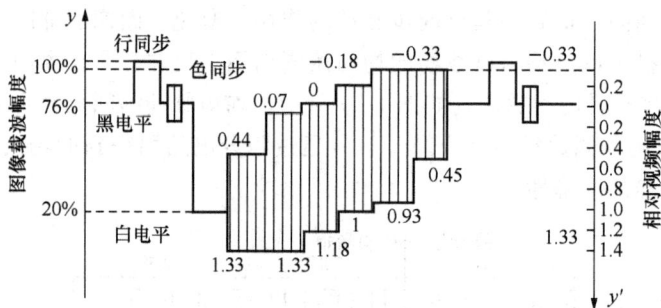

图 1-22   彩色全电视信号波形

1.7   彩色电视的制式

1.7.1   彩色电视系统的兼容性

电视的发展是先有黑白电视再有彩色电视，这样彩色电视和黑白电视必须兼容，也就是黑白电视机能接收彩色电视节目和彩色电视机能接收黑白电视节目。黑白电视机接收彩色电视信号而显示黑白图像，称为兼容性；彩色电视机接收黑白电视信号而显示黑白图像，称为逆兼容性。兼容性和逆兼容性统称为兼容性。

（1）彩色电视必须满足的要求

为了实现兼容，彩色电视信号必须满足以下要求：

1）彩色电视信号的各项技术指标要和黑白电视一致，包括行频、场频、每帧行数、隔行扫描、同步方式、视频带宽、射频带宽、图像和伴音的调制方式等。

2）彩色电视信号要将亮度信号和色度信号分开传送。亮度信号反映图像的明暗变化，可以使黑白电视机正常收看彩色电视节目；色度信号反映图像的色彩变化，在色度信号进入黑白电视机时不影响黑白图像质量。

3）尽可能减小亮度和色度信号的互相干扰。

在实际的彩色电视系统中，为了实现兼容，并不是直接传送3个基色信号，而是采用了适当的方式将 R、G、B 信号转换成亮度信号和色差信号来进行传送。

色差信号是指基色信号与亮度信号之差，即红色差信号 $R-Y$、绿色差信号 $G-Y$、蓝色差信号 $B-Y$。根据亮度方程，3个色差信号可以用3个基色信号按一定比例合成，即

$$R-Y=0.07R-0.59G-0.11B$$
$$G-Y=-0.30R+0.41G-0.11B$$
$$B-Y=-0.30R-0.59G+0.89B$$

实际上，3个色差信号中任意一个量都可由另外两个量按一定比例混合得到。由于人眼对绿光较为敏感，绿色差信号的电平要求很小，在传输过程中易受干扰或被噪声淹没，因此兼容制彩色电视系统都选用 $R-Y$ 和 $B-Y$ 两个色差信号进行传输。

（2）采用色差信号传送色度信号的优点

采用色差信号传送色度信号具有以下优点：

1）兼容效果好。

2）传送黑白图像时，因 $R=G=B$，则 $R-Y=0$、$B-Y=0$，两个色差信号均为零，不会对亮度信号产生干扰。

3）可实现恒定亮度传输。传送彩色图像时，色差信号的失真不影响重现的亮度信号。亮度信号受干扰或噪声影响所产生的失真，仅对色饱和度有所影响，而对色调影响很小。

根据人眼的视觉特性，人眼对彩色图像的分辨力低于对黑白图像的分辨力。那么在彩色电视中，只传送图像中粗线条大面积的彩色部分，彩色的细节（高频分量）由亮度细节代替，重现的彩色图像一样逼真，即色差信号所占频带压缩到1.3MHz左右，即频带压缩。这一原理称为大面积着色原理。接收机恢复三基色时，色度信号的 1.3～6MHz 的高频分量由亮度信号的高频分量代替，这一原理称为高频混合原理。

为了实现兼容，彩色电视信号的带宽必须和黑白电视信号的带宽一致，只能是6MHz。在 0～6MHz 亮度信号范围内，频谱并未均匀布满，中间有很大间隙。将色差信号的频谱通过线性搬移均匀地插在亮度信号的频谱之间的技术称为频谱间置，如图1-23所示，也就是亮度信号和色度信号的频谱交错。

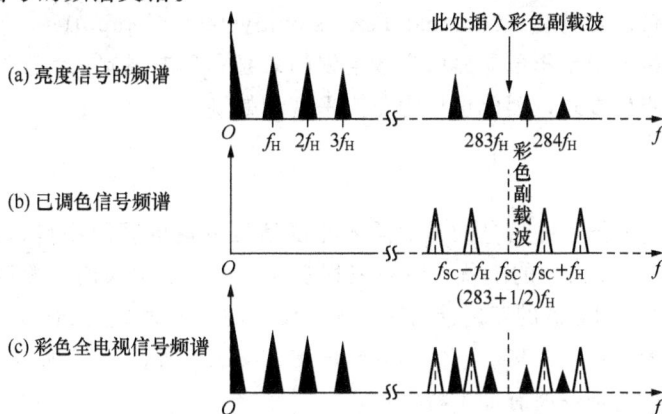

图1-23 亮度与色度信号频谱间置示意图

亮度信号的高频段的干扰不易被人察觉，而我们要尽可能减小亮度与色度之间的互相干扰，所以将色差信号的频谱移到亮度信号的高频段。实现频谱线性搬移最简单的方法是将色差信号进行调制，彩色电视中，常采用正交平衡调幅的方法。不同制式的彩色电视采用不同的频谱搬移方法，后面我们详述。

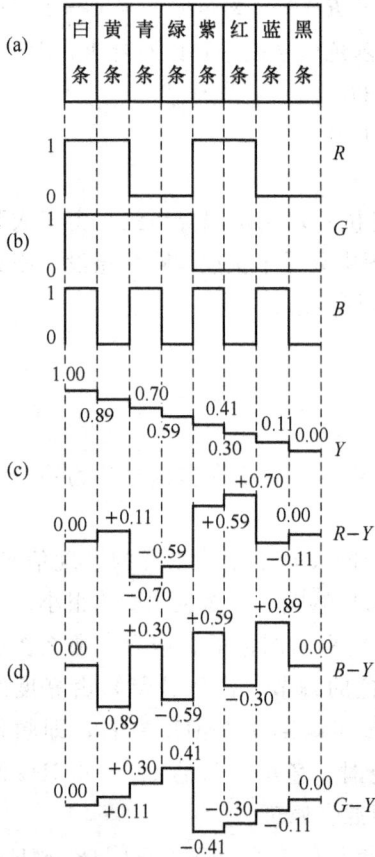

经过频带压缩、频谱间置，彩色电视图像信号的频谱带宽就和黑白电视一样为 6MHz。

我们用标准彩条信号来分析亮度信号和色度信号的波形。彩色电视机的标准彩条自左至右依次为白、黄、青、绿、紫、红、蓝、黑，如图 1-24 (a) 所示。

彩条信号是由 R、G、B 这 3 个基色电压为基本波形组合而成的。把白条对应的电平定为 1，黑条对应的电平定为 0，则三基色对应的波形如图 1-24 (b) 所示，根据亮度方程算出亮度信号如图 1-24 (c) 所示，根据色差信号公式得到如图 1-24 (d) 所示的 3 个色差信号波形。

我们把传送 Y、R−Y 和 B−Y 信号的特定方式和技术标准称为彩色电视的制式。目前，国际上的兼容制彩色电视系统主要有 NTSC 制、PAL 制和 SECAM 制 3 种制式。其中，NTSC 制是同时制电视，主要在美国、日本等国运用；PAL 制也是同时制电视，主要在中国等亚洲国家运用；SECAM 制是顺序–同时制电视，主要在法国等欧洲国家运用。3 种制式的主要区别在于对色差信号的加工、处理、传输方式不同。下面具体介绍 3 种彩色电视的制式。

注：实现彩色电视的 5 大基本原理是三基色原理、恒亮度原理、大面积着色原理、高频混合原理和频谱交错原理。

图 1-24　标准彩条信号

1.7.2　NTSC 制彩色电视

美国国家电视制式委员会（National Television Systems Committee，NTSC）1953 年在美国研制成功，是最先用于彩色与黑白广播电视的兼容彩色电视制式。该制式的色度信号采用正交平衡调幅的调制方式，因此也称为正交平衡调幅制。

1. 平衡调幅

为了兼容，我们要把色差信号的频谱插入亮度信号频谱的间隙中传送，实现频谱交错。为了抑制彩色信号对亮度信号的干扰，节省发射功率，NTSC 制采用平衡调幅的方法进行频移。平衡调幅是一种抑制载波的双边带调幅方式。设调制信号为 $V_\Omega = B-Y$，载波即副载波为 $V_{SC} = \sin\omega_{SC}t$，则平衡调幅波为 $V_{BM} = V_\Omega V_{SC} = (B-Y)\sin\omega_{SC}t$，如图 1-25 所示。

从图中可见，平衡调幅波有如下特点：

1）平衡调幅波不含副载波分量。

2）平衡调幅波的极性由调制信号和载波的极性共同决定，如两者之一反相，则平衡调幅波的极性反相；当色差信号（调制信号）通过 0 值点时，平衡调幅波极性反相 180°。

3）平衡调幅波的振幅与调制信号的振幅成正比，与载波振幅无关。当传送图像的色差信号为零时，平衡调幅波的值也为零，可节省发射功率，减少了色度信号对亮度信号的干扰。可用一个模拟乘法器来实现平衡调幅。

4）平衡调幅波的包络不是调制信号波形，不能用包络检波方法解调，采用同步检波器在原载波的正峰点上对平衡调幅波取样，解调出原调制信号。

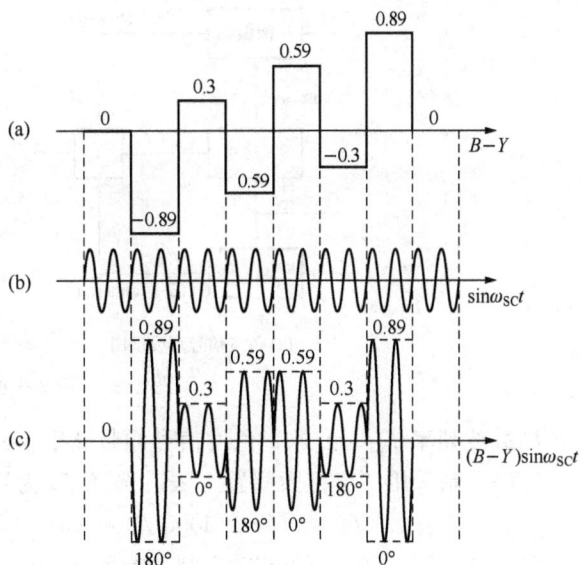

图 1-25　平衡调幅波波形

2. 正交平衡调幅

如果将 $R-Y$、$B-Y$ 两个色差信号同时对某一副载波进行调制，则两个已调色差信号的频谱因相同会重叠，接收端无法把它们分开。为了用相同频率的副载波传送两个色差信号，接收端又易于分离，NTSC 制采用正交平衡调幅的方法，用两个色差信号分别对频率相同、相位相差 90°（正交）的两个副载波进行平衡调幅，然后将两个已调色差信号相加合成色度信号。

图 1-26（a）所示为正交平衡调幅的原理方框图，两个平衡调幅器由两个乘法器实现。从图示可得

$$F=(B-Y)\sin\omega_{SC}t+(R-Y)\cos\omega_{SC}t$$
$$=\sqrt{(R-Y)^2+(B-Y)^2}\sin(\omega_{SC}t+\varphi)=|F|\sin(\omega_{SC}t+\varphi)$$

式中，$|F|=\sqrt{(R-Y)^2+(B-Y)^2}$，$\varphi=\arctan\dfrac{R-Y}{B-Y}$。

模 $|F|$ 表示彩色的饱和度，相角 φ 表示色调的大小，两者合成色度信号 F，矢量图如图 1-26（b）所示。

为了不出现过调幅现象，实际的色差信号进行平衡调幅之前，需要先对其进行适当的幅度压缩，这样可以做到不失真传输。压缩后的色差信号分别用 U 和 V 表示，它们与压缩前的色差信号 $R-Y$ 和 $B-Y$ 的关系是 $U=0.493$，$V=0.877$。压缩后的色度信号为

$$F=F_U+F_V=U\sin\omega_{SC}t+V\cos\omega_{SC}t$$

3. 色副载波频率的选择

为了实现频谱交错，将色度信号搬移到亮度信号的频谱间隙中，亮度信号的高频部分谱线幅度较小，空隙较大，要尽量减少亮色干扰，应在亮度信号 6MHz 带宽的高频段选择一

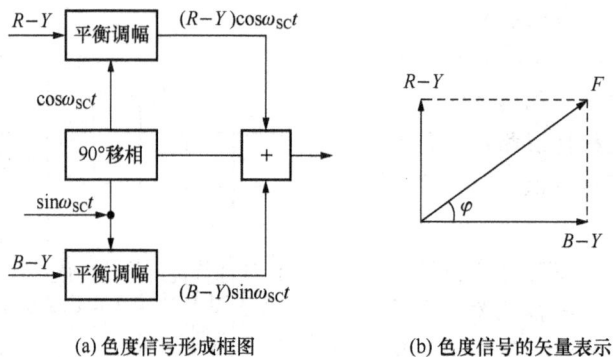

(a) 色度信号形成框图　　　　(b) 色度信号的矢量表示

图 1-26　正交平衡调幅

个色副载波频率 f_{SC}。另外，色度信号频带宽度 $f_{SC}\pm1.3\text{MHz}$ 的上边带不应超过 6MHz。由此，NTSC 制采用"半行频间置"法，选择 f_{SC} 为半行频的奇数倍，即

$$f_{SC} = (2n-1)f_H/2 = (n-1/2)f_H(n=1,2,3,\cdots)$$

对于 625 行，50Hz 的 NTSC 制，行频 $f_H=15\,625\text{Hz}$，取 $n=284$，则

$$f_{SC}=(284-1/2)f_H=4.429\,687\,5\text{MHz}$$

对于 525 行，60Hz 的 NTSC 制，行频 $f_H=15\,734.264\text{Hz}$，取 $n=228$，则

$$f_{SC} = (228-1/2)f_H = 3.579\,540\,6\text{MHz}$$

4. 色同步信号

接收端还原三基色信号时，必须将发端正交平衡调幅过的色度信号进行解调，解调时要用色副载波信号。而平衡调幅时抑制了副载波，所以接收端要恢复出与发送端同频同相的副载波，而且副载波的两个分量要互相正交；否则，解调出的红色差分量中将包含蓝色差分量，而解调出的蓝色差分量中将包含红色差分量，产生所谓"串色干扰"。为了正确地恢复副载波，在传送电视信号时要附带传送色同步信号。

色同步信号由一串具有 10 个周期左右的振幅、频率和相位都恒定不变的副载波组成，安插在行消隐信号的后肩距行同步前沿 $5.6\mu\text{s}$ 处，宽 $2.25\mu\text{s}$，由 10 ± 1 个与副载波同频的正弦波组成，如图 1-27 所示，其幅度的峰峰值与行同步脉冲的幅度相等。

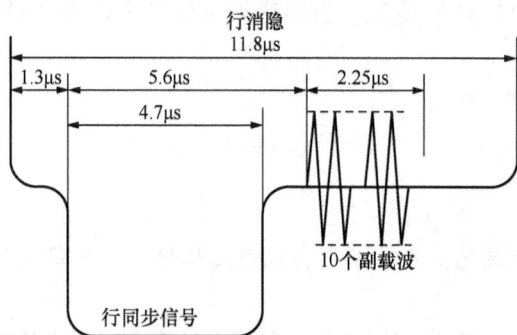

图 1-27　色同步信号波形

NTSC 制中色同步信号的相位为 $180°$。

色同步信号携带着发送端被抑制掉的副载波的频率和相位信息，在接收机中用它控制副载波振荡器，使恢复的副载波与发送端同频同相，以实现对 U、V 信号的同步检波。

5. NTSC 制编码器

NTSC 制的编码过程主要为：首先把彩色摄像机输出的 R、G、B 三基色信号，经编码矩阵编成亮度信号 Y 和色差信号 $R-Y$、$B-Y$。色差信号经 1.3MHz 低通滤波器滤波后，

分别送入平衡调幅器对色副载波进行平衡调幅，输出的已调色差信号在加法器中叠加成色度信号 F。亮度信号 Y 经放大处理后，在加法器中与彩色同步机送来的复合消隐、复合同步信号相加，再经过延时线，使亮度、色度信号同时到达加法器混合成彩色全电视信号（FBAS），如图 1-28 所示。

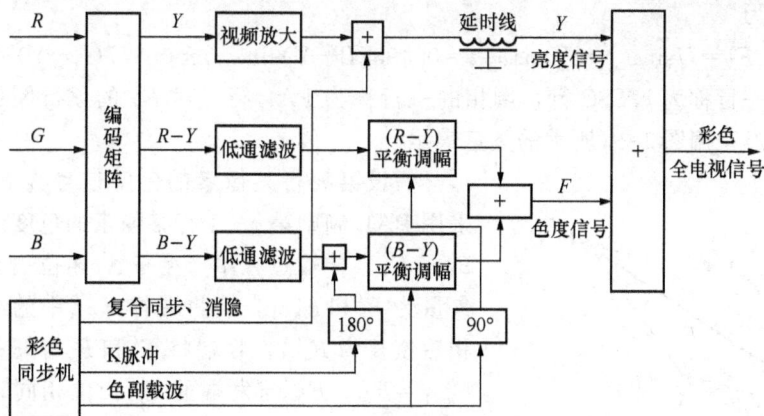

图 1-28　NTSC 制编码器框图

6. NTSC 制解码原理

NTSC 制解码主要是正交解调，其原理框图如图 1-29 所示，其中的两个同步解调器是乘法器。解调器用的副载波与调制器中的副载波同频、同相，这样同步才能不失真地解调。红、蓝色度分量解调器所需副载波的初相应相差 $90°$，当恢复的副载波为 $\sin\omega_{SC}t$ 时，与色度信号相乘，经低通滤波可获得 $B-Y$ 蓝色差信号；而恢复的副载波经 $90°$ 移相为 $\cos\omega_{SC}t$ 时，与色度信号相乘，经低通滤波后，可获得 $R-Y$ 红色差信号。

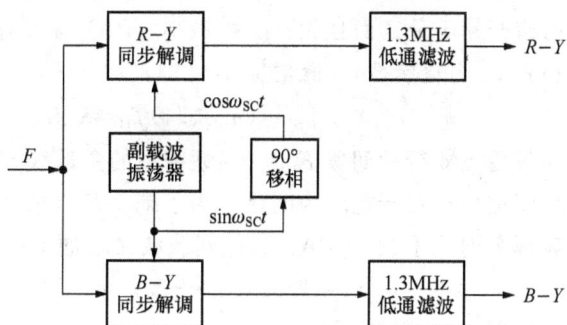

图 1-29　正交解调原理框图

7. NTSC 制的主要特点

NTSC 制具有如下主要特点：

1）NTSC 制解调解码电路简单，易于集成化。

2）采用 1/2 行频间置，亮度和色度串色小，故兼容性好。

3）色度信号每行都以同一方式传送，不存在影响图像质量的行顺序效应。

4）传输系统引起的微分相位失真很敏感，存在着色度信号的相位失真对重现彩色图像的色调的影响。NTSC 制相位失真容限必须在 $±12°$ 以内。

1.7.3　PAL 制彩色电视

PAL（Phase Alternation Line，逐行倒相）制 1967 年源于德国，又称逐行倒相正交平衡调幅制，克服了 NTSC 制相位失真敏感的缺点。我国从 1973 年开始用 PAL 制进行彩色电视广播。

1. 逐行倒相克服相位敏感性

在正交平衡调幅制的基础上，发端把红色度分量 F_V 逐行倒相传送，这样 PAL 制色度信号的表达式为

$$F = F_U \pm F_V = U\sin\omega_{SC}t \pm V\cos\omega_{SC}t = 0.493(B-Y)\sin\omega_{SC}t \pm 0.877(R-Y)V\cos\omega_{SC}t$$

不倒相的一行称为 NTSC 行，倒相的一行称为 PAL 行。对 F_V 的逐行倒相改善了相位失真，其改善过程用图 1-30 所示的矢量表示。

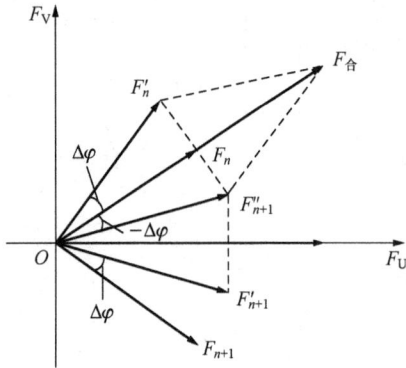

图 1-30　逐行倒相改善相位失真示意图

假设第 n 行某像素的色度信号为 $F_n = F_U + F_V$，采用 PAL 制则第 $n+1$ 行某像素的色度信号为 $F_{n+1} = F_U - F_V$。传输过程中产生 $+\Delta\varphi$ 相位失真，失真后的矢量为 F'_n 和 F'_{n+1}，接收端将 F'_{n+1} 中的红色度分量倒相后恢复为 F''_{n+1}，收端将 F'_n 和 F''_{n+1} 矢量叠加，$F'_n + F''_{n+1} = F_合$，$F_合$ 与发端的 F_n 相位相同，故无色调失真，达到相位失真补偿的目的。PAL 制的相位失真容限可以达到 $\pm 40°$。

2. PAL 制色副载波频率的选择

在 PAL 制中，由于 F_V 逐行倒相，使 F_V 的频谱向 f_{SC} 平移了 $f_H/2$，与 Y 的频谱重叠，如图 1-31 （a）所示。为了使 Y、F_U、F_V 3 个信号的频谱错开易于分辨而且相互干扰最小，PAL 制采用 1/4 行频间置的方法，也就是 $f_{SC} = (n-1/4)f_H$（n 为自然数），通常选 $n=284$，则

$$f_{SC} = (n-1/4)f_H = (284-1/4)f_H = 283.75f_H$$

采用 1/4 行频间置 F_U、F_V 频谱中的主谱线与 Y 信号主谱线间距只有 $1/4f_H$，色度信号和亮度信号相互干扰较为明显。为了减小色度信号对亮度信号干扰的可见度（在黑白电视机上表现为网纹干扰），PAL 制色副载波又增加了一个帧频（25Hz）的分量。所以

$$f_{SC} = 283.75f_H + 25\text{Hz} = 4.433\ 361\ 875\text{MHz} \approx 4.43\text{MHz}$$

频谱如图 1-31 （b）所示。

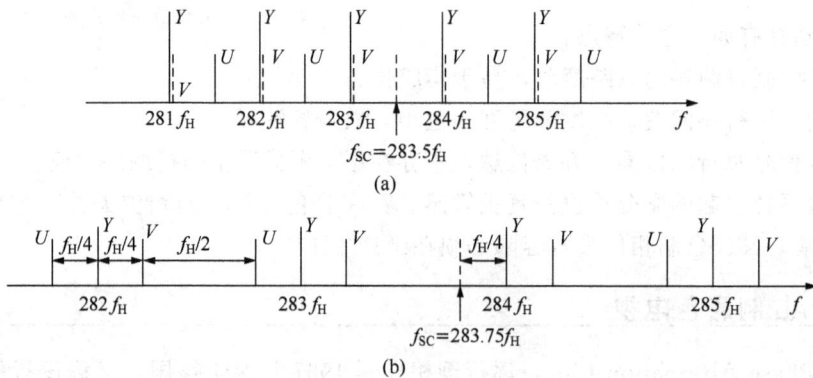

图 1-31　半行频间置的频谱和 1/4 行频间置的频谱

3. PAL 制色同步信号

PAL 制色同步信号不仅携带了副载波的频率和相位信息，还携带了色度信号，哪一行是 NTSC 行，哪一行是 PAL 行的行序信息，利用它产生一个识别信号，去控制接收机中的 PAL 开关正确倒相，以便能正确解调 V 信号。

PAL 制色同步信号的幅度和频率与 NTSC 制相同，但为了携带逐行倒相的行序信息，初相位与 NTSC 制不同，N 行为 135°，P 行为 −135°（或 225°），如图 1-32 所示。接收端根据色同步信号中的相位来控制 PAL 开关正确倒相。

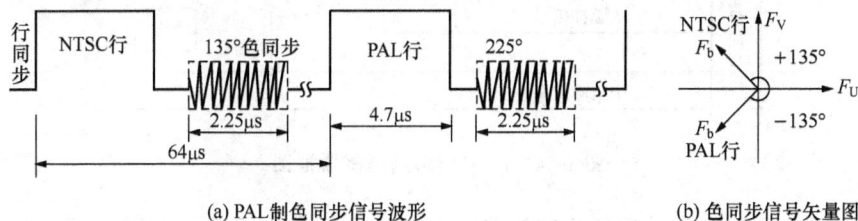

(a) PAL制色同步信号波形 　　　　　　(b) 色同步信号矢量图

图 1-32　PAL 制色同步信号

色同步信号与色度信号的形成共用一个调制器，如图 1-33 所示。K 脉冲由信号发生器产生，又叫色同步选通脉冲。K 脉冲频率为行频，宽度为 2.25μs，处在逆程期间行消隐后肩位置。将 K 脉冲以不同的极性分别与两个色差信号相加，送入平衡调幅器。V 信号中加入 $+K$ 脉冲产生色同步信号 V 分量，U 信号中加入 $-K$ 脉冲产生色同步信号 U 分量。两个信号相加正程期间输出

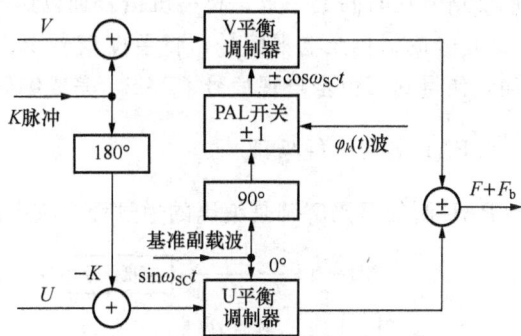

图 1-33　色同步信号产生电路

色度信号，逆程期间输出相位逐行交变（N 行 135°，P 行 −135°）的色同步信号 F_b。

4. PAL 制编码调制器

PAL 制的编码调制器如图 1-34 所示，它与 NTSC 制的区别在于送入 V 平衡调制器的色副载波是逐行倒相的，要加入 PAL 开关，在开关信号的控制下轮流送出 ±90° 的色副载波。其编码过程如下。

1) 矩阵变换：把摄取的三基色信号 R、G、B 通过编码矩阵电路转换成亮度信号 Y 及色差信号 $R-Y$ 和 $B-Y$，经过电压缩成 V 和 U。

2) 频带压缩：为了兼容，把 U、V 信号通过低通滤波器压缩在 1.3MHz 频带内。分别混入不同极性的 K 脉冲以产生色同步信号。

3) 逐行倒相正交平衡调幅：把混有 $-K$ 脉冲的 U 信号和 $\sin\omega_{SC}t$ 副载波进行 U 平衡调幅，得到 F_U 分量和色同步信号的 F_{bU} 分量。把混有 $+K$ 脉冲的 V 信号和 $\pm\cos\omega_{SC}t$ 副载波进行 V 平衡调幅，得到逐行倒相的 F_V 分量和 F_{bV} 分量。通过加法器的混合就得到色度信号 F 和色同步信号 F_b。

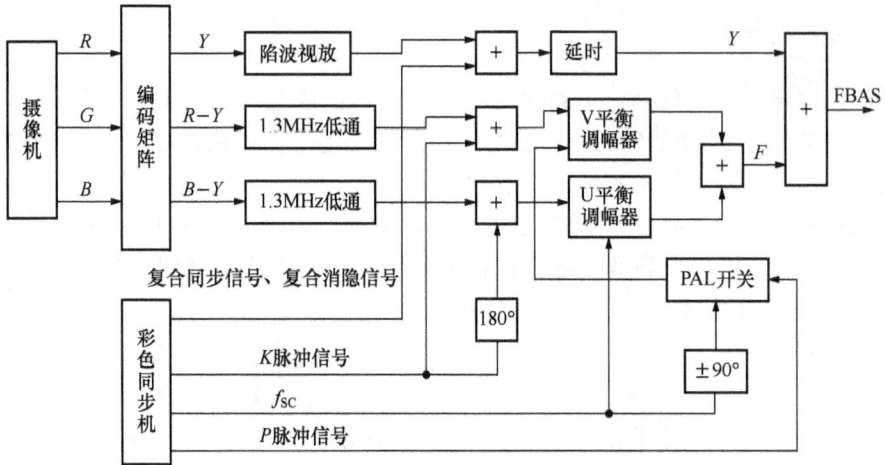

图 1-34　PAL 制编码调制器框图

4）亮度陷波延时：为了避免色副载波附近的亮度信号对色度信号的干扰，把亮度信号 Y 通过一个中心频率为 f_{SC} 的陷波器，然后混入复合同步和复合消隐信号。为了使亮度信号和色度信号在时间上一致，将亮度信号加以延时，通常延时 $0.6\mu s$ 左右。

5）合成彩色全电视信号：将色度信号 F、色同步信号 F_b 与亮度信号 Y 及辅助信号 S 相加，便得到彩色全电视信号 FBAS，完成编码全过程。

5. PAL 制解调解码器

PAL 制的解码解调是编码的逆过程，其电路的信号流程如图 1-35 所示。

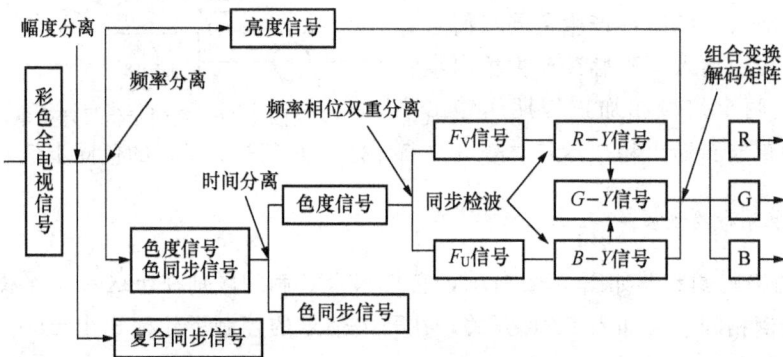

图 1-35　PAL 制的解码解调电路的信号流程

6. PAL 制的主要特点

PAL 制具有如下主要特点：

1）改善了 NTSC 制相位敏感的缺点，相位失真容限可达 $\pm40°$。

2）PAL 制采用 1/4 行间置加 25Hz 来确定副载波，有效地实现了亮度信号与色度信号的频谱交错，有较好的兼容性。

3）由于色度信号逐行倒相和传输误差或解码电路中的各种误差，存在"百叶窗"效应，即行顺序效应。这会引起 F_U 与 $\pm F_V$ 分量互相串扰，串扰又是逐行倒相的，所以造成相邻两行间亮度差异较大。

4）设备比 NTSC 制复杂，成本高。

注：PAL 制和 NTSC 制的主要区别在于：①PAL 制的红差信号逐行倒相；②将色差信号插入亮度信号频谱中时，PAL 制采用 1/4 行频间置，NTSC 制采用半行频间置。

1.7.4　SECAM 制彩色电视

SECAM 制 1966 年由法国研制成功，是顺序传送彩色与存储的法文缩写，也称行轮换调频制。

1. SECAM 制调制编码器

SECAM 制的编码原理框图如图 1-36 所示，采用 D_R（即 $R-Y$）和 D_B（即 $B-Y$）两个色差信号，逐行轮换交替传送，并以单个色差信号对副载波进行调频。如第 n 行，电子开关 K_1、K_2 都连接到上方，已被 f_{SR} 调频的红色差信号与亮度信号相混合，形成彩色图像信号；第 $n+1$ 行，电子开关 K_1、K_2 连接到下方，已被 f_{SB} 调频的蓝色差信号与亮度信号混合，形成彩色图像信号。电子开关由半行频脉冲控制，并与行扫描同步。这样，两种色度信号在时间上错开依次轮流输出，不会发生串色干扰。SECAM 的色同步信号不是每行都传送，在每场消隐期间、后均衡脉冲之后 9 行内传送，即图中的 9 行识别脉冲。色差信号对副载波调频后的信号频谱随图像内容而变，使得亮度信号和色度信号之间无法实现频谱交错，引起载波光点干扰。为了减少这种干扰，SECAM 制将副载波每三行倒相一次和逐场倒相一次，使每场中和相邻两场的副载波干扰相互抵消。SECAM 的编码电路中有两次预加重，第一次称为视频预加重，用以提升色差信号的高频分量；第二次称为高频预加重，在传送彩色浅淡的图像时降低干扰光点的可见度，在传送很亮的彩色时能抗亮度串扰。

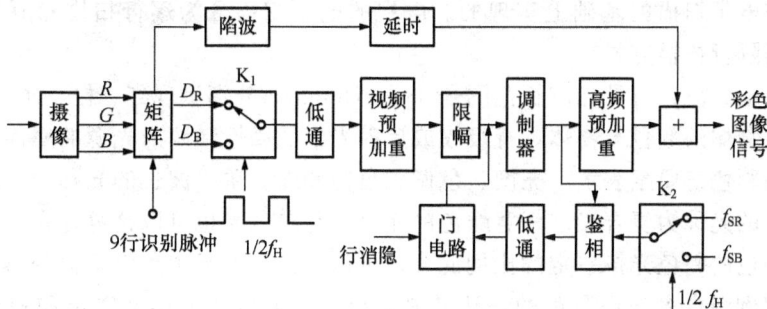

图 1-36　SECAM 制调制编码器框图

2. SECAM 制解调解码器

SECAM 制在接收端也是用解码矩阵解出 R、G、B 这 3 个基色信号，这就需要将 Y、$R-Y$、$B-Y$ 3 个信号同时加到解码矩阵电路中。由于两种已调色差信号轮流传送，不是每行都同时存在，因此利用图像信号行间相关性，将前一行传送的已调色差信号储存一行（延时一行）后取出，正好用于后一行缺乏的已调色差信号。图 1-37 是 SECAM 制解码原理框图，DL 延时线就是存储复用器，电子开关逐行换接以保证开关的每一个输出端只输出一种已调频的色差信号。SECAM制因为每传送一行要利用两次色信号，它的缺点是彩色垂直清晰度降低一半。但 SECAM 制克服了相位敏感性，相位失真容限为±40°。

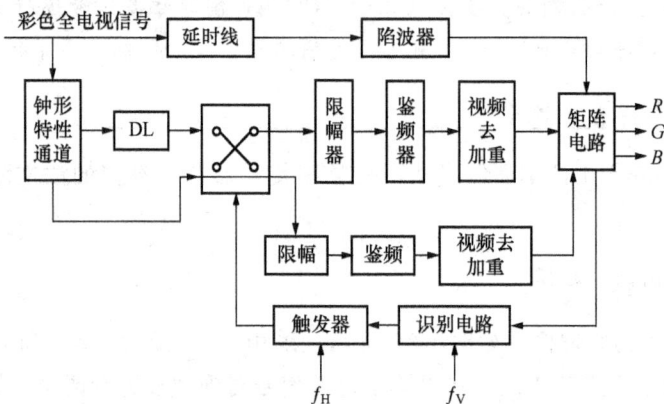

图 1-37　SECAM 制解调解码器框图

SECAM 制接收机比 NTSC 制的复杂，比 PAL 制的简单；兼容性比 NTSC 制和 PAL 制的都差（因为色差信号为零时仍有副载波，对亮度信号产生干扰）；在正确传送彩色信号方面，SECAM 制比 NTSC 制和 PAL 制都好。

本 章 小 结

电视技术就是传送和接收图像的技术，电视是将图像分为若干像素顺序传送，电视传像系统分为摄像、传输和显像 3 部分。摄像完成的是光-电转换，显像完成的是电-光转换。摄像和显像是在电子扫描的基础上实现的。电视的电子扫描分为逐行扫描和隔行扫描两种方式，我国采用隔行扫描方式。

光是一种电磁波，可见光波长范围是 380～780nm，分别呈现红、橙、黄、绿、青、蓝、紫 7 种颜色。物体的颜色与物体本身吸收或反射光谱的属性和照射光源的属性有关。任意彩色光都可以用彩色三要素表示：亮度、色调和色饱和度。单一波长的光称为单色光，含有两种及以上波长的光称为复合光。任意颜色的光可以是单色光也可以是复合光。三基色原理指用 3 种不同颜色的基色光按一定的比例混合，可以得到自然界中绝大多数的彩色。利用 3 种基色按不同比例混合来获得彩色的方法就是混色法。混色法分相加混色和相减混色两种方法。彩色电视技术中使用的是 R、G、B 三基色的相加混色法。

根据人眼的视力范围确定电视机屏幕宽高比为 4∶3，大屏幕电视机采用 16∶9。根据人眼的适应性，电视不必重现原景物亮度，只要对比度相同就能有景物真实感。根据人眼的分辨力确定电视机的扫描行数。根据人眼的临界闪烁频率和电网频率规定电视的场频。我国电视标准规定：一幅图像扫描行数为 625 行，正程 575 行，逆程 50 行，隔行扫描场频 50Hz，行频 15 625Hz，帧频 25Hz。

黑白全电视信号主要由图像信号、复合消隐信号和复合同步信号组成。我国采用负极性的电视信号，黑电平为高电平。

图像信号的频率范围为 0～6MHz，低频成分代表图像的大面积黑白变化部分，高频成分代表图像的细节。图像信号的频谱是以行频为主谱线，帧频为幅谱线的一簇簇离散的谱线群。彩色全电视信号比黑白全电视信号多色度信号和色同步信号，但利用频谱交错原理把色度信号的频谱插在亮度信号频谱的间隙中传送，所以彩色全电视信号的带宽还是 6MHz。

为了实现彩色电视与黑白电视的兼容，把色度信号和亮度信号分开传送。为压缩信号传送带宽，只传送 $R-Y$ 和 $B-Y$ 色差信号，并利用大面积着色原理把两个色差信号压缩为 1.3MHz，幅度压缩为 $U=0.493(B-Y)$，$V=0.877(R-Y)$。经过压缩后的色度信号 $F=F_U+F_V=U\sin\omega_{sc}t+V\cos\omega_{sc}t$。

国际上的彩色电视制式包括 NTSC、PAL 和 SECAM 3 种。NTSC 制采用正交平衡调幅制，色副载波 f_{sc} 采用半行频间置方式。为了克服 NTSC 相位失真敏感的缺点，PAL 制在 NTSC 的基础上采用红色度分量逐行倒相的措施。PAL 制色副载波 f_{sc} 采用 1/4 行频间置方式。SECAM 制的色差信号采用行顺序调频方式，电视信号的传输失真度小，微分相位与 PAL 制一样，但兼容性较差。

电视机的解调解码是编码的逆过程，其信号流程就是编码信号流程的逆过程。

实验一　彩色全电视信号的波形测试

一、实验目的

1) 认识彩条信号。
2) 会用彩条信号发生器发射彩条信号。
3) 会计算彩条信号各参量的幅度值。
4) 掌握彩色全电视信号的组成。
5) 会用示波器测量彩色全电视信号的波形。

二、实验任务

1) 计算标准彩条信号的幅度值。
2) 用示波器测量彩色电视机接收到的彩条信号发生器发送的彩色全电视信号的波形。
3) 分析彩色全电视信号的组成。
4) 撰写实验报告。

三、实验器材

1) 彩色电视机 1 台。
2) 彩条信号发生器 1 台。
3) 示波器 1 台。

四、实验方法和步骤

1. 标准彩条信号的幅度值计算

彩色电视中的标准彩条信号是由彩条信号发生器产生的，是一种测试信号，主要用来对彩色电视系统或设备进行调整或维修。

标准彩条信号自左向右分别为白、黄、青、绿、紫、红、蓝、黑，其亮度和 3 个色差信号 $R-Y$、$G-Y$、$B-Y$ 的计算分别为白色时，$R=G=B=1$，其亮度 $Y=0.30+0.59+0.11=1$，$R-Y=0$，$G-Y=0$，$B-Y=0$；

黄色时，$R=G=1$，$B=0$，其亮度 $Y=0.30+0.59=0.89$，$R-Y=0.11$，$G-Y=0.11$，$B-Y=-0.89$；

青色时，$G=B=1$，$R=0$，其亮度 $Y=0.59+0.11=0.70$，$R-Y=-0.70$，$G-Y=0.30$，$B-Y=0.30$；

绿色时，$G=1$，$R=B=0$，其亮度 $Y=0.59$，$R-Y=-0.59$，$G-Y=0.41$，$B-Y=-0.59$；

紫色时，$R=B=1$，$G=0$，其亮度 $Y=0.30+0.11=0.41$，$R-Y=0.59$，$G-Y=-0.41$，$B-Y=0.59$；

红色时，$R=1$，$G=B=0$，其亮度 $Y=0.30$，$R-Y=0.70$，$G-Y=-0.30$，$B-Y=-0.30$；

蓝色时，$B=1$，$R=G=0$，其亮度 $Y=0.11$，$R-Y=-0.11$，$G-Y=-0.11$，$B-Y=0.89$；

黑色时，$R=G=B=0$，其亮度 $Y=0$，$R-Y=0$，$G-Y=0$，$B-Y=0$。

所以，彩条信号的波形就如图 1-24 所示，而经过调制的色度信号的彩色全电视信号见图 1-38。

对 $R-Y$、$B-Y$ 分别乘上压缩系数 0.877 和 0.493 进行压缩后，分别能计算出不同颜色时压缩后的 U、V 信号的幅度。利用正交平衡调幅公式计算出色度信号 F 的模 $|F|$ 和相角 φ。压缩后彩条信号的参数值请自己计算。

压缩后彩条的彩色全电视信号如图 1-39 所示。

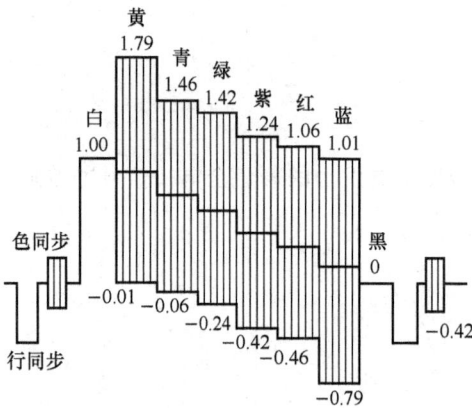

图 1-38 色度信号未压缩的彩色全电视信号   图 1-39 色度信号压缩后的彩色全电视信号

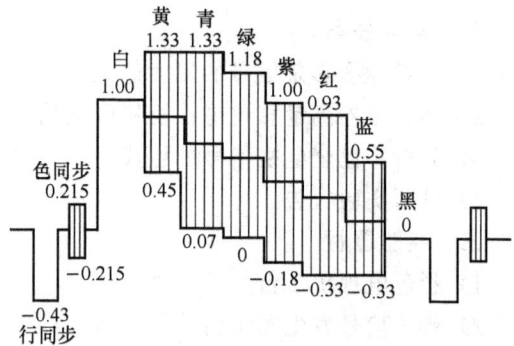

2. 用示波器测量彩色电视机接收到的彩条信号发生器发送的彩色全电视信号的波形

1）将彩条信号发生器的射频输出端口用连接线连接到电视机的高频头射频输入端口，将电视机后面的视频输出端口用连接线连接到示波器的检测输入口。

2）设置彩条信号发生器的调制信号频率，发送彩条信号。

3）打开彩色电视机的电源，用电视机菜单中的手动搜索功能搜索到彩条信号发生器发送的彩条信号并存储下来。

4）将示波器的幅度和时间坐标调整到合适的位置，测量彩条信号的波形，与图 1-39 比较。

五、实验报告要求

1）记录彩条信号的 Y、$R-Y$、$G-Y$、$B-Y$、U、V、$|F|$、φ 各信号的幅度值，填入下表。

彩条信号	Y	$R-Y$	$B-Y$	U	V	$|F|$	φ
白							
黄							
青							
绿							
紫							
红							
蓝							
黑							

2）根据上题计算出的 $|F|$、φ 值绘制标准彩条信号的色度矢量图。

3）绘制测量出的彩条信号的彩色全电视信号波形，表明各参量的值。

思考与练习

一、选择题

1. 依据三基色原理，采用相加混色规律，将红色和青色混色后可以得到的颜色是（　　）。

    A. 黄色　　　　　　B. 青色　　　　　　C. 紫色　　　　　　D. 白色

2. 目前，世界上广泛采用 3 种彩色电视制式，我国采用其中的（　　）制式。

    A. NTSC　　　　　B. PAL　　　　　　C. SECAM　　　　　D. DVB

3. 我国电视标准规定，在一幅图像的扫描中，其逆程为（　　）行。

    A. 625　　　　　　B. 575　　　　　　C. 525　　　　　　D. 50

4. PAL 制信号色同步信号的相位为（　　）。

    A. $0°$　　　　　　B. $±90°$　　　　　C. $±135°$　　　　　D. $180°$

5. 在相同功率下，人眼感觉最亮的是（　　）。

    A. 红光　　　　　　B. 绿光　　　　　　C. 蓝光　　　　　　D. 紫光

6. 彩色电视与黑白电视兼容，主要是彩色信号中有（　　）。

    A. R、G、B 三基色信号　　　　　　B. 色度信号

    C. 色同步和色差信号　　　　　　　　D. 亮度信号

7. NTSC 制微分相位失真的容限为（　　）。

    A. $±5°$　　　　　　B. $±12°$　　　　　C. $±24°$　　　　　D. $±40°$

8. 色同步信号所载的位置在（　　　）。

    A. 行同步信号上　　B. 行消隐的后肩上　　C. 行消隐的前肩上　　D. 都不是

9. PAL 制逐行倒相的目的是（　　　）。

    A. 克服色调失真　　　　　　　　　　　　B. 克服高度失真

    C. 克服色饱和度失真　　　　　　　　　　D. 克服行扫描失真

10. 色度信号只传送低频分量，所依据的是（　　　）。

    A. 兼容性原理　　B. 大面积涂色原理　　C. 恒亮原理　　　　D. 三基色原理

二、填空题

1. 彩色电视机的三基色是_____、_____和_____。

2. 彩色的三要素是_____、_____和_____。

3. 利用三基色原理，混色的方法有_____和_____，彩色电视的相加混色法有_____、_____和_____几种方式。

4. 图像信号具有的特点是_____、_____、_____。

5. 彩色全电视信号主要由亮度信号、_____、_____、_____和_____5 种信号组成，它的频率范围为_____MHz。

6. 我国场扫描频率为_____Hz、行扫描频率为_____Hz，行正程为_____s，行逆程为_____s。

7. 目前，世界上广泛采用的 3 种彩色电视制式有_____、_____和_____制。

8. 电视图像的传输过程实质上就是图像的_____和_____的过程，上述过程是通过_____来完成的。

9. 传统的彩色电视机屏幕通常采用_____的宽高比，现在的大屏幕电视采用_____的宽高比。

10. 我国彩色电视制式和美国彩色电视的副载波频率分别是_____和_____MHz。

三、问答题

1. 说明彩色三要素的物理含义。人眼看到的物体颜色与哪些因素有关？

2. 逐行扫描和隔行扫描各有什么特点？我国广播电视为什么采用隔行扫描？其主要参数如何？

3. 显像管的电子枪由哪些部分组成？各部分的作用是什么？

4. 显像管显示图像的条件是什么？

5. 黑白全电视信号由哪些信号组成？各信号分别有什么作用？

6. 什么是恒亮度原理及大面积涂色原理？什么是频谱交错原理？

7. 什么是正交平衡调幅制？为什么要采用正交平衡调幅制传送色差信号？这样做的优点何在？

8. 什么是色同步信号？色同步信号向接收端传送了什么信息？

9. 说明 PAL 制克服 NTSC 制主要缺点所采用的方法及原理。

10. 比较 PAL 制和 NTSC 制色副载波频率选择的特点。

11. 说明下列符号的含义和它们之间的关系：

$$R、G、B、Y、R-Y、B-Y、G-Y、U、V、F_U、F_V、F。$$

12. 分别说明 NTSC 制、PAL 制、SECAM 制 3 种兼容制彩色电视机的主要优缺点。

第2章 广播电视的发射和接收

广播电视系统包括发射系统、传输系统和接收系统3部分。广播电视就是要把电视节目传送到家家户户。根据电视信号传输的方式不同，我们把广播电视分为地面广播（射频发射）、卫星广播和有线电视广播。目前，在我国运用广泛的是有线电视广播。本章着重介绍射频发射的广播电视系统，卫星广播和有线电视广播会在数字电视部分介绍。

2.1 广播电视系统

2.1.1 电视发射系统

广播电视的发射系统主要包括电视信号的制作和电视信号的发射两部分。图2-1所示是广播电视台的一个简单的电视信号制作系统。将各种电视信号源的信号和测试信号都送入视频切换电路，在电视图像监控的监控下，将一些要求的字符信号叠加到视频信号中，形成待发射的彩色全电视信号，其中还包括图像信号需要的一些脉冲信号源和产生副载波的副载波发射器，以及录取声音的设备。

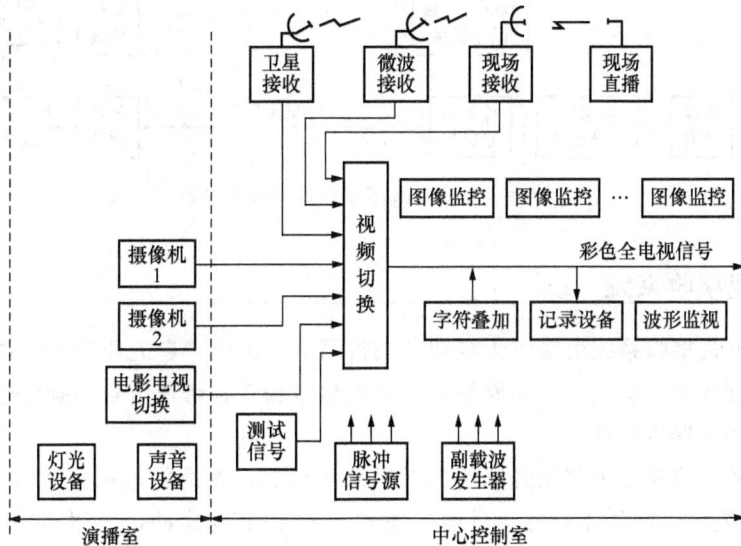

图2-1　电视信号制作系统

电视发射机的作用是把电视信号调制到频率很高的载波信号上用天线发射出去，载波信号用频率（载频）很高的超短波。我国电视标准规定的载频范围为甚高频（VHF）47～230MHz，特高频（UHF）470～958MHz。经过调制以后的电视信号称为高频电视信号或射频电视信号。电视发射机的组成有两种方式：一种是由图像发射机和伴音发射机组成，称为双通道电视发射机；另一种是由图像和伴音共用一部发射机，称为单通道电视发射机。

图 2-2 是一种双通道电视发射机的组成框图。经过放大和微分相位校正的图像信号通过 38MHz 图像中频调幅，再经残留边带滤波和微分增益校正后，与本振频率混频成高频全电视信号，经过放大送入双工器。经过放大处理的伴音信号先调频为 6.5MHz 的第一伴音中频，然后与 38MHz 图像中频混频成 31.5MHz 的第二伴音中频，再与本振频率混频成高频伴音信号送入双工器。在双工器中混合的高频全电视信号和伴音信号通过射频天线发射出去。采用双工器可以防止共用天线的图像和伴音相互干扰。

我国的电视标准规定了以下电视发射机的一些主要指标。

1）标称射频频道宽度：8MHz。

2）伴音载频与图像载频的频距：±6.5MHz。

3）频道下限与图像载频的频距：−1.25MHz。

4）图像信号主边带标称带宽：6MHz。

5）图像信号 VSB 标称带宽：0.75MHz。

6）图像信号调制方式及调制极性：振幅调制负极性。

7）伴音调制方式：调频，$\Delta f_m = 50$kHz，预加重时常数为 50μs。

8）图像发射机与伴音发射机的功率比为 10∶1～15∶1，这是为图像发射机与伴音发射机有相同的覆盖范围设置的。

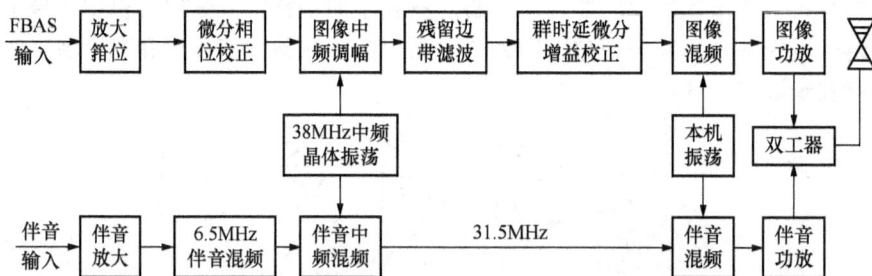

图 2-2　双通道电视发射机的组成框图

2.1.2　电视接收系统

射频广播电视接收系统由接收天线和电视机两部分组成，它的任务是接收发送端送来的高频信号，经过放大、解调后，还原为视频图像信号和音频话音信号，最后通过显像器件重现图像，通过扬声器重放话音。

电视信号的接收就是由普通的家用电视机来实现的，普通的电视机通常都具有兼容性，可以接收彩色或黑白的电视节目。目前的电视机都是全制式的，可以接收 PAL、NTSC、SECAM 等任意制式的电视节目。彩色电视机的组成和原理将在下节作详细介绍。

2.2　电视信号的调制与频道划分

要把全电视信号（视频信号）和伴音信号（音频信号）发射出去，需要把它们分别调制到很高频率的载波上。图像信号采用调幅方式，伴音信号采用调频方式，两种高频信号在频带中保持固定的频率间隔，合称为高频全电视信号（或称射频全电视信号）。发射天线以高频电磁波的形式将已调的高频全电视信号辐射出去。

2.2.1　图像信号的调制

图像信号的调制采用调幅方式。调幅是指高频载波的幅度随着所要传送的图像调制信号幅度的变化而变化，经过调幅后的高频波称为调幅波。对图像载频的调制有两种情况：一种是用负极性的图像信号对载频进行调制，称为负极性调制，负极性调制的已调波亮度增大时载波幅度减小；另一种是用正极性的图像信号对载频进行调制，称为正极性调制，正极性调制的已调波亮度增大时载波幅度增大，如图 2-3 所示。

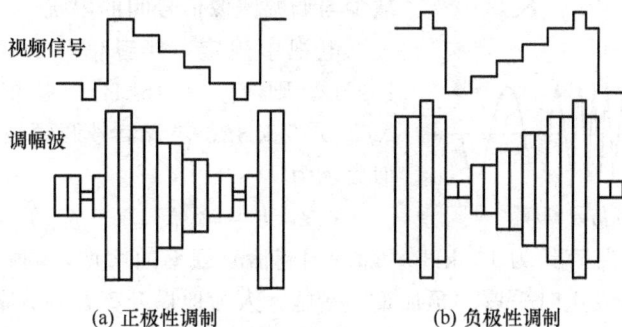

视频信号

调幅波

(a) 正极性调制　　　　　　(b) 负极性调制

图 2-3　图像信号的调制

我国电视标准规定，图像信号采用负极性调制。采用负极性调制具有抗干扰能力强、便于实现自动增益控制和节省发射功率的优点：

图像信号的最高频率为 6MHz，所以已调波频谱宽度为 12MHz，如图 2-4 所示。要将已调波信号全部发送出去，不仅会使收、发电视设备因频带宽而复杂，而且在有限的频段内使可容纳的电视频道数目减少，所以需要压缩频带。由于载频不含信息，上、下边带调幅波中携带的信息又相同，所以采用单边带发送就可以传输全电视信号。单边带发送需要将上边带或下边带完全滤除，这会使电视设备较为复杂。因此，电视广播采用残留边带的发送方式，即对 0～0.75MHz 图像信号采用双边带发送（0.75～1.25MHz 是发射机的衰减特性造成的衰减段）；对

(a) 视频信号频率范围

(b) 残留边带特性

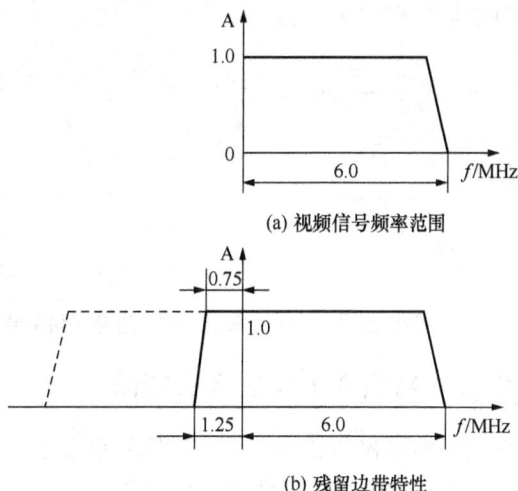

图 2-4　残留单边带频谱

0.75～6MHz 图像信号采用单边带发送，如图 2-4（b）所示。残留边带发送方式有效地压缩了频带。

我国电视标准规定：残留边带部分为 0.75MHz，过渡带为 0.75～1.25MHz。残留边带由发送端把双边带已调波通过一个残留边带滤波器得到。在接收机中，为避免产生图像失真，在中频通道中采取适当的措施，使其幅频特性曲线在载频两边 ±0.75MHz 范围内增益降低作为补偿。

2.2.2 伴音信号的调制

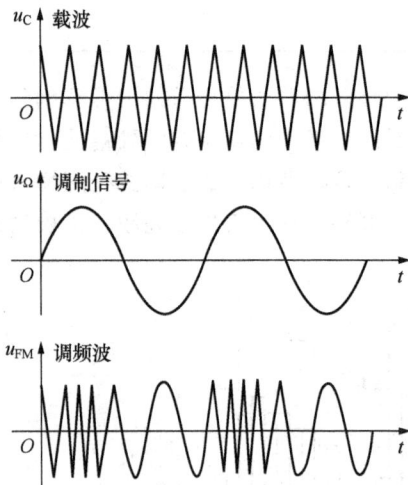

图 2-5　伴音信号调频

伴音信号的调制采用调频方式。调频就是将要传送的伴音信号作为调制信号去控制载波的频率，使载波的频率随伴音信号的幅度变化而变化，如图 2-5 所示。

调频波是等幅波，接收到的信号振幅受外来干扰而变化时，接收机可以用限幅器将信号幅度限定为等幅，从而消除或减少干扰的影响。所以，调频方式使伴音抗干扰能力强，音质好。伴音采用调频制还可以减少与调幅图像信号间的串扰。

电视中规定，伴音信号的频率范围为 $20\text{Hz}\sim15\text{kHz}$，则 $f_{max}=15\text{kHz}$。系统采用的最大频偏 Δf_{max} 为 50kHz。伴音信号调频波的有效带宽 B 可近似表示为

$$B = 2(\Delta f_{max} + f_{max}) = 130\text{kHz}$$

所以，高频伴音信号带宽约为 130kHz。随着调制信号频率的增加，调频波的抗干扰能力变差，因此在伴音信号发送时采取"预加重"措施，人为地提升高音频分量的相对幅度，以加大频偏，提高音频段的调频指数，改善抗干扰性能。接收端再进行"去加重"处理，恢复原伴音信号中高、低频分量振幅的比例，使声音不失真。电视系统中通常采用如图 2-6（a）所示的伴音信号调频 RC 电路实现预加重网络，其幅频特性如图 2-6（b）所示。接收机鉴频电路之后的去加重网络和幅频特性曲线见图 2-6（c）、图 2-6（d）。我国规定电视伴音预加重的时间常数 $T=RC=50\mu\text{s}$。

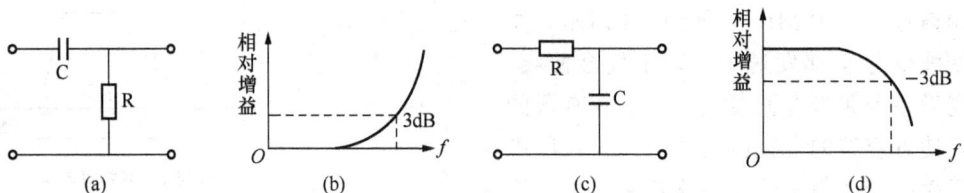

图 2-6　预加重和去加重

注：图像信号的调制采用残留边带调幅制，伴音信号的调制采用调频制。

2.2.3 高频全电视信号的频谱

调制的电视图像信号和伴音信号组合形成高频全电视信号（或射频电视信号），其波形是两者波形的叠加，在频谱上两者相互错开以防止干扰，而且有利于在接收端分别提取。我国电视标准规定，伴音载频 f_S 比图像载频 f_P 高 6.5MHz，高频图像信号采用残留边带方式传送，高频伴音信号采用双边带方式传送，伴音载频两侧留有 0.25MHz 的频带给已调伴音信号的上、下边带用，每个电视频道（电视台播放一套节目占用频率范围）的带宽为 8MHz。高频全电视信号的频谱如图 2-7 所示，图中的 2、3 频道图像载频 f_{P2} 与 f_{P3} 的间隔和 1、2 频道伴音载频 f_{S1} 与 f_{S2} 的间隔均为 8MHz。

注：整个电视信道的频谱就是由若干 8MHz 的频道频谱连续组成的。

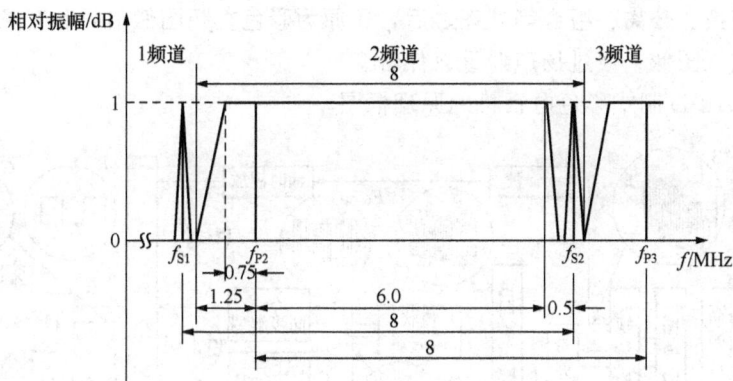

图 2-7 高频全电视信号频谱

2.2.4 我国电视频道的划分

视频信号的带宽为 6MHz，所以电视信号进行高频调制的频率必须采用 30MHz 以上的超高频，实际我国广播电视信号的传输用甚高频（VHF）和特高频（UHF），而整个电视频段为 48.5～958MHz。VHF 频段频率又分为 VL 频段和 VH 频段，其中 VL 频段为 48.5～92MHz，设置 1～5 频道，VH 频段为 167～223MHz，设置 6～12 频道；UHF 频段（又称 U 频段）频率范围为 470～958MHz，设置 13～68 频道。

根据高频全电视信号频谱可以看出：

1）各频道的伴音载频始终比图像载频高 6.5MHz。

2）频道带宽的下限始终比图像载频 f_P 低 1.25MHz，上限则始终比伴音载频 f_S 高 0.25MHz。

3）各频道的本机振荡频率始终比图像载频高 38MHz，比伴音载频高 31.5MHz。

在电视频段中有一部分空频段作为增补频段，用于有线电视系统传输节目。在 VL、VH 频段之间的 110～167MHz 定为增补 A 频段，共有 7 个增补频道 Z_1～Z_7；在 VH、U 频段之间 223～295MHz 定为增补 B1 频段，增补频道为 Z_8～Z_{16}；295～447MHz 定为增补 B2 频段，增补频道为 Z_{17}～Z_{35}；447～470MHz 规定为增补 B3 频段，增补频道为 Z_{36}～Z_{38}。全部增补频道范围包括 A、B1、B2、B3 共 4 个频段，有 38 个增补频道，如图 2-8 所示。

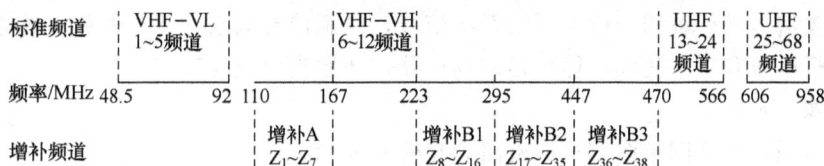

图 2-8 增补频道的划分

2.3 彩色电视机的组成

1. 彩色电视机的组成

彩色电视接收机简称彩色电视机，它的功能是将从天线上接收到的高频全电视信号经过一系列放大、变换、分离、组合等处理之后，还原为彩色视频图像信号和音频伴音信号，最后通过显像管重现图像，通过扬声器重放伴音。

图 2-9 是 PAL-D 制式彩色电视机的原理框图。

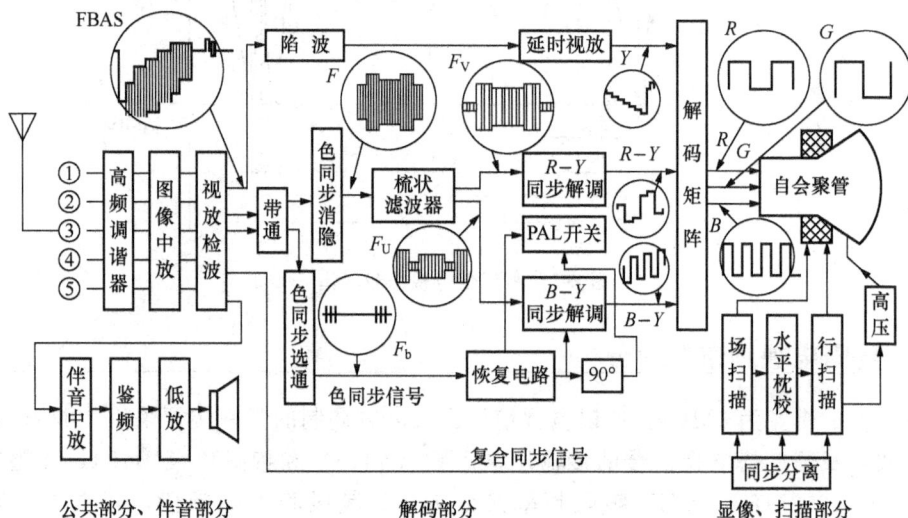

图 2-9　PAL-D 彩色电视机的原理框图

由图 2-9 可见，彩色电视机由以下几部分组成。

（1）公共通道

公共通道由高频调谐器（高频头）、中频放大器、视频检波器等电路组成。

高频头由输入电路、高频放大器、本振和混频级组成，其主要作用是把从天线接收到的高频图像信号与高频伴音信号进行选台、放大、混频后变成 38MHz 图像中频信号和 31.5MHz 的第一伴音中频信号输出。中频放大器则将中频信号进行放大。视频检波器有两个作用：从 38MHz 图像中频信号中解调出图像信号；用 38MHz 与 31.5MHz 的第一伴音中频信号混频输出 6.5MHz 第二伴音中频信号。

（2）伴音通道

6.5MHz 第二伴音中频信号送入伴音中放，经过进一步放大、限幅，送入鉴频器。鉴频器将伴音调频信号进行解调，检出原始音频信号，送至伴音低放，伴音低放将鉴频器送来的音频信号进行电压和功率放大，然后推动扬声器，还原出电视伴音。

（3）图像显示通道

图像显示通道包括图像解调解码电路和显像管显示。

图像解调解码电路是彩色电视机的核心电路，主要由亮度通道（陷波器、延时器、亮度放大器等）、色度通道（带通放大、延时解调、$R-Y$ 同步检波器、$B-Y$ 同步检波器）和色副载波恢复电路（色同步选通、副载波恢复电路、PAL 开关）组成。亮度通道从彩色全电视信号中分离出亮度信号进行放大、延时处理。色度通道从彩色全电视信号中分离出色度信号，经过解调解码后输出 R、G、B 三基色信号。色副载波恢复电路为色度信号解调电路提供解调时用的副载波信号。

显像管是电视机的终端，由解调出的 R、G、B 信号激励，通过电子束的扫描显示图像。

为了校正显像管自身产生的水平枕形失真，在扫描电路中要用"水平枕形失真校正电路"进行补偿。为了产生正确的颜色，显像管需要自会聚系统。

（4）同步扫描电路

同步扫描电路包括同步分离电路、行场扫描电路、高压电路等。其作用是产生与发送端同步的行、场扫描锯齿波电流信号，控制电子束的扫描运动。另外，同步扫描电路还要产生显像管和其他电路需要的高、中电压。

（5）控制系统

现在的彩色电视机都是由以微处理器（CPU）为核心的控制系统来实现控制的，CPU 对彩色电视机的控制通过键盘控制和遥控器控制来实现。CPU 的工作需要一定容量的存储器。

（6）电源电路

电源电路是给彩色电视机各部分提供工作电压的电路，目前大都采用开关电源。

2. 彩色电视机常用自动控制电路

彩色电视机集成度越来越高，其线路越来越复杂，为了增强功能和改善质量，其中运用了一些自动调整与自动保护的电路。

（1）自动频率微调电路（AFC）

AFC 的作用是使调谐器中本振频率 f_L 与接收的电视信号的图像载频 f_P 相差的中频 f_{PI}（38MHz）准确，即 $f_L - f_P = 38$MHz。如果 f_L 不稳定或 f_P 不稳定，都可能使中频信号产生频偏。AFC 的作用就是使本振频率 f_L 自动跟踪图像信号的载频 f_P，其原理如图 2-10 所示。当提取的图像中频载波频率 $f_{PI} \neq 38$MHz 时，鉴频器检测出其变化，转换成一定的直流电压去控制本振电路，微调其频率，起到自动调整频偏的作用。

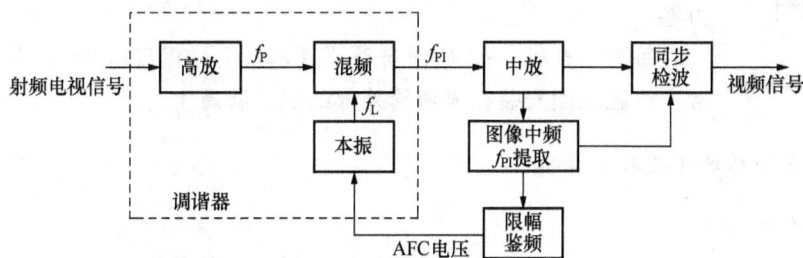

图 2-10　AFC 原理框图

（2）自动增益控制电路（AGC）

彩色电视机中的 AGC 存在于高频放大和中频放大电路中。当天线输入的信号发生强弱变化时，AGC 能自动地调整接收机中放或高放的增益，从而使解调输出的视频信号峰峰值基本保持不变。用检波器检测出解调输出的视频信号峰峰值或分离出的同步脉冲幅度含有的输入信号强弱变化信息，转换成直流误差信号去控制放大器的工作点，改变其增益。通常先控制中放，只有当输入信号强到一定程度后，才控制高放，这样不影响接收灵敏度，高放 AGC 是迟延式 AGC。

（3）自动色度控制电路（ACC）

当亮度信号不变时，色度信号幅度的变化将引起彩色饱和度的改变，所以需要附加措施，使其幅度自动保持稳定。与公共通道（高频调谐器和中频通道）中的 AGC 一样，用一个与色度信号大小成比例的误差电压去控制色度带通放大器的工作点，自动调整它的增益，以保证输出的色度信号幅度稳定。ACC 电路实际上就是色度通道中的 AGC 电路。由于色同步信号幅值与色度信号幅值成正比，所以误差电压可以从色同步信号中获取。

（4）自动消色电路（ACK）

当被接收的信号为黑白电视信号或彩色信号微弱时，彩色电视机的图像信噪比会很差或彩色同步不稳。为了避免色度通道受噪声干扰，自动消色电路可以自动切断色度通道，只让亮度通道工作。当 PAL 开关倒相次序出错时也会自动消色。

（5）自动亮度限制电路（ABL）

ABL 的作用是保护显像管，自动限制显像管扫描电子束流，以免显像管过亮而损坏。采用一电阻对高压变压器平均电流取样，当亮度过大时，流过此电阻的电流所形成的电压降也过大，可以用来控制亮度通道视频放大的工作点。由于视放与显像管阴极直接耦合，这样使显像管阴极电位升高，显像管电子束流减小，亮度减弱。

（6）自动消磁电路（ADC）

从阴极发出的 R、G、B 三束电子流，必须准确打在它们相应的荧光点或荧光条上，否则将引起屏幕彩色不纯（又称色纯度不好）。但一些附加的磁场会使电子束发生不当的偏转而影响色纯度。一般，常在彩色显像管内部或外部用高导磁材料进行磁屏蔽，即消磁线圈。

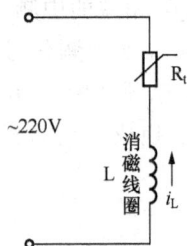

图 2-11 消磁电路

ADC 利用正温度系数的热敏电阻 R_t 与消磁线圈 L 串接后，并联到 220V 交流电源上，如图 2-11 所示。刚开机时，R_t 阻值很小，有较大的交流电流流过消磁线圈，同时电流流过 R_t 使温度上升，R_t 的阻值逐渐增大，于是流过消磁线圈 L 的交流电流振幅便逐渐减小直至零。这样由强至零的交变磁场可使附近钢质部件磁性从饱和状态逐渐减小到剩磁为零。

每次一开机，ADC 便自动消磁，整个过程仅需 3～4s 即可完成。通常，消磁线圈安装在显像管外部的磁屏蔽罩上。

3. 彩色电视机的主要技术指标

（1）灵敏度

1）图像极限灵敏度。彩色电视机的灵敏度指接收弱信号的能力。灵敏度高的接收机只要天线上能收到一点微弱信号，就能收到电视台的节目。当接收机处于最大放大状态时，在显像管上得到标准图像输出所需要的输入信号电平称为电视机的图像极限灵敏度，大约为 $100\mu V$。

2）图像有限噪声灵敏度。图像有限噪声灵敏度是实际灵敏度，指在标准图像输出电压峰峰值与噪声电压有效值之比等于 30dB（信噪比为 30dB）时，在显像管上得到标准图像输出所需要的输入信号电平，大约为 $200\mu V$。

3）伴音灵敏度。伴音灵敏度指在伴音通道的信噪比为 20dB，同时在扬声器得到标准伴音输出时的输入信号电平，通常要求小于图像有限噪声灵敏度标称数值的 1/3，大约为 $60\mu V$ 左右。

（2）选择性

电视机的选择性是指电视机的图像输出保持为一定值时，在频道外干扰频率上的输入信

号电平 U' 与在对应各频道图像载频上的输入信号电平 U 的比值，即选择性

$$S = 20 \lg(U'/U)$$

选择性是衡量电视机选择信号及抑制干扰能力的一个指标，由接收机的各个谐振回路的总谐振特性决定。为了使放大后的信号波形不失真，要求接收机对通频带内的信号频谱分量有相同的放大增益，而对通频带以外的干扰不放大。一般要求电视机的选择性在偏离图像载频时的衰减量符合以下要求：在 -1.5MHz 处不小于 30dB，在 $+8$MHz 处不小于 40dB，在 $-1.5 \sim -3$MHz 和 $+8$MHz 外不小于 20dB。

（3）亮度鉴别等级和图像解像力

电视机亮度鉴别等级（灰度级）和图像解像力与电视机接收通道的频率特性、相位特性和非线性失真有关。一般要求电视机的灰度等级不小于 7 级。图像解像力用水平与垂直方向分辨的线数表示。在屏幕中央部分，水平解像力不低于 300 线（对黑白电视机要求不小于 350 线），垂直解像力不低于 350 线（对黑白电视机要求不小于 450 线）。

（4）电视机的同步范围

电视机的同步范围是指同步信号能够控制扫描电路的频率范围。行同步保持范围（图像保持同步的范围）要求不小于 ±400Hz；行同步引入范围（从图像断开到接入信号同步范围）要求不小于 ±200Hz；帧同步范围要求不小于 $-4 \sim +2$Hz；保持同步的电源电压变化范围要求不小于 $\pm10\%$。

（5）自动增益控制特性

自动增益控制特性是表明电视机输出电压与输入电压之间的关系特性。一般要求电视机的自动增益控制作用能满足当输入电平变化不小于 40dB（乙级机）$\sim$60dB（甲级机）时，相应输出电平变化为 ±1.5dB。

彩色电视机的技术指标还有图像几何失真与扫描非线性失真、图像幅度及阳极高压的稳定性、伴音不失真功率、色度信号解调误差、矩阵变换误差、直流分量恢复能力、自动色饱和度控制能力、彩色同步稳定性以及色纯与会聚等。

本 章 小 结

广播电视系统包括发射、传输和接收 3 部分。彩色全电视信号经过高频调幅，伴音信号经过高频调频后合成为高频全电视信号。伴音载频比图像载频高 6.5MHz。每个电视频道所占带宽为 8MHz。高频电视信号在 VHF 和 UHF 波段，频率范围为 48.5~958MHz。VHF 波段分为 12 个频道，UHF 波段分为 56 个频道。

彩色电视机由公共通道、伴音通道、图像显示通道、同步扫描电路、控制系统和电源电路 6 大部分组成。由于电视机的电路越来越集成，运用了许多自动调整和自动保护电路，如 AFC、AGC、ACC、ACK、ABL、ADC 等。合格的电视机必须满足规定的技术指标要求。

实验二　彩色电视机的使用

一、实验目的

1）能正确连接彩色电视机系统。

2）能正确操作彩色电视机。

3）能通过彩色电视机的菜单调节彩色电视机的图像质量。

二、实验任务

1）彩色电视系统的连接。

2）彩色电视机的按键操作与节目观看。

3）彩色电视机的菜单操作与画面调节。

三、实验器材

1）有线电视信号。

2）汇佳彩色电视机1台。

3）机顶盒1台。

4）DVD机1台。

四、实验方法和步骤

1. 彩色电视系统的连接

1）将机顶盒的视频输出端口用视频线连接到电视机的视频输入端口，机顶盒的音频输出端口用音频线连接到电视机的音频输入端口。

注：视音频线要区分颜色，与对应端口的颜色要一致。

2）将有线电视信号线插入到机顶盒的射频输入端口。

3）将机顶盒的用户卡插入到机顶盒的用户卡座。

4）打开机顶盒和电视机的电源，将电视机的接收模式转换为视频模式，如果有多个视频端口，电视机的视频模式要转到对应的端口，机顶盒自动初始化后，根据提示，完成电视信号的搜索与存储，就可正常收看电视了。

5）将DVD的视频输出端口用视频线连接到电视机的视频输入端口，DVD的音频输出端口用音频线连接到电视机的音频输入端口。若没有视频2端口，需将机顶盒视音频端口的连线拔出，插入到DVD的视音频端口。

6）打开DVD和电视机的电源，将电视机的接收模式转换为对应视频模式，放入碟片就可以使用了。

2. 电视机的按键操作与节目观看

1）打开电视机的电源开关，电源指示灯点亮后熄灭，屏幕进入开机画面。

注：电源指示灯一直点亮为红色，需再按一次遥控器的POWER键才能进入开机画面。

2）调节"节目＋"或"节目－"改变电视节目，或按遥控器对应的数字，进入想收看的节目。

注：如接有机顶盒，可按机顶盒的"确认"键，进入节目搜索，搜索完毕，自动进入节目收看，但需要按遥控器的"AV/TV"转换键进入视频（AV）状态。

3）调节"音量＋"或"音量－"改变声音大小。

4）若采用DVD播放节目，需将碟片放入VCD碟盒内，进入播放状态，电视机也置于视频（AV）状态。

3. 电视机的菜单操作与画面调节

参照电视机的使用说明书，采用遥控器和按键对电视机的所有功能操作一次，并调整图像到最佳状态。

五、实验报告要求

1）说明操作的具体步骤。

2）说明操作中遇到的问题和困难以及解决的方法。

3）总结操作中应注意的问题。

4）记录实验的数据和结果。

思考与练习

一、选择题

1. 电视发射机发射信号时，一般是（　　　）。

　A. 先将高频信号变为低频信号再发射

　B. 先将高频信号变为中频信号再发射

　C. 先将图像和伴音信号调制到高频，再用高频发射

　D. 先将图像和伴音信号调制到固定中频，再用高频调制后发射

2. 在电视机高频调谐器中，混频后图像中频比第一伴音中频（　　　）。

　A. 低 6.5MHz　　　B. 低 8MHz　　　　C. 高 8MHz　　　　D. 高 6.5MHz

3. 我国电视 VHF 频段中的 VH 频段为 6～12 频道，其频率范围为（　　　）。

　A. 48.5～92MHz　　B. 92～167MHz　　C. 167～223MHz　　D. 470～958MHz

4. 电视机出现一条垂直亮线的原因可能为（　　　）。

　A. 电源有故障　　　　　　　　　B. 通道有故障

　C. 场扫描电路有故障　　　　　　D. 行偏转线圈损坏

5. 电视机出现水平一条亮线，则产生故障的可能原因是（　　　）。

　A. 电源有故障　　　　　　　　　B. 高频头故障

　C. 行扫描电路有故障　　　　　　D. 场扫描电路出现故障

6. 彩色电视无光栅的故障是（　　　）。

　A. 电源电路　　　B. 图像中放　　　C. 伴音电路　　　D. 行扫描电路

二、填空题

1. 电视系统由_____、_____和_____组成。

2. 电视信号在传送过程中，图像信号用_____方式发送，伴音信号用_____方式发送。

3. 我国电视接收机中图像中频为_____MHz，第一伴音中频为_____MHz，第二伴音中频为_____MHz，色副载波频率为_____MHz。

4. 彩色电视机的本机振荡频率始终比图像载频高_____MHz，比伴音载频高_____MHz。

5. 伴音信号发送时采取_____措施，以加大频偏，提高音频段的调频指数，改善抗干扰性能；同样，在接收端采用_____恢复出不失真伴音。

6. 我国广播电视信号的传输分为_____和_____，整个频段为_____~_____ MHz。

三、问答题

1. 简述广播电视系统的发射和接收过程。

2. 为什么高频图像信号采用残留边带发送方式？这种方式对图像质量会带来什么影响？

3. 负极性调制的含义是什么？有什么优点？

4. 画出我国第五频道电视射频信号的幅频特性曲线图，标明图像和伴音载频的位置及各频带宽度。

5. 彩色电视机主要由哪几部分组成？各部分的作用是什么？

6. 彩色电视机的主要技术指标有哪些？各是怎样规定的？

7. 简述彩色电视机自动搜台的操作方法。

8. 利用电视机组成框图判断下列故障部位：

（1）无光栅，有伴音；

（2）有光栅，有图像，无伴音；

（3）有光栅，无图像，无伴音；

（4）有图像，行场不同步；

（5）有完整图像，但图像上下滚动；

（6）有伴音，屏幕上只有一条水平亮线；

（7）有伴音，屏幕上只有一条垂直亮线；

（8）无光栅，无图像，无伴音。

第3章 电源电路原理与故障维修

直流稳压电源是彩色电视机的能源供给部分。早期的彩色电视机所需的稳压电源大多采用串联式。随着电子技术的发展，出现了一种新型的开关电源，它以其独特的优越性，很快取代了各种彩色电视机中传统的直流稳压电源。目前，在国内市场所见到的各种彩色电视机，几乎都是采用开关式稳压电源。

3.1 开关稳压电源的工作原理

开关电源的作用是将 220V 交流电经整流滤波成不稳定的直流电压（脉动直流电压），再将脉动直流电压送到直流转换器（开关管、调制电路和脉冲变压器等部分）的输入端，在输出负载端得到恒定的直流电压，供给电视机工作。

3.1.1 电视机电源电路的特点

1）成本低、体积小、重量轻。开关稳压电源采用交流电网 220V/50Hz 交流电直接整流滤波，省去了昂贵笨重的电源变压器，体积和重量仅为串联稳压电源的 1/5~1/4。

2）稳压范围宽。开关稳压电源是通过调整脉冲宽度稳压的，当交流输入电压在 130~260V 变化时，输出直流电压的范围在 2% 以内，而且效率不变。

3）可靠性高。开关稳压电源中可加入自动保护电路，当电路中出现故障，产生过电压或过电流时，开关电源将停止振荡，自动切断电源，以防止故障扩大。

4）纹波电压小。输入的交流电压经整流、滤波、稳压后，纹波越小越好，开关稳压电源纹波电压小于 5~10mV。

5）电源内阻小。电源内阻越小，负载能力越强，即输出电压受负载变化的影响越小，一般开关稳压电源内阻小于 3Ω。

当然，开关稳压电源也存在一些缺点，主要是容易对图像产生一些干扰。另外，开关稳压电源的电路复杂，元器件及其种类多，维修难度较高。

3.1.2 开关稳压电源的类型

1. 按开关管与负载的连接方式分类

（1）串联型

串联型开关电源的开关管与储能元件和负载电路是串接的，开关管不接地。它是在开关管导通的同时由输入电源向负载提供能量，并使储能电感储能。在开关管截止期间输入电源被切断，输出由原储存在电感器中的能量提供（电容器在这里起缓冲补充作用）。此类开关电源的电源内阻小、稳压性能较好、开关管耐压要求较低，缺点是对同时由电源提供的其他较低电源的功率有一定的限额。

（2）并联型

并联型开关电源的开关管或储能元件和负载电路是并联的，即开关管的发射极直接接地或通过小阻值电阻接地。它是在开关管导通期间输入电源不直接向负载提供能量，负载获得的能量均是由开关管截止期间电感器中吸收的能量转换来的，并依靠了滤波电容的缓冲平滑作用。由于储能元件一般采用隔离型变压器，所以此类开关电源既可为不同的负载提供多种直流电压，又使负载"地"与市电电压隔离而变为"冷"地，提高了电视机的安全性与可靠性。

2. 按开关管激励方式分类

（1）自激式

自激式开关电源的开关管既起开关作用，又是开关电源实现自激振荡的核心元件。通常由开关变压器正反馈绕组产生的脉冲电压，经正反馈回路形成正反馈雪崩过程，使开关管工作在开关状态。由于开关管始终参与振荡，不仅导致开关电源的功耗大，而且开关管故障率相对较高。

（2）它激式

它激式开关电源的开关仅起开关作用，不参与振荡脉冲的形成。振荡脉冲由单独设置的振荡器产生。开关管激励脉冲波形好，开关管自身的功耗小，开关电源的效率高。

注：它激式开关电源的启动电路、振荡器、开关管驱动电路一般集成在集成电路内部。

（3）行频脉冲触发方式

行频脉冲触发方式开关电源的开关管通过自激方式或它激方式起振，待行扫描电路工作后，由行输出电路产生的行逆程脉冲作为激励脉冲，使开关管工作在开关状态。由于开关管受行频脉冲激励，所以抑制了开关电源与行扫描电路之间的干扰，但由于开关电源工作频率较低，降低了开关电源的效率。

3. 按功率变换形式分类

1）升/降压型开关电源输出端电压可高于输入电压，也可低于输入电压。

2）升压型开关电源输出端电压只能高于输入电压。

3）降压型开关电源输出端电压只能低于输入电压。

4. 按稳压控制方式分类

（1）脉冲调宽控制式

这种类型的开关稳压电源保持开关脉冲的频率不变，通过改变开关管导通时间长短保持输出电压的稳定。

（2）调频控制式

这种类型的开关稳压电源保持开关管导通时间不变，通过改变开关脉冲频率（周期），相应调节控制脉冲占空比来稳定输出电压的稳定。

5. 按误差取样分类

（1）间接误差取样、放大方式

采用间接取样、放大方式的稳压控制电路需在开关变压器上专门设置一个取样绕组。取样绕组产生的脉冲电压经整流，在滤波电容两端得到与输出端电压成正比的取样电压，通过误差放大器放大后，再经调频调宽电路或调宽电路控制开关管的导通时间，实现开关电源输出电压稳定的控制。此类取样方式的稳压控制速度慢，空载时电压会略有升高。

（2）直接误差取样、放大方式

直接误差取样、放大方式就是误差取样电路直接对行输出电路的供电电压进行取样，再通过误差放大电路放大后，通过调宽电路或调频调宽电路控制开关管导通时间（或同时控制振荡频率和导通时间），确保开关电源输出电压的稳定。光耦合器应用前，直接误差取样、放大方式主要应用在串联型开关电源中；光耦合器广泛应用后，并联型开关电源才逐步采用直接误差取样、放大方式。由于直接误差取样、放大方式利用光耦合器将误差取样放大器和调频调宽电路隔离，所以不仅使负载与市电隔离，而且稳压控制性能好、安全性高，并且便于空载检修。

3.1.3　开关稳压电源的组成和工作原理

开关电源有两种类型，即串联型和并联型开关电源。由于串联型开关电源会使整个电视机底板带电（热底板），所以应用在早期彩色电视机的开关电源中，现在应用的主要是并联型开关电源。

（1）串联型开关电源

图 3-1 所示为串联型开关电源的基本电路原理图。电路中 VT 为开关调整管；VD 为续流二极管；L 为储能元件；C 为滤波电容器；R_L 为负载电阻器；V_i 为输入交流电压（220V）经整流后的电路输入电压；V_o 为输出电压。VT 的基极加的是开关脉冲电压。

开关调整管 VT 的基极受开关脉冲控制而工作于开关状态。

当 VT 的基极加正脉冲电压时，开关管 VT 饱和导通，二极管 VD 反偏截止，输入电压 V_i 加到 L 和 R_L 上。由于 L 中的电流不能突变，所以流过 L 的电流随着开关管的导通而线性上升，并以磁能的形式在 L 中储存能量。正脉冲越宽，开关管导通时间就越长，电流增加也越大，因而储存能量也越多。流经 L 的电流同时给 C 充电，并向负载 R_L 供电。

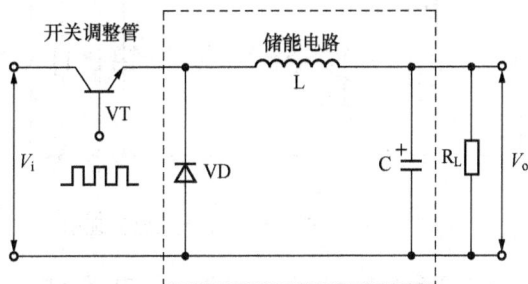

图 3-1　串联型开关电源基本电路原理图

当 VT 基极加负脉冲电压时，开关管 VT 截止，因为 L 中的电流不能突变，于是在 L 两端产生一个与原来极性相反的自感电动势，其极性是左负右正。此感应电压使二极管 VD 导通，储存在 L 中的磁能则通过 VD 继续向 C 充电，同时也向负载 R_L 供电。当 L 中的电流下降到较小时，C 开始向 R_L 放电，以维持负载电流的连续性。当 C 上的电能释放到一定程度时，开关管又进入导通状态，输入电压 V_i 又通过 L 向 C 充电，并向负载 R_L 供电。

由上述工作过程可见，开关管在开关脉冲的控制下周期性地导通和截止。开关管导通时，L 储存能量；开关管截止时，L 释放能量。由于 L 的储能作用、C 的充放电作用及

VD 的续流作用，从而保证了负载 R_L 上电流的连续性，使输出电压 V_o 维持在一定的数值上。

若输出电压 V_i 发生波动，电路中设置的稳压控制电路会对输出电压取样、比较，用放大后的误差信号去控制加到开关管基极的脉冲宽度，改变开关管导通时间，达到稳压的目的。

（2）并联型开关电源

图 3-2 所示是并联型开关电源的基本电路原理图。图中储能电感器 L 和负载 R_L 并联，其工作原理与串联型开关电源电路基本一样。

开关管 VT 导通时，直流电压 V_i 加在两端，在 L 中流过线性增大的电流，并以磁能形式储能于 L 中。此时 VD 由于反偏截止，负载 R_L 上的电流由 C 放电供给。

开关管 VT 截止时，L 上的自感电动势的极性与原来的相反，即上负下正。此时二极管 VD 导通，L 将储能释放，通过续流二极管 VD 向 C 充电，并向负载 R_L 供电。

可见，并联型开关电源是开关管截止时，L 中的储能向 C 补能，向负载 R_L 供电，在开关管导通时，L 储能，由 C 向负载 R_L 供电。此点是与串联型开关电源的不同之处。

（3）变压器式开关电源

上述两种开关电源，储能元件均是采用电感器 L，而变压器式开关电源，是在电路中增加了脉冲变压器（或开关变压器），输出电压由储能变压器次级绕组产生。变压器式开关电源也有关联型和串联型之分。目前，并联型变压器式开关电源应用广泛。

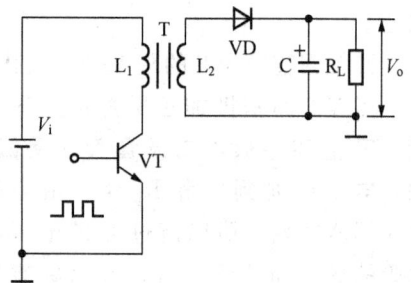

图 3-3 所示是变压器式开关电源等效电路，VT 为开关三极管，T 是开关变压器，VD 是续流二极管，C 是滤波电容器，R_L 是电源负载。

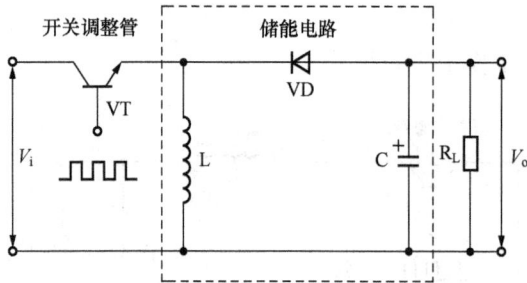

图 3-2　并联型开关电源基本电路原理图　　　图 3-3　变压器式开关电源等效电路

VT 集电极接约 300V 脉冲直流电压，同时，300V 电压通过启动电阻接开关管 VT 的基极，并给其提供正向偏置，通过正反馈使 VT 饱和导通。VT 饱和导通时，有电流流过开关变压器初级 L_1，在 L_1 中产生上正下负的感应电动势，根据同名端安排，在次级 L_2 中产生上负下正的感应电动势，使 VD 反偏截止，从 L_2 中无电流流过。当 VT 由饱和导通转为截止时，L_1、L_2 中产生的感应电动势均相对原来改变极性，使 VD 导通，有直流电压 V_o 输出。

假定开关变压器是理想变压器，其输入电压 V_i 与输出电压 V_o 之间有如下关系：

$$V_o = \frac{T_{通}}{T_{周}} \cdot \frac{n_2}{n_1} V_i$$

式中：$T_{通}$ 为 VT 的导通时间；$T_{周}$ 为重复周期；$\dfrac{n_2}{n_1}$ 为开关变压器匝数比。

其中，n_2/n_1 是固定的，V_i 随电网电压变化而变化。要使 V_o 稳定，有两种方法：一种是固定 $T_周$ 不变，控制 $T_通$ 随 V_i 变化，使 V_o 保持不变，称为脉宽控制法；另一种是固定 $T_通$，控制 $T_周$ 随 V_i 变化，使 V_o 保持不变。

3.1.4　开关电源典型元器件

1. 开关变压器

开关变压器又称脉冲变压器。它不仅是储能元件，还是开关电源正常工作的关键器件，由线圈、磁心和骨架 3 部分构成，如图 3-4 所示。

2. 光耦合器

光耦合器由一只发光二极管和一只光敏晶体管构成。当发光二极管流过导通电流后开始发光，光敏晶体管受光照后导通，这样通过控制发光二极管导通电流的大小，便可控制光敏三极管的导通程度，所以它属于一种具有隔离传输性能的器件。在彩色电视机中，光耦合器主要应用于稳压控制电路和待机控制电路。光耦合器有 4 脚封装和 6 脚封装两种。

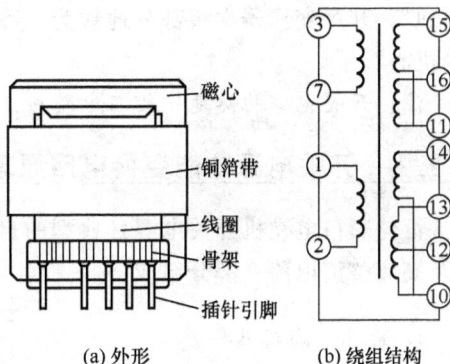

(a) 外形　　　　(b) 绕组结构

图 3-4　开关变压器

3. 互感滤波器

互感滤波器由两个一样的线圈和磁心构成，如图 3-5 所示。它损坏后，通常会发出"吱吱"声且表面有变色现象，有时还会引起市电输入回路的熔断器过电流熔断。

4. 消磁电阻

消磁电阻是一种属于 PTC 器件的正温度系数热敏电阻。它在常温时阻值较小（多为 $10\sim40\Omega$），当通过一定电流使它的温度升高时，它的阻值会急剧增大。常见的消磁电阻为方柱形，按引脚分有两脚和三脚两种。两脚消磁电阻内装一只热敏电阻，它的外形如图 3-6 所示。

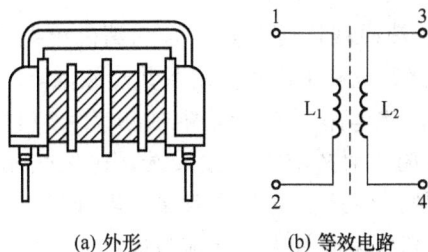

(a) 外形　　　(b) 等效电路

图 3-5　互感滤波器

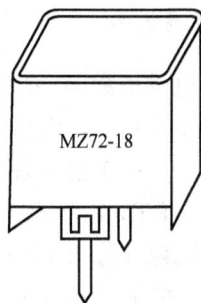

MZ72-18

图 3-6　消磁电阻

5. 保险电阻

保险电阻既有电阻的限流作用又有熔断器的保护作用，因此它常用在开关电源的供电回路中，维修时必须采用同规格保险电阻更换。

3.2 汇佳彩色电视机的开关电源电路分析

汇佳彩色电视机开关电源的电路原理图如图 3-7 所示。该电源为并联自激型直接式开关稳压电源，采用光耦隔离直接取样，开关变压器的初级和次级实现了隔离，电源部分地线为"热地"，开关变压器次级部分地线为"冷地"，因此除开关电源电路外底板不带电，也称为"冷机心"。

注：开关电源的热地一般在电路板上用白线勾出。

3.2.1 开关电源电能变换电路原理分析

汇佳彩色电视机开关电源是典型的自激式脉冲调宽开关电源，主要由整流电路、开关电路及高频整流电路 3 部分组成。

1. 整流、滤波电路

VD503～VD506、C503～C506 组成桥式整流电路。其中，电容器 C503～C506 防止浪涌电流，保护整流二极管，同时还可以消除高频干扰。C507 是滤波电容器，C518 滤除电源中的高频干扰信号。R502 是限流电阻器，防止滤波电容器 C507 开机充电瞬间产生过大的充电电流。

R501、C501、L501、C502、L502 构成线性滤波器。线性滤波器的作用是隔离高频干扰，一是防止外界的高频干扰信号窜入开关稳压电源，干扰其工作；二是防止开关电源振荡器产生的高频干扰信号干扰外界其他机器的工作。

220V 交流电经电源线、电源开关 SW501、熔断器 FU501、线性滤波器、桥式整流电路整流，经 C507 平滑滤波后，得到＋300V 的直流电压，加到开关稳压电源输入端。

注：FU501 是彩色电视机专用的熔断器，熔断电流为 3.15A，它具有延迟熔断功能，在较短时间内承受较大的电流，因此不能用普通熔断器代替。

2. 自动消磁电路

自动消磁电路也称 ADC，由消磁电阻、消磁线圈等组成。自动消磁电路的类型很多，有采用负温度系数热敏电阻和压敏电阻的电路，也有采用正温度系数热敏电阻的电路，该机自动消磁电路即为一正温度系数热敏电阻的消磁电路，消磁线圈 L909 为 400 匝左右，装在显像管椎体外；RT501 为正温度系数热敏电阻，对外有 3 个接线端，由发热元件和热敏电阻组成，热敏电阻部分与 L909 相串联。发热元件接在电源的两端，当开启电视机电源时，立即发热，RT501 冷态电阻只有二十几欧，开机瞬间有大电流流过时，发热元件对其加热，表面温度急剧升高，使它的阻值上升到 1MΩ 以上，消磁线圈 L909 上电流急剧减小，三四秒钟之内电流可减小到接近零，消磁线圈的磁场消失，达到消磁的效果。

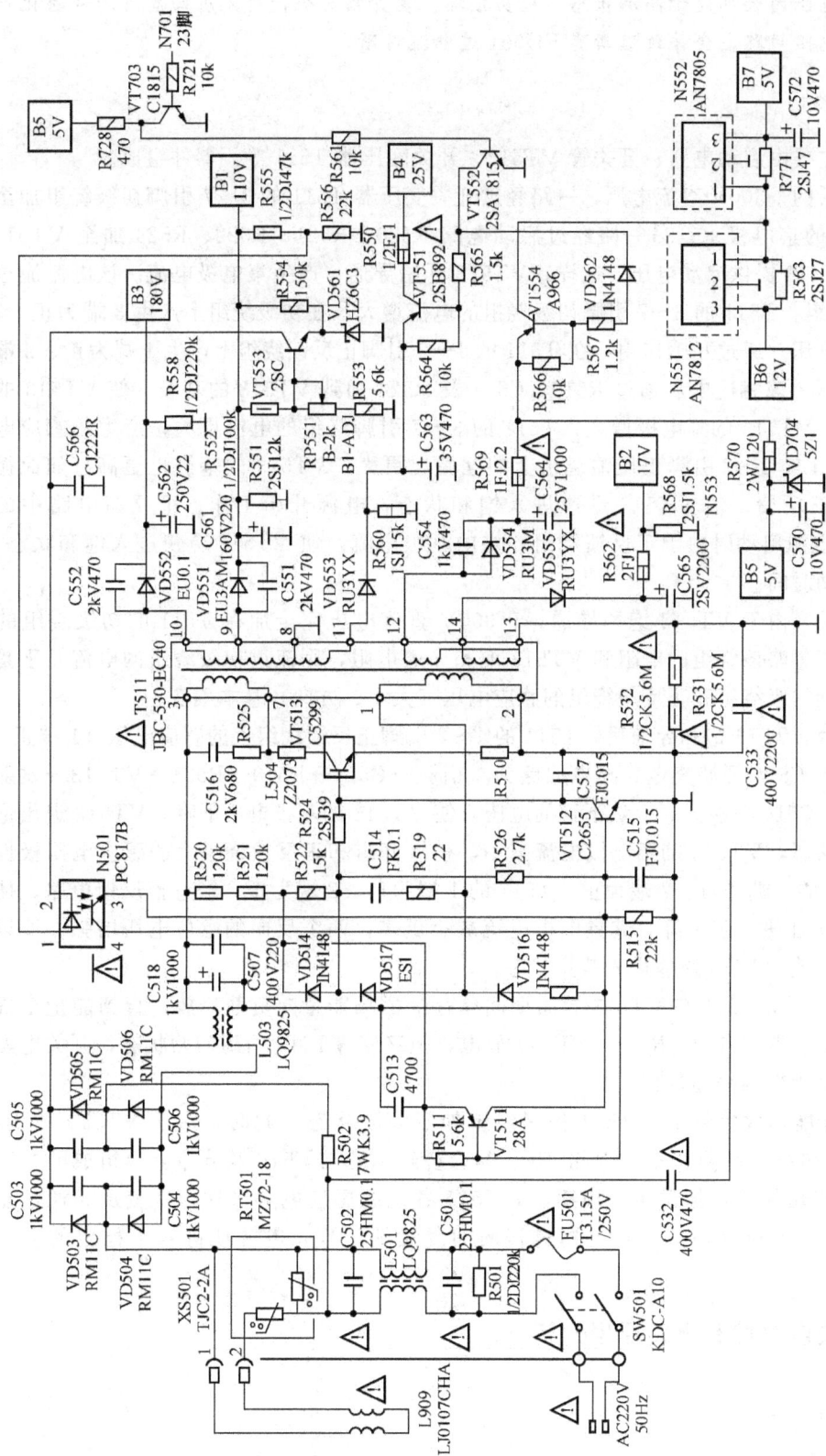

图 3-7　汇佳彩色电视机开关电源原理图

注：消磁电阻因长期处于高温状态，极易损坏。其开路后会使荧光屏四周或局部磁化产生色斑；消磁电阻短路，会导致熔断器 FU501 过电流熔断。

3. 振荡电路

振荡电路主要由启动电路、开关管 VT513、开关变压器 T511 等元器件组成。

整流滤波后的＋300V 直流电压，一路经过开关变压器 T511 的 3～7 引脚初级绕组加至开关管 VT513 的集电极上；另一路经过启动电路 R520、R521、R522、R524 加至 VT513 的基极，为 VT513 提供启动电压。这样，VT513 开始导通，产生集电极电流。该电流流过 T511 的初级绕组，T511 的 3～7 引脚初级绕组的电流增大，在初级绕组上产生 3 端为正、7 端为负的自感电压。通过互感作用，在 T511 的 1～2 引脚正反馈绕组上产生 1 端为正、2 端为负的感应电压，该感应电压通过 R519、C514 及 R524 加到 VT513 的基极，使 VT513 的基极电压上升，VT513 的集电极增大，T511 的 3～7 引脚绕组的电流更大，产生的感应电压也更大，T511 的 1～2 引脚正反馈绕组上的互感也更大，VT513 的基极也更高，如此循环往复，产生正反馈，使 VT513 迅速进入饱和状态，电源开始工作。正反馈电路中的 VD517 可加大电源启动时由于正反馈绕组提供的基极电流，使 VT513 更快进入饱和状态，以缩短电源启动时间。

电源启动后，由于 VT513 饱和导通，＋300V 直流电压完全加在 T511 的初级绕组的 3～7引脚上，若忽略该绕组的电阻和 VT513 饱和导通电阻，则流过初级绕组的电流几乎是线性增长的，则初级绕组和正反馈绕组的感应电压（大小、方向）基本不变。

开关调整管 VT513 饱和导通后，T511 的 1～2 引脚正反馈绕组上的感应电压（1 端正 2 端负）对电容器 C514 开始充电，充电回路为 1 引脚→C514→R519→R524→VT513→发射极→2 引脚，在 C514 上建立起上负下正的电压，使 VT513 的基极电压下降，VT513 退出饱和而进入放大状态，VT513 的集电极电流减小，初级绕组和正反馈绕组上的感应电压极性反向，即 T511 的 3 端为负、7 端为正，T511 的 1 端为负、2 端为正，经过正反馈电路，使 VT513 的基极电压进一步下降，其集电极电流减小更多，两个反向的感应电压增强，所以这个正反馈过程使 VT513 快速进入截止状态。

VT513 截止后，T511 在 VT513 导通期间储存的磁场能量向负载释放，直到能量全部放完。同时，电容器 C514 经 R519、VD517 放电，最终使 VT513 回到初始状态，开关电源也就完成了一个周期的振荡过程。

当 T511 储能释放完结时，T511 初级绕组处于高阻状态。此时，由于 VT513 截止，T511 初级绕组也处于高阻状态，因此 T511 初级绕组电感与 C516 及分布电容组成的并联谐振电路发生自由振荡，振荡半个周期后，T511 各绕组感应电势极性再次变反，通过正反馈使 VT513 又重新导通。于是上述过程周而复始地工作，电源便进入了稳定的振荡过程。

3.2.2　开关电源控制电路原理分析

1. 待机控制电路

开关电源的待机控制电路由微处理器 N701、VT703、VT551、VT552、VT554 等器件组成。

正常开机时，微处理器 N701 的 23 引脚输出低电平 0V，使 VT703 截止，VD701 电源指示灯停止发光，VT552 饱和导通，其集电极电压降低，导致 VT551、VT554 也饱和导通。电源 B4 提供 24V 电压，电源 B6 提供 12V 电压，电源 B7 提供 5V 电压，电源 B6 控制行振荡电路，将 12V 电压加到 N101 的 25 引脚，二次启动行扫描电路，使行扫描电路工作。同时，行激励电路、场输出电路、集成电路 N101 得到电源供电正常工作，电视机处于收看状态。

待机时，微处理器 N701 的 23 引脚输出高电平 5V，使 VT703 饱和导通，VD701 电源指示灯发光，VT522 截止，VT551、VT554 也截止，B4、V5、B7 输出 0V，行振荡电路因无电源供电而停止工作，行扫描电路也停止工作。同时，行激励电路、场输出电路、集成电路 N101 都停止工作，电视机处于待机状态。

2. 保护电路

（1）过电压保护电路

过电压保护电路由 VD519、R523、VD518 组成。当电网输入交流 220V 电压上升时，使整流后的 300V 电压明显提高，T511 的 1～2 引脚正反馈绕组上的电压也将明显升高。当 1～2 引脚上的电压升高到一定值时，VD519 被反向击穿，正反馈电压经 VD519、R523、VD518 加到 VT512 的基极，使 VT512 饱和导通，将 VT513 基极对地短路，VT513 截止，振荡电路停止振荡，避免因电源电压过高而损坏电源开关管与其他电路。

（2）过电流保护电路

过电流保护电路由 R515、R524、R526、C515 组成。当开关管 VT513 饱和导通时，它的基极有较大的基极电流以维持 VT513 处于饱和导通状态，如果负载需要的电流很大，则饱和导通的时间会延长，相应地也会需要较大的基极电流。但是基极电流过大，当超过允许值时会损坏开关管 VT513。为了避免这种现象的发生，在开关管 VT513 的基极回路中串接一个阻值较小的电阻器 R524，当开关管 VT513 基极电流处于正常值范围，R524 上的电压降很小，对 VT512 的工作状态无影响；当 VT513 基极电流过大时，R524 上的电压降（左负右正）加大，此电压经 R526、R515 分压后使 VT512 导通增强，对 VT513 基极的分流作用也增强，进而可以限制 VT513 的饱和时间，使 VT513 集电极电流的增长不超过允许值。由于开关变压器储能的时间被控制在某一范围，起到了过电流保护的作用。

（3）尖峰电压吸收电路

开关管由导通转向截止时，在开关变压器次级脉冲整流二极管尚未导通瞬间，在开关管集电极上会产生很高的尖峰电压。为了避免开关管 VT513 被这瞬间的尖峰电压击穿，在开关管 VT513 的基极与发射极之间并联电容器 C517，开关变压器 T511 的 3、7 引脚绕组上并联了 C516 和 R525，在 VT513 进入截止时，能吸收因变压器漏感和分布电感引起的尖峰电压，避免 VT513 被击穿。

（4）抗干扰电路

电源地线（热地）与次级地线（冷地）之间加入 R531（12MΩ）、R532（12MΩ）、C533（2200PF），可以减少广播波段信号的干扰。

3.2.3 开关电源稳压电路原理分析

1. 电路组成

该电源电路是典型的负反馈调宽控制电路，稳压电路主要由取样电路、输出电压调节电路、基准电路、比较放大电路、脉宽调节电路组成。

（1）取样电路

T511 次级引脚 9 输出的交流电压，经 VD551 整流、C561 滤波后，变为直流 110V。经 R552、RP551、R553 分压后得到一直流电压，约 7V。

（2）基准电压电路

由直流 110V 电压经 R554、VD561 稳压后得到基准电压 6.3V。

注：流过 VD561 的电流必须为 10～20mA。

（3）比较放大电路

取样电压与基准电压同时加到比较管 VT553 的基极与发射极进行比较，如果 110V 电压高，则取样后 VT553 基极输入电压也高，而发射极电压不变，则 VT553 集电极输出电压变低；反之，如果 110V 电压变低，则 VT553 集电极输出电压变高。

2. 脉宽调制电路

脉宽调制电路由 VT511、VT512 组成。比较放大后的误差电压经光耦合器 N501 控制 VT511 的导通程度。当比较放大输出的电压高时，N501 内的光敏二极管的 1、2 端内的发光二极管发光强度增大，3、4 引脚之间的导通程度加深，VT511 的基极电压降低，VT512 的导通程度加深，VT513 的基极电压下降，则 VT513 的导通时间缩短，输出的 110V 电压下降。

当市电电压升高或负载变轻，引起输出端电压升高时，滤波电容器 C561 两端升高的电压经 R555、R556 取样后，使光耦合器 N501 的 1 引脚输入的电压升高，同时该电压经误差取样电路 R552、RP551、R553 取样后，使误差放大管 VT553 基极电位升高，而 VT553 发射极是由稳压管 VD561 提供的基准电压，所以 VT553 因 b-e 结输入的电压增大而导通加强，使 N501 的 2 引脚电位下降，于是 N501 内的发光管发光加强，导致 N501 的 4 引脚电位下降。N501 的 4 引脚电位下降后，使 VT511、VT512 相继导通加强，致使开关管 VT513 基极电位降低，导通时间缩短，输出端电压下降到正常值，稳定了输出端电压。VT513 过电流，在负反馈电阻 R510 两端产生的压降达到 0.7V 时，使脉宽调节管 VT512 饱和导通，VT513 截止，避免了 VT513 过电流损坏，达到了保护的目的。

3. 脉冲整流滤波电路

开关电源工作后，开关变压器二次侧会产生脉冲电压，各次级绕组上也会感应出大小不等的脉冲电压。这些脉冲电压经整流滤波后，变成彩色电视机所需的各种直流电压。开关变压器 T511 有 5 组绕组，经整流滤波后可以提供 7 组直流电压输出，分别是 B1（＋110V）、B2（＋17V）、B3（＋180V）、B4（＋26V）、B5（＋5V）、B6（＋12V）、B7（＋5V）。直流电压产生过程如下：

开关变压器 T511 次级 9 引脚输出的脉冲电压经 VD551 整流、C561 滤波得到＋110V 电压，作为主电源提供给行扫描输出电路。

开关变压器 T511 次级 14 引脚输出脉动电压经 VD555 整流、C565 滤波、R562 限流得到＋17V 电压，用作音频功放电路电源。

开关变压器 T511 次级 10 引脚输出的脉冲电压经过 VD552 整流、C562 滤波得到＋180V 电压，用作视放电路电源。

开关变压器 T511 次级 11 引脚输出的脉冲电压经 VD553 整流、C563 滤波、VT551 调整后得到＋25V 电压，用作场扫描输出电路和行激励电路的电源。

开关变压器 T511 次级 12 引脚输出的脉冲电压经 VD554 整流、C564 滤波、R569 限流，输出＋15V 电压。该电压一方面经 R570 限流、VD704 稳压后得到＋5V 电压，用作微处理器和存储器的电源；另一方面经 VT554 调整后再分 2 路输出，一路经 N551 稳压后得到＋12V 电压，用作行振荡电路、预中放电路和视频放大末级的电源，另一路经 N552 稳压后得到＋5V 电压，用作小信号处理电路的电源。

注：行扫描输出电路只为显像管各极提供电源，而其他电路电源都由开关稳压电源提供。这种设计可以减轻行扫描电路负担，降低故障率，也降低了整机的电源消耗功率。

3.3　汇佳彩色电视机的开关电源电路故障维修

由于整个开关稳压电源一般由分立元件组成，电路比较复杂，所用元件较多，且工作在大电流、高电压的条件下，因此开关电源的故障率也相对较高。当开关电源出现故障时，彩色电视机一般多为无光栅、无图像、无伴音，即"三无"现象。

注：由于开关电源的电路板直接与电网相连，人体触及这部分可能有危险，因此测量与检修时应该在电视机与市电之间接一个匝数比为 1∶1 的隔离变压器。

1. 关键在路电阻检测点

(1) 电源开关管 VT513 集电极与发射极之间的电阻

检测方法：用万用表 $R×1$ 挡，红笔接发射极，黑笔接集电极时，表针应不动；黑笔接发射极，红笔接集电极时，阻值在 100Ω 左右为正常。若两次测量电阻值都是 0Ω，则 VT513 已被击穿。

(2) 熔断器 FU501

检测方法：用万用表 $R×1$ 挡，正常电阻值是 0Ω。若测量时表针不动，说明熔断器已熔断，需要对开关电源中各主要元件进行检查。

注：熔断器 FU501 损坏后，熔丝会在玻璃内壁上产生黑斑或黄斑。

(3) 限流电阻 R502

限流电阻 R502 也称为水泥电阻，当电源开关管或整流二极管击穿短路时，会造成电流增大，限流电阻 R502 因过热而开路损坏。

2. 关键电压测量点

(1) 整流滤波输出电压

正常电压值为＋300V 左右，检修时可测量滤波电容器 C507 正、负极之间的电压，如无电压或电压低，说明整流滤波电路有故障。

注：测量＋300V 电压时，不能对冷地测量，而应对热地测量，即红表笔接＋300V 滤波端，黑表笔接热地；或将表笔直接接＋300V 滤波电容器两端。

（2）B1 端＋110V 输出电压

检修时可测量滤波电容器 C561 正、负极之间的电压，若电压为＋110V 左右，说明开关电源工作正常；若电压低或为 0V，则电源电路有故障。

（3）B2～B7 端输出电压

B2 为＋17V、B3 为＋180V、B4 为＋24V、B5 为＋5V、B6 为＋12V、B7 为＋5V，各电源直流输出电压可通过测量 B2～B7 直流输出端电压来判断电路是否正常。

3.3.1　开关电源无电压输出的故障维修

1. 检修流程

通电开机后，电视机出现电源指示灯不亮，无光栅、无图像、无伴音现象，说明开关电源或行扫描电路出故障。首先用万用表电阻挡测量开关电源主电源 B1 端对地电阻，若电阻正常，说明负载没有短路现象。此类故障与行扫描电路无关，故障出在开关电源部分。

此时应检查熔丝是否烧断，若熔丝烧断，说明整流滤波元件 VD503～VD506、C507 或开关管 VT513 及消磁电阻 RT501 有短路现象；若熔丝未烧断，通电，用万用表测量电容器 C507 两端电压，正常为＋300V；若该电压为 0，说明整流滤波部分电路有开路现象，可重点检查限流电阻 R502 是否开路。若＋300V 电压正常，电源无输出，应是振荡电路不起振，此时应依次检查开关管 VT513，VT513 的发射极电阻 R510，正反馈电路 R519、C514，开关变压器 T511，启动电路 R520、R521、R522、R524 是否开路。检修流程见图 3-8。

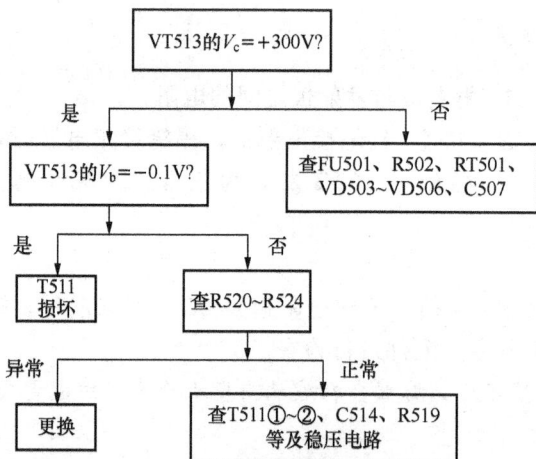

图 3-8　三无故障检修流程

2. 常见故障分析与检修

实例 1　指示灯不亮，"三无"。

故障现象：无光栅、无图像、无伴音，开机即烧断熔丝。

故障分析：开机即烧断熔丝且发黑，说明机内有严重短路性故障。一般来说，一种可能是电源电路本身短路，另一种可能是电源电路的负载短路。

检修步骤：

1）将万用表置于 R×10 挡，在路测量开关电源 B1 端对地电阻为 50Ω 左右，正常，说明电源电路的负载未短路，行扫描电路正常。显然，电源电路本身有短路故障。

2）将电源开关 SW501 断开，更换 FU501 熔丝。用万用表电阻 R×1k 挡测量电源插头两端电阻趋向无穷大，说明交流滤波器正常。

3）将电源开关 SW501 闭合，将消磁线圈插头拔掉，再测量电源插头两端阻值，交换表笔测量阻值均较小，说明整流滤波电路中元件有击穿短路或漏电现象。

4）用万用表电阻 R×100 挡测量整流滤波电路中元件整流二极管 VD503～VD506、滤波电容器 C507，发现 VD504 正、反向电阻阻值均为 0，说明 VD504 击穿短路了。

5）更换 VD504，再测电源插头两端阻值在几百 kΩ 之上，恢复正常。

检修结论：熔丝管熔断，是由于熔断器 FU501 到开关管 VT513 集电极之间的元件短路。最常见的故障元件是：整流二极管 VD503～VD506 中某一个二极管击穿短路，交流滤波器中元件 R501、C501、C502、L501 短路或严重漏电，消磁电阻器 RT501 短路或内部碎裂。

注：熔断器被烧断且管内发黑，一般是电源部分短路故障，常为开关管击穿短路，或整流二极管、滤波电路、消磁热敏电阻、消磁线圈等短路；熔断器被烧断而管内不发黑，大多是供电电压突然升高或更换的熔丝管过细而引起。

| 实例 2 | 指示灯不亮，"三无"。

故障现象：指示灯不亮，无光栅、无图像、无伴音，烧断熔丝管。

故障分析：烧熔丝一般都是电流大，重点检查输入整流电路和开关管。出现这种故障时，应在关机状态下检修。一般而言，烧断熔丝管是因整流二极管、+300V 滤波电容器、开关管及与开关管并联的电容器等元器件击穿引起。开关变压器次级回路的元器件损坏，是不会烧断熔丝管的。

检修步骤：

1）检查熔丝 FU501，发现 FU501 熔断且发黑，说明开关电源有过电流现象而烧坏熔丝管 FU501。

2）测量电源滤波电容器 C507 两端电阻器阻值为 0，说明 +300V 电源对地短路。

3）将万用表置于 R×1 挡，在路测量开关管 VT513 三个极间的正、反向电阻阻值为 0，说明 VT513 击穿。

4）更换 VT513、FU501 后，测量 C507 两端电阻器的阻值正常，开机后电视机正常工作。

检修结论：

1）击穿 VT513 原因有以下几点：稳压失控（稳压环路断路），尖脉冲吸收电容器 C516、C517 失容，输入整流电路二极管击穿短路。

2）检修时第一步观察 FU501 是否熔断；如果 FU501 正常，第二步测量 VT513 集电极电压；如果 FU501 熔断，第二步是观察 C507 的外观是否异常及测量 VT513 的 c-e 极电阻，这样可以逐步缩小故障检修范围。

注：开关管 VT513 击穿后，还应检查 VT512、R524 是否连带损坏；同时，还应检查

C515、尖峰电压吸收回路的 R525、C516 是否损坏。若它们正常，电视机再通电开机。

实例 3　指示灯不亮，"三无"。

故障现象：指示灯不亮，无光栅、无图像、无伴音，遥控开机不起作用。

故障分析：由于待机指示灯是由开关电源供电的，所以该故障说明主电源电路未工作。

检修步骤：

1）检查熔丝管 FU501 熔断，说明开关电源有短路性故障。

2）测量电源滤波电容器 C507 两端电阻器阻值正常，说明＋300V 电源负载电路没有故障，故障在交流输入电路。

3）检查 R501、C501、C502、L501、VD503～VD506 均正常，说明整流电路、交流滤波电路正常。

4）将消磁线圈插头从电路板上拔掉，更换熔丝管 FU501 后，开机不烧 FU501，说明故障在消磁电路。

5）检查消磁电路的消磁线圈 L909、消磁电阻器 RT501，发现消磁电阻器 RT501 的冷态电阻值为 27Ω，在用电烙铁靠近 RT501 表面加热时，同时测量其电阻值，结果电阻值不变化，说明 RT501 损坏。

6）更换 RT501、FU501 后，故障排除。

检修结论：检测消磁电阻器的好坏一般是测量其阻值。消磁电阻器的冷态电阻器只有几十欧，当对其加热时，表面温度急剧升高，使它的阻值上升到 1MΩ 以上，若加热时消磁电阻器的阻值不变或偏离较多，则消磁电阻器失去了正热敏特性引起开机熔断熔丝管。

实例 4　指示灯不亮，"三无"。

故障现象：开机后"三无"，且电源指示灯不亮。

故障分析：指示灯不亮，一般 B1 端输出直流电压无输出。可测量开关管 VT513 集电极的直流电压，正常时为 300V 左右，若正常，应查自激振荡电路，不起振的原因有：一是启动电阻器 R520、R521、R522、R524 开路；二是开关变压器相关引脚脱焊；二是振荡管 VT513 开路；四是正反馈支路 C514、R519 开路。若测量滤波电容器 C507 两端电压为 0V，应查电源线及整流滤波电路。

检修步骤：

1）测量 B1 端输出直流电压为 0V，说明电源无输出。

2）测量电源滤波电容器 C507 两端直流电压为＋300V，正常。

3）测量开关管 VT513 的 V_c＝＋300V，V_b＝0V，VT513 各极间正、反向电阻值正常，说明振荡电路未起振。

4）测量启动电路的元件 R520、R521、R522、R524 的电阻值，发现 R522（15kΩ）阻值为 120kΩ，显然由于启动电阻器 R522 的阻值变大使开关管 VT513 的 b 极得不到偏置电压，导致开关管 VT513 不工作。

5）更换 R522，电视机恢复正常。

注：由于开关电源停振，滤波电容器 C507 储存的＋300V 电能关机后无放电通路，检修时会给维修人员造成触电危险，因此关机后要将电容器 C507 放电。

检修结论：开关电源启动电阻器一般位于市电整流滤波输出端＋300V 和开关管基极之间，启动电阻器开路和阻值增大是造成开关电源不能启动故障的主要原因，若启动电路未对开关管基极提供启动（导通）电压，或开关管集电极没有得到足够的工作电压，则振荡电路就不会起振，产生开关电源输出端无电压故障。若振荡电路起振，则开关管基极电压往往变为负电压。

│实例 5│　指示灯不亮，"三无"。

故障现象：指示灯不亮，无光栅、无图像、无伴音，机内无"吱吱"声。

故障分析：由于听不到机内有"吱吱"声，原因是开关电源未起振；不烧熔丝管，说明电源电路中有开路性故障；故障原因可能是整流电路、启动电路、振荡电路、保护电路等工作异常。

检修步骤：

1）测量 B1 端输出直流电压为 0V，说明电源无输出。

2）测量 VT513 的集电极电压为 0V，异常。

3）测量 VT513 各极间正、反向电阻值正常，说明＋300V 未加到 VT513 的集电极上，振荡电路不起振，根据分析，故障在整流滤波电路。

4）用万用表电阻挡检查整流滤波电路 VD503～VD506、R502、C507 等元件，发现限流电阻器 R502 已开路。

5）更换 R502，故障排除。

检修结论：电源＋300V 滤波电容器 C507 负端并未直接接在"热地"上，而是通过限流电阻器 R502（3.9Ω/6W）与"热地"相连，R502 断路故障率较高。当 R502 断路后，会引起开关管 VT513 无供电而停振。

│实例 6│　指示灯亮，"三无"。

故障现象：开机待机红灯亮，二次开机黄灯亮，但无光栅、无图像、无声音。

故障分析：待机红灯亮，说明开关电源能提供＋5V 电压；二次开机黄灯亮，说明开关电源已启动，电源输出的主电压基本正常，微处理器也已工作。分析认为，可能是二次开机电路出现故障，也可能是电源负载过重或行振荡停振。

检修步骤：

1）测量 VT703 的集电极电压为 5V，说明遥控系统已输出开机指令。

2）测量 VT552 的集电极电压为 0V，正常。

3）测量 VT554 的基极电压为 17V，说明 VT554 没有导通。

4）用万用表电阻挡检查 VT554、R566、R567、VD562，发现 VD562 开路。

5）更换 VD562，故障排除。

检修结论：出现"指示灯亮，三无"故障时，说明开关电源没有故障，此时电视机不能开机，其故障在于遥控开机的控制电路或电源输出电路，应重点检查 VT703、VT552 和电源的输出电路 VT554。

注：由于开关电源受遥控系统控制，若电源受系统控制不启动，在检修相关电路或电源时，如需要电源有输出电压，可先短路控制管 VT552 的 c-e 极，强行开机检修。

3.3.2　开关电源电压输出异常的故障维修

1. 检修流程

通电开机后，开关电源电压输出异常（高或低）现象。此类故障说明开关电源的振荡电路基本正常，故障在稳压电路部分。

首先调节可变电位器 RP551，同时测量光耦合器 N501 的 1、2 引脚电压，若电压有变化，说明故障在 N501 或脉宽调节电路；若电压无变化，说明故障在 N501 之前的取样比较电路。由于控制电路为一闭环电路，任何一点的电压变化会影响到其他点电压的变化，特别是某元件损坏，会导致到所有电路工作异常，在检修时要灵活运用故障流程。输出电压异常检修流程见图 3-9。

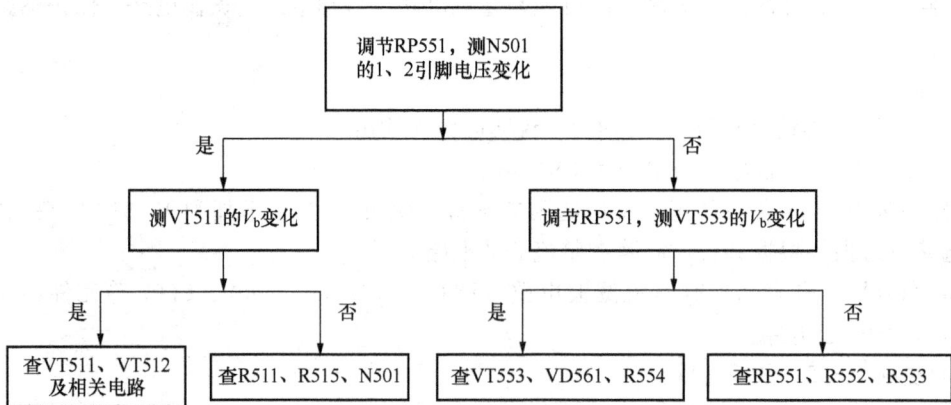

图 3-9　输出电压异常故障检修流程

2. 常见故障分析与检修

|实例 1|　B1 端输出电压低。

故障现象：开机指示灯亮，但无光栅、无图像、无声音，输出端电压低且有"吱吱"声。

故障分析：机内有叫声，说明开关电源振荡电路已启动工作，此故障可能是开关电源中稳压控制电路元件不良而失控。应先检查误差取样放大电路的 VT533、VD561、VT551 是否正常。若不异常，需要更换；若正常，再检查误差取样电路的可调电位器 RP551 或下偏置电阻器 R553、R556 是否正常。

检修步骤：

1) 用万用表 R×1 挡测量行输出管 c-e 极间阻值为 0，说明行输出管 C432 击穿。行输出管击穿多因开关电源的稳压控制电路异常所致。

2) 焊下已损坏的行输出管，在滤波电容器 C561 两端接一只 60W/220V 灯泡，为防止稳压控制电路异常引起其他元件损坏，采取保护措施：取下熔丝管 FU501，在其位置上串接一只 60W/220V 灯泡。

3) 通电，串联的灯泡始终发光较强；按遥控关机键，串联的灯泡能够熄灭，说明光耦合器 N501、VT511 基本正常，故障部位在误差取样放大电路。

4) 测量误差取样放大管 VT533 的发射极电压为 3V 左右，低于正常值 6.3V。

5) 怀疑三极管 VT533、稳压管 VD561 损坏，用万用表电阻挡测量之，发现 VD561 漏电。

6) 更换 VD561，故障排除。

检修结论：稳压管 VD561 是为误差取样放大电路提供基准电压的，取样电压与基准电压同时加到误差取样放大管 VT553 上进行比较，由于 VD561 漏电使基准电压下降，则 VT553 集电极输出电压下降，通过 N501、VT511、VT512、VT513 控制，造成 B1 电压变低。

│实例 2│ B1 端输出电压低。

故障现象：指示灯亮，"三无"。

故障分析：若 B1 端输出电压上升或下降不多时，可以先调节开关电源中的可变电位器，看能否将 B1 输出电压调正常，若不行，再对稳压环路进行检查。

检修步骤：

1）测量 B1 端输出电压在 50～60V 之间抖动，排除故障在稳压环路。

2）一边调节可变电位器 RP551，一边测量 VT553 的基极电压，发现 VT553 的 V_b 有变化，表明取样电阻器 R551、RP551、R553 和 R555、R556 正常。

3）测量 VT553 的 V_{be} 在 3～4V 之间抖动，而 c-e 极电压为 0V，怀疑 VT553 有故障。

4）关机，焊下 VT553 测量，发现 VT553 的 c-e 极击穿。

5）更换 VT553 后恢复正常，调节 RP551，B1 端输出电压能调到 +110V。

检修结论：取样放大管 VT553 的 c-e 极击穿后，使得光耦合器 N501 的发光二极管发光强度急增，其光敏三极管饱和导通，导致 VT511、VT512 处于常导通状态，使开关管 VT513 振荡频率很低，故输出的电压很低，从而产生三无现象。

│实例 3│ B1 端输出电压高于正常工作电压。

故障分析：开关电源 B1 电压升高，说明整流滤波电路、启动电路和自激振荡电路工作基本正常，稳压控制电路有开路性故障。应重点检查取样放大管 VT553、基准二极管 VD561、光耦合器 N501、脉宽调制管 VT511 和 VT512 有无短路等。

检修步骤：

1）测量 B1 端电压为 +130V，调节可变电位器 RP551，B1 端电压始终不变，说明稳压控制电路不起作用。

2）在调节可变电位器 RP551 时，同时测量 VT553 的基极电压，发现 VT551 的基极电压不能变化，显然是取样电路有故障。

3）怀疑 RP551、VT553 不良，用万用表电阻挡测量 VT553 无异常；一边调节 RP551，一边测量其电阻值，发现 RP551 阻值不变化。

4）更换 RP551，重新调节 RP551，此时 B1 端电压可调到 +110V，表明故障已排除。

检修结论：由于可变电位器 RP551 接触不良，导致开关管提前导通或截止时间缩短，B1 端输出电压就会升高。

│实例 4│ B1 端输出电压异常高。

故障分析：B1 端电压过高，危害极大，轻则击穿开关管、行输出管、场输出集成电路；重则会危及彩色显像管（B1 端电压每升高 1V，显像管阳极高压约升高 200V），容易引起阳极高压放电产生裂纹而使显像管漏气损坏。通常的故障原因是误差取样放大电路和脉宽调节电路中元器件性能不良或接触不良。

检修步骤：

1）断开行负载，接上假负载（60W/220V 灯泡）。

2）测量 B1 端电压为＋200V，明显高于＋110V，说明稳压电路不良。

3）将光耦合器 N501 的 3、4 引脚短路，发现 B1 端电压下降较多，说明脉宽调制电路正常，故障在误差取样放大电路。

4）关机后用万用表电阻挡检查 VD561 和 VT553，没有发现异常现象。

5）测量两组取样电阻器 R551、RP551、R553 和 R555、R556，发现 R551（47kΩ）阻值变为 270kΩ。

6）更换 R551，接入行负载后开机，图像、伴音俱佳，故障排除。

检修结论：R555 开路或阻值增大后，开关管 VT513 导通时间增大，B1 端输出电压升高。VT553 性能不良、VD561 开路和 N501 损坏，也会产生该故障。

│实例 5│ B1 端输出电压严重升高。

故障现象：指示灯亮，"三无"，机内有"吱吱"声。

故障分析：加电后电源发出"吱吱"叫声，无电压输出或输出电压不稳定有"吱吱"叫声，这是高频脉冲变压器发出的，此时振荡电路已起振，但因负载异常等原因而不能正常工作。引起该故障的主要原因有：一是负载电路存在短路故障，引起负载过重；二是开关电源本身存在故障。

检修步骤：

1）在路测量行输出管 VT432 的 c-e 极间阻值为 0，说明它已击穿。VT432 击穿，多因过电压、过电流或功耗大所致，而以开关电源输出电压高最常见。

2）断开 B1 端的行负载，接上 60W/220V 的白炽灯作为假负载，开关电源输出电压升高，说明开关电源大部分电路正常。

3）短路光耦合器 N501 的 3、4 引脚后，发现 B1 端电压不变，说明误差取样放大电路正常，故障出在脉宽调制电路上。

4）检查 VT511、VT512 及周围的元件，发现 VT511 击穿短路。

5）更换 VT511、行输出管 VT432 后，开关电源输出电压恢复正常。

检修结论：当 B1 端输出电压严重升高时，会导致负载电路大面积损坏。因此，排除电源故障后，还要进一步检查行负载。

本章小结

本章主要介绍了彩色电视机开关电源电路的特点、基本组成及分类。按开关电源的开关管连接方式可分为串联型开关电源、并联型开关电源和变压器耦合并联型开关电源。开关电源主要由输入整流滤波电路、振荡电路、稳压电路、脉冲整流滤波电路等几部分组成，开关电源电路中设计有保护电路，如过电压保护电路、过电流保护电路、开关管保护电路等。开关电源工作在大电流、高电压的条件下，是彩色电视机故障率最高的电路，其工作异常往往造成"三无"、输出电压异常等故障，在检修时要熟悉开关电源的工作原理和电源中各种元器件所起的作用，结合电压测量法、假负载法、降压供电法等检测方法，逐步地积累维修经验，就可以较快地排除开关电源电路故障。

实验三　彩色电视机开关电源的测试与检修

一、实验目的

1）熟悉开关电源主要元器件，并测试和判断元器件好坏，提高元器件识别和读图能力。

2）认识开关电源组成及各部分电路的作用。

3）学会分析开关电源电路。

4）学会正确使用仪器仪表测试开关电源的电压、波形和其他参数。

5）了解开关电源故障原因、故障特点和检修流程。

6）掌握开关电源常见故障的检修方法，提高实际操作技能。

二、实验任务

1）测试开关电源主要元件值或状态。

2）测试开关电源的关键电压。

3）测试开关电源的波形。

4）检修开关电源常见故障。

5）撰写实验报告。

三、实验器材

1）汇佳彩色电视机 1 台。

2）示波器 1 台。

3）数字万用表 1 块。

4）1∶1 隔离变压器 1 只。

四、实验方法和步骤

1. 元器件状态测试

按照图 3-7 所示开关电源原理图，用万用表电阻挡测量开关电源的主要元器件，将测量结果填入表 3-1。

表 3-1　开关电源电路主要元器件值或状态

元器件标号	元器件名称	元器件值或状态	元器件标号	元器件名称	元器件值或状态
SW501			VD551～VD555		
FU501			R550		
L501			VT551		
RT501			VT552		
L909			VT553		
VD503～VD506			VT554		
R502			VD561		
T511			RP551		
VT511			N501		
VT512			N551		
VT513			N552、N553		

2. 电压测试

（1）开关电源电压

按照图 3-7 所示开关电源原理图，用万用表电压挡测量开关电源重要点电压，将测量结果填入表 3-2。

表 3-2　开关电源重要点电压　　　　　　　　单位：V

测量部位	测量值	测量部位	测量值	测量部位	测量值
VT513 集电极		B2		VT551 基极	
VT513 基极		B3		VT552 基极	
VT512 基极		B4		VT553 集电极	
VT511 基极		B5		VT554 基极	
N501 的 1、2 引脚		B6		VT554 集电极	
N501 的 3、4 引脚		B7			
B1		VT553 基极			

注：①针对测量不同点电压，要选择正确的万用表直流电压挡位。

②测量不同点电压时，务必区分"热地"和"冷地"。

（2）稳压电路电压

按照图 3-7 所示，用万用表电压挡测量稳压电路控制部分电压。调节可变电位器 RP551 的阻值，同时用示波器测量 VT513 基极波形，万用表测量 B1 的输出电压，画出 VT513 基极波形，并找出 VT513 基极波形与 B1 的输出电压的变化关系，将测量结果填入表 3-3。

表 3-3　VT513 基极波形与 B1 输出电压的变化关系

RP551 阻值变化	VT553 基极电压	VT513 基极波形	B1 输出电压
变小			
变大			
结论			

3. 波形测试

（1）整流电路波形

按照图 3-7 所示，用示波器测量输入端 220V/50Hz 的交流电压波形（A 点）和整流输出端波形（B 点），在波形图中标注其频率和幅度，将测量的波形填入表 3-4。

表 3-4　整流电路波形

A 点（220V/50Hz 输入端）波形	B 点（整流输出端）波形

注：①用示波器测量输入端 220V/50Hz 的交流电压波形时，一定要加隔离变压器。

②示波器的 Y 轴选择 5V/div，示波器的探头采用 10∶1 衰减探头。

（2）振荡电路波形

按照图 3-7 所示，用示波器测量开关电源的开关管 VT513 基极（C 点）和集电极的波形，在波形图中标注其频率和幅度，将测量的波形填入表 3-5。

表 3-5　振荡电路波形

VT513 基极（C 点）波形	VT513 集电极波形

注：示波器接地线要接到开关电源的"冷地"。

4. 故障检修

1）"指示灯不亮，三无"故障。

2）"指示灯亮，三无"故障。

3）"B1 端输出电压高"故障。

4）"B1 端输出电压低"故障。

五、实验报告要求

1）将测量的数据填入相应的表格中。

2）整理测量的实验数据，根据测量结果，对所检测的开关电源作出质量评价。

3）根据故障现象，分析故障原因，判断故障位置。

4）制表记录和分析检修数据，写出检修方法。

5）谈谈学习本章的体会。

思 考 与 练 习

一、选择题

1. VD561 是（　　）。

　A. 基准二极管　　B. 整流二极管　　　C. 光敏二极管　　　D. 开关二极管

2. 自动消磁电路也称（　　）。

　A. AFC　　　　　B. ADC　　　　　　C. ACC　　　　　　D. AGC

3. 改变 RP551 的阻值，可以改变（　　）输出电压。

　A. B6　　　　　　B. B3　　　　　　　C. B1　　　　　　　D. B4

4. B6 输出电压用做（　　）电源。

　A. 存储器　　　　B. 微处理器　　　　C. 行激励电路　　　D. 行振荡电路

5. VT512 是（　　）。

　A. 振荡管　　　　B. 脉宽调节管　　　C. 误差放大管　　　D. 电平转换管

6. 当彩色电视机处于待机状态时，（　　）继续工作。

　A. 行扫描电路　　　　　　　　　　　B. 场扫描电路

C. 微处理器　　　　　　　　　　　　D. 公共通道

7. 电阻器 R502 开路，会产生（　　　）故障现象。

A. B1 输出电压高　　　　　　　　　　B. B1 输出电压低

C. 指示灯亮，三无　　　　　　　　　　D. 指示灯不亮，三无

8. "B1 端输出电压低"故障应检查（　　　）。

A. 稳压电路　　　　B. 消磁电路　　　　C. 整流电路　　　　D. 振荡电路

9. "三无，指示灯不亮"故障应检查（　　　）。

A. 伴音电路　　　　　　　　　　　　　B. 公共通道

C. 彩色解调解码电路　　　　　　　　　D. 开关电源

10. "三无，开机即烧断熔丝"故障应重点检查开关电源的（　　　）。

A. 保护电路　　　　B. 稳压电路　　　　C. 桥式整流电路　　　D. 待机控制电路

二、填空题

1. 水泥电阻器是＿＿＿＿＿＿色，一般阻值是＿＿＿＿＿＿Ω，功率是＿＿＿＿＿＿W。

2. T511 是＿＿＿＿＿＿变压器，检验其好坏一般用万用表测量各引脚之间的＿＿＿＿＿＿。

3. 开关电源一般设有＿＿＿＿＿＿、＿＿＿＿＿＿和＿＿＿＿＿＿保护电路。

4. 开关电源电路的特点是＿＿＿＿＿＿、＿＿＿＿＿＿、＿＿＿＿＿＿、＿＿＿＿＿＿、＿＿＿＿＿＿。

5. 在开关电源的印制电路板上，有部分元器件的印制电路板画了一个封闭白圈，且白圈附近的印制电路板间距较宽，这表明白圈内的"地"为＿＿＿＿＿＿地，提醒大家在测量时要注意＿＿＿＿＿＿。

6. 线性滤波器的作用是＿＿＿＿＿＿。

7. 开关电源按开关管激励方式可分为＿＿＿＿＿＿、＿＿＿＿＿＿、＿＿＿＿＿＿3 种。

8. 光耦合器主要应用在＿＿＿＿＿＿电路。

9. 若 N501 的 1、2 引脚开路，开关电源将出现＿＿＿＿＿＿故障。

10. 加△的元件，表示更换元件时，＿＿＿＿＿＿要采用原型号。

三、问答题

1. 开关电源由哪几部分电路组成？各部分具有什么作用？

2. 简述 ADC 电路的工作原理。

3. 汇佳彩色电视机开关电源有哪几路电压输出？

4. 汇佳彩色电视机开关电源有哪几种保护电路？简要说明其工作原理。

5. 简述汇佳彩色电视机开关电源自激振荡过程。

6. 开关电源是怎样实现稳压的？简述汇佳彩色电视机开关电源的工作原理。

7. 说明汇佳彩色电视机开关电源中下列元器件的作用：RT501、R502、L501、C507、VT513、T511、VT533、VT512、C562、N501。

8. 叙述开关电源输出电压异常的故障检修流程。

9. R502 开路，开关电源将出现何种故障？

10. 若 VT511 击穿短路，将会出现何种故障现象？请说明原因。

第4章　控制系统原理与故障维修

控制系统担负着整机指挥和控制的任务，是彩色电视机的一个重要组成部分。彩色电视机控制系统是通过红外线指令编码方式传送，用微处理器进行数据处理的，它为彩色电视机在变换频道、制式切换、自动搜索选台、显示和存储等提供了可靠的技术保证。遥控彩色电视机虽然操作方便，功能齐全，但也给彩色电视机增加了故障率和进行检修的技术难度。

4.1　彩色电视机控制系统的组成与功能

4.1.1　控制系统的基本组成和功能

1. 控制系统的组成

彩色电视机控制系统主要由遥控发射器、遥控接收器、微处理器、存储器、接口电路和本机键盘矩阵等组成，其核心是微处理器。图 4-1 所示是彩色电视机 I^2C 总线控制系统基本结构图。

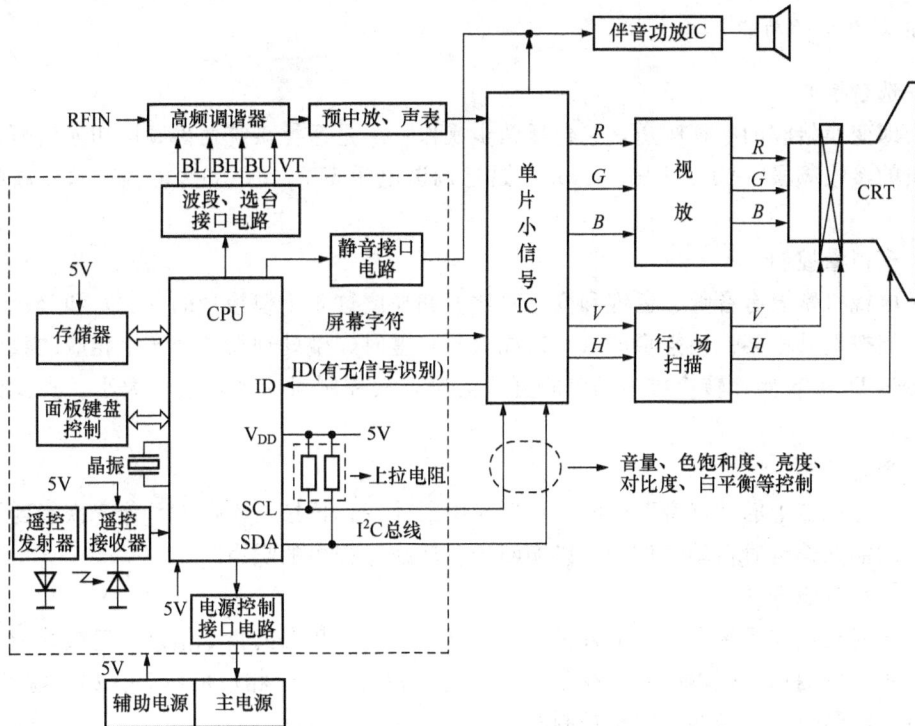

图 4-1　彩色电视机控制系统基本结构图

（1）遥控发射器

遥控发射器由键盘矩阵、遥控器专用集成芯片、激励器和红外发光二极管等组成。其工作过程是：由专用集成芯片将每个按键的键位码经内部遥控指令编码器转换成遥控编码脉冲，然后将编码脉冲对 38MHz 载波进行脉冲幅度调制，并将已调制的编码脉冲激励红外发光二极管，使其以中心波长为 940nm 的红外光发出红外遥控信号。

（2）遥控接收器

接收器一般由红外光电二极管、前置放大器、解调等电路组成。

当收到红外遥控信号时，光敏二极管被激励，产生光电流，再经前置放大器放大、限幅、整形、峰值检波等，得到遥控编码脉冲，送入中央微处理器去解码并控制有关电路。

（3）微处理器

微处理器根据红外遥控接收器送来的遥控指令，由内部的指令译码器进行识别译码，在内部的只读存储器中取得相应的指令控制程序，产生出相应的控制信号，通过接口电路去控制相应的单元电路。

（4）存储器

存储器用来记忆和存储遥控系统工作时的各种控制程序和数据，一般采用电可改写只读存储器，即使关闭电源，存储的信息也不会丢失，使电视机下次开机仍工作于关机前的工作状态，而不用重新调整。

（5）接口电路

接口电路处于微处理器和被控电路之间，它的任务是将微处理器输出的各种控制信号进行转换、稳定放大或电平变换，满足被控电路对控制信号的要求。

2. 控制系统的功能

（1）选台控制

选台即变换接收的电视频道，它包括两步操作：一是遥控系统送出频段切换信号，以确定电视机的接收频段（VL、VH、U）；二是把调谐电压 UT（0～30V 可调）送到高频调谐器中。

（2）模拟量控制

彩色电视机常设有音量、色饱和度、对比度和亮度这 4 个模拟量的（＋）和（－）的遥控按键。当按下其中某一模拟量的（＋）或（－）键时，微处理器就会产生相应的数字控制信号，经过 D/A 转换，转换成为相应的直流电压，去控制对应模拟量的大小，直到该键被释放为止。

（3）静音控制

当按下遥控器上的"静音"键时，可暂时中断伴音，再按一次该键，伴音恢复到原来状态。这一功能在选台时自动起作用，以切断选台转换过程中的噪声。

（4）工作状态选择

彩色电视机遥控系统发出使电视机工作于某一种工作状态的指令信息，经微处理器解码识别后，由相应的输出端输出开关控制电平，使电视机工作于相应的状态，如电源开/关控制、电视/视频转换、定时开/关机控制等。

4.1.2　键盘控制和遥控电路

1. 键控电路

通常在彩色电视机面板上设置若干按键，组成本机键盘矩阵，实现各种控制功能，并且它所产生的编码信号无需进行调制及解调，而是直接送到微处理器中。当按压电视机面板上某一功能键时，它就产生一个二进制代码的脉冲信号，通过导线送至微处理器，微处理器的内部程序对二进制代码进行判断，并使微处理器发出相应的信号，去控制电视机，完成与该按键相对应的功能操作。

键控输入分为矩阵扫描方式和电阻分压方式。

（1）矩阵扫描式键控输入

一般，彩色电视机控制系统的本机键盘均采用矩阵扫描方式，其 CPU 具有键控脉冲输入和输出脚，从多只键控输出脚输出分时序扫描的被选脉冲，供键盘选择。当按下某按键时，对应的时序扫描脉冲被选中，并通过按键送至 CPU 键控输入脚，由 CPU 内部识别作相应操作。

矩阵扫描键控输入方式包括 A 个扫描输入端和 B 个扫描输出端，组成 $A \times B$ 的键盘矩阵，最多可实现 $A \times B$ 个组合，但是其最大缺点是占用 CPU 较多的引脚，键控板至 CPU 的引线多。

（2）电阻分压式键控输入

电阻分压式键控是利用分压电阻取得不同的电平，CPU 根据电平的高低来识别操作动能。当按下某一按键时，CPU 键控脚外部分压电阻取得一固定的电平值送至 CPU 键控端，CPU 依据该电平的高低，通过内部 A/D 转换器转换成相应的数字脉冲，CPU 即能识别所按键该执行什么样的指令。其最大优点是只需占用 CPU 的 1 或 2 只引脚，但对分压电阻的精度和按键接触电阻值的大小要求较严。目前的新型彩色电视机控制系统多采用这种键控方式。

2. 遥控电路

彩色电视机的遥控系统可以分为遥控发射器、遥控接收器和微处理器 3 个部分，各部分协调工作构成了遥控彩色电视机的微控制系统，框图见图 4-2。

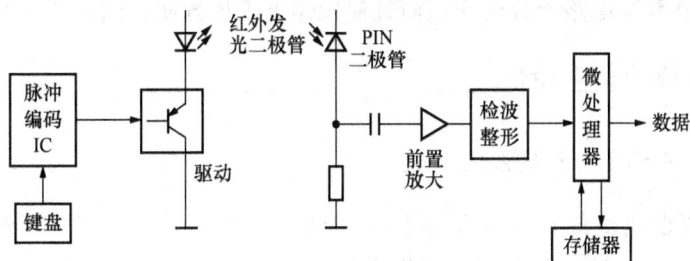

图 4-2　彩色电视机的遥控系统结构图

在彩色电视机遥控系统中，遥控发射器用以产生多种控制功能的编码脉冲，并以红外线的形式发射出去，用以完成遥控控制；遥控接收器是利用光-电转换二极管将红外线脉冲接收后转变为电信号，经检波放大后，送入微处理器；微处理器进行指令解码，识别出控制信号的内容，用来控制不同的功能。

（1）遥控发射器

遥控发射器是一个脉冲编码调制电路，主要由以下 3 部分组成：

1）键盘矩阵电路。它用来完成产生扫描脉冲。键盘矩阵电路是由多列输入线和多个行驱动输出线组成，并在定时信号的作用下产生多种不同时间的扫描脉冲。

2）指令编码集成电路。它是将键盘编码器输出的编码信号，通过其内部的解码电路进行码值转换，并加上其他的识别信号以区别不同厂家和不同机种发射的控制信号的差异，送到调制电路形成脉冲编码调制的 38kHz 正弦振荡，再经输出缓冲级送到末级放大电路。

3）放大驱动部分。它主要由发射二极管和驱动三极管等组成，用以将编码脉冲放大到足够功率并驱动红外线发光二极管，产生红外线光脉冲辐射出去。

（2）遥控接收器

遥控接收器由光电二极管、接收放大器集成电路等组成，并塑料封装为一体化模块。当遥控器发射的编码脉冲到来时，光敏二极管将已调红外线变成 38kHz 的脉冲码，即将光信号转变成电信号，送至前置放大器进行放大。经前置放大器放大后的信号再经限幅放大器限幅，使 38kHz 脉幅调制信号幅度平直。再经 38kHz 的带通滤波器滤除干扰脉冲，送至峰值检波器解调出遥控编码脉冲，经整形电路整形，以使脉冲波形更加规则，然后将遥控编码脉冲输出送至微处理器。

（3）微处理器

微处理器是遥控系统的核心。微处理器对遥控接收器和本机有关电路送来的信号进行译码，按照指令要求，依照预先设置的运行程序，对输入的数据进行处理，并输出相应的信号去控制电视机工作于相应的状态，如亮度调节、音量调节、节目选择等。

4.2　控制系统工作原理

在 I^2C 总线控制的彩色电视机中，最明显的特点是大大减少了控制接口电路，并且受控电路均设置了 I^2C 总线接口，所以这时的 CPU 主要采用的是数字处理技术，输出双向时钟线和双向数据线，对整机各功能电路实施数字控制。由于彩色电视机采用 I^2C 总线控制技术后，不仅显得控制系统电路十分简化，而且使操作也更加方便，同时还具有一些维修功能。

4.2.1　I^2C 总线的基本概念

1.I^2C 总线是一种串行总线系统

I^2C 总线有两根线组成：一根是串行时钟线（SCL）；另一根是串行数据线（SDA）。CPU 利用串行时钟线发出时钟信号，利用串行数据线发送或接收数据。

CPU 是 I^2C 总线系统的核心，I^2C 总线由 CPU 电路引出，彩色电视机中很多需要由 CPU 控制的集成电路、组件电路等都可以挂接在 I^2C 总线上，CPU 通过 I^2C 总线发出控制指令和数据，对这些电路进行控制。

2. I²C 总线接口电路

为了通过 I²C 总线与主控 CPU 进行通信，在 I²C 总线上挂接的每一个被控集成电路中，都设有一个 I²C 总线接口电路。在接口电路中设有解码器，以便接收由主控 CPU 发出的控制指令和数据。由于在彩色电视机中使用的集成电路多为模拟电路，因此在接口电路中还设有 D-A 转换器和控制开关，CPU 送来的数据经解码和 D-A 转换后才能对被控集成电路执行控制操作。

3. I²C 总线属于双向总线系统

CPU 可以通过 I²C 总线向被控集成电路发送数据，被控集成电路也可通过 I²C 总线向 CPU 传送数据，但被控集成电路接收还是发送数据则由主控 CPU 控制。由于 I²C 总线是双向总线系统，因此 CPU 可以对 I²C 总线上挂接的电路进行故障检查。

4. I²C 总线特点

I²C 总线最主要的优点是其简单性和有效性。由于接口直接在组件之上，因此 I²C 总线占用的空间非常小，减少了电路板的空间和芯片引脚的数量，降低了互连成本。总线的长度可高达 25 英尺（ft, 1ft＝0.3048m），并且能够以 10Kb/s 的最大传输速率支持 40 个组件。

另一个优点是支持多主控，其中任何能够进行发送和接收的设备都可以成为主总线。一个主控能够控制信号的传输和时钟频率。当然，在任何时间点上只能有一个主控。

4.2.2　I²C 总线的工作原理

1. I²C 总线的基本结构

I²C 串行总线是通过 CPU 发出指令对各功能模块进行控制。CPU 发出的控制信号分为地址码和控制量（数据）两部分。其中，地址码用来选址，即接通需要控制的电路，确定控制的种类；控制量决定该调整的类别及需要调整的量。这样，各控制电路虽然挂在同一条总线上，却彼此独立，互不相关。I²C 总线接口电路如图 4-3 所示。

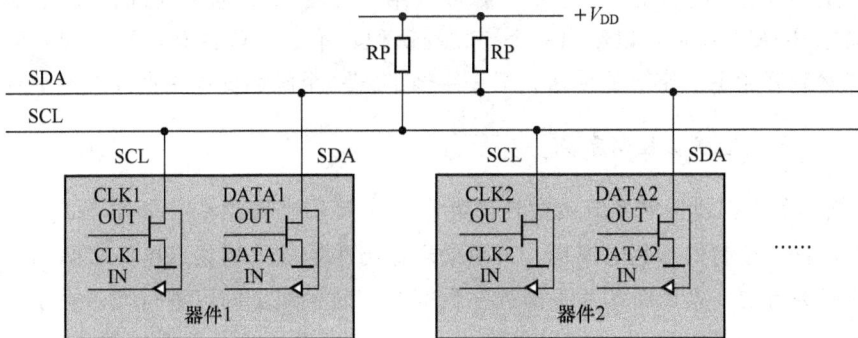

图 4-3　I²C 总线接口电路图

I²C 总线通过上拉电阻接正电源。当总线空闲时，两根线均为高电平。连到总线上的任一元器件输出的低电平，都将使总线的信号变低，即各元器件的 SDA 及 SCL 都是线"与"关系。

2. 起始和终止信号

在数据传送过程中，必须确认数据传送的开始和结束。在 I^2C 总线技术规范中，开始和结束信号（也称起始和终止信号）的定义如图 4-4 所示。

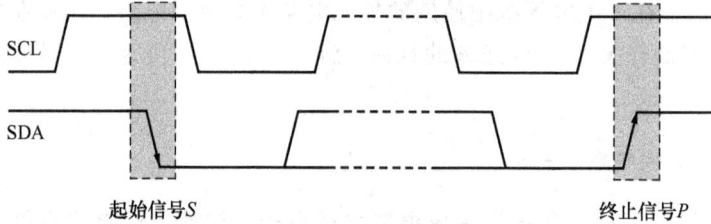

图 4-4 起始和终止信号

SCL 线为高电平期间，SDA 线由高电平向低电平的变化表示起始信号；SCL 线为高电平期间，SDA 线由低电平向高电平的变化表示终止信号。

3. 数据格式

I^2C 总线数据传送采用时钟脉冲逐位串行传送方式，在 SCL 的低电平期间，SDA 线上高、低电平能变化，在高电平期间，SDA 上数据必须保持稳定，以便接收器采样接收，时序如图 4-5 所示。

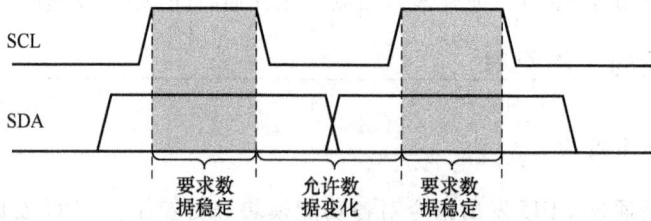

图 4-5 数据传送时序

I^2C 总线发送器送到 SDA 线上的每字节必须为 8 位长，传送时高位在前，低位在后。与之对应，主器件在 SCL 线上产生 8 个脉冲；第 9 个脉冲低电平期间，发送器释放 SDA 线，接收器把 SDA 线拉低，以给出一个接收确认位；第 9 个脉冲高电平期间，发送器收到这个确认位然后开始下一字节的传送，下一字节的第一个脉冲低电平期间接收器释放 SDA。

4. I^2C 总线彩色电视机控制系统

I^2C 总线彩色电视机控制系统由微处理器和 6 个接口电路组成，如图 4-6 所示。由图可见，采用 I^2C 总线控制的彩色电视机，其微处理器与小信号处理集成电路之间的数据传输是通过 I^2C 总线进行的，这两个芯片直接挂在数据线和时钟线上即可进行控制操作。

微处理器：简称 CPU。通过接口电路，可以对彩色电视机所需要的各种功能实施控制。

基本电路接口：是 CPU 正常工作的基本条件。

调谐存储接口：自动或手动调谐所需要的电视频道，并将数据存入存储器中。

I^2C 总线接口：调节音量、亮度、色度、对比度的大小及电路中各种参数的调整。

开/待机接口：利用红外遥控器来开机和关机。

输入电路接口：也称为人机对话接口。通过按键或遥控按键输入控制指令，CPU 按照键入的控制指令，控制电视机的各种功能。

屏幕显示接口：在屏幕上显示数字、字母或汉字，以方便对电视机的控制。

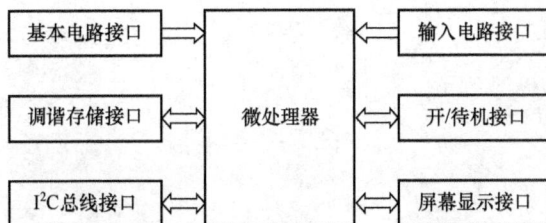

图 4-6　I^2C 总线控制系统接口电路框图

4.3　汇佳彩色电视机的控制电路分析

汇佳彩色电视机的控制系统采用了以微处理器为中心，I^2C 总线为传输方式的数字控制系统。从本机键盘（KEY）或遥控器送入控制指令，经固化在微处理器内的控制程序电路处理后，输出相应的控制信号，再经过接口电路和 I^2C 总线与电视机内相应的电路连接，完成各项控制功能，并将控制参数存储在存储器 N702 中。控制系统接口电路图如图 4-7 所示。

微处理器 LC863528C 各引脚功能说明如表 4-1 所示。

表 4-1　LC863528C 引脚功能

引脚号	符　号	功　能	引脚号	符　号	功　能
1	VL	VL 波段电压	19	R. OUT	红字符输入
2	VH	VH 波段电压	20	G. OUT	绿字符输入
3	SDA0	I^2C 数据线	21	B. OUT	蓝字符输入
4	SCL0	I^2C 时钟线	22	BLANK	快速消隐输出
5	GND	地	23	POWER	开/关机控制
6	XTL1	主时钟振荡	24	MUTE	静音控制
7	XTL2	主时钟振荡	25	ENABLE	启动始能
8	V_{CC}	电源	26	S-VHS	S 端控制
9	KEY IN	键盘控制输入	27	SD	同步信号输入
10	AFT IN	AFT 输入	28	IR	遥控信号输入
11	ACDET	电源检测	29	VOL. R	右声道音量控制
12	SECAM	SECAM 制式控制	30	VOL-L	左声道音量控制
13	RESET	CPU 复位	31	WOOFR	重低音控制（未用）
14	FILT	外接 R. C 元件滤波	32	VT	调谐电压
15	SIF	4.5M 控制	33	AV2	AV2 视频控制
16	LAN（YUV）	（本机未用）	34	AV1	AV1 视频控制
17	V-SYNC	场消隐	35	BAND	波段切换
18	H-SYNC	行消隐	36	UHF	UHF 波段电压

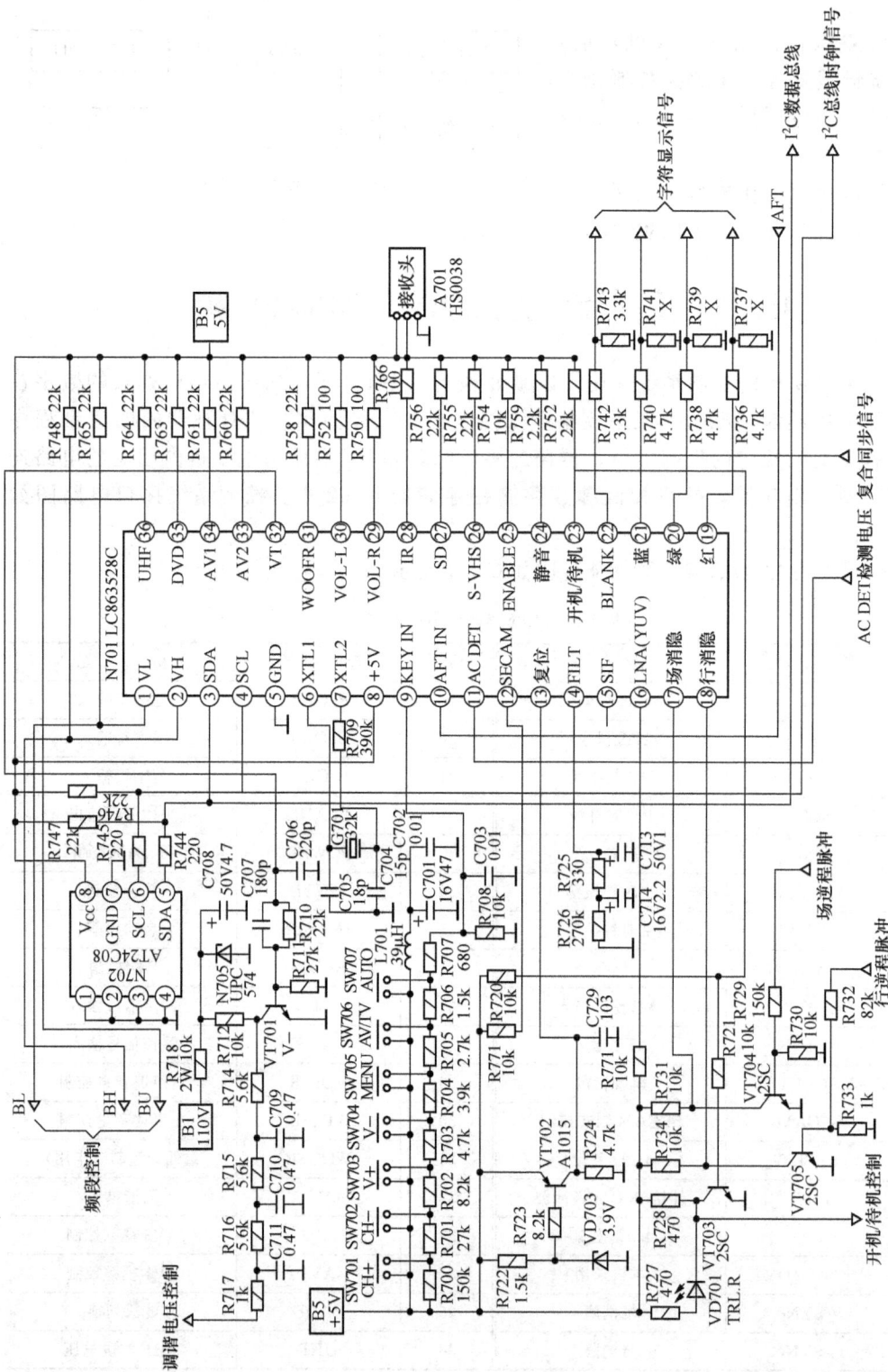

图 4-7　控制系统接口电路图

4.3.1　汇佳彩色电视机的键盘控制电路

1. 基本电路接口

基本电路包括电源、复位和时钟振荡电路，其电路图如图 4-8 所示。

（1）电源电路

开关稳压电源＋5V 电压加至 N701 的 8 引脚，保证 N701 正常供电。

（2）复位电路

N701 的 13 引脚为复位信号输入脚，复位管 VT702、稳压二极管 VD703 等元件组成复位电路。复位信号的作用是将微处理器内部电路清零，然后才能工作。复位信号起作用的时间比 N701 的 8 引脚获得＋5V 电压的时间晚约 1ms。

（3）时钟振荡电路

N701 内部振荡电路与 6、7 引脚外接的石英晶体共同组成晶体时钟振荡电路，产生 32kHz 时钟信号，N701 内部按时钟信号的节拍工作。由于采用了石英晶体，所以频率非常稳定。

图 4-8　基本电路原理图

注：电源、复位和时钟振荡电路是微处理器工作的 3 个必要条件，如果上述电路中任何一个不工作，微处理器也不能工作。

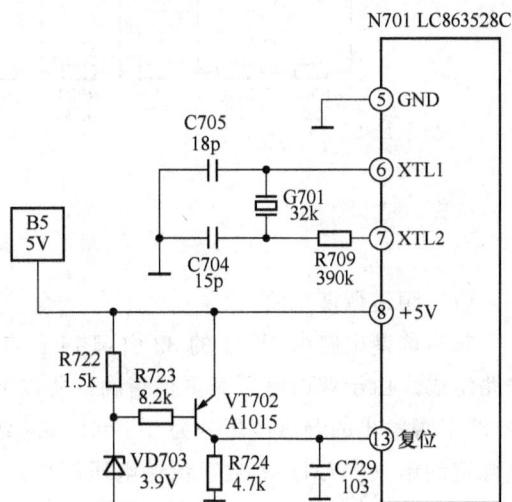

2. 键盘输入电路

本机键盘输入电路如图 4-9 所示。在电视机面板上设置了 7 个按键（SW701～SW707）。该按键电路用一组 7 个＋5V 直流电压的分压与开关通断来实现控制的。当按下电视机面板上的按键时，N701 的 9 引脚根据检验测到的输入分压电平大小，经 N701 内部电路 A/D 转换器转换为数字信号，输出对应的控制信号，然后通过 I^2C 总线和接口电路完成相应的功能。本机按键功能有 SW701（CH＋）频道上升键、SW702（CH－）频道下降键、SW703（V＋）音量上升键、SW704（V－）音量下降键、SW705（MENU）菜单键、SW706（AV/TV）视频/电视选择键、SW707（AUTO）彩色制式选择键。

SW701、SW702 键还兼有开机功能，打开电源开关后，按动 SW701（CH＋）或 SW702（CH－）键，电视机即由待机状态转为开机状态。

注：I^2C 总线控制方式的键盘矩阵是利用分压式输入操作指令，对键盘质量要求较高，任何一个不能有漏电或短路现象，否则无法操控。

3. 调谐存储接口

调谐存储接口电路由频道调谐，频段转换、电视同步信号输入、AFT 电压输入、节目存储器等 5 部分电路组成，图 4-10 所示为 N701 调谐存储接口电路。

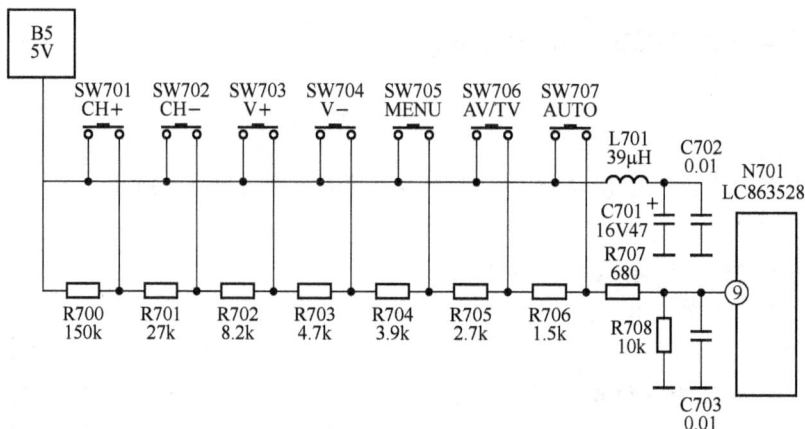

图 4-9   键盘输入电路

（1）频道调谐电路

频道调谐电路由 N701 的 32 引脚 14 位脉宽调制电压输出电路、电压转换内电路及滤波电路组成。由于调谐电压需要很精确，所以 N701 产生 14 位的调谐电压数据，可以把 N701 的 32 引脚输出的调谐电压分为 2^{14}＝16 384 级，经 14 位 D/A 转换器转换，通过 32 引脚输出脉宽调制（PWM）型数字调谐电压信号。

开关稳压电源输出的 110V 直流电压经 R718，稳压二极管 N705，C708 取得稳定的 ＋32V电压，加至 VT701 组成的电压变换电路。N701 的 32 引脚输出的脉宽调制调谐电压，经 VT701 电压变换变换后，在 VT701 的集电极输出 0～30V 控制电压，经 R714～R717，C709～C711 滤波后加至高频调谐器的 TU 端。

注：脉宽调制信号（PWM）是用脉冲信号的每个脉冲宽度表示控制电压的大小。

（2）频段转换电路

彩色电视机在调谐状态时，需要为高频调谐器提供频段选择电压。频段转换由 N701 的 1、2、36引脚输出频段切换信息，经由高频调谐器内部集成频段译码电路处理后，输出频段切换电压，分别加到高频调谐器的 VL、VH、UHF 端，控制高频调谐器的工作频段。

（3）电台识别信号输入电路

N701 的 27 引脚为电台识别信号输入端，用于微处理器调谐时检测是否收到电视信号。其工作原理是利用同步分离电路是否输出复合同步信号来判断。当收到一个有效的电视信号时，同步分离电路从 N101 的 22 引脚输出 5V（峰峰值）的正极性复合同步信号，加至 N701 的 27 引脚，告诉微处理器已找到一个有效的电视信号。微处理器根据这一信息，将放慢调谐速度，取消静音、蓝背景（蓝屏）功能。在没有电视信号时，N701 的 27 引脚无复合同步信号输入，N701 将输出静音和蓝背景功能。

（4）AFT 信号输入电路

N701 的 10 引脚为 AFT 信号输入脚，集成电路 N101 的 10 引脚输出的 AFT 电压在 0.2～4.5V变化，2V 为中心点。在向上调谐搜索时，当 AFT 电压由高点回到 2V 中心点时，微处理器确认此时电视节目效果最好，并将频段电压数据、调谐电压数据存入相应频道的节目存储器。输入的 AFT 信号仅在 N701 的 27 引脚电台接收到电台识别信号时有效。

注：电台识别信号用以判断有无收到电视节目，AFT 信号用以确定精确的调谐点。

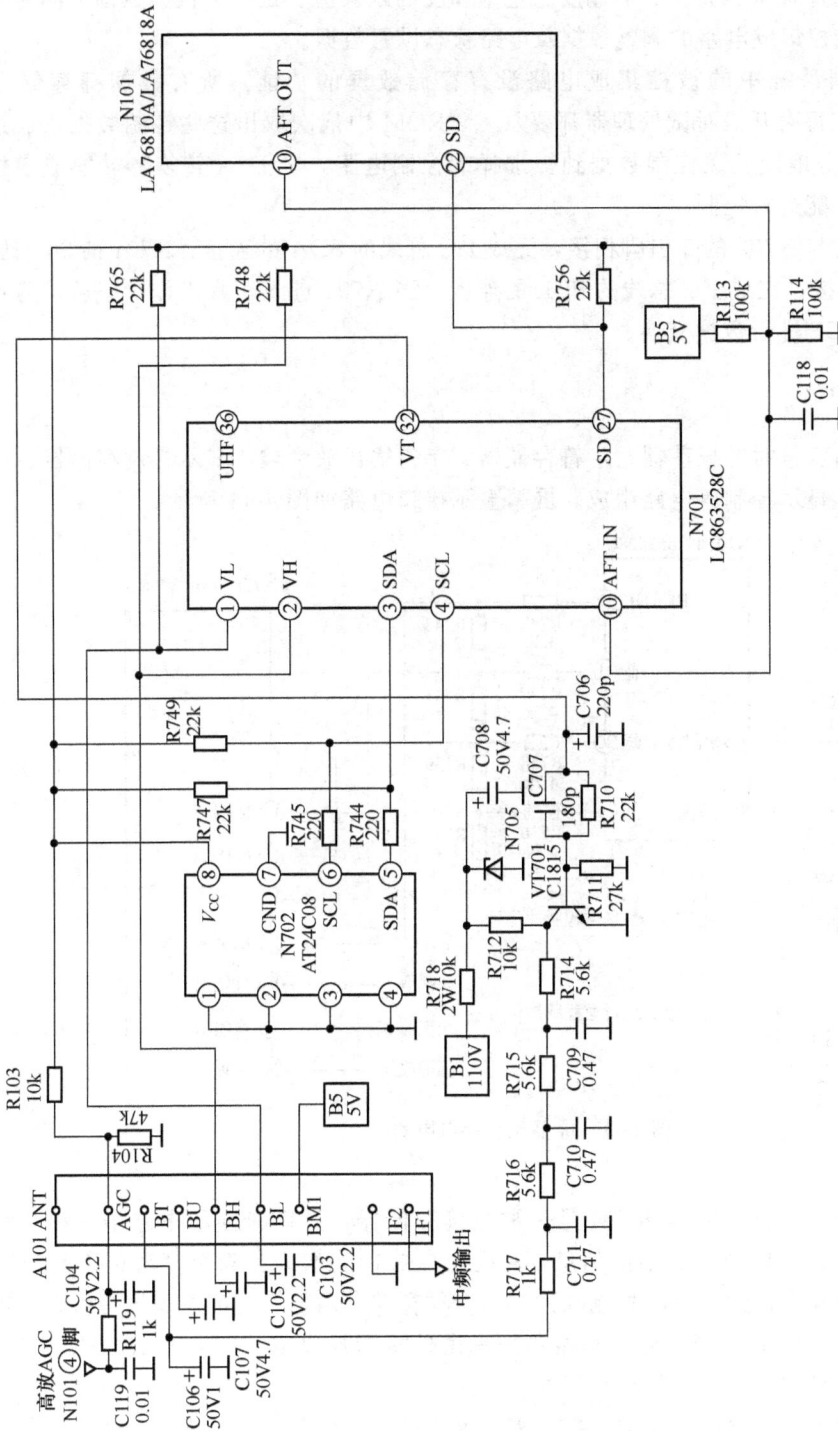

图 4-10　调谐存储接口电路

（5）节目存储器

节目存储器 AT24C08 是电可改写 E²PROM，存储容量为 8KB，可以存储 255 个电视节目的频道数字信息以及音量、亮度、对比度、色饱和度的预调值、定时关机等数据，同时还存储着 I²C 总线中受控集成电路的调整数据及电路状态设置数据。

在 I²C 总线控制系统中的被控集成电路没有存储数据的功能，所有数据都存储在 E²PROM 内。因此，每次开机时微处理器都要从 E²PROM 中依次取出这些控制数据，通过 I²C 总线发送地址，分地址发送控制数据到被选择的控制电路，经 D/A 转换器转换成模拟电压后，再对各项功能进行控制。

N701 的 32 引脚与 N702 的 5 引脚相接，完成 I²C 总线的 SDA 的连接；N701 的 34 引脚与 N702 的 6 引脚相接，完成 I²C 总线的 SCL 的连接。当 N701 进入正常工作状态后，通过 I²C 总线的 SDA、SCL 进行数据交换。

4. 屏幕显示接口

屏幕显示电路由字符时钟振荡器、字符存储器、字符输出放大器、显示控制存储器、显示字符数据存储器、显示控制等电路组成。屏幕显示接口电路如图 4-11 所示。

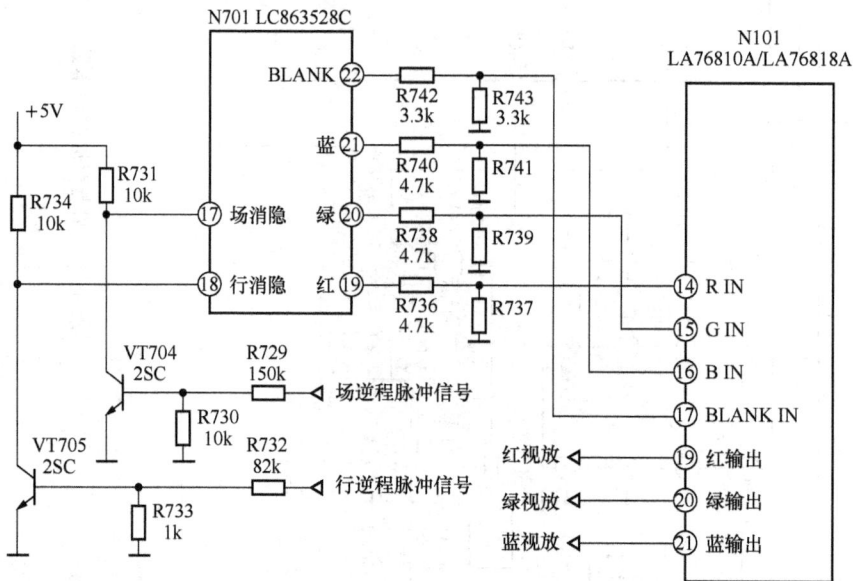

图 4-11　屏幕显示接口电路

（1）字符电路

在微处理器内部，字符存储器 ROM 是一种只读存储器，是字符显示电路中的核心部分，在 ROM 存储器中有 48 种字符点阵信息，高度为 9 或 13 点阵，字符宽度为 6 或 8 点阵，它们的动作形式均由软件控制，这时控制软件都包含在存储器内部。有的电视机是由微处理器外接的时钟振荡器来产生字符信号，其振荡频率由外接网络决定。LC863528C 的字符时钟振荡器集成在微处理器内部，这样简化了控制电路。

显示控制存储器由 6 个寄存器组成，每个寄存器可读可写，并且没有固定的初始值。显示控制存储器用于控制字符显示与否、显示格式、垂直显示位置、水平显示位置、字符大小与颜色等，显示所用的字符已在制造时固化在微处理器内部的只读存储器中。显示字符数据存储器由 32 个寄存器组成，主要存储颜色码和字符代码。

微处理器内部字符时钟振荡器产生字符时钟信号，根据按键输入的指令，微处理器从字符存储器中取出所要显示字符的显示字符的显示信号，从 N701 的 19、20、21 引脚分别输出红、绿、蓝显示信号，此信号分别通过 R736、R738、R740 电阻网络加至 TV 信号处理电路 N101 的 14、15、16 引脚，屏显信号和视频信号在数据矩阵电路中混合，在屏幕上显示厂标和各种字符。N701 的 22 引脚输出的屏显高速消隐信号，通过 R742 加到 N101 的 17 引脚，作为屏显信号和视频信号之间的切换信号，并使字符显示更为清晰。

（2）行、场逆程脉冲输入电路

水平显示位置的控制是通过对时钟脉冲进行计数来实现的，计数器由行扫描逆程脉冲复位；垂直显示位置的控制是通过对行扫描逆程脉冲进行计数来实现的，计数器由场扫描逆程脉冲复位。

N701 的 17、18 引脚分别为屏幕显示定位用场、行同步输入端。行逆程脉冲信号取自行输出变压器 T471 的 4 引脚的行回扫脉冲，经 R732、V705 倒相后输入到 N701 的 18 引脚。场逆程脉冲信号取自场输出集成电路 N451 的 3 引脚，经 R729、V704 倒相后输入到 N701 的 17 引脚。

注：行、场逆程脉冲中的任何一个丢失，都将无法显示字符或字符超出显示范围。

4.3.2　汇佳彩色电视机的遥控电路

1. 遥控发射电路

（1）遥控发射电路组成

红外遥控发射电路由红外遥控发射集成电路 LC7461M-8103、键盘矩阵电路、455Hz 时钟信号振荡电路和红外发射驱动电路组成，其原理图见图 4-12 所示。

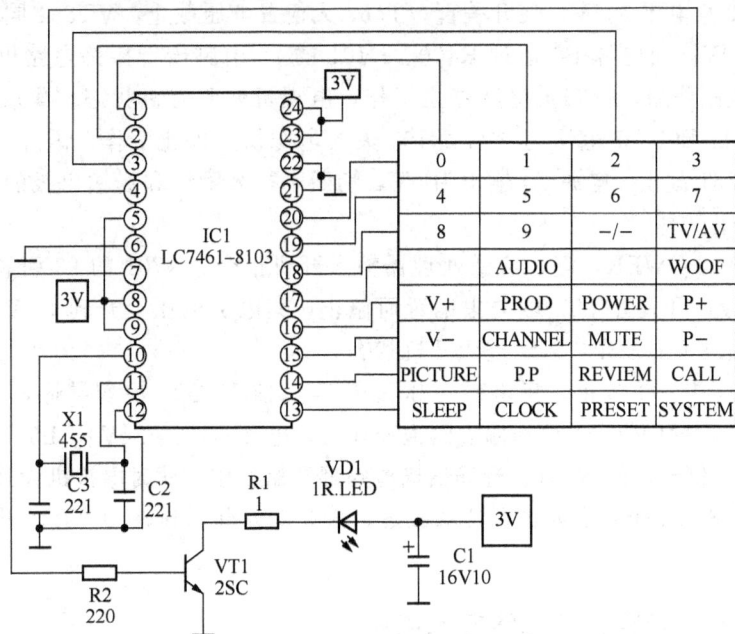

图 4-12　遥控发射电路原理图

（2）信号流程

按遥控器上某键→时钟振荡器开始工作，产生 455kHz 频率振荡信号→1/12 分频→对 38kHz 的载波进行调制→LC7461M-8103 的 7 引脚输出 38kHz 脉冲调制信号→放大管 VT1 放大→驱动红外发光二极管 VD1，发出含红外遥控光信号。

2. 遥控接收电路

（1）HS0038 模块

HS0038 是红外脉冲码遥控光电模块，其主要作用是接收脉冲码调制的红外光信号，并将之变成电信号，再经放大、解调、整形后变成遥控指令脉冲信号，提供给微处理器，通过微处理器按指令完成对彩色电视机的各种遥控控制。

（2）遥控输入电路

遥控器发出脉冲解码调制的红外光信号，经过 A701 放大、解调、整形后，变成遥控脉冲指令，经 R766、N701 的 28 引脚输入到 N701 完成对电视机与键盘输入电路相同功能的控制。遥控输入电路如图 4-13 所示。

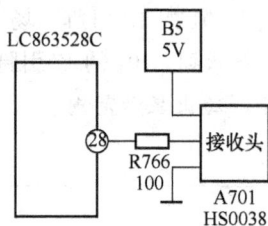

图 4-13　遥控输入电路

3. 遥控开机/待机接口

图 4-14 所示为 LC863528C 遥控开机/待机电路，采用二次开机方式，给微处理器＋5V 供电。

打开电源开关，开关稳压电源工作，B5 输出＋5V 电压加至 N701 的 8 引脚，给微处理器供电。N701 的 23 引脚开机/待机控制输出高电平＋5V，使开关管 VT703 饱和导通，集电极电压为 0V，发光二极管 VD701 负极相当于接地，有电流通过发光，此时指示为待机状态。

由于 VT703 集电极为 0V，使开关管 VT552 无偏置电压截止，VT554 同样截止，电源 B6、B7 输出为 0V；而电源 B6 通过 R400、N101 的 25 引脚给行振荡电路供电，因 B6 为 0V，使行振荡电路停振，行扫描电路停止工作，电视机处于待机状态。集成电路 N101 由 B6 和 B7 供电，因 B6、B7 电压为 0V，N101 失去电源供应停止工作。因开关管 VT552 的截止，也使 VT551 截止，电源 B4 输出为 0V，切断了行激励级和场输出级的电源供应，使这部分电路也停止工作。

按遥控开关（POWER）键，给微处理器输入开机指令，N701 的 23 引脚开机/待机控制输出低电平 0V，开关管 VT703 失去偏置而截止，集电极电压上升到＋5V。发光二极管 VD701 无电流通过不能发光，表示进入开机状态。

由于开关管 VT703 截止，集电极电压为＋5V，使 VT522 饱和导通，集电极电压为 0V，开关管 VT554 和 VT551 得到偏置而饱和导通，电源 B4（＋24V）、B6（＋12V）和 B7（＋5V）都恢复了供电，使 N101、行场扫描电路都开始工作，此时电视机为开机状态。

注：彩色电视机无论是在开机或待机状态，开关电源都工作，B1、B2、B3、B5 有电压输出。

4.3.3　汇佳彩色电视机的总线控制电路

总线接口分两种控制方式：一种是普通遥控彩色电视机的并行控制方式；另一种是当今

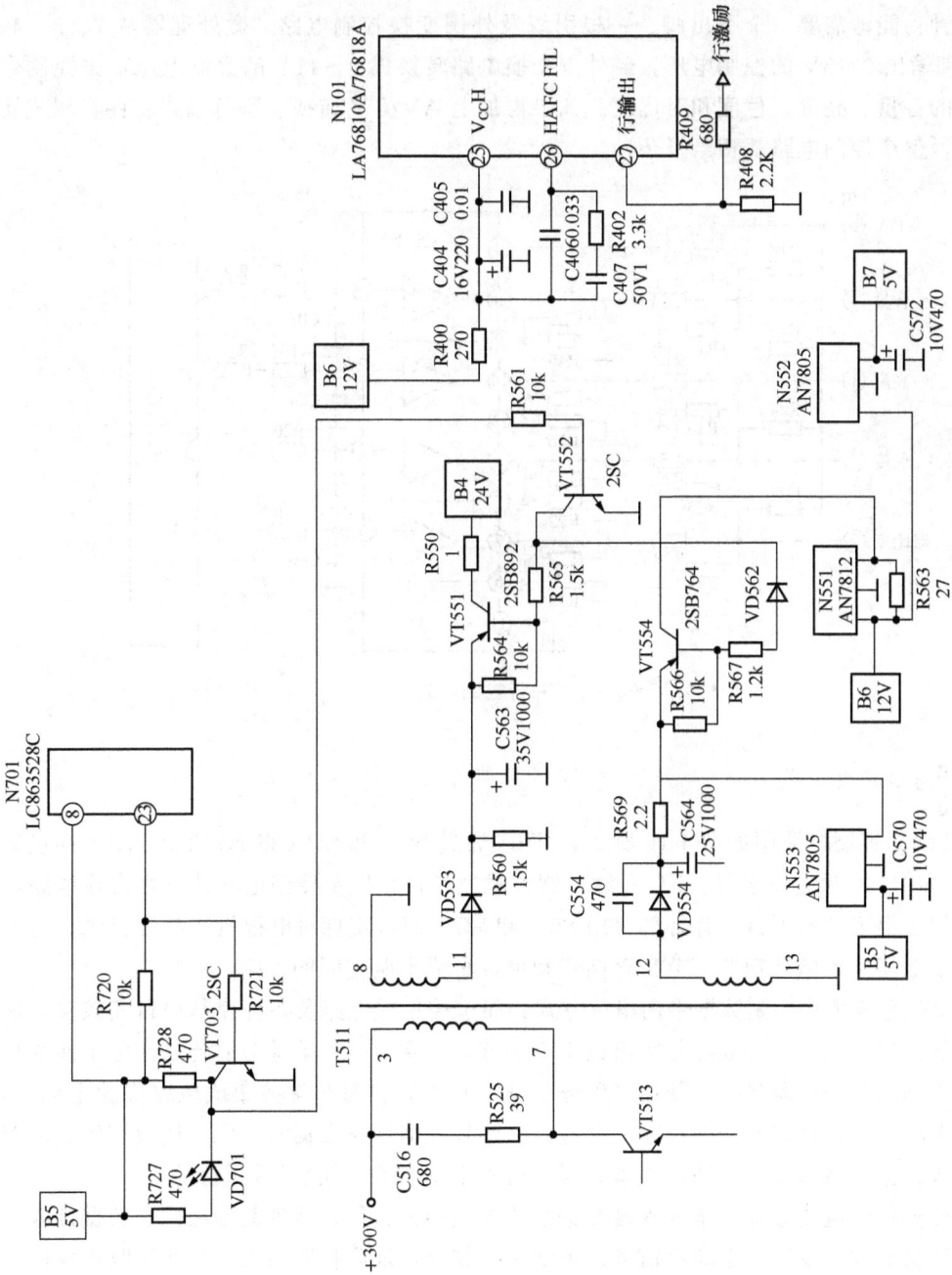

图 4-14　遥控开机/待机电路

主流彩色电视机采用的 I^2C 总线控制方式。

1. 并行控制方式

图 4-15 所示为普通遥控彩色电视机的音量、亮度、色度、对比度控制电路。微处理器每控制一种功能即需要一个引出脚、一根引线及外围变换控制电路。微处理器从 2、3、4、5 引脚分别输出 0～5V 的控制电压，经外围变换电路转换成 0～11V 的直流电压，去控制彩色电视机的音量、亮度、色度和对比度。如果再加上 AV/TV 转换、彩色制式、伴音制式转换等电路，整个控制电路就相当复杂。

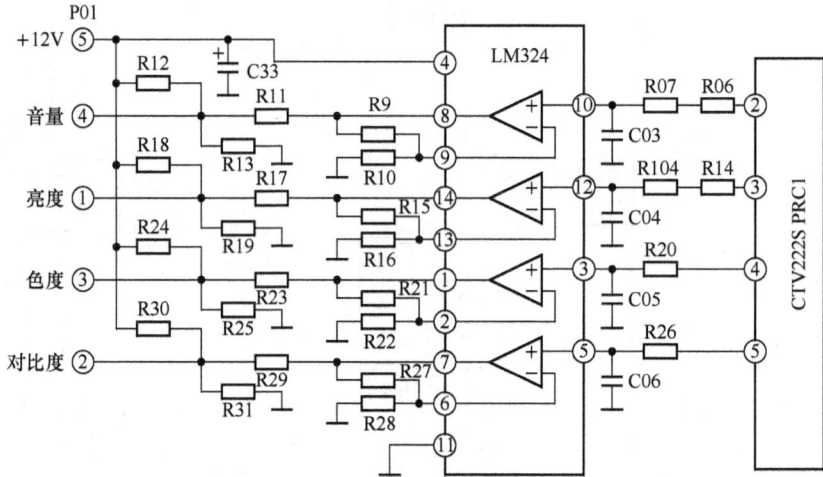

图 4-15　并行控制方式

2. I^2C 总线控制方式

I^2C 总线的控制电路图如图 4-16 所示，N701 通过 SCL 和 SDA 将 N702 和 N101 连接起来，R747 和 R749 为上拉电阻。I^2C 总线控制方式把各种转换及控制电路都放在集成电路内部，并增加了很多控制项目。其外部只用 SCL 和 SDA 即可实现对电视机的各种控制，这样就最大限度地简化了微处理器、节目存储器和被控集成电路之间的电路。

由于 I^2C 总线传输控制数据采用串行方式，而被控集成电路及各种控制项目又较多，所以只能按照排好的顺序，将 8 位数字组成 1 个字节，一字节一字节地分时传送。为了使被控集成电路识别出各种控制数据，使用"码分多址"技术，将每个被控集成电路都编上地址，被控集成电路内部各种控制功能也编上分地址。微处理器传送数据时，先发送被控集成电路地址和操作数据，然后发送分地址，最后再发送若干字节的该地址的控制数据。

如果被控集成电路地址与微处理器发送来的地址相符，便将地址数据和操作数据接收下来，同时给微处理器发回一个应答信号，再依次接收分地址和控制数据，每次接收都发回一个应答信号。例如，N701 通过总线向被控集成电路 N101 发送高放 AGC 控制数据。首先发送一字节 N101 地址数据，操作数据，N101 中的 I^2C 总线译码器判定地址相符并译出操作内容为写入，便接收下一字节分地址，分地址译出是地址 1 后，当第 3 字节控制数据到来时，在 N101 内部传送到地址 1，通过 D/A 转换器转换成模拟控制电压，使高放 AGC 输出

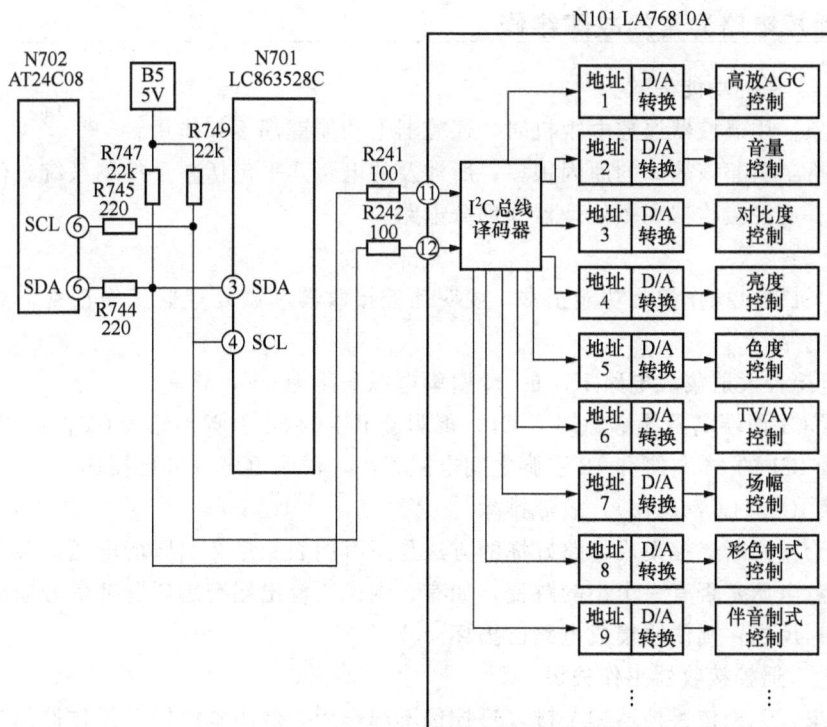

图 4-16 I²C 总线控制电路图

脚电压值符合要求。用同样的方法依次发送被控集成电路地址和操作数据，分地址控制数据，被控集成电路经 I²C 总线译码器得到了全部所需控制数据，就可以正常地开始工作。

微处理器通过总线发出各种地址、分地址、控制数据后未收到应答信号，说明被控集成电路或总线出现故障情况，做出故障指示或执行总线保护。

注：控制系统的控制目标分两类：一类为模拟量控制，主要有调谐电压、亮度等，由 CPU 输出的指定值脉冲经接口电路进行 D/A 转换后去控制受控电路；另一类为开关量控制，主要有开/关机、静音等，由 CPU 输出的高/低电平开关信号去控制受控电路。

4.4 汇佳彩色电视机控制电路的故障维修

汇佳彩色电视机控制电路有一些重要的检查点。通过检查这些重要点工作状态，可以较快地判断故障部位，加快故障维修速度。

1）微处理器 N701 电源供应端 8 引脚＋5V 电压。

2）N701 复位电压输入端 13 引脚电压。

3）时钟振荡信号波形测量端 7 引脚波形。

4）I²C 总线电压测量端 N701 的 3、4 引脚电压。

5）N701 开/待机状态控制输出端 23 引脚电压。

6）字符消隐信号输出端 N701 的 22 引脚电压。

4.4.1　遥控电路异常的故障维修

|实例 1|　遥控功能失效。

故障现象：用遥控器遥控电视机时，遥控器上功能键都不起作用。

故障分析：引起该故障的原因很多，所涉及的电路几乎包括整个控制系统，但主要检查遥控发射器、遥控接收器和微处理器 3 部分电路。

检修步骤：

1）用本机键盘操作控制功能正常，说明遥控接收器和微处理器工作正常，故障大多在于遥控发射电路。

2）测量遥控发射集成电路 IC1 的 24 引脚电源电压为 0V，异常。

3）测量 C1 两端电阻异常，焊下 C1，再测量 IC1 的 24 引脚仍然为 0V，说明 C1 良好。

4）测量 IC1 的 24 引脚和 12 引脚之间电阻很小，说明 IC1 内部已损坏。

5）更换 IC1（LC7461M），故障排除。

检修结论：判断遥控集成电路好坏的方法是用万用表测量 7 引脚的电压，观察在按下某一按键时此点电压是否有一个小的跳变，如有，则说明输出端有编码脉冲信号输出，集成电路工作正常；反之，则说明集成电路已损坏。

|实例 2|　遥控接收器工作失灵。

故障现象：无论按遥控器哪个键，遥控都不起作用，但用本机键盘操作控制功能正常。

故障分析：本机键盘操作正常，说明微处理器工作正常，故障原因可能在遥控发射器、接收放大电路及接口电路等。

检修步骤：

1）将遥控发生器对准调幅收音机，收音机调谐到低频段，按遥控发生器上某个键，收音机有"嘟嘟"声，说明遥控发生器无故障。

2）测量遥控接收器 A701 的 2 引脚电源电压为 5V，正常。

3）当按动遥控发生器某个键时，用万用表电压挡监测 A701 的 3 引脚输出电压变化情况，发现万用表指针摆幅较小，说明遥控接收器有问题，怀疑 A701 不良。

4）更换 A701，恢复正常。

检修结论：判断遥控接收器是否正常，可用万用表电压挡或示波器观测遥控接收器的输出信号变化情况，当按动遥控键时，万用表指针应有较大摆幅，或输出幅度是为 5V 的矩形脉冲，说明遥控接收器工作正常；若测量时，万用表指针不摆动，或 5V 矩形脉冲无变化，说明遥控接收器有问题。

|实例 3|　不开机。

故障现象：接通交流电源后，待机指示灯亮，但不能进入正常接收工作状态（不开机），且屏幕无光栅、无伴音。

故障分析：若使用面板键控可进行操作，说明微处理器工作正常，故障原因可能在遥控发射与接收电路等。若本机键控也不能进行操作，说明微处理器及供电系统有故障。由于微处理器正常工作必需满足电源电压、钟振荡电路、复位电路工作均正常 3 个条件，因此当怀疑微处理器有故障时，应重点检查这 3 部分电路。

检修步骤：

1）测量 N701 的 8 引脚有＋5V 电压，说明电源供电正常。

2）用示波器测量 N701 的 7 引脚有振荡信号波形，说明时钟振荡电路工作正常。

3）测量 N701 的 13 引脚无复位电压，说明 N701 的复位电路有故障。

4）关机，检查与复位电路有关的 VT702、VD703、R722～R724、C729 等元器件，发现 VT702 与 VD703 已击穿。

5）更换 VT702、VD702，开机检查，故障排除。

检修结论：不开机故障，可按如下程序处理。

1）检查基本电路接口：N701 的 8 引脚电压＋5V 是否正常，N701 的 7 引脚是否有 32kHz、2.4V（峰峰值）时钟振荡信号波形，N701 的 13 引脚复位电压是否为＋5V。

2）按遥控器开/待机键或开机键盘，测量 N701 的 23 引脚有无＋5V 变化，若无变化，说明 N701 开/待机电路出现故障。

注：若按键开关内部短路或与外壳（地）相连短路，也会产生不开机故障。

▎实例 4▎　不能搜索选台。

故障现象：在进行自动搜索选台后，并无图像和伴音出现，节目号也不进位。

故障分析：选台电路主要由微处理器、调谐电压产生电路、高频头、AFT 电路等组成。电视机出现选不到台的故障时，应重点检查这几部分电路是否工作正常。

检修步骤：

1）自动搜台时，测量 N701 的 32 引脚电压，由 0～5V 之间循环变化，说明 PWM 输出正常。

2）测量高频头的调谐电压 TU 端，调谐电压始终为 0V，说明在高频头和调谐电压传递通路有故障。

3）测量 VT701 的 $V_c = 0V$，显然调谐电压传递通路出故障了。

4）检查有关元器件 R710～R718、C706～C711、VT701、N705 等，发现 VT701 的 c-e 极短路。

5）更换 VT701，故障排除。

检修结论：不能选台原因一般为频段转换电压或调谐电压丢失，再就是无法控制调谐电压变化。因 VT701 是 PWM 信号倒相放大器，其 c-e 极短路后，集电极无 PWM 信号输出，不能产生调谐电压，使调谐电压始终为 0，不能进行搜索选台。

▎实例 5▎　搜索不存台。

故障现象：在进行自动搜索选台操作时，可以看到搜索速度字符有变化，但节目号不变，也不能存储信号，搜索完节目后按任何节目键均没有电视节目信息显示。

故障分析：电视机有节目号，说明微处理器基本工作正常，只是不满足存储器工作条件，故障原因在存储器及相关控制电路。由工作原理可知，遥控彩色电视机预置搜索时节目的存储必须满足 3 个条件：一是微处理器必须有正常的同步脉冲信号输出，作为有效电视节目的识别信号；二是微处理器必须有代表有效节目信号最佳调谐点的 AFT 信号输入；三是外存储器工作必须正常。当有某一条件不具备时，则会出现搜索节目不存储的现象。

检修步骤：

1）检查高频头的调谐电压能在 0.5～30V 之间变化，正常。

2）检查 N701 的 27 引脚识别信号输入端电压为 0V，而在正常时电压为 0.7V，说明没有搜索到电视机节目。

3）检查 N701 的 10 引脚电压为 5.3V 左右，而正常时电压为 2.5V。

4）根据检修步骤 2）、3），怀疑 R756 存在变值或 N701 的 27 引脚、N101 的 22 引脚短路现象，检查 R756、N101 的 22 引脚正常，发现 N701 的 27 引脚对地电阻很小，怀疑 N701 损坏。

5）更换 N701，故障排除。

检修结论：从 N101 的 22 引脚输出复合同步脉冲信号加到 N701 识别输入端的 27 引脚，作为有无电视信号的判断。当 N701 的 27 引脚有脉冲信号输入时，说明已接收到电视信号；当 N701 的 27 引脚没有脉冲信号输入时，则说明无电视信号。微处理器在判断有信号后，再在 N701 的 10 引脚输入的 AFT 电压作用下完成正确的调谐选台。因 N701 的 27 引脚短路，27 引脚没有同步脉冲信号输入，微处理器判断无电视节目，不能提供搜索选台的数据，所以不能存储电视节目。由于调谐电压正常，所以在搜索选台的过程中能见到图像。

│实例 6│ 屏幕无字符。

故障现象：电视机所有的控制功能均正常，但控制操作时屏幕无相应的字符显示。

故障分析：屏幕无字符，说明字符显示电路异常。由于该机采用 I^2C 总线控制结构，没有单独的字符振荡外围电路，因此造成屏幕无字符显示的故障一般是由行、场同步脉冲信号丢失引起的。

检修步骤：

1）测量 N701 的 22 引脚字符消隐输出信号电压，正常。

2）用示波器测量 N701 的 17 引脚，显示有 $5V_{PP}$ 场逆程逆冲信号，说明场逆程脉冲信号输入电路正常。

3）测量 N701 的 18 引脚，显示无 $5V_{PP}$ 行逆程脉冲信号，说明行逆程脉冲信号输入电路工作异常。

4）关机，检查有关元器件 R732～R734、VT705，发现 R734 开路，使 N701 的 18 引脚无行逆程脉冲信号输入，引起无字符显示故障。

5）更换 R734 后，字符显示正常。

检修结论：当无字符显示时，首先检查 N701 的 22 引脚字符消隐信号输出是否正常，此信号通过 R741、R742 加到 N101 的 17 引脚，作为对屏显信号和视频信号进行控制的开关信号，即屏幕显示为高电平，视频信号为低电平。如 N701 的 22 引脚始终为高电平或低电平，应检查 N701 的 22 引脚电平变化情况及外接元器件有无开路损坏。其次是检查 N701 的 17、18 引脚行、场脉冲输入是否正常，若不正常，应重点检查 VT704、VT705、R729～R734、C732、C799 等元器件。

│实例 7│ 屏幕显示字符缺红色。

故障现象：屏幕有字符显示，但字符缺红色。

故障分析：根据故障现象分析，屏幕有字符显示，说明微处理器字符电路基本正常，字符缺红色，则说明红字符输出电路出现故障。

检修步骤：

1）测量 N701 的 19 引脚电压正常。

2）测量 N101 的 14 引脚电压异常，说明故障在 N101 的 14 引脚及相关元器件。

3）检查 R736、R737、N101，发现 R736 阻值为 40kΩ，而正常阻值是 4.7kΩ。

4）更换 R736，红字符输出恢复正常。

检修结论：当字符显示缺少红、蓝、绿中某种颜色，通常是 N701 的 19、20、21 引脚外接元器件 R736～R740、R743 开路或 N701 局部损坏。若字符颜色随画面变化而变化，说明此时只有显示用字符，而没有显示用的消隐信号，应重点检查 N701 的 22 引脚波形及外接元器件 R741、R742 有无变值损坏。

注：若 R738、R739 损坏，则会出现缺绿色字符故障现象；若 R740、R741 损坏，则会出现缺蓝色字符故障现象。

4.4.2 总线控制电路异常的故障维修

实例 1 三无。

故障现象：电视机屏幕无光栅、无图像、无伴音，待机指示灯亮。

故障分析：指示灯亮，说明电源电路工作正常，可能是行扫描电路或 I²C 总线电路工作异常，在此我们只讨论由 I²C 总线电路工作异常而引起的三无故障。

检修步骤：

1）观察显像管灯丝已亮，说明电源电路、遥控开/待机电路、行扫描电路工作正常。出现三无故障，说明进入了总线保护状态。

2）测量显像管 R、G、B 阴极电压，都在 180V 左右，表明 3 个电子枪均已截止，造成无光栅故障。

3）测量 N101 的 19、20、21 引脚输出电压都为 0.2V，表明末级视放基极电压过低而截止。

4）测量 N101 激励放大级电源供应端 18 引脚电压为 8V，正常。

5）测量 N701 的 22 引脚字符消隐输出端电压为 3.8V，由于 22 引脚正常电压值为 0V，使 N101 的 19、20、21 引脚截止，输出电压为 0.2V，说明 I²C 总线电路工作异常。

6）测量 N701 的 3、4 引脚总线电压为 4.1V，并且有抖动，正常；测量 N101 的 4 引脚电压为 0V，说明 I²C 总线有故障。

7）关机，测量电阻 R242 开路，更换 R242 后，光栅、图像、伴音恢复正常。

注：对于采用 I²C 总线控制的彩色电视机，I²C 故障不一定都是开关电源故障引路的，有可能是 I²C 总线出现故障了，在检修时应特别注意。

检修结论：由于 R242 开路，使 N101 不能接收总线信号和向 CPU 发送应答信号，微处理器经自检程序判断出 N101 总线电路已失效，在 N701 的 22 引脚输出总线保护信号进行总线保护，屏幕上无光栅，伴音通道也同时关闭。

实例 2 屏幕显示绿光栅，伴有回扫线。

故障现象：按电视机上节目键和音量键均无效，按菜单键后，屏幕上显示 OSDFF，显示位置由正常时屏幕的左侧移到右侧，场幅偏大；按 AV/TV 转换键，光栅变为一条水平亮线，再按 AV/TV 转换键，光栅恢复正常。

故障分析：根据故障现象，判断是电视机操作时误入维修状态，并将调整项目数据调乱造成的。

检修步骤：

1）用用户遥控器先按一次"召回"键，再按住面板上"音量—"键不放，同时再按一次"召回"键，此时屏幕显示"工厂状态"。

2）进入"调试状态"，屏幕上显示 S 和调整项目及数据。用节目"＋/－"键选择调整项目，检查项目数据，发现多个项目数据与正常数据不符。

3）参照汇佳彩色电视机总线资料，逐一进行恢复；调整结束后推出维修状态。

4）开机后，光栅、图像恢复正常。

检修结论：I^2C 总线彩色电视机与一般彩色电视机的维修思路是不同的，一般彩色电视机的参数调整（如白平衡、场幅等）是通过一些可调元件来实现的，但在 I^2C 总线彩色电视机中，这些参数都由微处理器经 I^2C 总线控制完成调节和设置。

┃**实例 3**┃　不能接收电视节目。

故障现象：光栅显示英文"E^2PROM　ERROR"字符，同时伴音有较大噪声。

故障分析：屏幕显示英文"E^2PROM　ERROR"，含义为节目存储器错误，说明节目存储器 N702 出现故障。

检修步骤：

1）怀疑节目存储器 N702 损坏，拆下原来的 N702，换上未拷贝软件数据的 AT24C08。

2）进入总线，按生产厂家给出的机型标准数据写入存储器中；开机后故障依旧，说明故障在 N702 外围电源、I^2C 总线电路。

3）测量 N702 的 8 引脚电压为 5V，正常；测量 N702 的 5 引脚电压为 4.1V，有抖动，正常；测量 N702 的 6 引脚电压为 1.8V，且无抖动，异常；说明 I^2C 总线电路（SCL）有故障。

4）关机，测量电阻 R745 的阻值为 13kΩ，正常阻值为 220Ω。

5）更换电阻 R745 后，图像和伴音均正常。

检修结论：若电阻 R744、R745 的阻值增大或开路，以及存储器外围电源有故障，屏幕也会显示英文"E^2PROM　ERROR"，因而不要轻易替换节目存储器，在排除了 N702 外围电源、I^2C 总线电路故障后，再考虑更换 N702。

┃**实例 4**┃　黑白图像偏色。

故障现象：将色饱和度调节到最小，关闭色度通道，光栅显示黑白图像，但颜色偏向某一色。

故障分析：亮平衡或暗平衡失调，进入总线"B/W BALANCE"（黑白平衡调整），调整红偏压、绿偏压、蓝偏压及红驱动、绿驱动、蓝驱动软件数据。

检修步骤：

1）调整前将"C.B/W"（内部信号）调到"1"，屏幕显示暗光栅。

2）调整红偏压、绿偏压、蓝偏压软件数据，使暗光栅显示白光栅。

3）将"C.B/W"（内部信号）调到"2"，屏幕显示亮光栅。

4）调整红驱动、绿驱动、蓝驱动软件数据，使亮光栅显示白光栅。

5) 亮平衡或暗平衡调节好后，必须将 "C. B/W"（内部信号）调到 "0"，电视机才能正常工作。

6) 退出维修状态，图像色彩恢复正常。

检修结论：若偏色不严重，只需调整一下调整红驱动、绿驱动、蓝驱动，使亮光栅显示白光栅就行了。

本章小结

彩色电视机的控制系统是以微处理器为核心，配合遥控发射器、遥控接收器、接口电路等，完成各种功能控制。接口电路由基本电路接口、按键输入和遥控输入接口、调谐存储接口、I^2C 总线控制接口、遥控开/待机接口、屏幕显示接口 6 部分组成，各部分电路的协调工作构成了彩色电视机微处理器控制系统。单片数码机芯的彩色电视机大多采用 PWM＋I^2C 方式，即高频头采用 PWM 控制，其余控制采用 I^2C 总线控制。

控制系统出现故障多以接口电路故障为最多，如接口电路发生故障，会使得微处理器控制指令的执行异常，不能获得欲接收或检测的信号。在检修工作中，一是要熟悉控制系统各个部分电路的工作原理与控制过程，读懂控制电路的原理图，对于提高检修水平尤为重要；二是不宜采用常规检修模拟电路的方法，而要采用类似计算机的检修方法，即测量信号通路的方法或功能动作的方法来判断信号的有无，以确定故障的部位。

实验四　彩色电视机控制电路的测试与检修

一、实验目的

1) 熟悉控制电路主要元器件，会判断元器件好坏，提高元器件识别和读图能力。

2) 学会正确使用仪器、仪表测试控制电路的电压、波形和其他参数。

3) 学会分析控制电路，认识控制电路组成及控制功能，掌握 I^2C 式彩色电视机的数据调整方法。

4) 了解控制电路故障原因，故障特点和检修流程。

5) 掌握控制电路常见故障的检修方法，提高实际操作技能。

二、实验任务

1) 测试控制电路主要元件阻值或状态。

2) 测试控制电路关键点电压。

3) 测试控制电路关键点波形。

4) 检修控制电路常见故障。

5) 撰写实验报告。

三、实验器材

1) 汇佳彩色电视机 1 台。

2) 示波器 1 台。

3) 数字万用表 1 块。

4) 1∶1 隔离变压器 1 只。

5）彩色信号发生器 1 台。

四、实验方法和步骤

1. 元器件状态测试

按照图 4-7 所示控制系统接口电路图，用万用表电阻挡测量控制电路的主要元器件，将测量结果填入表 4-2。

表 4-2　控制系统主要元器件阻值或状态

元器件标号	元器件名称	元器件阻值或状态	元器件标号	元器件名称	元器件阻值或状态
A701			VD703		
SW701			VT704		
G701			VT705		
VD701			N701		
VT701			N702		
VT702			N705		

2. 电压测试

（1）输入电路接口电压

按照图 4-9 所示键盘输入电路、图 4-13 所示遥控输入电路，测量输入电路接口电压，将测量结果填入表 4-3。

表 4-3　输入电路接口电压　　　　　　　单位：V

按键位置	测量部位	测量值
按动 SW701 键	N701 的 9 引脚	
按动 SW702 键	N701 的 9 引脚	
按动 SW703 键	N701 的 9 引脚	
按动 SW704 键	N701 的 9 引脚	
按动 SW705 键	N701 的 9 引脚	
按动 SW706 键	N701 的 9 引脚	
按动遥控器某键	N701 的 28 引脚	

（2）控制系统电压

按照图 4-7 所示控制系统接口电路图，测量控制系统各重要点电压，将测量结果填入表 4-4 中。

表 4-4　控制系统重要点电压　　　　　　　　　　　　单位：V

测 量 部 位	测 量 值	测 量 部 位	测 量 值	测 量 部 位	测 量 值
VT701 集电极		N701 的 8 引脚		N701 的 21 引脚	
VT702 基极		N701 的 10 引脚		N701 的 22 引脚	
VT703 集电极		N701 的 13 引脚		N701 的 23 引脚	
VT704 基极		N701 的 17 引脚		N701 的 27 引脚	
VT705 基极		N701 的 18 引脚		N701 的 32 引脚	
N701 的 3 引脚		N701 的 19 引脚			
N701 的 4 引脚		N701 的 20 引脚			

注：当 I^2C 总线上有时钟信号和数据信号时，用万用表测 SCL、SDA 端（N701 的 3、4 引脚）电压，其值应微微抖动，这是通过检查 I^2C 总线引脚电压来判断 I^2C 总线系统是否正常的关键点，而且电压值抖动的大小与 I^2C 总线上此刻传输的数据有关。如果以电视机正常收看过程中不进行任何操作时 SCL、SDA 电压的抖动量为基准，则在电视机处于待机状态时，SCL、SDA 电压的抖动量变小；在按键操作时，SCL、SDA 电压的抖动量变大。

3. 波形测试

（1）调谐电压波形

按照图 4-7 所示控制系统接口电路图，将彩色电视机置于自动搜台状态，用示波器分别测试 N701 的 32 引脚、VT701 集电极、高频头 TU 端的波形，在波形图中标注其频率和幅度，将测量的波形填入表 4-5 中。

表 4-5　调谐电压波形

频　段	N701 的 32 引脚	VT701 集电极	高频头 TU 端
低端（VHF-L）			
中端（VHF-H）			
高端（UHF）			

（2）电台识别信号与 AFT 信号波形

按照图 4-7 所示控制系统接口电路图，完成以下操作：

1）正常收看电视节目时，用示波器分别测试 N701 的 27 引脚、10 引脚的波形，在波形图中标注其频率和幅度,将测量的波形填入表4-6中。

2)设置彩色电视机为自动搜索状态,用示波器分别测试N701的27引脚、10引脚波形,在波形图中标注其频率和幅度,将测量的波形填入表4-6中。

表4-6   电台识别信号波形和 AFT 信号波形

波形	N701 的 27 引脚	N701 的 10 引脚
收看节目		
自动搜台		

(3)行、场逆程信号波形

按照图4-11所示屏幕显示接口电路,用示波器测试N701的18、17引脚波形,在波形图中标注其周期和幅度,将测量的波形填入表4-7中。

表4-7   行、场逆程输入信号波形

N701 的 17 引脚波形	N701 的 18 引脚波形

(4)I²C总线信号波形

按照图4-16所示控制电路示意图,用示波器测试N701的3、4引脚波形,在波形图中标注其幅度,并填入表4-8中。

表4-8   I²C 总线信号波形

N701 的 3 引脚波形	N701 的 4 引脚波形

注:由于I²C总线上传输的数据波形属于非周期信号,使用普通示波器很难看出I²C总线时钟信号和数据信号之间的对应关系。I²C总线上的波形是脉冲状波形。因为总线上传输的数据属于非周期信号,因此用普通示波器观察波形时,很难观察到一个个的脉冲,而是观察到一簇或一片脉冲波。

4. 故障检修

1)"不开机"故障。

2)"指示灯亮,三无"故障。

3)"不定时跑台"故障。

4)"不能搜索选台"故障。

五、实验报告要求

1）将测量的数据填入相应的表格中。

2）整理测量的实验数据，根据测量结果，对所检测的彩色电视机控制系统作出质量评价。

3）根据故障现象，分析故障原因，判断故障位置。

4）制表记录和分析检测数据，写出检停方法。

5）谈谈学习本章的体会。

思考与练习

一、选择题

1. 遥控发射器发出的信号是（　　）。

    A. 无线电波　　　　　　B. 红外光　　　　　　C. 超声波　　　　　D. 微波

2. 在开机状态下，微处理器 N701 的 23 引脚输出电压是（　　）。

    A. 5V　　　　　　　　B. 0V　　　　　　　　C. 12V　　　　　　D. 2V

3. 微处理器 N701 时钟振荡电路的频率是（　　）。

    A. 4.43MHz　　　　　B. 38kHz　　　　　　C. 32kHz　　　　　D. 64kHz

4. 在自动搜索电台时，N701 的 32 引脚的输出电压是（　　）。

    A. 30V　　　　　　　B. 0~5V　　　　　　C. 5V　　　　　　D. 0~30V

5. I^2C 总线彩色电视机的参数调整（如白平衡、场幅等）是通过调节（　　）方式来实现的。

    A. 电位器　　　　　　B. 电容　　　　　　　C. 电感　　　　　　D. 软件

6. 遥控彩色电视机与普通彩色电视机相比主要增加了（　　）。

    A. 数码显示器　　　　　　　　　　B. 以微处理器为核心的控制系统

    C. 保护电路　　　　　　　　　　　D. 宽范围稳压开关电源

7. 本机按键正常但操作遥控发射器不灵，故障通常是（　　）。

    A. 微处理器　　　　　B. 遥控接收器　　　　C. 本机键盘　　　D. 调谐器

8. 彩色电视机调谐后收看正常，关机后再开机仍需重新调谐，故障可能是（　　）。

    A. AGC 电压失常　　　　　　　　　B. 遥控电路不良

    C. 存储器损坏　　　　　　　　　　D. 伴音电路不良

9. 当出现不能搜索选台的故障时，应重点检查（　　）是否工作正常。

    A. 调谐存储接口　　　　　　　　　B. 开/待机接口

    C. 屏幕显示接口　　　　　　　　　D. 输入电路接口

10. 屏幕显示字符缺红色，一般是（　　）损坏。

    A. R739　　　　　　B. R738　　　　　　C. R740　　　　　D. R736

二、填空题

1. 微处理器控制系统的接口电路是：基本电路接口、_____、I^2C 总线接口、_____、_____、_____。

2. 控制系统的主要功能有选台控制、_____、_____、_____。

3. 微处理器正常工作必须满足＿＿＿＿＿＿、＿＿＿＿＿＿、＿＿＿＿＿＿ 3 个电路正常工作条件。

4. 微处理器的本机键盘输入端是 N701 的 ＿＿＿＿＿＿ 引脚，遥控输入端是 N701 的＿＿＿＿＿＿引脚。

5. 当微处理器 N701 不传输数据时，N701 的 3 引脚和 4 引脚是＿＿＿＿＿＿电平。

6. 在待机状态下，N701 的 23 引脚是＿＿＿＿＿＿电平，V703 是处于＿＿＿＿＿＿状态。

7. 行逆程脉冲输入电路是确定字符在屏幕上＿＿＿＿＿＿方向显示的位置，场逆程脉冲输入电路是确定字符在屏幕上＿＿＿＿＿＿方向显示的位置。

8. 当接收 VHF-L 频段信号时，N701 的 1、2、26 引脚分别输出＿＿＿＿＿＿、＿＿＿＿＿＿、＿＿＿＿＿＿电平。

9. N701 的 32 引脚输出＿＿＿＿＿＿信号，调谐精度可达＿＿＿＿＿＿级。

10. 造成屏幕无字符显示的故障一般是由＿＿＿＿＿＿脉冲信号丢失引起的。

三、问答题

1. 控制系统由哪几部分电路组成？各部分的作用是什么？

2. 试说明屏幕字符显示的工作原理。

3. 在 I^2C 总线技术规范中，起始信号和终止信号是如何定义的？

4. 简述控制系统的开/待机控制过程。

5. 调谐控制电压是怎样产生的？

6. 如何判断遥控接收电路是否有故障？

7. 叙述无字符显示故障的检修方法。

8. 试说明不能搜索选台故障的检修方法。

9. 若 VT704 击穿短路，屏幕上是否能显示字符？为什么？

10. 若 R744 开路或阻值增大，能接收到电视信号吗？请说明原因。

第5章　公共通道原理与故障维修

公共通道包括高频调谐器、预中放、声表面波滤波器、中频放大、视频检波、AGC、AFT 等电路。天线接收的高频电视信号和伴音信号由高频调谐器放大、混频后产生图像中频和伴音中频信号，经中频放大电路放大，视频检波器检波和混频，输出彩色全电视信号和第二伴音中频信号。公共通道的性能决定了整机图像和伴音信号的质量。图 5-1 所示为汇佳彩色电视机公共通道电路图。

5.1　高频调谐器

5.1.1　高频调谐器基本组成及作用

1. 高频调谐器的组成

高频调谐器由输入电路、高频放大电路、混频电路、本机振荡电路等组成，其电路组成如图 5-2 所示。

（1）输入电路

从高频电视信号中选择出某一个频值的高频电视信号送至高频放大器。

（2）高频放大电路

对输入电路送来的高频电视信号进行放大，其输出端一般采用双调谐耦合回路。

（3）本机振荡电路

产生一个比外来高频电视信号的图像载频高一个中频（38MHz）的正弦波振荡信号。

（4）混频电路

将高频放大电路送来的高频电视信号和本机振荡电路送来的本振信号进行混频，选出其差频成分，即 31.5～38MHz 的图像中频信号（包括伴音和色中频信号），送至图像中频通道。

2. 高频调谐器的作用

（1）调谐选台

从高频调谐器输入端输入的信号中有多个电视台的高频电视信号，高频调谐器需要对接收的信号进行选择，选择出用户需要收看的电视节目。

（2）信号放大

高频调谐器接收的高频信号很微弱，所以需要对所选择的信号进行 20dB 以上的放大，确保后级电路正常工作。

（3）频率变换

不同频道的频率不同，所以为了满足中放电路的正常工作，需要通过高频调谐器内的本

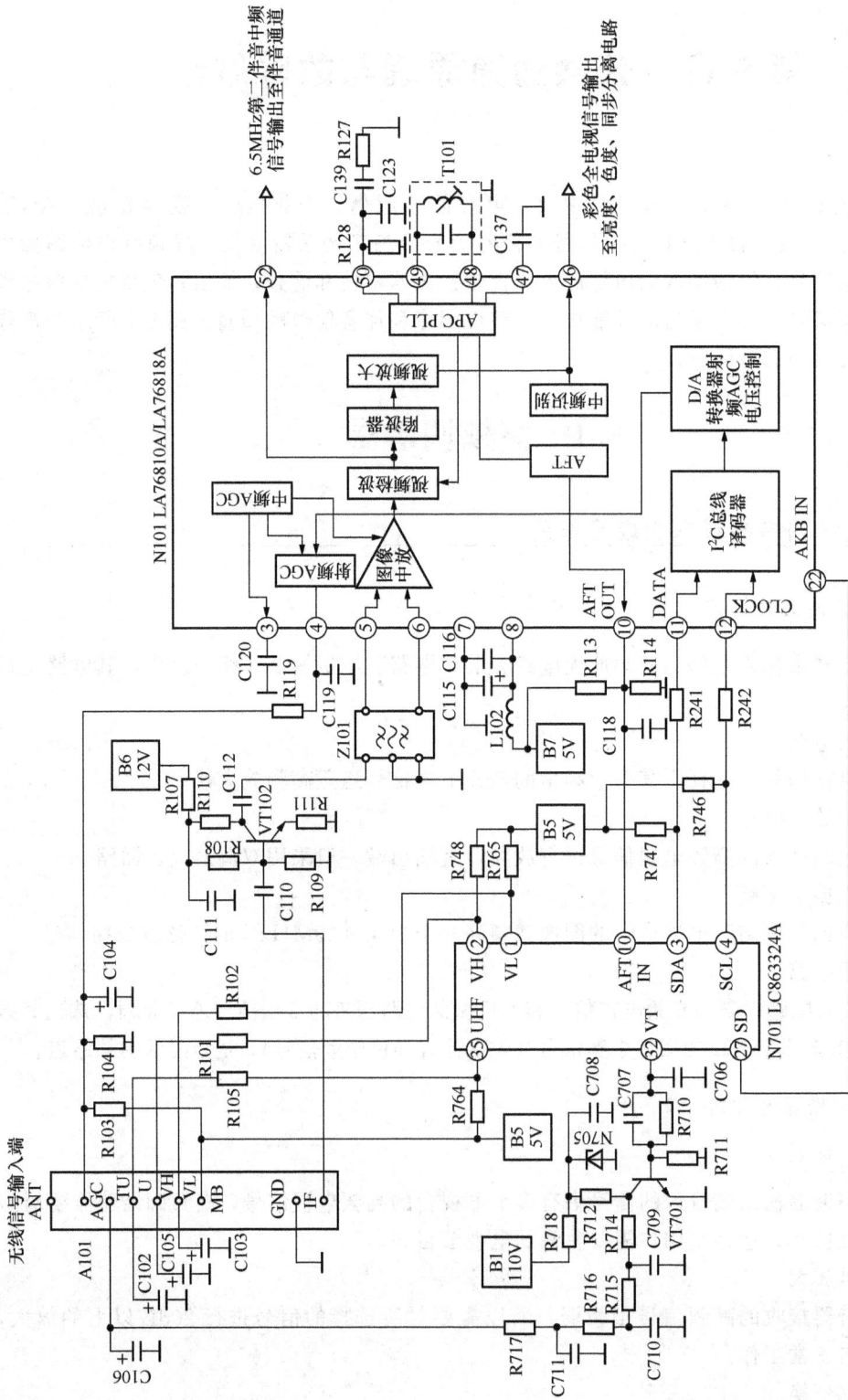

图 5-1　汇佳彩色电视机公共通道电路图

振、混频电路对所接收的信号进行差频处理后，输出一个频率固定的中频图像载频（38MHz）和第一伴音中频载频（31.5MHz）。

3．高频调谐器的幅频特性

高频调谐器的幅频特性主要取决于高频放大器和混频电路中双调谐回路的耦合度所形成的双峰特性，如图 5-3 所示。曲线中间下凹的深度黑白电视机要求不超出 30%，彩色电视机要求不超出 10%。此外，高频调谐器选择所需频道信号时，要能有效地抑制中频干扰和镜像干扰。

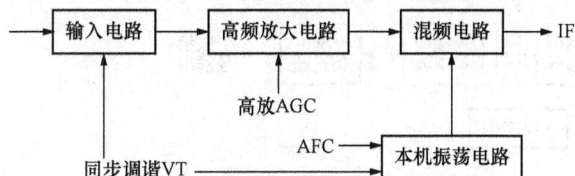

图 5-2　高频调谐器组成框图

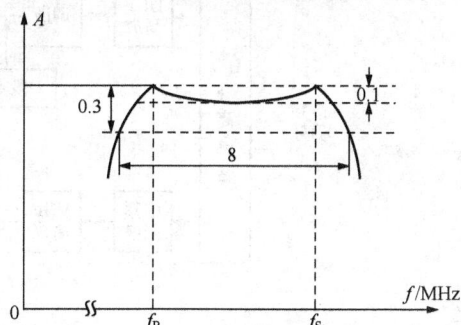

图 5-3　高频调谐器幅频特性

5.1.2　全频道电子调谐器的工作原理

1．电子调谐器的基本原理

高频调谐器的作用之一是调谐。调谐就是改变谐振回路的电感或电容元件而改变谐振频率，使其与接收频道的高频电视信号中心频率谐振而选到台。电子调谐器采用变容二极管作为可变电容。

（1）变容二极管

变容二极管是一种结电容变化范围较大的 PN 结二极管，PN 结上产生电荷储存，于是二极管相当于电容器。当反向电压改变时，结电容也相应变化。由于变容二极管是反向偏置，因此几乎没有电流流过二极管，故它是一种压控器件。变容二极管的压控特性如图 5-4 所示。

（2）调谐回路

电子调谐器中的选频及振荡的调谐回路如图 5-5 所示。谐振回路由电感器 L（UHF 频段用传输线）和变容二极管 VC 组成。因为变容二极管的电容值随所加反向电压的增大而减小，所以调节 TU 的大小（TU 称调谐电压输入端，一般在 0～30V 范围内变化，相应的变容二极管的电容值在 3～18pF 范围内变化），即可改变谐振频率。C_1 为隔直电容器，R_1 为隔离电阻器，RP 为调谐电位器。

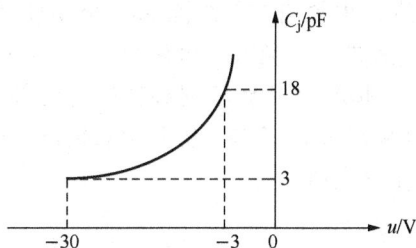

图 5-4　变容管压控特性

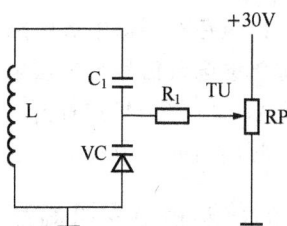

图 5-5　电子调谐基本回路

2. 全频道高频调谐器的组成框图

现在的高频调谐器都采用 U/V 一体化全频道电子调谐器，其内部由 VHF、UHF 频段两个通道组成。高频调谐器内部框图如图 5-6 所示。

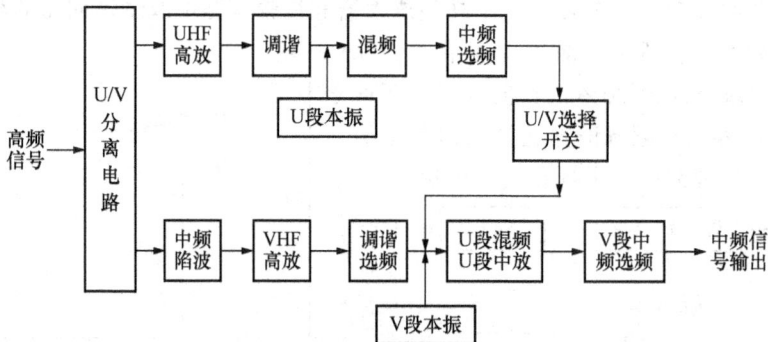

图 5-6　高频调谐器内部框图

由图可以看出，高频头内电路是由 U、V 两个频段的电路组成，其信号流程是：从高频头天线输入端子送入高频电视信号先经过 U/V 分离电路，U 频段信号经过高通滤波器后被送到 U 通道；V 频段信号经过低通滤波器后加到 V 通道。送至 U 通道的信号先经过高频放大，放大后的信号随即被送入调谐回路。调谐回路中接有变容二极管，变容二极管的结电容与二极管所加的反向电压有关，电压高，结电容变小，而变容二极管与各电感线圈构成 LC 并联谐振回路。变容二极管所接的反向电压正是高频头外接 BT 调谐电压。当该电压变化为某一值时，若 LC 振荡回路的振荡频率与某一电台频率相等时，就能在另一振荡输出回路中感应出该频道的信号电压。

高频头内还设置了本机振荡电路（简称本振）。该电路也接有两只变容二极管，其中一只所加的反向电压也是 BT 调谐电压，另一只的反向电压是中放来的 AFT 电压，用来微调本振频率，使本振频率始终比天线输入信号频率高出一个固定频率（38MHz）。本机振荡电路输出的振荡信号与调谐回路选出的电台信号一起，同时加入混频管的发射极进行混频，然后从集电极输出。混频器的输出回路也是一个双谐振回路，谐振频率为中频 38MHz，即各频道的信号频率经混频器变频后输出的是一个固定的中频信号。然后，信号被送入 U/V 选择开关。该开关具有这样的功能：在收看 U 频段电台时，该开关呈导通状态，并使 V 频段的本振电路及混频电路停止工作，同时使 V 频段混频管对 U 频段送来的中频信号进行一次中频放大，然后经选频回路输出被送往图像中放电路。

经 U/V 分离电路送出的 V 频段信号，首先进入中频陷波器滤除 33～38MHz 范围内的中频信号（以避免对图像中放电路产生干扰），然后进入高频放大电路放大，并进入调谐回路选频，选出的电台信号与本振电路送出的信号一起进入 V 频段混频器进行混频（原理与 U 频段相同），此时 U/V 选择开关关闭，并使 U 频段停止工作，从混频器输出的信号经 V 频段中频选频回路取出中频信号后，被送入图像中放电路。

5.1.3　汇佳彩色电视机高频调谐器电路分析

汇佳彩色电视机使用电压合成式 CATV 高频调谐器，其应用电路如图 5-7 所示。

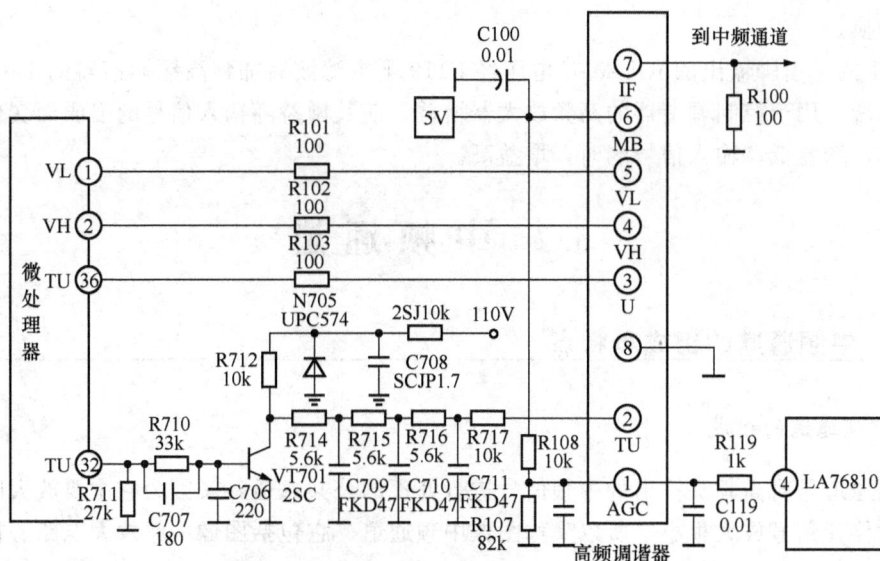

图 5-7　汇佳彩色电视机高频调谐器电路图

天线接收到广播电视高频信号加到高频调谐器的高频输入端，经高频放大和混频处理后，将高频电视信号变成 38MHz 图像中频信号和 31.5MHz 伴音中频信号，从高频调谐器的 7 引脚中频输出端输出。输出的 IF 中频信号经电容 C110 加到前置中频放大器 VT102 作进一步放大处理。

高频调谐器的 2 引脚的调谐选台电压由微处理器 N701 的 32 引脚输出周期为 $28\mu s$ 的调谐 PWM（调宽脉冲）信号提供。N701 的 32 引脚输出的 PWM 信号经 R710、C707 加到脉冲倒相放大器 VT701 放大倒相，R712 为 VT701 的集电极负载电阻，从集电极输出幅度为 30V 的脉宽调制电压，经三级积分电路滤波后，变为 0～30V 的直流调谐电压加至高频调谐器的 TU 端子，调谐电压变化范围为 0.5～30V，与频段切换电路配合完成各个频段的选台。通过改变调谐电压可以改变调谐器内部高频放大器 LC 网络及本振中 LC 网络中变容二极管的反偏电压，从而改变变容二极管的容量，达到改变网络谐振频率的目的。VT701 集电极电压由开关电源输出的 B1（110V）电压经 R718 限流、稳压二极管 N705 稳压、C706 滤波后得到 33V 电压提供。

在某一个频段内，当高频电视信号频率越高时，VT701 基极所得到的电压平均值越低，集电极的电压平均值越高。当接收频段最高端的高频电视信号时，VT701 几乎截止（调宽脉冲极窄），其集电极电压接近 +30V；反之，接收最低端电视信号时，VT701 接近饱和（调宽脉冲很宽），集电极电压接近 +0.5V。

为了保证调谐器本振的频率稳定性，使输出中频信号始终为 38MHz，彩色电视机中采用了自动频率调整（AFT）电路。该机的 AFT 电压由 N101 内部产生经 10 引脚输出加到 N701 的 10 引脚上，经 CPU 内部变换处理后，通过调谐脉冲（PWM）的变化，从 32 引脚输出加到调谐器 TU 端。

由于高频调谐器内的变容二极管的容量变化范围不够宽，所以电视频段分为 VHF-L、VHF-H、UHF 共 3 个频段，在调谐器上有对应的 3 个引出端 VL、VH、U，+5V 电压分别加到这 3 个引出端上，可使这 3 个频段分别单独工作。该机在选台时频段电压的转换，直接由微处理器的 3 个引出脚依次向调谐器的 VL、VH、U 的 3 个端子送去 +5V 电压，实现频段的转换。

N101 的 4 引脚输出的 RF AGC 电压经 C119 平滑滤波后加到高频调谐器的 1 引脚 AGC 电压输入端，用于控制调谐器的高频放大器增益，使其增益随输入信号的强弱而变化。输入信号强时，增益低；输入信号弱时，增益高。

5.2 中频通道

5.2.1 中频通道的组成和特点

1. 中频通道的组成

中频通道是对高频头输出的中频信号进行处理的公共通道，又因为它主要放大图像中频信号，对伴音信号放大很小，所以又称图像中频通道。它包括图像中频放大电路、视频检波电路、预视放电路及 AGC、AFC 等控制电路。目前，中频通道虽然已集成化，中频放大器、视频检波器等被集成在一块集成电路中（见图中虚线框）。但预中放电路及声表面滤波器仍由分立元器件担任，而未集成到集成电路中，这样就形成了如图 5-8 所示的框图。

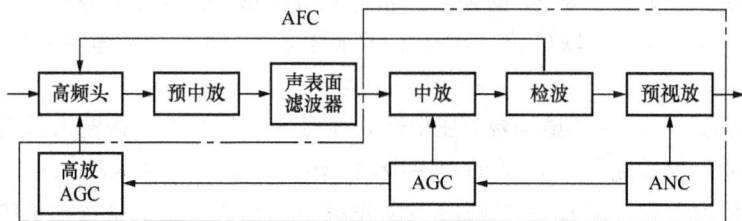

图 5-8 中频通道组成框图

2. 中频通道的特点

1）放大图像信号，形成中放所需的幅频特性，适应残留边带传送，抑制邻近频道的干扰。中频幅频特性曲线如图 5-9 所示，38MHz（图像中频）、33.57MHz（色度中频）分别位于曲线两边的中点（即 −6dB）处，有 3 个吸收点：31.5MHz（第一伴音载频）、30MHz（本频道本振频率与高邻近频道图像载频的差频）和 39.5MHz（本频道本振频率与低邻近频道伴音载频的差频）。

2）检波得到彩色全电视图像信号，并由图像中频和伴音中频差拍产生 6.5MHz 第二伴音中频信号。

3）产生中放 AGC 电压、高放 AGC 电压。当输入信号增强时，中放 AGC 电路起控，使中放电路增强下降；若信号比较强，则高放 AGC 电路延迟起控，降低高频头高放电路的增益，从而保证中频通道信号幅度稳定。

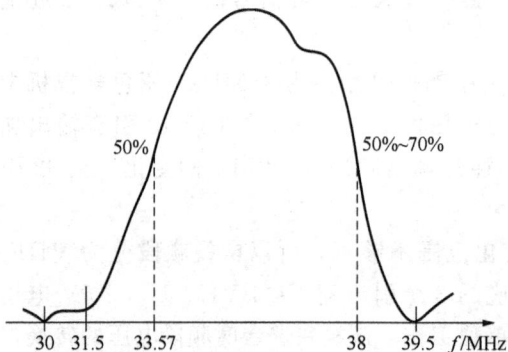

图 5-9 中频幅频特性曲线

4) 生成自动频率控制 AFT 电压，把图像中频控制在 38MHz±30kHz 范围内。当高频头的本振频率发生偏移导致图像中频偏离 38MHz 时，中频通道产生 AFT 误差电压，自动控制高频头的本振频率。

5.2.2　中频通道的主要电路

中频通道的主要功能是从高频调谐器输出的中频信号进行有选择地放大，解调出彩色全电视信号，并同时产生图像中放电路和高频头高放电路所需要的自动增益控制电压（IF-AGC、RF-AGC）；产生高频头本振频率微调电路中变容二极管所需的自动频率调整电压（AFT）。中频通道的结构框图如图 5-10 所示，虚线框内部分是中频电路。中频电路通常制成一个独立的集成电路。随着集成电路技术的发展，目前很多厂家都把中频电路与视频电路集成在一个彩色电视机芯片之中，在这种单片的彩色电视机芯片里，中频电路只是其中的一小部分。

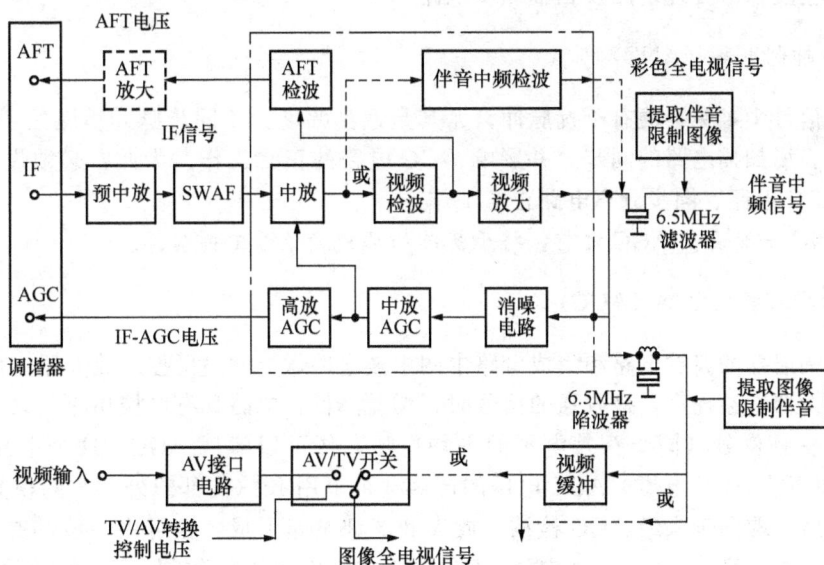

图 5-10　中频通道的结构框图

1. 预中放电路

高频头输出中频信号进入预中放电路予以放大。由于声表面滤波器大多存在 20dB 的插入损耗，所以需要在它前面设置一级预中放电路来补偿这种损耗。

2. 声表面波滤波器

声表面波滤波器是利用石英、铌酸锂、钛酸钡晶体具有压电效应的性质做成的，它是将电信号转换为机械信号，又将机械信号转换为电信号的谐振器件。声表面波滤波器的英文缩写为 SAWF，作用是吸收邻频干扰和衰减本频道的伴音中频信号。

注：由于不同型号的声表面波滤波器的插入损耗、选频特性和阻抗可能不同，所以维修时最好采用同型号的声表面波滤波器更换。

3．中频放大器

中频放大器通常由 3 级增益可控直流耦合放大器构成，它是对符合中频幅频特性曲线的中频信号进行放大，总增益可达到 70dB。

4．视频检波

放大后的中频信号进入视频检波器进行视频同步检波，检波后可得到 0～6MHz 的视频全电视信号，这个信号中还有图像中频信号与 31.5MHz 伴音中频信号差拍产生的 6.5MHz 第二伴音中频信号。视频全电视信号经视频放大电路输出后将分两路：一路经 6.5MHz 滤波器取出 6.5MHz 第二伴音中频信号去伴音通道电路；另一路经 6.5MHz 陷波器，去除伴音信号，取出图像视频信号，经视频缓冲电路或 AV 接口电路送往视频信号处理电路，或分别去亮度、色度信号处理电路及扫描同步电路。

5．噪声抑制电路（ANC）

在电视信号中难免会混有干扰脉冲，尤其是遇到幅度大于同步脉冲幅度的干扰脉冲时，将会损坏行、场扫描电路的同步，并影响 AGC 电路的正常工作。为此，必须设置 ANC 电路，确保 AGC 电路、同步分离电路正常工作。

注：ANC 一般设在 AGC 之前，将干扰脉冲从视频信号中抑制掉。

6．自动增益控制电路（AGC）

通常把调谐器的高放电路和集成电路中的中放电路做成增益可控的放大器，即接收弱的信号时，放大器增益提高，接收强的信号时，增益降低，电路具有可控功能。只要能供给一个自动反映视频信号（同步头）电平的平均电压，便可以实现 AGC。这个电压即是中放 AGC 电压和高放 AGC 电压。AGC 电压的产生，可以用 IC（内部或外部）的视频信号经消噪电路处理后，取同步头经 AGC 检波、放大和滤波电路形成，也可由中放和高放 AGC 电压形成电路形成。高放 AGC 根据中放 AGC 电压的变化经延迟后控制高放的增益。

注：中放 AGC 控制范围约 40dB，高放 AGC 控制范围约 20dB。

7．自动频率调整电路（AFT）

AFT 电压产生电路一般设在中频 IC 电路中，它能从输入的图像中频载波信号中检测频率偏差，自动产生一个与频率偏差成正比的电压送往调谐器，叠加在 AFT 端子电压上（无 AFT 电压时，端子上有一个固定电压），微调本振回到正确频率。AFT 调整电压产生电路一般为双差分鉴相器，内部无需调整，90°移相线圈设在外部，为 AFC 调谐回路。调谐 AFT 线圈可改变 AFC 输出电压，失谐时将破坏自动控制功能，以此作为开关使线圈接地关闭 AFT 电路。正常收视时，开关断开，AFT 电路工作。

5.2.3 汇佳彩色电视机中频通道电路分析

1．集成电路 LA76810A 简介

LA76810A 集成电路是三洋公司于 1999 年开发成功的大规模单片集成电路，主要用于

PAL/NTSC 制彩色电视信号处理电路，可完成图像与伴音的解调、色解码和亮度处理、同步及行/场小信号的处理任务。用该芯片配合 LC86×××× 系列微处理器的机芯，通常被称为三洋 A12 机芯。LA76810A 的内部电路框图如图 5-11 所示，LA76810A 的各引脚功能见表 5-1。

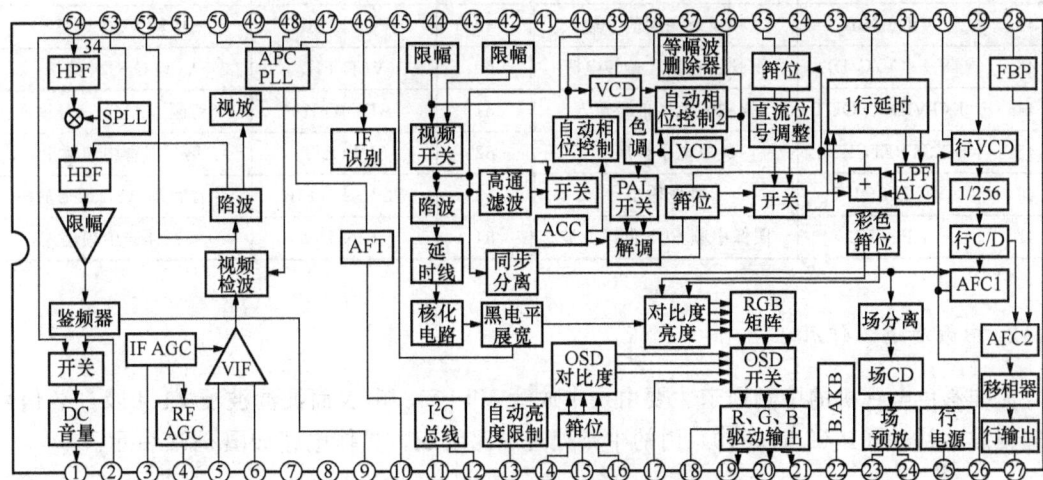

图 5-11　LA76810A 内部组成框图

表 5-1　LA76810A 引脚功能

引脚号	符　号	功　能	引脚号	符　号	功　能
1	AUDIO	音频输出	21	B-OUT	蓝基色信号输出
2	FMOUT	外接去加重电容	22	SD	ID 识别同步信号输出
3	PIF AGC	外接中频 AGC 滤波电容	23	V-OUT	场激励信号输出
4	RF AGC	高放 AGC 输出	24	RAMPAICFIL	外接锯齿波形成电容
5	VIF IN1	中频输入	25	V_{CC}	行扫描及总线接口电源
6	VIF IN2	中频输入	26	AFC FIL	AFC 低能滤波
7	GND（IF）	中放地	27	H-OUT	行激励输出
8	V_{CC}（VIF）	中频电路＋5V 供电	28	SANDCASTLE	行逆程脉冲输入
9	FMFIL	外接调谐解调滤波电容	29	VCO IREF	参考电流产生端
10	AFT OUT	AFT 电压输出	30	CLOCKOUT	4MHz 时钟信号输出
11	DATA	I²C 总线数据信号	31	V_{CC}	1H 基带延迟电路电源
12	CLOCK	I²C 总线时钟	32	CCDFIL	1H 基带延迟
13	ABL	束流保护检测输入	33	GND	地
14	RIN	红字符信号输入	34	SECAM IN	SECAM 制信号输入
15	GIN	绿字符信号输入	35	SECAM IN	SECAM 制信号输入
16	BIN	蓝字符信号输入	36	APC FIL	APC 低通滤波
17	BLANK	字符快速消隐信号输入	37	FSC OUT	SECAM 制副载波输出
18	V_{CC}（RGB）	RGB 输出电路供电	38	X-TAL	VCO 压控 OSC
19	R-OUT	红基色信号输出	39	APC1 FIL	APC 低通滤波器
20	G-OUT	绿基色信号输出	40	SED VIDEO OUT	视频输出

续表

引脚号	符 号	功 能	引脚号	符 号	功 能
41	GND (V/C/D)	视频、色度、偏转地	48	VCO COIL	中频 VCO OSC
42	VIDEO IN	视频或外亮度信号输入	49	VCO COIL	中频 VCO OSC
43	V_CC (V/C/D)	视频、色度、偏转电源	50	VCO FIL	VCO OSC 外接端
44	INTVIDEO OUT	视频或色度信号输入	51	AUDIO IN	外音频（AV）信号输入
45	BIKSTREFCIIFIL	黑电平扩展	52	SIN OUT	第二伴音中频输出
46	VIDEO OUT	视频输出	53	SIN APC FIL	伴音解调 APC 低通滤波
47	APC FIL	图像中频 PLL 低通滤波	54	SIN IN	第二伴音中频输入

2. 中频通道工作原理

汇佳彩色电视机的中频通道主要由预中放管 VT102、声表面波滤波器 Z101 及 TV 信号处理集成电路 N101（LA76810）内的中频处理电路组成，具体电路如图 5-12 所示。

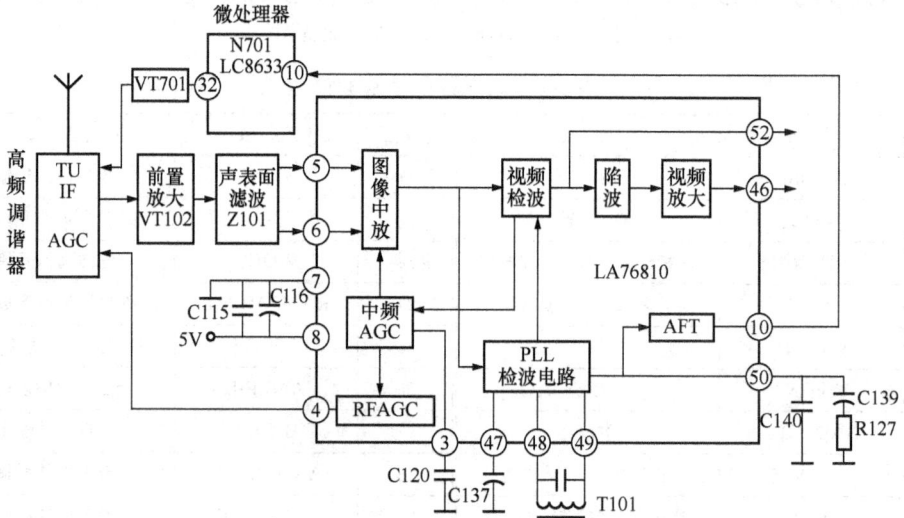

图 5-12　汇佳彩色电视机的中频通道电路原理图

从高频头输出的 38MHz 中频信号，首先送入 VT102 预中放电路，然后经 Z101 声表面波滤波器，形成固定幅频特性的中频信号后送至 LA76810 的 5、6 引脚，在 IC 内部经 AGC 控制放大后分为两路。

第一路经 N101 内部分离出第二伴音中频信号，经 N101 的 52 引脚输出后再由 54 引脚输入。LA76810 内部有带通滤波器和伴音 PLL 电路，不需要像其他电路那样要在外围接各种带通滤波器，就能完成 4.5～6.5MHz 的各种伴音制式鉴频。在 IC 内部经混频、限幅放大、调频解调、音频选择开关、直流音量控制后从 N101 的 1 引脚输出音频信号，送往 N603 进行音频放大。N101 的 1 引脚输出的音频信号，既可以是内部解调后的 TV 信号，也可以是从 51 引脚送来的外部 AV 信号，这完全由 IC 内部的选择开关决定，而选择开关受总线控制。但 N101 的 51 引脚只能送入单声道伴音信号，无法处理立体声信号。

第二路由 PLL 同步解调、视频放大后从 N101 的 46 引脚输出，再回送到 44 引脚，这样设计的目的是为了可在 N101 的 46 引脚和 44 引脚之间插入梳状滤波器，或当将机器设计成具有 S-VHS 输入时，44 引脚送入色度信号，在本机中未用此功能。外部视频信号（AV）送到 N101 的 42 引脚，内部电视信号（TV）送到 44 引脚，在 IC 内部进行切换。TV 或 AV 信号在内部经视频开关选择后又分为 3 路：一路经内部同步分离后送到场同步分离和行 AFC 电路，并从 N101 的 22 引脚输出同步信号，送到 N701 的 27 引脚，供 CPU 作为收到电台的识别信号；另一路经带通电路选出色度信号后送到内部彩色解码电路；第三路经内部色度吸收、亮度延时后送到内部亮度通道。

(1) 预中放电路

预中放电路由 VT102 及外围元器件组成宽度中频放大电路，电压增益在 20dB 左右，以补偿声表面波滤波器的插入损耗。从高频调谐器 A101 的 IF 端输出的中频信号经 C110 耦合至 VT102 的基极，经放大、倒相后从集电极输出，经 C112 耦合至声表面波滤波器 Z101 的 1 引脚，在声表面波滤波器集中提供所需要的幅频特性曲线，经选频的中频信号从 Z101 的 4 引脚和 5 引脚对称地直接输出至 N101 的 5 引脚和 6 引脚。

(2) 中频放大电路

N101 内部设置中频放大电路，中频放大电路由 3 级差分放大器组成，总增益在 50dB 左右，具有较宽的动态范围和较好的幅频特性，控制范围大于 60dB，可以满足不同制式、不同幅度中频信号的放大需要。

(3) 视频检波电路

视频检波电路采用锁相环（PLL）检波电路，由视频检波器和中频载波发生器组成，中频载波发生器能产生与图像中频信号同步的中频载波信号。接在 N101 的 48、49 引脚外围的是中频振荡网络，其中频由 I²C 总线来设置，共分 4 挡，能适合不同国家的中频标准。N101 的 50 引脚外接 VCO 锁相环路滤波器，APC 的环增益与外接电路 R、C 的时间常数有关，电阻 R 增大，环路增益增加而使引入范围增宽，但抗噪性变差。APC 环的时间常数也同 IC 内部的电阻有关，利用同步检波电路来切换其 IC 内部电阻，改变 R、C 时间常数。中频载波发生器所产生的中频载波送至视频检波器，在视频检波器中与图像中频信号相乘，视频检波器利用模拟乘法原理检出视频信号。视频信号经伴音中频陷波和视频放大后，从 N101 的 46 引脚输出。

N101 的 48、49 引脚外接锁相环压控振荡器的 LC 谐振网络 T101。调节 T101 使压控振荡器的谐振频率与高频头输出的图像中频（38MHz）一致，使检波以及视频放大后输出的图像电平幅度最大。视频检波器除了能检出视频信号外，还能将图像中频信号与第一伴音中频信号进行混频处理，产生第二伴音中频信号从 N101 的 52 引脚输出至伴音通道。

注：VCO 通过 T101 产生 38MHz 的振荡频率，APC 将图像中频和 VCO 频率进行比较，并控制 VCO，使两者同频同相。

(4) AGC 电路

N101 采用峰值型 AGC 检波电路，利用彩色全电视信号的同步信号来取得 AGC 控制电压。检出的信号经 N101 的 3 引脚外接滤波电容 C121 滤波后，形成 IF-AGC 电压控制中频放大级的增益。如果输入信号较强，中放电路的增益降低仍不足以使视频放大器不进入饱和状态，RF-AGC 起控，由 N101 的 4 引脚输出 RF-AGC，控制高频头内高放级的增益。

AGC 电路由峰值检波、中放 AGC 和高放 AGC 共 3 部分组成。视频信号经过 AGC 峰值检波电路切割出与信号强弱成正比的直流电压，作为自动增益控制电压，在无信号或弱信号时，N101 的 4 引脚输出 7V 直流电压，这时中放和高放增益最高，中放 AGC 电路随着信号的加强而增加，从而降低中放增益。RF-AGC 电路将峰值检波电路的 AGC 电压进行延时和放大，然后送到调谐器，信号越强、RF-AGC 电压越低，从而控制高放电路的增益，延迟的目的是为了中放增益先起控，有利于提高信噪比。

（5）AFT 电路

N101 的 AFT 电路的输入信号来自视频检波器后的中频信号，由于 LA76810 内部采用锁相环检波电路，具有独立的压控振荡器，其基准解调信号与信号中频同频率，且相位被锁定，所以 AFT 电路无需外接 LC 的 90°的移相网络，而是采用内部固定相移电路，将中频信号的频率变化转变为相位的变化，然后利用模拟乘法器的鉴相特性，再将相位变化转变为相应的电压幅度变化，检出误差电压即 AFT 电压由 N101 的 10 引脚输出，经 R114 和 C118 滤波送到 N701 的 10 引脚，在自动调谐时作为调谐准确的指示信号（即 AFT "S" 形电压变化的中点）；在正常收看时，作为 TU 微调电压的跟踪信号，通过微调 N701 的 32 引脚输出的 VT 电压，进而控制高频头的本振频率，确保高频头 IF 端输出图像中频信号的载频始终为 38MHz，实现 AFT 电路自动频率微调的功能。

5.3　汇佳彩色电视机公共通道电路的故障维修

汇佳彩色电视机公共通道一些重要的检查点。

（1）重要电压测量点

1）中放集成电路供电端电压：N101 的 8 引脚电源为供应脚，+5V。

2）高频调谐器主要端子电压。

BM 端：V 混频/U 中放电路供电电压，+5V。

TU 端：调谐电压，调谐时应在 0.5～30V 之间变化。

3）BL、BH、BU 波段转换端电压。

4）AGC 端：RF-AGC 控制电压，无信号时为 4V 左右，有信号时电压为 2.5V 左右。

5）AFT 控制电压：2V±2V。

（2）重要信号干扰点

1）N101 中频信号输入端，用万用表电阻挡 R×1 或 R×100，红笔接地，黑笔点击 N101 的 5 或 6 引脚，光栅应闪动。

2）N101 视频信号输出端，用万用表电阻挡 R×1，红笔接地，黑笔点击 N101 的 46 引脚，光栅应闪动。

注：如果公共通道出现故障，光栅将出现蓝背景及厂标，这样会给判断故障带来困难，必须将蓝背景及厂标图案去掉。通过以下方法可以消除蓝背景：一是将 R729 断开，二是将 R736、R738、R740、R742 同时断开，这样就断开了 N701 的字符输出电路。

5.3.1 汇佳彩色电视机高频调谐器的故障维修

1. 检修方法

从频率和功率角度上来讲，高频调谐器工作在高频小信号状态，故障率不是很高，但也时有发生。高频调谐器的典型故障包括有光栅、无图像、无伴音，信号弱、图像上有雪花点，某一频段无节目或信号弱，逃台。现以"有光栅、无图像、无伴音"现象为例，说明高频调谐器故障处理方法。

出现"有光栅、无图像、无伴音"故障现象时，应仔细观察屏幕现象（有蓝屏功能的，要取消蓝屏），若屏幕上有浓浓的雪花点，说明高频调谐器的高频放大电路、混频电路均已工作，故障一般在天线输入电路、调谐控制电路，或调谐器内部的输入回路、本振电路等。

若屏幕上只有淡淡的雪花，说明高频调谐器内部的高频放大电路、混频电路不工作，故障有可能在调谐器本身及外围电路。可先检查调谐器的供电电压和 AGC 电压是否正常；若正常，则检查 3 个波段控制电压是否正常；若异常，则应检查 CPU 的波段控制端电压是否正常。若调谐器的供电电压、AGC 电压及正常 3 个波段控制电压均正常，则应更换高频头。

2. 常见故障分析与检修

实例 1 无图像、无伴音、屏幕上有浓密黑白噪粒子。

故障现象：取消蓝背景后，屏幕上有一片浓密的黑白噪粒子，无伴音，但有伴音噪声；或者某些频道能收到图像，但雪花噪粒子显著。

故障分析：屏幕上无图像，噪粒子浓、密，而噪粒子来自高频头内 VHF 混频电路。说明混频电路之后的电路没有故障，故障部位只可能是天线至高频头的输入回路或 RF-AGC 电路。对于天线至高频头输入通路故障及 RF-AGC 电路故障所引起的无图像、无伴音、有黑白噪粒子的故障，在不很严重时，会出现某些频道能收到图像，但雪花噪粒子显著的现象。

检修步骤：

1）检查天线、天线至高频头输入端的馈线、匹配器，没有发现故障。

2）检查高频头上 AGC 端子上电压是 2.1V，正常。说明 N101 的 RF-AGC 电路及其外围元件正常；若 RF-AGC 端子上电压很低，一般来说是 RF-AGC 电路故障。

3）检查高频头上 TU 端子上电压 18V，在正常范围内；MB 电压为 5V，VL 电压也为 5V，正常，则故障在高频头，一般是本机振荡电路损坏。

4）更换高频头，故障排除。

检修结论：检修此故障时，宜采用触击法或人体感应法。判断是否是高频通道故障造成的无图像、无伴音，可在高频调谐器输出端注入杂波信号，若此时屏幕光栅有反应，表明故障出在高频调谐器，再触击调谐器的输入端，根据反应进一步区分天线、馈线与调谐器的故障。一旦确定故障在高频调谐器，可通过测量调谐器各端脚电压，检查调谐器工作的条件是否具备，若具备，则高频头损坏。

实例 2 有光栅、无图像、无伴音、无噪粒子或噪粒子稀少。

故障现象：开机光栅正常，各频道均接收不到电视信号，屏幕上只有少量黑白噪粒子或无黑白噪粒子，无伴音。

故障分析：本故障所涉及的范围有高频头、VT102组成的预中放级、声表面波滤波器Z101、LA76810及其外围元器件。

检修步骤：

1）测量高频头各端子电压，没有发现异常现象。

2）断开高频头IF输出端与C110之间的连线（在印制电路板上有可断开的焊接点），用万用表R×100挡，一根表笔接地，另一根表笔碰触VT102的基极，观察屏幕上有噪扰粒子闪现。说明中频通道正常，故障应在高频头。

3）检查高频头外围电路没有故障，更换高频头，故障排除。

检修结论：高频调谐器内部发生故障大多采用组件更换，较少进行内部修理。一旦排除高频调谐器外围电路正常，确定是高频调谐器内部电路故障后，通常做法是更换高频头。

注：碰击VT102基极，若无噪扰粒子闪现，则为预中放电路及声表面波滤波器故障。

│实例3│ 逃台。

故障现象：逃台也叫频漂，其典型现象是刚开机时彩色、图像和伴音均正常，但收看时间一长，信号逐渐变弱，彩色、图像和伴音先后消失。有时进行微动调谐后，又可捕捉到图像和声音，过一段时间后再次逃掉。

故障分析：逃台现象的故障原因一般有两方面：一是高频头本身有故障，即高频头内部本振回路中决定本振频率的元器件性能不稳定，如变容二极管、瓷片电容等随时间的增长而出现轻微漏电；二是高频头外围电路，如微处理器调谐控制信号经接口电路电平变换形成的调谐电压电路有故障。

检修步骤：

1）检查高频头调谐TU端电压能在0.5～30V之间变化，但调谐电压不稳定。

2）悬空高频头TU端后，检查VT电压能在0.5～30V之间变化，且VT电压稳定，说明故障不在调谐电压形成电路，而在高频头内。

3）关机后用万用表R×10k挡测量高频头TU端对地电阻降低，正常阻值为无穷大，说明有漏电现象，一般多是变容二极管漏电。

4）更换高频头后，开机重试，一切正常。

检修结论：检查"逃台"故障，可以从检测加到调谐器的调谐电压开始，首先断开高频头TU端的调谐电压连线，对调谐电压进行测量，如调谐电压不稳定，则故障是由外部旁路电容或调谐电压形成电路元器件不良引起的，重点检查稳压管N705及滤波电容C706，如果调谐电压稳定不变，则故障是由调谐器内部元件损坏引起的。

注：AFT电路不良也会引起逃台，这部分检修还要涉及微处理器、中放电路。

5.3.2　汇佳彩色电视机中频通道的故障维修

│实例1│ 有光栅、无图像、无伴音、雪花噪点稀少。

故障现象：开机后，光栅正常，各频道均收不到电视信号，屏幕上雪花噪粒子淡、稀、少，无伴音；或者某些频道能收到图像，但图像淡，雪花噪点显著。

故障分析：从屏幕上无噪粒子或噪粒子稀少又无伴音上看，故障的范围是在高频头内

VHF 混频级至视频检波电路之间。因为屏幕上的噪粒子淡、稀、少，这种现象说明高频头混频电路不工作，噪粒子是出自于高频头以后的电路。从混频电路至视频检波器，故障越在后级，则屏幕上的噪粒子就越淡。

检修步骤：

1）测量预中放管 VT102 的各极电压正常，表明预中放电路工作正常。

2）测量 N101 中放输入 5、6 引脚的电压为 2.8V，正常，表明故障在 Z101。

3）为了判别是否 Z101 不良和损坏，用 $0.01\mu F$ 电容分别跨接于 Z101 的输入与输出端之间，用触击法碰击 VT102 的基极，这时有噪扰粒子闪现，说明 Z101 开路。

4）更换 Z101，故障排除。

检修结论：

1）碰击 VT102 的基极，若无噪扰粒子闪现，还应检查 Z101 是否有短路。用万用表测量 Z101 的输入至地及输出端之间有否短路。正常时，阻值很大，若测得的阻值很小，则为 Z101 有短路故障，也应更换 Z101。

2）VT102 和 Z101 质量下降而未损坏（俗称变质）时，一般屏幕上有大颗粒的"雪花噪点"。

| 实例 2 | 图像上部扭曲，不稳定。

故障现象：接收电视信号，伴音正常，图像对比度强、上部扭曲，严重时，行、场均不同步，图像杂乱无章。

故障分析：图像对比度强，说明图像视频检波输出的视频信号幅度较大；图像上部扭曲，说明在场同步头后的几行行同步头被切割而造成每场开始的一些行失步。行同步头被切削是由于 RF-AGC 电压失控，从而造成高频头中高放级输出信号太强，使图像中放工作于非线性区所致。

检修步骤：

1）检查 RF-AGC 的电压为 5V，异常，表明 RF-AGC 输出电压失控。

2）检查 N101 的 3、4 引脚，发现有短路现象，说明 N101 或 3、4 引脚外部元件有故障。

3）检查 N101 的 3、4 引脚外部元件 R119、C119、C120，未发现异常，显然是 N101 内部 RF-AGC、IF-AGC 故障有故障。

4）更换 LA76810，图像恢复正常。

检修结论：这是比较典型的 RF-AGC 失控的故障现象，故障部位既可能在高频通道也可能在中频通道。首先检测 N101 的 RF-AGC 输出端电压，并与正常 RF-AGC 电压值相比较。如果检测电压比正常电压值低，说明 N101 的 RF-AGC 电路有故障，应进一步检测 RF-AGC 输出端外接滤波电容。如果该滤波电容正常，通常是 N101 内部 RF-AGC 电路损坏。如果 N101 的 RF-AGC 输出电压正常，则应检查高频调谐器 RF-AGC 输入端电压，并与正常 RF-AGC 电压值相比较。如果检测电压比正常电压值低，说明 N101 的 RF-AGC 电路至高频调谐器之间电路有故障，通常是 RF-AGC 电压传输电路间的有关元件损坏或变质。

注：视频检波中周 T101 内附电容变质、漏电，造成通道失谐时也会有如上现象，但往往伴有伴音失真，甚至无声的现象。

实例3 有光栅、无图像、无伴音、无雪花噪点。

故障现象：开机后，无图像和伴音，屏幕上无噪声粒子。

故障分析：此现象表明选台条件电路对高频调谐器提供了正常的选台波段和调谐电压，故障在电视信号处理电路。当LA76810中的图像或中放检波电路有故障，出现无图像、无伴音时，光栅上无雪花噪点出现，而是一片白光栅，俗称"白板"。

检修步骤：

1) 用触击法碰击N101的5引脚，屏幕上无噪粒子闪现，说明故障部位在图像中频电路。

2) 用万用表测量N101的图像中频电路部分引出脚的电压，发现与正常值比较普遍变低，怀疑N101及外围元器件有故障。

3) 检查外围元器件没有发现异常，更换LA76810，故障排除。

检修结论：当遇到"白板"故障时，可用干扰法碰击中放电路信号输入端，若屏幕上没有出现噪粒子，则说明故障部位在中频放大电路。此时，可用万用表测量N101的中频放大电路相关引脚电压，并对异常引脚周围元器件加以检查，若这些都正常，那就是N101损坏了。

实例4 有光栅、无图像、无伴音。

故障现象：屏幕出现白光栅（无噪波点），无图像、无伴音。

故障分析：无图像、无伴音故障一般出现在信号的公共通道上，包括高频调谐器和中放电路等；当屏幕只出现白光栅，无噪波点，则故障一般在中放通道或视频检波电路。

检修步骤：

1) 测量N101的8引脚中放电路电源电压为5V，正常。

2) 检查N101的47～50引脚外围视频检波元器件，均正常，怀疑N101内部中放部分损坏。

3) 取下N101，更换一块新的LA76810，故障排除，图像伴音恢复正常。

检修结论：N101内部的中放部分损坏，中频图像和伴音信号无法送到后级检波电路，造成无图像、无伴音故障。N101损坏是中频通道电路中常见的故障。

本章小结

公共通道由高频调谐器、中频通道两部分电路组成。高频调谐器的作用是选台、放大信号和频率变换，将高频电视信号转换为图像中频信号和第一伴音中频信号。频率合成式高频调谐器采用PLL技术，对高频调谐器本振信号的相位和频率进行比较、自动跟踪和控制，保证本振频率的稳定和正确。

中频通道是由预中放、声表面波滤波器、LA76810内中频处理电路组成，中频通道的主要作用是将高频调谐器输出的中频信号进行有选择地放大，送到视频检波器进行检波，解调出彩色全电视信号，并同时经视频检波器变频得到第二伴音中频信号，这两个信号经视频放大器放大后，再分别送到各自电路中进行处理。中频通道常见故障包括有光栅、无图像、无伴音，图像噪点少，灵敏度低，色彩弱等。确定故障范围主要采用观察法和干扰法。

实验五　彩色电视机公共通道电路的测试与检修

一、实验目的

1) 熟悉公共通道主要元器件，会测试和判断元器件好坏，提高元器件识别和读图能力。
2) 认识公共通道组成及各部分电路的作用。
3) 学会分析高频调谐器和中频通道电路。
4) 正确使用仪器、仪表测试公共通道的电压、波形和其他参数的测试方法。
5) 了解公共通道故障原因，故障特点和检修流程。
6) 掌握公共通道常见故障的检修方法，提高实际操作技能。

二、实验任务

1) 测试公共通道主要元件的阻值或状态。
2) 测试高频调谐器引脚电压和中频通道关键电压。
3) 测试中频通道输出的彩色全电视信号波形。
4) 检修公共通道常见故障。
5) 撰写实验报告。

三、实验的器材

1) 汇佳彩色电视机 1 台。
2) 示波器 1 台。
3) 数字万用表 1 块。
4) 1∶1 隔离变压器 1 只。
5) 彩色信号发生器 1 台。

四、实验方法和步骤

1. 元器件状态测试

按照图 5-1 所示公共通道电路图，用万用表电阻挡测量公共通道的主要元件，将测量结果填入表 5-2。

表 5-2　公共通道主要元件阻值或状态

元件标号	元件名称	元件阻值或状态	元件标号	元件名称	元件阻值或状态
A101			N101		
VT102			T101		
Z101			C120		

2. 电压测试

(1) 高频调谐器电压

按照表 5-3 测量高频调谐器各脚电压：

1) 彩色信号发生器在第 1 频道发射彩条信号，彩色电视机通过遥控器调节接收到彩条信号，此时测量高频头各脚电压，填入表5-3中。

2）彩色信号发生器在第6频道发射方格信号，彩色电视机通过遥控器调节接收到彩条信号，此时测量高频头各脚电压，填入表5-3中。

3）彩色信号发生器在第13频道发射圆点信号，彩色电视机通过遥控器调节接收到彩条信号，此时测量高频头各脚电压，填入表5-3中。

表5-3　高频头引脚电压

引脚编号及名称		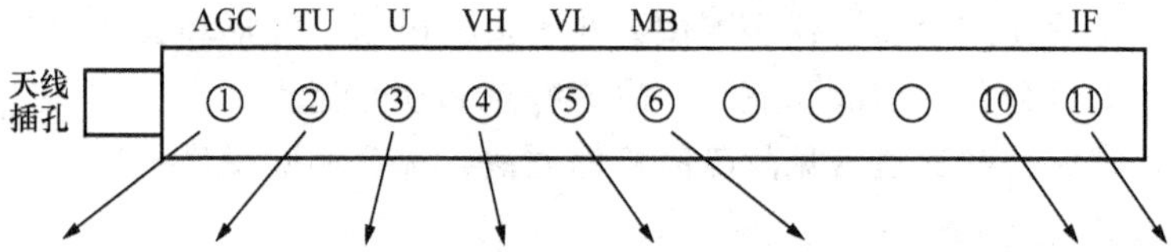 AGC	TU	U	VH	VL	MB		IF
引脚功能		AGC电压	TU调谐电压	UHF频段工作电压	VH频段工作电压	VL频段工作电压	混频器工作电压	接地	IF输出
标准电压		4~0.5V	0.5~30V	5V	5V	5V	5V		
频道	1CH								
	6CH								
	13CH								

注：彩色信号发生器用射频发射的信号，彩色电视机用天线接收信号。

（2）中频通道电压

按照图5-1公共通道电路图，测量中频通道各重要点电压，将测量结果填入表5-4中。

表5-4　中频通道重要点电压　　　　　　　　　　　　　单位：V

测量部位	测量值	测量部位	测量值	测量部位	测量值
VT102基极		N101的5引脚		N101的46引脚	
VT102集电极		N101的8引脚		N101的47引脚	
VT102发射极		N101的10引脚		N101的48引脚	
N101的3引脚		N101的11引脚		N101的49引脚	
N101的4引脚		N101的12引脚		N101的50引脚	

3．波形测试

按照图5-12中频通道原理图，测试彩色信号发生器在第1频道发射彩条信号，彩色电视机通过遥控器调节接收到彩条信号，此时用示波器测试N101的46引脚波形，在波形图中标注其周期和幅度，将测量的波形填入表5-5中。

表 5-5　彩色全电视信号波形

标准波形	N101 的 46 引脚波形
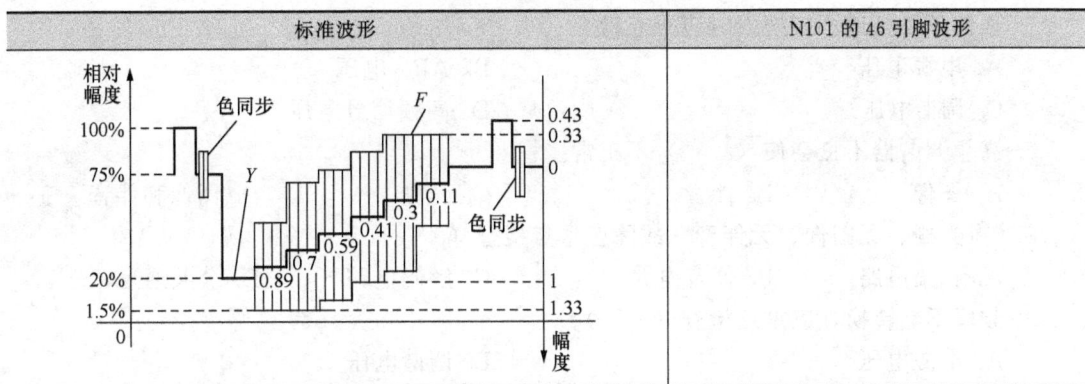	

注：我国电视制式对图像信号是采用负极性调制的，若要测到负极性波形，示波器的极性应选择负极性；否则，测得的波形正好是反相的。

4. 故障检修

1）无图像、无伴音、屏幕上有浓密黑白噪粒子故障。

2）无图像、无伴音、噪粒子稀少故障。

3）无图像、无伴音、无雪花噪点故障。

4）灵敏度低故障。

五、实验报告要求

1）将测量的数据填入相应的表格中。

2）整理测量的实验数据，根据测量结果，对所检测的彩电公共通道作出质量评价。

3）根据故障现象，分析故障原因，判断故障位置。

4）制表记录和分析检修数据，写出检修方法。

5）谈谈学习本章的体会。

思 考 与 练 习

一、选择题

1. 变容二极管在高频调谐器中实际起（　　）的作用。

　　A. 整流　　　　　　B. 可变电容　　　　　C. 稳压　　　　　　D. 开关

2. 中频通道输出的 AFT 送到（　　）。

　　A. 亮度电路　　　　B. 扫描电路　　　　　C. 微处理器　　　　D. 视放电路

3. 第一伴音中频信号频率是（　　）。

　　A. 31.5MHz　　　　B. 4.43MHz　　　　　C. 32kHz　　　　　D. 33.57MHz

4. ANC 是（　　）电路。

　　A. 自动增益控制　　　　　　　　　　　　B. 自动频率调整

　　C. 噪声抑制　　　　　　　　　　　　　　D. 自动亮度控制

5. 调谐电压是（　　）信号。

　　A. 电源电压　　　　　　　　　　　　　　B. AFC 电压

C. 调谐电压　　　　　　　　　　　　　　D. 高频信号电压

6. 任何频段频道不能搜索时应重点检查（　　　）。

　　A. 电源电压　　　　　　　　　　　　　　B. AFC 电压

　　C. 调谐电压　　　　　　　　　　　　　　D. 高频信号电压

7. 高频调谐器不良会使（　　　）不正常。

　　A. 图像　　　　　　　B. 伴音　　　　　　C. 光栅　　　　　　D. 图像和伴音

8. "有光栅、无图像、无伴音"故障应重点检查（　　　）。

　　A. 扫描电路　　　　　B. 伴音电路　　　　C. 解码电路　　　　D. 公共通道

9. 频段不能转换，应重点检查（　　　）。

　　A. 电源电压　　　　　　　　　　　　　　B. 调谐电压

　　C. 频段选择电压　　　　　　　　　　　　D. 视频信号电压

10. "无图像、无伴音、无雪花噪点"故障应重点检查公共通道的（　　　）。

　　A. 高频调谐器　　　　　　　　　　　　　B. 预中放电路

　　C. 声表面波滤波器　　　　　　　　　　　D. N101 内图像中频电路

二、填空题

1. 高频调谐器引脚分别是 ＿＿＿＿＿、＿＿＿＿＿、＿＿＿＿＿、＿＿＿＿＿、＿＿＿＿＿、＿＿＿＿＿、＿＿＿＿＿、＿＿＿＿＿。

2. 高频调谐器作用是＿＿＿＿＿、＿＿＿＿＿、＿＿＿＿＿。

3. VL 波段范围是 ＿＿＿＿＿～＿＿＿＿＿频道；VH 波段范围是 ＿＿＿＿＿～＿＿＿＿＿频道；UHF 波段的频道范围是＿＿＿＿＿～＿＿＿＿＿频道。

4. 彩色电视机能接收不同频道的信号是通过改变＿＿＿＿＿电压来实现的。

5. 声表面滤波器的英文缩写是＿＿＿＿＿，作用是＿＿＿＿＿。

6. T101 为＿＿＿＿＿变压器，通常称为＿＿＿＿＿。它的作用是＿＿＿＿＿。

7. 中频通道在正常工作时为高频调谐器提供＿＿＿＿＿信号。

8. AFT 的作用是＿＿＿＿＿，AGC 的作用是＿＿＿＿＿。

9. 中频通道输出的 AFT 信号失落会引起＿＿＿＿＿故障。

10. 若出现"无图像、无伴音、有浓密黑白噪粒子"故障现象，应检查＿＿＿＿＿。

三、问答题

1. 画出高频调谐器框图，并说明各部分的作用。

2. 试说明 AFT 电压控制高频调谐器内哪部分电路？其目的是什么？

3. 高频调谐器中的谐振回路是由什么元件组成的？怎样改变谐振频率？

4. 汇佳彩色电视机的中频通道由哪几部分组成？各部分的作用是什么？

5. 中频通道输出的视频信号主要送到哪些电路？

6. 试分析 AGC 工作原理。

7. 在 LA76810 内部，图像中频通道怎样完成图像信号的处理？

8. 在汇佳彩色电视机中，若预中放管 VT102 发射结开路或击穿短路，会有何种故障现象发生？

9. 怎样检修"无图像、无伴音、无噪粒子或噪粒子稀少"的故障？

10. 叙述"白板"故障维修方法。

第6章 伴音通道原理与故障维修

在电视信号中，图像为调幅信号，伴音为调频信号，两者在不同的通道中进行处理。从高频调谐器变频产生的 31.5MHz 第一伴音中频信号，与 38MHz 图像中频信号一起通过中放通道，经视频检波后产生的 6.5MHz 第二伴音中频信号经预视放后送入伴音通道，经过限幅放大、鉴频、音量控制、低频前置放大、功率放大等电路后，送到扬声器重放出电视伴音。一般，我们把预视放到扬声器这一部分电路称为伴音通道。

6.1 伴音通道的组成和特点

6.1.1 伴音通道的组成

伴音通道由 6.5MHz 滤波器、中频限幅放大器、鉴频器、低频放大器和扬声器等组成，其框图如图 6-1 所示。

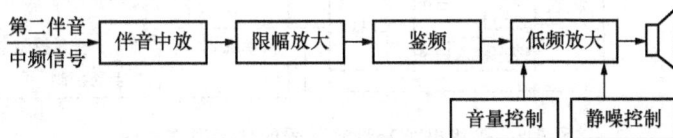

图 6-1 伴音通道框图

从图中可以看出，将 6.5MHz 第二伴音中频信号送入伴音中频限幅放大器进行限幅放大，抑制寄生调幅信号，经鉴频器（或称调频检波）解调出伴音音频信号，并经低频放大器放大，驱动扬声器发音。音量控制电路控制输入低频放大器的信号大小或控制低频放大器的增益。在音量控制电路中，老式彩色电视机用电位器控制音量，遥控彩色电视机用微处理器相应的音量控制端子控制音量。静噪控制是指在无信号时或搜索频道时，微处理器根据机器提供的行同步脉冲信号或其他识别信号发出控制指令，使低频放大器停止工作，使扬声器不发出声音。

6.1.2 伴音通道的特点

普通彩色电视机的伴音电路一般分为 3 部分：第一部分将伴音中放、鉴频及低频前置放大电路集成在一块集成电路内，或与图像中频电路集成在一起；第二部分的音量与静音控制电路由微处理器控制；第三部分是伴音功率放大集成电路。

视频检波输出的彩色全电视信号经过 6.5MHz 滤波器、限幅放大、鉴频等电路后，解调出伴音音频信号，但它的功率小，不足以推动扬声器，所以这种小音频信号还要经前置音频放大器和功率放大器才能送去扬声器。为了能控制音量，在前置音频放大器和功率放大器之间插入音量控制电路。音量控制的方式有多种，最简单的是电位器分压法，即用电位器做前置音频放大器的输出负载，从活动滑臂上取出信号送功率放大器。但目前彩色电视机大多采用直流电源音量控制法，其方法是在前置音频放大器和功率放大器之间设一个电子衰减器，如图 6-2 所示。图中虚线框即电子衰减器，它有一个信号输入端和一个直流电压控制输入端，其衰减量的大小决定于输入的直流控制。由于采用了电子衰减器，故易于开发伴音静音和静噪功能。静音功能是使微处理器控制电路产生一高电位——静音控制电压，送至衰减器音量控制端，暂停伴音输出。电子衰减器一般随伴音中放电路或功放电路制作在集成电路里。

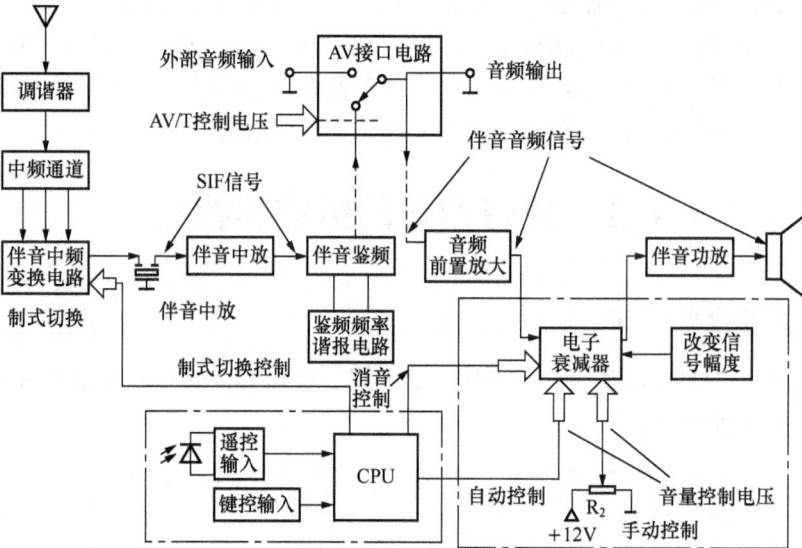

图 6-2　采用电子音量衰减器的伴音通道框图

6.2　伴音通道主要电路

6.2.1　伴音中放和鉴频

1. 6.5MHz 陶瓷滤波器

（1）陶瓷滤波器的作用与分类

陶瓷滤波器在电子电路中既可作为带通滤波器使用，也可作为带阻滤波器（陷波器）使用。根据用途不同，陶瓷滤波器可分为陶瓷滤波器、陶瓷陷波器和陶瓷谐振器等。例如，彩色电视机中使用的 6.5MHz 带通滤波器，它可以允许频率为 6.5MHz 的信号成分通过，对 6.5MHz 以外的频率成分则被抑制掉。6.5MHz 带阻滤波器则是允许 6.5MHz 以外的频率成分通过，对 6.5MHz 的频率成分进行抑制。

陶瓷滤波器是一种压电式谐振器件，它是在压电陶瓷片的两面镀一层金属银作为电极制作而成的。陶瓷滤波器可以通过自身的频率特性，使某些频率的信号通过而衰减其他频率的信号成分，进而获得所需要的幅频特性曲线。

（2）陶瓷滤波器的特性

图 6-3 所示是三端陶瓷滤波器，它相当于互感耦合的 LC 双调谐回路（中心频率为 6.5MHz）。它有 3 个端子，其中 1 和 3 为输入端，2 和 4 为输出端。当在输入端所加信源频率等于陶瓷滤波器的串联谐振频率时，则两端间产生串联谐振，机械变形

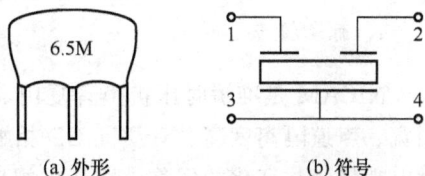

6.5M

1　　　2

3　　　4

(a) 外形　　　　　(b) 符号

图 6-3　三端陶瓷滤波器

最强，回路中产生交变电流也最强，机械变形通过内部耦合到输出端，便产生同频率的交变电压输出。可见，陶瓷片将输入的交变信号最大程度耦合到了输出端。三端陶瓷滤波器常设置于伴音中放电路之前，用以从视频检波输出信号中，取出 6.5MHz 的第二伴音信号而滤除图像中频信号。

注：两端陶瓷滤波器通频带较窄，目前广泛采用的是三端陶瓷滤波器。一般用万用表不能检测陶瓷滤波器的开路故障，只能用代换法来检查。

2. 伴音中频限幅放大

由视频检波器输出的 6.5MHz 第二伴音中频信号幅度太小，多为毫伏数量级，必须进行足够的放大，才能进行频率检波（鉴频）。伴音中频放大器通常为限幅放大器，以抑制寄生调幅信号干扰，保证鉴频器正常工作。

注：伴音中放增益要求达到 60dB，带宽大于或等于 250kHz。

3. 鉴频器

鉴频器的作用是对调频伴音信号进行解调，还原出伴音信号。在彩色电视机中常采用差峰值鉴频电路和移相式鉴频电路，移相式鉴频电路主要由 90°移相器和模拟乘法器构成。6.5MHz 伴音中频信号经限幅放大后得到等幅调频伴音信号，一路送至模拟乘法器，另一路经移相器 90°移相后再送至模拟乘法器，模拟乘法器对这两路同频不同相的信号相乘，相位差 90°时输出为零，相位偏离 90°时呈余弦特性，即利用移相器将调频伴音信号频率的变化转变为相位变化，再将相位变化转变为调频前相应的幅度变化，从而得到所需的伴音信号。移相式鉴频电路的组成框图如图 6-4 所示。

90°移相

第二伴音
中频信号　→　限幅放大　→　模拟乘法器　→　低通滤波器　→　音频信号

图 6-4　移相式鉴频电路组成框图

6.2.2　丽音 728 方式

丽音是英语合成词 NICAM 的音译，即 Near Instantaneous Companded Audio Multiplex 的缩写词，意为"接近即时的缩扩音频多路广播"。"728"表示数据码率为 728Kb/s。丽音使用数码技术，把电视台发送的两条音频信号数码化后进行压缩，传送后再在接收机里扩大还原。

注：丽音 728 方式专用于地面电视网。

1. 丽音特点

NICAM 是准瞬时压扩声音复用，是数字声音处理技术，主要特点是信噪比高，动态范围宽、声道隔离度高、音质同 CD 相媲美，故名丽音，因此 NICAM 又称为丽音，丽音是广播电视伴音数字化的俗称。丽音电视广播系统除了传送电视图像和模拟单声信号外，还传送两路数字编码的声音信号。我国地面广播及卫星广播中电视伴音都采用调频方式。丽音是在原伴音副载频的基础上再增设一个数字伴音副载频，伴音形成双载波方式，并不干扰原来的单声道信号。采用 AM-FM、FM-FM 播放方式。发射时采用专门的调制器将其处理后再与电视图像信号和模拟伴音信号一起进行发射，而接收时用专用的丽音解调器处理后就能聆听与 CD 媲美的高清晰数字立体声伴音节目了。

2. 丽音方式

作为电视的伴音，目前"丽音"应用了 3 种工作方式：双语言方式、立体声方式和单声道方式。

1）双语言方式："丽音"传送两路与当前节目相关或者不相关的数字声，再与原有调频模拟伴音一起共传 3 路声音信号，用于多种语言、语种地区最合适不过了。

2）立体声方式："丽音"的两个数字声道分别传送立体声左右两个声道声音信号。

3）单声道方式："丽音"的两个声道分别传送一路声音信号和一路数据，再加上原有的电视模拟伴音，等于提供了 3 路信号了。其中，两路是声音信号，一路是数据。

国际上丽音制式有 20 多种，我国的"丽音"地面电视广播系统是 PAL-D 制式下的一种特殊应用。这之前，国际上已经有了 B/G 制和 I 制的"丽音"系统。中国丽音与 B/G 制和 I 制的差别在于传输参数不同。

3. 丽音原理

(1) NICAM 信号的产生

当有音频信号并且分为左、右两个声道或 A、B 两路送入 NICAM 信号编码器时，首先要经过预加重网络进行处理，再进入 A/D 转换电路，如图 6-5 所示。音频信号首先经预加重处理的目的是使音频信号在 A/D 转换和电视恢复等过程中产生的噪声得以降低。音频信号经预加重处理后，又经 1.5kHz 低通滤波器进行滤波，以避免取样时产生的频谱折转混叠。音频中的两路信号经各自的预加重和低通滤波后，一同送入 A/D 转换电路，进行二进制数码编程。在这一过程中，音频的取样频率为 32kHz，带宽为 16kHz，产生的二进制数据为 14 位。

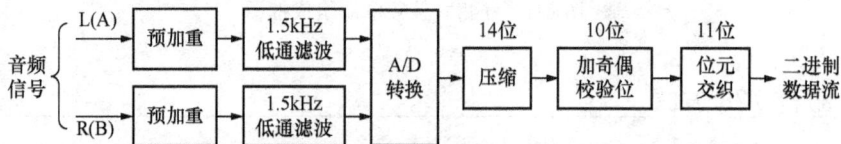

图 6-5　NICAM 信号编码框图

14 位的音频信号码流，经压缩器压缩到 10 位后再加入 1 位的奇偶校验位，使之形成 11 位的信号码流。然后送入位元交织电路。1 位的奇偶校验位的作用，是为电视接收机中的解码器提供检查错误的依据，以使解码器正确无误地恢复原始信号。为防止干扰和提高系统的稳定性，减少出现多位误码对所传数据造成的影响，对数据信号施以"位元交织"处理，即把原来的数据码序打乱，再按一定的规则重新排列。

（2）NICAM 信号的发射

由 NICAM 信号编码产生的二进制数据流，要与 AM 图像和 FM 模拟声音一起发射出去，供接收端使用，但如果只是随意对其进行叠加，必将造成相互干扰。为此，为了降低数字声信号调制载波能量对 FM 模拟声音信号和图像信号的干扰，对交织后的数据流还要进行扰码处理，即向已经交错的数据加入伪随机二进制的数据流，以及 40％的余弦滚降型滤波。

当脉冲数字编码完成后，主要是对其进行调制。调制方法主要采用差分正交相移键控（DQPSK）数字调制方式。调制后的数字声信号和调频的模拟声音信号及调幅的图像信号进行相加，由 RF 发射机通过天线发射出去，其工作框图如图 6-6 所示。

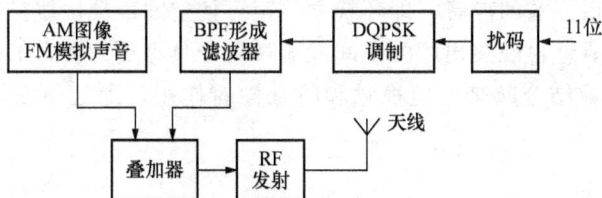

图 6-6　NICAM 信号发射框图

（3）NICAM 信号的解调

当 NICAM 的 RF 信号被接收机接收后，必须要由解码器将其数据码流还原成模拟音频信号，才可听到美丽的声音。为此，数字声信号首先要经调谐器进入准分离声音解调电路，得到中心频率为 5.65MHz（PAL-D 制 NICAM）的数字载波信号，然后再送到数字处理通道，如图 6-7 所示。

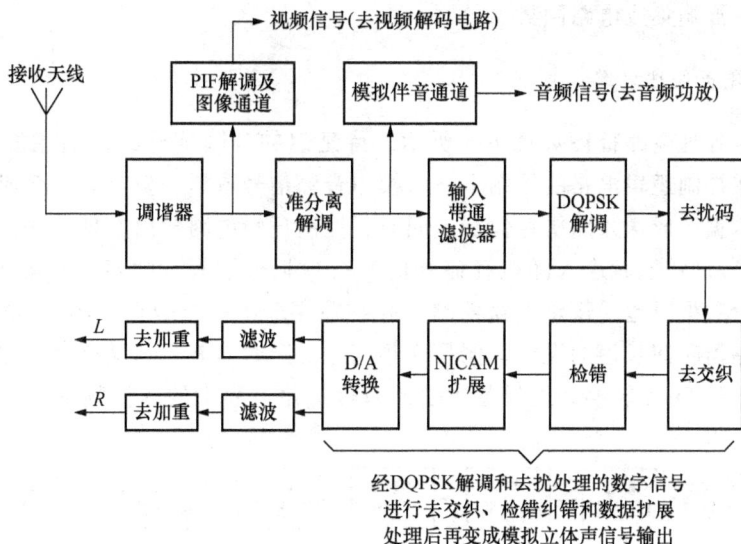

图 6-7　NICAM 信号解调框图

在数字声处理通道中，由 DQPSK 解调出 NICAM 信号码流，再经扰码复原电路，取出数据流中的随机数据。然后根据存储器中保存的管理程序去掉交错恢复位元顺序，变成原来的 11 位字，再按数据发送的标定系数把这些字扩展成 11 位字的形式，并在奇偶校验位的基础上纠正错误，解码后获得 14 位的实时数据流，它含有左、右声道或 A、B 声道的信号。利用 D/A 转换，还原出声音信号。

6.2.3　环绕声处理电路

1. 环绕立体声简介

所谓环绕立体声，通常是与双声道立体声相比，系指声音好像把听者包围起来的一种重放方式。这种方式所产生的重放声场，除了保留着原信号的声源方向感外，还伴随产生围绕感和扩展感（声音离开听者扩散或有混响的感觉）的音响效果。在聆听环绕立体声时，聆听者能够区分出来自前后左右的声音，即环绕立体声可使空间声源由线扩展到整个水平面乃至垂直面，因此可以逼真地再现演出厅的空间混响过程，具有更为动人的临场感。如果与大屏幕的电视或电影的图像结合起来，使视觉和听觉同时作用，则这种临场感就更逼真，更生动，因而更具感染力。

2. 模拟环绕声系统

模拟环绕声系统采用特定的环绕声处理电路，对立体声的两路信号进行加工处理，根据人耳听觉生理上的两大特点，即掩蔽效应和哈斯效应，利用电子电路模拟出一个环绕声场，并用多个扬声器进行放音，营造出丰富的三维空间音响效果，使视听者产生极强的临场感。

目前，多数大屏幕彩色电视机的环绕声处理电路都是采用模拟环绕声技术，将立体声左右两路信号，经专用的环绕声处理器进行延迟、移相等处理，再通过环绕声扬声器发声来模拟环绕声效果。彩色电视机中专门用于形成环绕立体声的集成电路有模拟式延迟混响集成电路和数字式延迟混响集成电路两类。

3. 数字环绕声处理电路

数字环绕声处理电路框图如图 6-8 所示。待延迟的音频信号经低通滤波器滤除高频干扰，输出信号在控制逻辑电路的控制下，将模拟音频信号取样、量化后，变成二进制数字信号，并以串行数据形成送入随机存储器。同时，控制逻辑电路输出地址数据信号去控制随机存储器，使经 A/D 转换后送入随机存储器的串行数据分别写入随机存储器的相应地址中。同样，取出串行数据时也受逻辑电路控制，并按顺序取出串行数据。经 A/D 转换的音频信号存入随机存储器时间长短的设定，便是音频信号的延时时间。从随机存储器中取出延迟数字音频信号，再经 D/A 转换，经低通滤波器滤除量化过程中的取样频率干扰，还原成经延迟的音频信号。

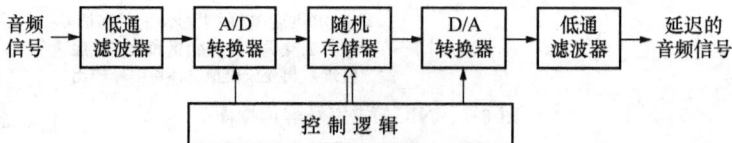

图 6-8　数字环绕声处理框图

6.3 汇佳彩色电视机伴音通道电路分析

汇佳彩色电视机的伴音电路由公共通道输出 6.5MHz 第二伴音中频信号开始，包括高通滤波器、伴音中频滤波器、中频限幅放大器、伴音解调、TV/AV 开关、直流音量控制、低频放大器等电路，其电路图如图 6-9 所示。

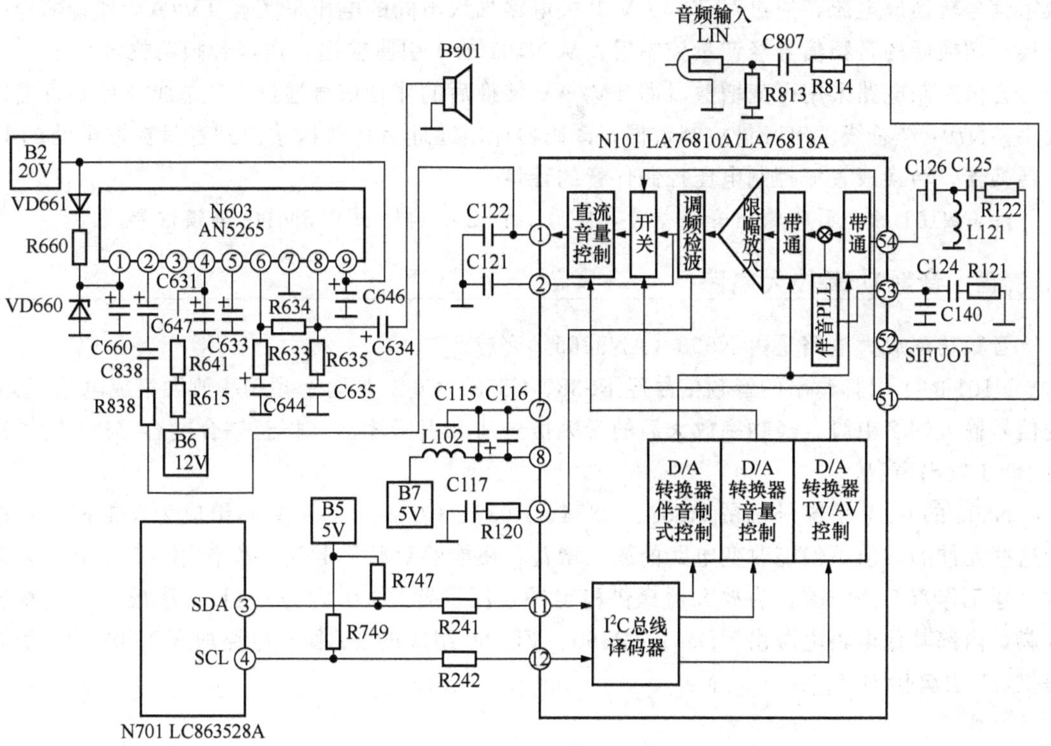

图 6-9 汇佳彩色电视机伴音通道电路图

6.3.1 伴音解调电路

公共通道从 N101 的 52 引脚输出 6.5MHz 伴音中频信号经 C125、L121、C126 组成高通滤波器，进入 N101 的 54 引脚，而 6.5MHz 以下的彩色全电视信号被滤除，防止视频信号对伴音通道的干扰。N101 内部设置 6.5MHz 带通滤波器，让 6.5MHz 信号通过，而其他频率的信号被衰减和滤除。高通滤波器和带通滤波器选出的 6.5MHz 伴音中频信号加至中频限幅放大器。

根据按键输入的指令，N701 通过 I²C 总线向 N101 发出伴音制式数据，经 I²C 总线译码器译出地址和数据输出到伴音制式控制电路，D/A 转换器将数字信号转换成电压来控制带通滤波器，可以分别接收 4.5MHz、5.5MHz、6.0MHz、6.5MHz 的伴音信号。

输入到 N101 内部 6.5MHz 伴音中频信号，经 N101 内部的中频限幅放大器放大，增益在 60dB 左右，并且有限幅功能，可以把各种干扰波去掉，消除对伴音的干扰。中频限幅放大器放大后的伴音信号输出到调频检波电路。

调频检波称为鉴频器，它首先将调频波变成调频-调幅波，然后再利用检波电路对调幅部分进行检波，检波后所得的音频信号加至 TV/AV 开关电路。N101 的 2 引脚外接去加重电容 C121。电视伴音信号从调频检波输入到 TV/AV 开关电路，AV（视频）伴音信号从 N101 的 51 引脚输入到 TV/AV 开关电路。

TV/AV 开关电路的转换由 I^2C 总线控制。根据按键输入的指令，N701 通过总线向 N101 发出开关控制数据，经 I^2C 总线译码器译出地址和数据，输出到 TV/AV 控制电路将数字信号转换成电压，通过对 TV/AV 开关电路加入不同的电压来实现 TV/AV 伴音信号的转换。切换后的音频信号经音量控制后，从 N101 的 1 引脚输出，送至音频功放电路。

音量控制电路采用可变增益，即 TV/AV 转换后的伴音信号通过 I^2C 总线来控制音量的大小。N701 经总线发出音量控制数据，译码器译出地址后将数据输出到音量控制电路的 D-A 转换器，转换成直流控制电压控制伴音的音量。

注：N101 的 1 引脚输出音频信号，N101 的 52 引脚输出 6.5MHz 调频信号。

6.3.2　音频功率放大电路

音频功率放大电路是由 N603（AN5265）完成。

N101 的 1 引脚输出的音频信号经 R838、C838、C647 加至音频功率放大集成电路 N603 的信号输入端 2 引脚，经功率放大后的音频信号从 8 引脚输出，再经耦合电容 C634 使扬声器 B901 发出声音。

N603 的 6、8 引脚外围的 R633、R634、R635、C635、C644 共同组成为反馈网络，改变这些元件的数值不但能改变电路的放大增益，还能够对频率起到补偿作用。5 引脚是内部放大器工作点的滤波端，为放大器提供稳定的直流偏置。9 引脚为 OTL 功率放大器电源输入脚，内部其他电路电源由 VD661、R660、VD660 组成的 9V 稳压电路加入 N603 的 1 引脚提供，7 引脚接地。

6.4　汇佳彩色电视机伴音通道电路的故障维修

6.4.1　重要检查点

1. 电压测量点

1）低频功率放大器电源供应端：AN5265 的 9 引脚，正常值为＋20V。

2）前置放大器电源供应端：AN5265 的 1 引脚，正常值为＋12V。

3）OTL 低频功率放大器中点电压：AN5265 的 1 引脚，正常值为＋10V。

2. 信号干扰点

1）低频功率放大器信号输入端：用万用表 R×1 挡，红笔接地，黑笔碰触 AN5265 的 2 脚，扬声器应有"咯咯"声。

2）电容 C634 两端：关机，用万用表 R×1 挡，黑笔接地，红笔碰触 C634 两端，扬声器应有"咯咯"声。

3）中频放大器信号输入端。用万用表 R×1 挡，黑笔接地，红笔碰触 AN5265 的 54 引脚，扬声器应有"咯咯"声。

6.4.2　常见故障分析与检修

|实例 1| 有图像、无伴音。

故障现象：在电视机的光栅、图像、色彩均正常的情况下，听不到伴音。

故障分析：无声故障大部分是由伴音通道故障引起的。因高频头、中频通道引起无声故障较为少见，在检修无声故障时，应先从伴音通道检修开始。

1）频率调谐回路严重失谐，不能检出声音信号，如 6.5MHz 陶瓷滤波器、鉴频调谐回路失调。

2）从输入 6.5MHz 第二伴音中频信号至扬声器之间通道中，相关元器件的短路或断路使信号传送中断造成无声。

3）音量控制电路控制电压失常或静噪电路工作，使音频信号输出受阻造成无声。

检修步骤：

1）将万用表拨至电阻 R×1 挡，干扰低频放大器 N603 的 2 引脚，扬声器无"咯咯"声，说明低频放大电路损坏，产生无伴音故障。

2）关机，将万用表拨至电阻 R×1 挡，一枝表笔接地，另一枝表笔分别干扰电容器 C634 端，扬声器有"咯咯"声，说明 C634、扬声器无故障。

3）开机，测量 N603 的 2 引脚电压为 20V，正常；测量 N603 的 1 引脚电压为 11V，正常；测量 N603 的 8 引脚中点电压为 8.5V，正常，说明 N603 的供电正常。

4）关机，检查 N603 外围电路，未见异常，可以判断 N603 损坏。

5）更换 N603，故障排除。

检修结论：当一台电视机出现有图像、无伴音故障时，先从功率放大输出到扬声器的线路及扬声器本身开始检查，看它们是否有故障。若无故障，再检查功率放大的供电；若没有问题，则在功率放大器的音频输入脚注入干扰信号，此时，若功率放大器没有故障，那么扬声器就要发出"咯咯"声，扬声器要是没有声音，那就是功率放大器存在故障；如果功率放大器和供电等都没有故障，而扬声器还是没有声音输出，那么就应该检查 6.5MHz 第二伴音中频信号检波电路及以前的电路。

注：无伴音故障用人体感应法或触击法逐级检查最有效。通常先触击伴音低放输入端，依次触击鉴频、伴音中放输入端，根据扬声器中的反应，就可以区分故障是发生在低放还是在伴音中放。

|实例 2| 有图像、伴音小。

故障现象：当接收电视节目时，彩色图像正常，虽然有伴音，但伴音声音轻。

故障分析：产生声音太小且失真的主要原因是伴音中放电路和低频功放电路有故障。在图像、彩色正常情况下，重新调节频道仍不能使伴音恢复正常，就说明此故障与公共通道无关，毛病出在伴音通道。如果仅仅声音变小，则故障出在低频放大电路或耦合电路；如果同时伴有声音失真，则故障范围应包含整个伴音通道。

检修步骤：

1）将万用表置于 R×1 挡，黑表笔接地，用红表笔不停碰触 N603 的 2 引脚，扬声器发出的干扰声较微弱，初步判断故障在功放级电路，即 AN5265 无放大作用。

2）测量 N603 的 1、9 引脚供电电压，正常。

3）测量 N603 的其余各引脚电压时，发现 8 引脚电压为 5.2V，较正常值偏低，怀疑相关元件损坏。

4）检查 R635、C634、C635，发现 R635（4.7Ω）变大。

5）更换 R635 后故障排除。

检修结论：功率放大电路较简单，重点检查集成电路 N603 及外围元器件，这些元器件损坏都可能产生音量小。

┃实例 3┃ 有图像、伴音失真。

故障现象：接收电视节目时，彩色图像正常，伴音沙哑、低沉、发闷或过尖，且音调发生变化，类似"鼻塞"现象。

故障分析：伴音失真主要是由于伴音鉴频电路和伴音功放电路故障引起的。当去加重电路元件 C121 变质，去加重时间常数偏离较多，也会造成伴音失真。这时伴音听起来声音太尖，低音不丰富，高音很重，听起来刺耳。其次，伴音通道的增益也不宜过大，因为伴音中放增益过高会引起自激，导致伴音信号阻塞或使伴音发闷。

检修步骤：

1）将万用表拨至电阻 R×1 挡，碰触 N101 的 1 引脚，扬声器有明显的"咯咯"声，说明低频放大电路无故障。

2）碰触 N101 的 54 引脚，扬声器"咯咯"声变轻，伴音沙低沉且有蜂音，这说明伴音中放电路有故障。

3）观察接收电视节目时，电视机伴音沙哑、低沉且有蜂音，怀疑伴音鉴频电路损坏。

4）测量 N101 的 9 引脚（外接鉴频滤波电容）电压为 1.4V，低于正常值 2V，检查其外围元件 R120、C117，发现 C117 漏电。

5）更换 C117，故障排除。

检修结论：伴音失真的故障可分以下 3 种情况进行检修。

1）若伴音轻且有严重的失真，说明故障在伴音功放电路上。

2）若伴音轻、失真，且有明显的蜂音，这往往是伴音鉴频电路的移相中周失谐，通常是内附谐振小管状电容氧化发黑所致，应将其更换。

3）若失真的伴音不但有蜂音，而且背景还有明显的噪音，这一般是第二伴音中频信号选频回路的元器件不良，引起中放幅频特性变差，常见的是 6.5MHz 滤波器变质，一般用替换法检查。

┃实例 4┃ 有图像、伴音噪声大。

故障现象：伴音中伴有较响的"嗡嗡"或其他干扰噪声，所体现的问题是音频信号串入非音频信号成分。

故障分析：可通过调节音量按键来判断产生噪声的大体部位。若将音量调到最小，噪声也不消失，这表明"噪声源"在音量控制之后的电路中，应检查低频前置放大、功放电路是否有故障；若噪声的大小随音量调节而变化，这表明"噪声源"在音量控制之前的电路中，应检查伴音中放、鉴频器的有关元件。

检修步骤：

1）调节音量按键，噪声的大小随音量调节而变化，说明故障与功率放大电路无关，是在伴音中放电路。

2）测量与伴音中放电路相关 N101 的 1、2、52、53、54 引脚电压，基本正常。

3）检查 6.5MHz 滤波电路有关元件 R122、C125、C126、L121，均正常。

4）尝试更换集成电路 LA76810，伴音恢复正常。

检修结论：检修此类故障可沿音量控制电路检测，通过检测关键点的电压变化情况来判断故障部位，确定部位后再经进一步跟踪检测就可发现故障元件。

本章小结

伴音通道由中频滤波器、中频限幅放大器、伴音解调、TV/AV 开关、直流音量控制、低频放大器等电路所组成，其作用是将第二伴音中频信号经中放电路限幅放大后加至鉴频器，解调出音频信号，再经低频放大器进行电压和功率放大器推动扬声器重放声音。

伴音通道常见的故障有无伴音、伴音小、伴音失真、伴音噪声大等。在伴音通道故障检修中，一般利用人体感应法或万用表触击法听扬声器是否发出"咯咯"声，迅速判断伴音故障部位，然后用万用表伴音通道测量关键点电压，从而方便地检修伴音通道的故障。

实验六　彩色电视机伴音通道电路的测试与检修

一、实验目的

1）熟悉伴音通道主要元器件，提高元器件识别和读图能力。

2）认识伴音通道组成及各部分电路的作用。

3）学会分析伴音通道电路。

4）学会正确使用仪器、仪表测试伴音通道的电压、波形和其他参数。

5）了解伴音通道故障原因、故障特点和检修流程。

6）掌握伴音通道常见故障的检修方法，提高实际操作技能。

二、实验任务

1）测试伴音通道主要元器件阻值或状态。

2）测试伴音通道的关键电压。

3）测试伴音通道的波形。

4）检修伴音通道常见故障。

5）撰写实验报告。

三、实验器材

1）汇佳彩色电视机 1 台。

2）示波器 1 台。

3）数字万用表 1 块。

4）1∶1 隔离变压器 1 只。

5）低频信号发生器 1 台。

四、实验方法和步骤

1. 元器件状态测试

按照图 6-9 伴音通道电路，用万用表电阻挡测量伴音通道主要元器件的阻值或状态，将测量结果填入表 6-1。

表 6-1　伴音通道主要元器件阻值或状态

元器件标号	元器件名称	元器件阻值或状态	元器件标号	元器件名称	元器件阻值或状态
R838			VD661		
C634			N603		
VD660			B901		

注：在线测量电阻时有分布元器件的影响，阻值与原值有一定的区别。

2. 电压测试

按照图 6-9 伴音通道电路，用万用表电压挡测量伴音通道关键点电压，将测量结果填入表 6-2 中。

表 6-2　伴音通道关键点电压　　　　　　　　　单位：V

测量部位	测量值	测量部位	测量值	测量部位	测量值
N101 的 1 引脚		N101 的 53 引脚		N603 的 5 引脚	
N101 的 2 引脚		N101 的 54 引脚		N603 的 6 引脚	
N101 的 9 引脚		N603 的 1 引脚		N603 的 8 引脚	
N101 的 51 引脚		N603 的 2 引脚		N603 的 9 引脚	
N101 的 52 引脚		N603 的 4 引脚			

3. 波形测试

按照图 6-9 伴音通道电路，测试音频功放电路波形。

1）用低频信号发生器输出一个频率为 1kHz、幅度为 10mV 的正弦波信号，通过 AV 端的音频信号输入插头加到 N101 的 51 引脚。

2）示波器 A 通道的输入接到 N603 的 2 引脚，B 通道的输入接到扬声器 B901 的 1 引脚，并按要求调整好示波器的参数。

3）打开彩色电视机的电源开关，按遥控器的 TV/AV 键，将彩色电视机置于 AV 状态，观察示波器所测的波形，在波形图中标注其周期和幅度，将测量的波形填入表 6-3。

表 6-3　音频功放电路波形

N603 的 2 引脚（音频功率放大输入端）波形	扬声器 B901（音频功率放大输出端）波形

计算：音频功放电路 N603 增益（最大不失真）是_____ dB。

4. 故障检修

检修以下故障。

1) "无伴音"故障。

2) "伴音小"故障。

3) "伴音失真"故障。

五、实验报告要求

1) 将测量的数据填入相应的表格中。

2) 整理测量的实验数据，根据测量结果，对所检测的彩色电视机伴音通道作出质量评价。

3) 根据故障现象，分析故障原因，判断故障位置。

4) 制表记录和分析检修数据，写出检修方法。

5) 谈谈学习本章的体会。

思考与练习

一、选择题

1. PAL-D 信号的第二伴音中频为（　　）。

　　A. 6.0MHz　　　　　B. 6.5MHz　　　　　C. 5.5MHz　　　　　D. 4.5MHz

2. 音频信号调制在第二伴音中频上是采用（　　）方式。

　　A. 调幅　　　　　B. 调相　　　　　C. 调频　　　　　D. 脉冲编码

3. 我国 NICAM 广播的数字伴音载频是（　　）。

　　A. 6.0MHz　　　　　B. 6.5MHz　　　　　C. 5.58MHz　　　　　D. 5MHz

4. NICAM 信号发射采用（　　）调制方式。

　　A. AM　　　　　B. DQPSK　　　　　C. FM　　　　　D. PWM

5. S 曲线的中心频率是（　　）MHz。

　　A. 6.0　　　　　B. 31.5　　　　　C. 8　　　　　D. 6.5

6. 伴音通道的组成包括（　　）。

　　A. 视频检波　　　　B. 鉴频器　　　　C. SAWF　　　　D. ACC 电路

7. 三端陶瓷滤波器的作用是（　　）信号。

　　A. 滤除 4.43MHz　　　　　　　　B. 选取 4.43MHz

　　C. 滤除 6.5MHz　　　　　　　　D. 选取 6.5MHz

8. 出现图像干扰伴音的故障原因可能是（　　）。

　　A. AFT 移相回路失谐　　　　　　B. SAWF 不良

　　C. 6.5MHz 滤波器不良　　　　　　D. ABL 异常

二、填空题

1. 6.5MHz 滤波器的作用是_____。

2. 中频限幅放大器的作用是_____。

3. N101 的 1 引脚输出的是_____信号，N101 的 52 引脚输出的是_____

信号。

4. 丽音有 3 种工作方式：_____、_____和_____。

5. 在彩色电视机中，6.5MHz 滤波器常作为_____滤波器。

6. 移相式鉴频电路的鉴频特性曲线又称为_____曲线。

7. C121 是_____电容器。

8. VD661 开路时，彩色电视机会出现_____故障。

三、问答题

1. 彩色电视机的伴音通道由哪几部分组成？各部分有什么作用？

2. 第二伴音中频信号是怎样产生的？

3. 什么是丽音 728 方式？

4. 分析鉴频器的工作原理。

5. 叙述汇佳彩色电视机的伴音通道工作原理。

6. 简述环绕声处理电路工作过程。

7. 对于无伴音故障，最简便的方法是如何检查？

8. 在汇佳彩色电视机伴音通道电路中，下述元件损坏后，会产生什么故障现象？

（1）L121 开路； （2）C117 漏电； （3）C122 严重漏电； （4）R838 阻值增大；

（5）C121 开路。

第 7 章 彩色解调解码电路原理与故障维修

7.1 PAL 制解调解码电路

彩色电视机的彩色解调解码电路的作用是将彩色全电视信号还原成三基色信号，激励显像管的阴极，呈现彩色图像。彩色解调解码电路框图如图 7-1 所示。

从图中可以看出，彩色解调解码电路将视频图像信号分离成亮度信号和色度信号，然后由两路分别解调。亮度信号形成放大箝位、延时、对比度等处理后送到矩阵电路，色度信号经解码处理后形成 3 个色差信号，最后在矩阵电路形成三基色信号，由彩色显像管还原为彩色图像。

7.1.1 亮度通道

亮度通道的作用是从彩色全电视信号中抑制色度信号，分离出亮度信号并进行放大，与色度通道送来的 3 个色差信号在基色矩阵电路中合成三基色信号。

1. 4.43MHz 陷波器

4.43MHz 陷波器的作用是从彩色全电视信号中滤除 4.43MHz 色度信号成分，防止它对亮度信号的干扰。

2. 勾边电路

勾边电路也称图像轮廓补偿电路。由于 4.43MHz 陷波器在吸收色度信号的同时，将 4.43MHz 左右的亮度信号成分也吸收掉了，造成图像轮廓模糊，清晰度下降。为此，设置了提高图像清晰度的"勾边电路"。

在图像中有许多从白色突变为黑色或由黑色突变为白色的亮度突变现象，由于 4.43MHz 吸收使亮度信号高频成分衰减后，造成亮度信号前沿和后沿的突变消失。因此，显示出来的图像在黑白交界处会出现一个灰色的过渡区，使再现的图像轮廓模糊不清，清晰度变差。为此，可通过勾边电路使亮度信号波形在突变处有前冲和后冲的电平，从而使图像黑白交界处出现比黑更黑、比白更白的分界线，好像给图像勾了边，这样，图像轮廓变得清晰了。

注：勾边电路是补偿亮度信号高频分量的衰减，提高图像清晰度。

3. 黑电平箝位电路

该电路的作用是恢复耦合电容所隔掉的亮度信号的直流分量。亮度信号是一种单极性的信号，具有直流分量，也是信号的平均值，反映了图像的平均亮度。当图像为亮场时，直流分量就高，当图像为暗场时，直流分量就低。通过耦合电容后，将造成亮度信号直流分量的丢失。

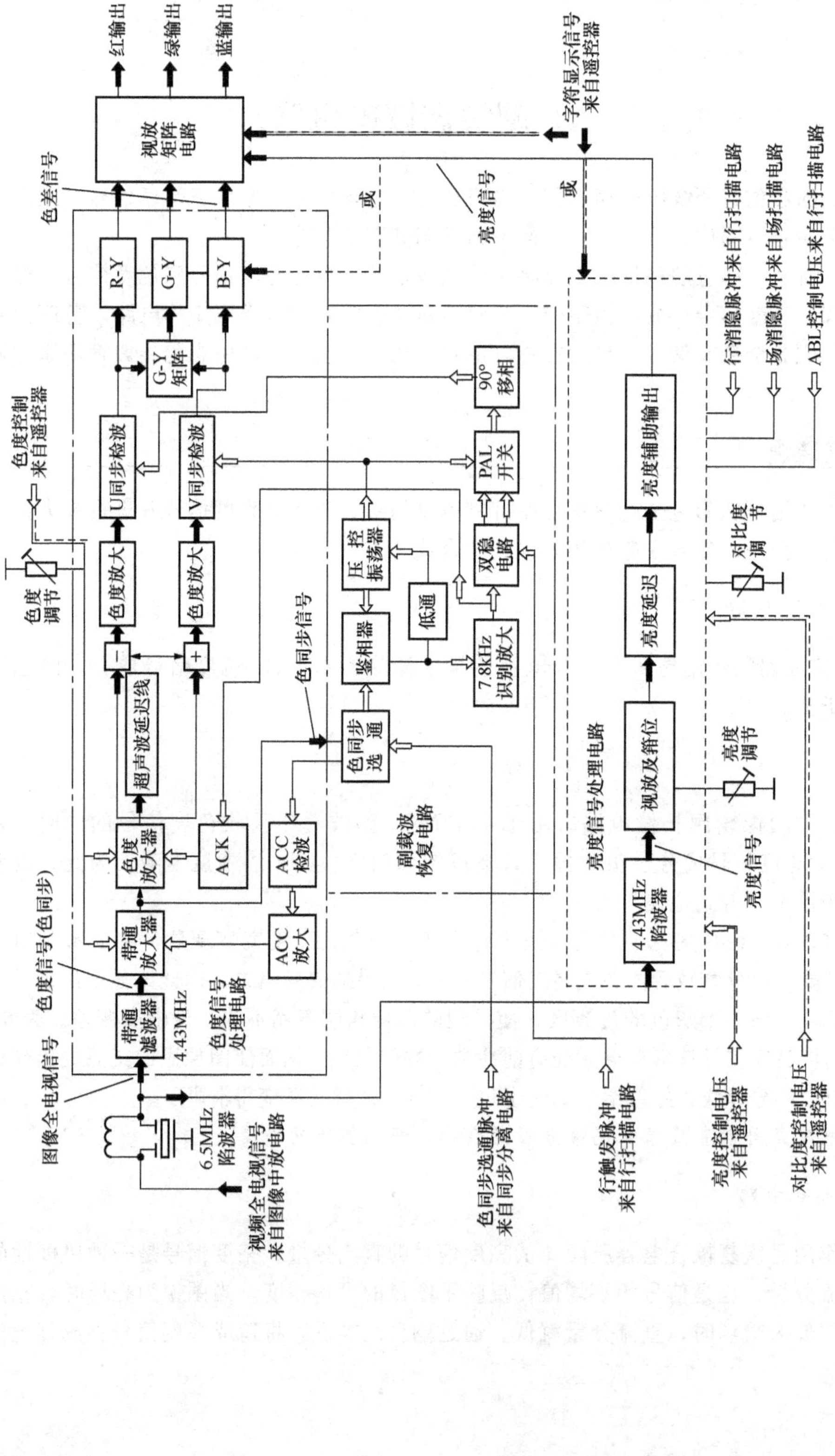

图 7-1　彩色解调解码电路框图

亮度信号的直流分量丢失，不但会造成图像背景亮度发生变化，还会引起色调和色饱和度失真。加入黑电平箝位电路，可以把经过耦合电容后的亮度信号的黑电平（即消隐电平）箝位在同一电平上，相当于恢复了直流分量。

4. 亮度延时电路

该电路的作用是对亮度信号进行延时（约 $0.6\mu s$），以和两个色差信号同时到达基色矩阵电路。在彩色电视机中，亮度信号与色度信号是经过不同的通道进行传输的，色度信号比亮度信号频带窄，它将比亮度信号到达基色矩阵的时间晚 $0.6\mu s$ 左右。这样会造成屏幕上图像的彩色与黑白轮廓不重合。为了使亮度信号和色度信号同时到达基色矩阵电路，在亮度通道中设置了亮度延时电路。

注：亮度延时电路采用集中参数 LC 网络构成，目前的彩色电视机已将其做在集成电路中。

7.1.2　色度通道

色度通道的作用是从视频输出的彩色全电视信号（FBAS）中分离出色度信号，并放大到梳状滤波器所需的输入电平，经梳状滤波器的延时解调作用将色度信号的两个分量（F_U 和 F_V）分开，然后分别经 U、V 同步解调并经去压缩恢复出 $R-Y$、$B-Y$ 色差信号。

色度通道由带通滤波器、带通放大器、自动色饱和度控制（ACC）电路、自动消色（ACK）电路、梳状滤波器和同步检波器等组成，如图 7-2 所示。

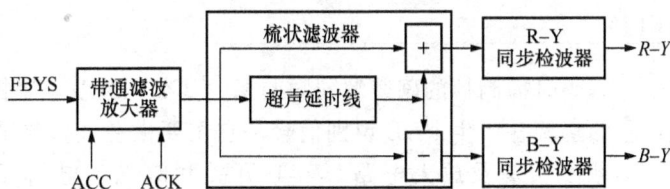

图 7-2　色度通道组成框图

1. 带通滤波器

它的作用是从彩色全电视信号中取出 (4.43 ± 1.3) MHz 的色度信号（包括色度信号和色同步信号）。

注：4.43MHz 色度信号陷波器是取出亮度信号。

2. 带通放大器

它的作用是对色信号进行放大，其增益受 ACC 电路的控制。

3. 自动色饱和度控制（ACC）电路

它的作用是产生一个随输入的色信号强弱而变化的直流控制电压（即 AGC 电压），去控制带通放大器的电压增益，使输出的色信号幅度稳定。

4. 自动消色（ACK）电路

ACK 电路的作用就是在接收黑白电视信号时或接收彩色电视信号很弱时，自动关闭色度通值，消除彩色杂波干扰，以显示较好的黑白图像。

5. 梳状滤波器

梳状滤波器又称延时解调器，它是 PAL-D 解码器的核心电路。梳状滤波器位于色度放大器之后和同步检波器之前，它的作用是将相邻两行色度信号进行平均，以克服相位失真引起的色调畸变，并且将色度信号中的两个分量 F_U 和 $\pm F_V$ 分开。

6. 同步检波器

由 $R-Y$ 同步检波器和 $B-Y$ 同步检波器两部分组成，其作用是对梳状滤波器输出的 $\pm F_V$ 和 F_U 两个平衡调幅波进行同步检波，解调出 $R-Y$ 和 $B-Y$ 色差信号。

同步检波器在检波时除了要输入待解调的平衡调幅波以外，还要输入一个与平衡调幅波在调制时被抑制掉的载波同频同相的 4.43MHz 的等幅波。

由于 F_U 是 $B-Y$ 信号对 0° 的副载波平衡调幅得到的，所以输入到 $B-Y$ 同步检波器的副载波应当是 0° 的；而 F_V 是 $R-Y$ 信号对 90° 的副载波平衡调幅得到的，所以输入到 $R-Y$ 同步检波器的副载波应当是 90° 的。又因为 F_V 是逐行倒相的，所以送到 $R-Y$ 同步检波器的副载波也应当是逐行倒相的，即第 n 行为 $+90°$，第 p 行为 $-90°$。

7.1.3　色同步电路

色同步电路产生与编码时抑制掉的副载波同频同相的基准副载波，以提供给 U、V 同步解调器，完成色差信号的解调并产生 PAL 识别信号。它主要由色同步选通电路、自动相位控制（APC）电路、副载波振荡及放大电路、PAL 开关和双稳态电路等组成，其框图如图 7-3 所示。

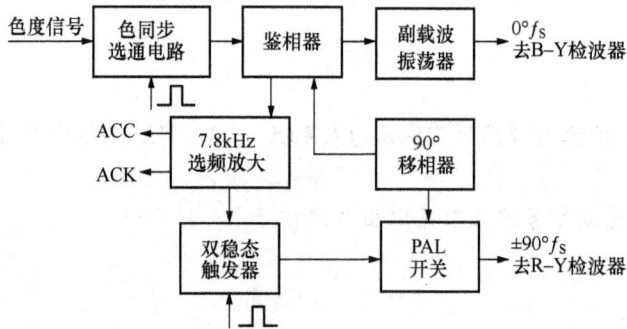

图 7-3　色同步电路组成框图

1. 色同步选通电路

该电路的作用是从带通放大器输出的色度信号中分离出色同步信号。PAL 制色同步信号是为了在电视接收机中恢复副载波的基准频率和相位。它也是由行逆程期间行消隐电平上的 10 个左右的基准副载波所组成。但由于 PAL 制色度信号的 V 分量逐行倒相，这就要求电视接收机的同步检波器中加入的色副载波也应逐行倒相。因此，对 PAL 制色同步信号的要求是除了具有 NTSC 制色同步信号的功能外，还得能具备识别哪一行是倒相行，哪一行不是倒相行，这样才能正确解调出 V 信号。

2. 鉴相器

鉴相器即自动相位控制（APC）电路。它的作用是把副载波振荡器送来的副载波信号与外来的色同步信号进行相位比较，产生一个反映二者相位差的直流控制电压 U_{APC}，用它控制副载波振荡器的频率和相位，使之与发送端准确同步。鉴相器还输出一个含有 F_Y 信号倒相行与不倒相行信息的半行频（7.8kHz）方波，利用它产生一个识别控制信号，控制双稳态和 PAL 开关正确动作。

另外，由于 7.8kHz 信号来自色同步，它可以反映色同步信号的有无及幅度的大小。色同步信号的有无代表了电视机接收的是彩色电视信号还是黑白电视信号，色同步信号的幅度的大小代表了接收彩色电视信号的强弱。因此，7.8kHz 信号还可以作为 ACC、ACK 等电路的控制信号。

3. 副载波振荡器

它的作用是由石英晶体产生频率为 4.433 618 75MHz 的等幅正弦波，为同步检波器提供基准副载波信号。

4. 半行频放大器

由于色同步信号不是连续正弦波，只有它出现时鉴相器才能进行相位比较，因此鉴相器实际输出的是方波，它对振荡器输出的直流控制电压只是方波正负半周的平均值。又由于色同步信号逐行相位分别是 135° 和 225°，在鉴相器与基准副载波比较时，输出的方波频率为半行频 7.8kHz，此信号经半行频放大器放大后，其中的一路去触发双稳态触发器，另一路分别送给 ACC、ACK，利用半行频信号所表现的色度信号的强弱特点，控制其工作状态。

5. 90°移相电路

90°移相电路将副载波振荡器产生的 0°副载波移相 90°，以适应鉴相器的工作需要。另外，PAL 开关输出的逐行倒相的副载波也需移相 90°，变为供 R－Y 同步检波器使用的逐行倒相的 90°的副载波。

6. PAL 开关和双稳态电路

PAL 开关的作用是输出一个逐行倒相的副载波送 R－Y 同步检波器，以实现对 $\pm F_V$ 的正确解调。双稳态电路则在识别控制信号和行逆程脉冲的作用下，输出一个半行频方波作为 PAL 开关的开关脉冲，使 PAL 开关正确动作。

7.1.4 解码矩阵及视放末级电路

1. 色差矩阵

同步解调输出的 $R-Y$、$B-Y$ 色差信号在 $G-Y$ 色差矩阵中相加，产生 $G-Y$ 色差信号，3 个色差信号一同进入色差信号放大器，色差信号放大器的增益由微处理器输入的色饱和度数据控制，也称为色度控制。

2. 基色矩阵

色差信号放大器输出的 $R-Y$、$G-Y$、$B-Y$ 3 个色差信号与亮度通道送来的 Y 信号在基色矩阵中相加，还原出 R、G、B 三基色信号，三基色信号通过激励电路，输出到末级视放电路，放大后加到显像管的阴极，使荧光屏显示彩色图像。

3. 视放末级电路

视放末级电路主要是对基色矩阵恢复出的三基色信号进行放大，调制显像管的 R、G、B 3 个阴极，完成黑、白平衡的调整。放大电路通常用三极管放大电路，常采用共射－共基级联形式。

白平衡可分为暗（黑）平衡和亮（白）平衡。所谓白平衡，是指彩色电视机在显示黑白图像时，或者显示彩色图像中的黑白景场时，尽管荧光屏上 3 种基色荧光粉都在发光，但其合成光在任何对比度和亮度情况下，都没有颜色。实际上由于电子枪制造安装工艺的误差，使 3 个电子枪的调制特性曲线的斜率和截止电压不同，如图 7-4（a）所示，当 3 条电子束受相同的视频锯齿信号控制时，输出的电子束流就会不同，输入电压较低时，将造成低亮度区域带彩色，如图中 $t_1 \sim t_2$ 期间，只有红电子束流产生，屏幕呈现暗红色。在 $t_2 \sim t_3$ 期间，只有红和蓝电子束流，屏幕呈现紫色。为消除这种低亮度情况下的不平衡现象，需要进行暗平衡调整。对于自会聚显像管，一般通过红截止、绿截止和蓝截止 3 个电位器（称暗平衡调整电位器），改变 3 个末级视放管的发射极电流，从而间接改变显像管 3 个阴极的直流电位，使 3 个基色视频信号的消隐电平分别移到各电子枪调制特性的截止点上，如图 7-4（b）所示。这样，当三基色视频信号同时加至显像管的 3 个阴极时，三基色电流同时出现，从而实现暗平衡。

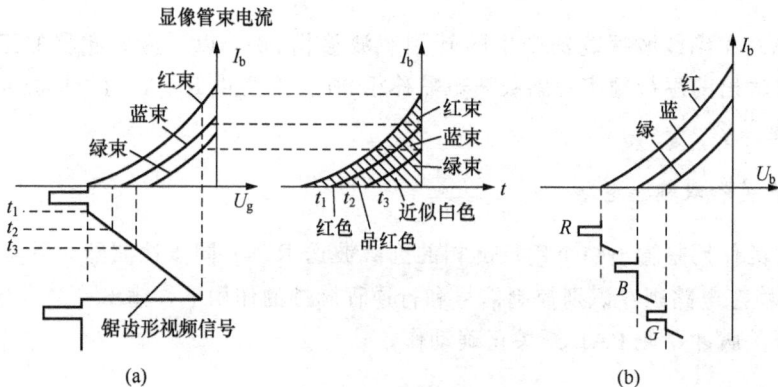

图 7-4　白平衡调整原理

亮平衡调整是为了保证显像管在重现亮度较高的黑白图像时，屏幕上也不出现彩色。这可通过调节末级视放绿激励和蓝激励两个电位器（称亮平衡调整电位器），以改变三基色激励信号的相对幅度来补偿调制特性斜率的不同和荧光粉发光效率的差异，从而实现亮平衡。

7.2　汇佳彩色电视机的彩色解调解码电路分析

7.2.1　亮度通道电路分析

汇佳彩色电视机的亮度信号处理电路如图 7-5 所示，主要由 LA76810（N101）完成。N101 的 46 引脚输出的全电视信号经 R201、R202 分压，C204 耦合，进入 N101 的 44 引脚，在 N101 内部分为 3 路：一路进入亮度处理通道，经过色度陷波、延时、峰值核化、黑电平延伸、亮度、对比处理进入基色矩阵电路；一路进入色度信号处理通道，经过色度带通、自动色度控制、梳状滤波器、UV 解调进入基色矩阵，与 Y 信号合成得到视频信号的 R、G、B 输出信号；一路进入行、场同步分离通道，经过幅度分离和时间分离分别分离出行、场同步信号去控制电视机的行频、场频信号。

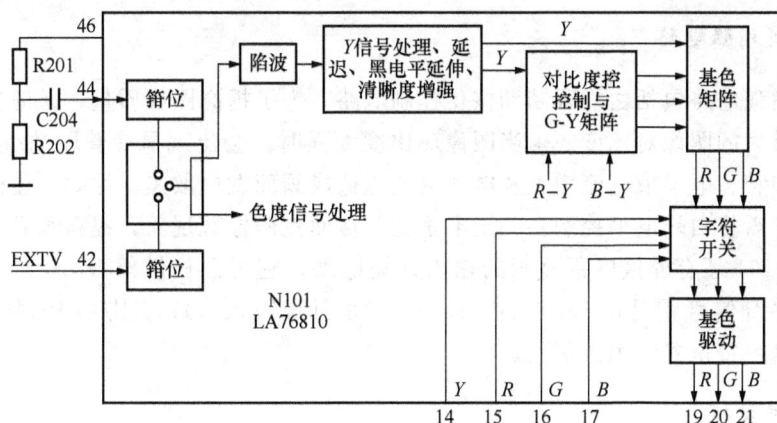

图 7-5　亮度信号处理电路框图

1. 箝位

彩色全电视信号经隔直电容 C204 耦合到亮度通道后，丢失了直流分量。亮度信号的直流分量丢失后，会使图像背景亮度发生变化，暗场不会很暗而变成灰电平，色饱和度和色调都会发生变化。为了恢复直流分量，在电视机中都设置了箝位电路，把视频全电视信号中的消隐电平箝位在同一直流电平处，这样就恢复了丢失的直流分量。

2. 视频开关（TV/AV 开关）

N101 的 46 引脚输出的彩色全电视信号（TV）经 R201、C204、N101 的 44 引脚进入箝位电路，箝位后加至视频开关电路。从视频输入插孔输入的彩色全电视信号（AV）经 R809、C803 后耦合从 N101 的 42 引脚进入箝位电路，箝位后加至视频开关电路。根据按键输入的 TV/AV 指令，N701 发出控制数据，通过 I²C 总线控制 N101 内部的视频开关，对

TV、AV 信号进行转换。

3. 陷波

色度信号是插入到亮度信号中的。为了消除色度信号对亮度信号的干扰，亮度通道设置一个 4.43MHz 陷波器，以滤除 4.43MHz 的色度信号。色度陷波器有两种工作模式，即陷波模式和直通模式，模式切换可由系统自动控制，也可以由 I^2C 强行控制。若输入信号为彩色全电视信号，则色度陷波器工作于陷波模式，此时可吸收色度信号，分离出亮度信号；若输入信号为色度信号（如接收 S 端子送来的信号），则色度陷波器工作于直通模式，此时色度陷波器实际上处于短路状态。

4. 黑电平延伸电路

由于图像信号经电容耦合，在传输中其直流成分（即背景亮度的直流分量）将被隔断，造成图像信号的黑电平不能固定，导致背景亮度随图像的内容变化而变化。为此采用直流电平箝位电路，恢复图像信号原来的直流成分，并将图像的黑电平箝位在一固定电位上。黑电平延伸在 LA76810 内，45 引脚外接的 C203 和 R204 组成黑电平扩展滤波器，用以确定扩展量。

5. 清晰度增强电路

清晰度增强电路包括白峰限制和核化控制电路。为了提高图像质量，保证良好的图像层次，需有足够大的图像对比度。但当图像对比度太强时，会出现显像管驱动级（末级视放）在白峰值时饱和、电子束电流增大及电子束变粗造成画面发白散焦。为此，在保证对比度要求的前提下，需将白峰电平控制在一定电平上，从而克服像散现象，提高画面质量。

另外，N101 还有外接屏幕显示的输入开关电路，它可以提供外部 R、G、B 信号的输入。本机的字符信号就是由 N101 的 14、15、16 引脚输入，17 引脚为 BLANKIN 字符消隐，快速消隐字符位置的图像信号。

6. 对比度控制

对比度放大器也称视频放大器，它将延时后的亮度信号进行放大，同时由微处理器通过 I^2C 总线发出控制数据，由总线译码器、对比度控制 D/A 转换器变成控制电压，以控制对比度放大器的增益，调节图像的对比度。

7. 自动亮度控制电路（ABL 电路）

汇佳彩色电视机的 ABL 电路如图 7-6 所示。显像管束电流 I_a 流过电阻 R404 产生的电压降为 $U_a = B7 - I_a \times R404$。当 I_a 小于额定值（约 750mA）时，U_a 电位下降不大，ABL 电路不起作用。当 I_a 大于额定值后，$I_a \times R404$ 上的电压增加，U_a 电位下降，通过 R403 使 N101 的 13 引脚（亮度控制端）电位下降，这时 N101 的 19、20、21 引脚输出的红、绿、蓝电压随之下降，而视放管 VT902、VT912、VT922 的集电极电压上升，显像管红、绿、蓝阴极电位上升，I_a 下降，自动限制了显像管电子束的电流不超过额定值，防止屏幕太亮，形成较大的 X 射线伤害人体。

N101 的 13 引脚是 ABL 电压控制端，VD401、VD402 是箝位二极管，C231 用于滤除控

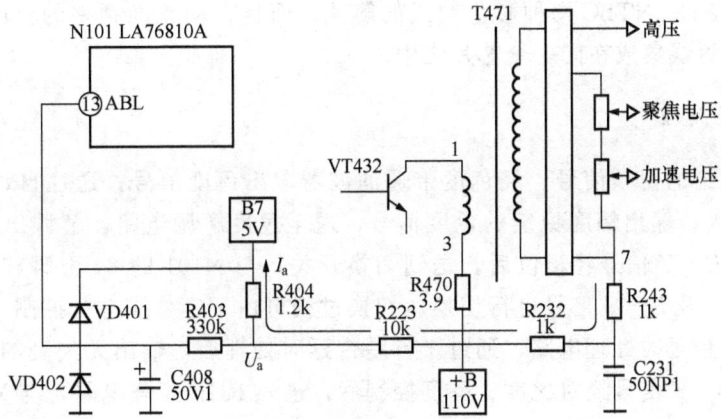

图 7-6　自动亮度控制电路

制电压的高频成分，以免 ABL 电路切断图像高亮度细节。

7.2.2　色度通道电路分析

色度通道电路是将视频信号即彩色全电视信号解调还原成 R、G、B 三基色信号。汇佳彩色电视机的色度信号处理电路如图 7-7 所示。N101 中彩色解码的特点是副载波恢复电路采用两个锁相环路，只用一个 4.43MHz 晶振就可以产生出 4.43MHz 和 3.58MHz 两种基准

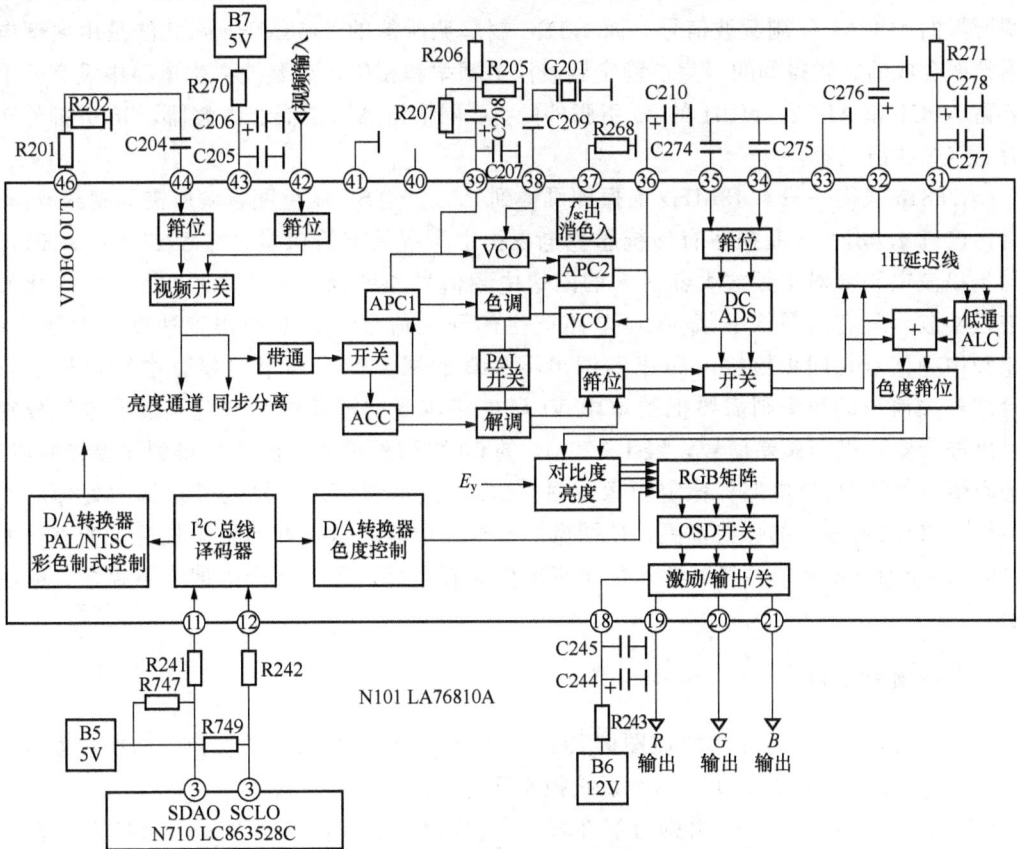

图 7-7　色度信号处理电路框图

副载波，完成 PAL、NTSC 两种彩色制式的解调，而且自动校准频率的色度陷波器、带通滤波器和 1H 延迟线集成在同一个芯片之中。

1. 色度信号处理

进入色度通道的视频信号，经色度带通滤波器取出色度信号，送往自动色度放大电路（ACC）进行放大，输出幅度稳定的色度信号，送至色度解调电路，解调出 $R-Y$ 与 $B-Y$ 信号。$R-Y$ 和 $B-Y$ 信号经箝位后，送到切换开关，与 N101 的 34 引脚和 35 引脚输入的 SECAM 制 $R-Y$ 及 $B-Y$ 信号进行切换，切换过程可由 I^2C 总线进行控制。切换后的信号送至内部 1 行基带延时处理电路，通过 1 行基带延时处理后，输出无失真的 $R-Y$ 和 $B-Y$ 信号。$R-Y$、$B-Y$ 信号经对比度、亮度控制后，进入 RGB 矩阵电路，与 Y 信号进行矩阵处理，恢复出 RGB 信号，合成后的 R、G、B 三基色信号在 $0\sim6$MHz 带宽范围内，各量值可以不同，即能显示各种彩色；在 1.3MHz 频率以上的量值则相同，以示图像细节只有黑白，从而适应大面积着色的要求。由于本机无 SECAM 制功能，34 引脚和 35 引脚无 $B-Y$ 及 $R-Y$ 信号输入，故将此两引脚经电容接地。

2. 副载波恢复电路

经 ACC 放大后色度信号还有一路送往副载波恢复电路，以分离出色同步信号，控制色副载波的频率和相位。N101 的 38 引脚外接的 4.43MHz 晶振和内部电路共同产生 PAL 制解调所需的 4.43MHz 副载波信号，而 NTSC 制解调所需的 3.58MHz 副载波是由内部电路采用频率合成的方式得到的。为了稳定副载波的频率和相位，副载波再生电路中设有两个锁相环路 APC1 和 APC2，N101 的 39 引脚外围 RC 网络为 APC1 低通滤波器，36 引脚外围电容为 APC2 滤波电容。

LA76810 只需一只 4.43MHz 晶振即可得到 PAL/NTSC 制色度解调所需的副载波信号。同时，该机 4.43MHz 晶振还有传统彩色电视机中所不具有的功能。在 LA76810 内部，图像同步检波电路要对中频放大器送来的图像中频信号和图像中频 VCO 电路送来的开关信号进行检波，只有当图像中频 VCO 电路产生的开关信号的频率和幅度达到一定要求时，才能和中频信号在同步检波电路里解调出不失真的视频信号和第二伴音中频信号。而图像检波开关信号的频率则需要把图像中 VCO 电路本身的振荡频率和色副载波频率分别分频后再进行鉴相得到误差信号，经 LA76810 的 50 引脚外围元件滤波后得到误差控制电流，再送回图像中频 VCO 电路，稳定图像中频 VCO 的振荡频率。本机经过这样的处理后使图像中频 VCO 具有较大的保持范围，使图像同步检波电路具有良好的抗干扰性。所以，如果本机的 4.43MHz 晶振有故障，除可能出现图像无彩色外，还可能产生搜索不存台、频漂等现象。

3. RGB 处理电路

它的作用有两个：一个是完成图像 RGB 信号和字符 RGB 信号的切换，切换过程由字符消隐脉冲控制；另一个是在 I^2C 总线系统控制下完成黑白平衡调整。

LA76810 的 14、15、16 引脚为字符 RGB 信号输入端，经内部箝位、OSD 对比度控制后加到 OSD 切换开关，LA76810 内部矩阵产生的图像 RGB 信号也加到 OSD 切换开关，图像和字符 RGB 信号在 OSD 开关中进行切换，切换过程由 LA76810 的 17 引脚输入的字符消隐脉冲进行控制。在字符显示期间，字符消隐脉冲为高电平，OSD 开关选择字符 RGB 信号；在无字符显示期间，字符消隐脉冲为低电平，OSD 开关选择图像 RGB 信号，从而形成字符镶嵌在图像上的效果。

　　选通后的 R、G、B 信号，在基色放大器中通过 I²C 总线进行激励/截止调整，激励调整电路可以分别改变 3 个基色放大器增益，用于调整亮平衡；截止调整电路则分别改变基色放大器的输出直流电平，用于调整暗平衡。调整后的三基色信号分别从 19、20、21 引脚输出，送入视放末级电路 CRT 板至显像管电路。

7.2.3　视放末级电路分析

　　汇佳彩色电视机视放末级电路由视频放大电路、恒压源电路和关机亮点消除电路组成，目的是保证高质量的画面输出。汇佳彩色电视机视放末级电路如图 7-8 所示。

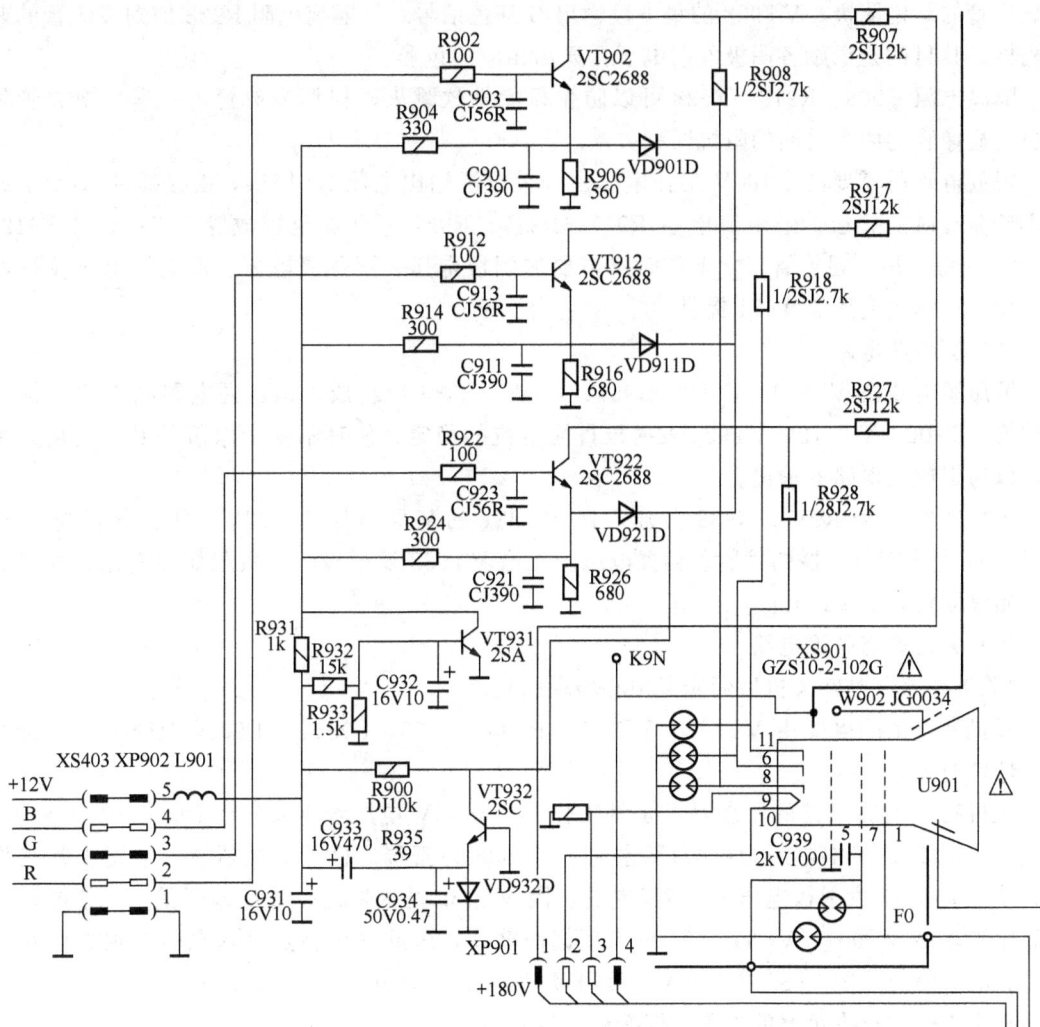

图 7-8　汇佳彩色电视机视放末级电路图

（1）视频放大电路

该机的视放电路采用共射视频放大电路，其带宽可达 6MHz，输出视频信号峰-峰值可达 100V，由中功率高频三极管 VT902、VT912、VT922 和其他元器件组成。由集成电路 N101 的 19、20、21 引脚输出的 R、G、B 三基色信号经接插件 XP902 的 2、3、4 引脚，经过各自的 R902、C903，R912、C923，R922、C923 组成的低通滤波电路，滤除混入三基色信号中的高频成分后，分别加至 VT902、VT912、VT922 的基极。视放板的接插件 XP902 的 5 引脚输入的 +12V 电压，分别通过 R904、R906，R914、R916，R924、R926 电阻网络分压后，加到各三极管的发射极。VT902、VT912、VT922 的发射极还分别接有电容 C901、C911、C921，它们的作用是对视频高端进行补偿。在信号的高频端，由于电容的容抗下降，使得视放末级的交流负反馈系数减小，因而可以展宽放大器的带宽。

三基色信号经各自视放管放大后，则分别由 VT902 的集电极输出 R 基色信号，经隔离电阻 R908 加到显像管的红枪阴极；VT912 的集电极输出 G 基色信号，经隔离电阻 R918 加到显像管的绿枪阴极；VT922 的集电极输出 B 基色信号，经隔离电阻 R928 加到显像管的蓝枪阴极。其目的是激励各阴极发射电子，显示相应的色彩。

隔离电阻 R908、R918、R928 可以防止显像管软跳火时损坏视放管，并满足视放管集电极与显像管的阴极之间的阻抗匹配关系。

视放电路所需要的 +180V 工作电压由开关电源输出电压 B2 提供，由接插件 XP901 的 1 引脚输入到视放板，经限流电阻 R907、R917、R927 分别加至视放管 VT902、VT912、VT922 的集电极；显像管正常工作时所需的阳极电压、聚焦极电压、加速极电压及灯丝电压均由行输出变压器 T471 提供。

（2）恒压源电路

恒压源电路由 VT931、C932、R931、R932、R933 等组成。恒压源电路的作用是保持视放管 VT902、VT912、VT922 发射极直流电位的稳定，使其不受图像信号电流变化的影响，以稳定放大电路的输出。

+12V 电压经 R931、R932 分压，使 VT931 的基极电压为 1.2V，其发射极电压约 1.9V，作为视频放大器的发射极偏置电压。无论 VT932 发射极所接负载如何变化，其直流电压始终固定在 1.9V 上。

（3）关机亮点消除电路

"关机亮点"是在关机后荧光屏中心出现的亮点。

关机亮点消除电路由 VT932、VD933、R935、C933、C934、VD901、VD911、VD921 等元器件组成。

关机亮点消除电路的原理是：正常工作时，+12V 电压经 R935 给 C933、C934 充电，充电完毕，C934 两端电压为 -0.7V 左右，VD933 为箝位二极管。视频放大电路正常工作时，使 VT932 的发射极电压为 0.7V 左右，因 VT932 基极接地，故反偏而截止，集电极输出高电平，使 VD901、VD911、VD921 反偏而截止，因此关机亮点消除电路对视放电路工作无影响。另外，因 C933 接 +12V，负端接 C934 正端，并通过 VD933 接地，C933 在视放电路正常工作时充有足够的电荷，即接近 +12V 电源。

当关机瞬间时，+12V 电源断电，电压迅速下降，与此同时由于 C933 的电荷上正下负，上边正端通过外接等效电阻接地，下边负端接 C934 上端，C933 的放电电流通过

VT932 基极、发射极到 C933 负端，使 C934 上端为负，接地端为正，充上负电压；因 C933 的容量远大于 C934 的容量，此负压加于 VT932 发射极，使 VT932 的发射极电压为−0.7V；同时，C933 提供 VT932 饱和所需的基极电压，促使 VT932 立即饱和导通，集电极输出低电平，VD901、VD911、VD921 导通，使 VT902、VT912、VT922 发射极电压为低电平，VT902、VT912、VT922 正偏而饱和导通，集电极电压为低电平，使显像管阴极电压为零，束电流增加，高压滤波电容存储的电荷很快放掉，达到关机消除亮点的作用。

7.3　汇佳彩色电视机彩色解调解码电路的故障维修

汇佳彩色电视机彩色解调解码电路中有以下一些重要的检测点。

1）ABL 控制端：N101 的 13 引脚，正常值为+2V。

2）亮度通道供电端：N101 的 18 引脚，正常值为+8V。

3）一行延迟线供电端：N101 的 31 引脚，正常值为+4V。

4）视频/彩色/偏转电源端：N101 的 43 引脚，正常值为+5V。

5）显像管阴极电压：红阴极 K_R、绿阴极 K_G、蓝阴极 K_B 电压，正常值为+135～+150V。

6）N101 的 19、20、21 引脚：分别输出 R、G、B 基色信号。

7）N101 的 38 引脚：外接 4.43MHz 晶振。

8）N101 的 36 引脚，该脚外接色副载波 VCO 低通滤波电容 C210。

9）N101 的 32 引脚，该脚外接一行延迟线升压自举电容 C276。

7.3.1　亮度通道电路的故障维修

| 实例 1 |　图像边缘不清晰。

故障现象：开机后，光栅正常，黑白图像的边缘不清晰。图像的边缘不清晰，主要是指黑白图像的边缘不清晰，因为色彩的边缘本身就是很模糊的。

故障分析：图像轮廓模糊不清，清晰度变差的故障现象是亮度信号成分丢失造成的，显然与亮度通道的黑电平扩展电路故障有关。

检修步骤：

1）测量 N101 的 45 引脚（黑电平扩展端）电压为 4V，异常，正常有信号时应为 3.1V，无信号为 3V，电压明显偏高。

2）关机，断开电容 C203，测量 N101 的 45 引脚电压为 3.3V，基本正常，怀疑电容 C203 漏电。

3）更换 C203 一试，故障果然排除。

检修结论：N101 的 45 引脚外接的 C203 和 R204 组成黑电平扩展滤波器，用以确定扩展量。由于电容 C203 有漏电现象，引起黑电平扩展滤波器工作异常，改变了黑电平扩展量，从而导致图像轮廓模糊不清、清晰度变差的故障。

| 实例 2 |　图像上有间断性黑线。

故障现象：刚开机时图像正常，30s 之后或者光栅底部带有间断性黑线，或光栅上部带有 5cm 宽的黑带，同时伴有一条条白色间断性亮线向上移动，并有行叫现象，其他基本正常。

故障分析：根据间断性黑线或者黑带，应该是低频干扰现象（高频干扰现象往往出现白色亮点或者亮线）。

检修步骤：

1）由于存在低频干扰现象，怀疑场扫描电路存在故障（这种故障不是行辐射造成的，因为行辐射干扰必是行频或其谐波，在光栅上形成的干扰应为竖带或竖线），更换场扫描集成电路 N451 以及相关元件，故障现象仍不消失，说明故障不是由场扫描电路引起。

2）因为电源形成电路是整个彩色电视机工作的前提条件，所以先后对＋300V、＋5V、＋12V、＋25V、＋110V、＋180V 电源滤波电路进行试换，故障依旧。

3）分析认为 N101 电源供给引脚滤波不良会引起低频干扰现象，又对 N101 的 18、25、31、43 引脚上的电容先后进行试换，同样不能解决问题。

4）由于光栅上部带有 5cm 宽的黑带，同时伴有一条条白色间断性亮线向上移动，所以怀疑 N101 内部或者消隐电路不良，或者黑电平扩展电路不良，先后试换 N101 以及 N101 的 45 引脚外围黑电平扩展电路滤波元件之后，故障仍然存在。

5）关机，再仔细、反复检查 N101 引脚的外围元器件，终于发现 N101 的 13 引脚 ABL 滤波电容 C408 脱焊，补焊 C408 之后，故障现象不再出现。

检修结论：经过分析可以看出：C408 脱焊后，N101 的 13 引脚上得到的 ABL 控制电压变低，如果 ABL 控制电压变低，行输出电流增大，行输出变压器 T471 内部不可避免地引起行叫、行辐射的现象。刚开机时，由于 T471 内部温度很低、ABL 控制电压没有正常建立等诸多因素，所以不会出现异常现象的发生。随着 T471 内部温度升高、N101 的 13 引脚 ABL 控制电压在 3V 左右时，T471 内部不能维持正常的工作状态，所以在 30s 之后出现了此类故障。

│实例 3│ 有图像、有伴音，但亮度不足。

故障现象：图像、伴音都正常，调整亮度控制到最大时亮度还不足。

故障分析：有图像、有伴音，说明公共通道、伴音电路、扫描电路、色度通道等电路都正常，故障原因在亮度通道或末级视放电路。

检修步骤：

1）测量显像管红阴极 K_R、绿阴极 K_G、蓝阴极 K_B 电压为＋164V，比正常电压值偏高。

2）测量显像管加速极 G2 电压也比正常电压值偏高。

3）测量 N101 的 13 引脚 ABL 控制端电压为 0.4V，而正常电压值为 3.2V 左右。

4）检查与 ABL 电路相关的 VD401、VD402、R403、R404、R223、R232 等元器件，发现 R404 阻值由 820Ω 增大到 12kΩ。

5）更换 R404，亮度恢复正常。

检修结论：ABL 电路是一个闭合回路，回路中的任何一个地方出现问题，都会引起 ABL 发生变化。另外，ABL 电路故障能够引发行电流增大，造成不定期烧毁行输出管的现象。

7.3.2　色度通道电路的故障维修

│实例 1│ 彩色爬行。

故障现象：接收电视台彩色信号（PAL 制）时屏幕画面上出现一明一暗间隔均匀逐步向上移动的水平条纹，光栅扫描线变粗，这种故障称为百叶窗效应，俗称彩色爬行。

故障分析：在出现彩色爬行现象时，如果中间 4 条爬行严重，且彩色色调失真时，应检查 PAL 双稳开关电路是否正常工作，并进一步检查 PAL 双稳开关电路有关元件是否损坏或变质；如果各彩条全部爬行，而且色调基本不失真，则故障在延时解调电路，应检查解码延时解调电路中有关元件。

检修步骤：

1）测量 N101 的 38 引脚电压为 2.4V，正常，说明晶体 G201 基本正常。

2）测量 N101 的 39 引脚电压为 3.5V，正常，说明第一锁相环路工作基本正常。

3）测量 N101 的 36 引脚电压为 2.1V，正常电压值应为 2.9V，说明第二锁相环路工作异常，怀疑电容 C210 漏电或 N101 内部第二锁相环路不良。

4）关机，取下 C210 后检查，发现果然漏电，用 10μF 电解电容更换后，彩色图像恢复正常。

检修结论：C 信号在色度通道中进行 ACC 放大，进入同步解调器解调出两个色差基带信号 $R-Y$、$B-Y$，解调器所需的副载波 f_{sc} 由两个锁相环路共同确定。第一锁相环路的环路滤波器由 N101 的 39 引脚外接的 C207、C208、R205、R206、R207 组成，36 引脚外接的 C210 是第二锁相环路的环路滤波器。因电容 C210 漏电，使锁相环滤波器工作失常，不能准确控制副载波振荡器的频率和相位，影响了 $R-Y$、$B-Y$ 信号的正常解调。

│实例 2│ 黑白图像正常，但无彩色。

故障现象：可以接收黑白图像和伴音，色饱和度调到最大也无彩色。

故障分析：黑白图像及伴音正常，说明公共通道、亮度通道工作正常，引起无色彩故障的原因一般有 3 个方面：一是接收地点的电视信号弱，天线不良或高、中频通道频率特性不佳，导致解码器自动消色，此时图像有雪花点干扰；二是解码器色度通道故障造成；三是副载波恢复电路不正常引起。后两种情况图像无雪花点干扰，有正常的黑白图像，要重点检查色度通道和副载波恢复电路的相关引脚，若其相关引脚的外围元件正常，则更换 LA76810。

检修步骤：

1）调节对比度、亮度正常，表明 I²C 总线控制基本正常，因为该机的色饱和度、对比度、亮度等控制均是由 CPU 通过 I²C 总线控制完成的。

2）测量 N101 的 36、38、39 引脚电压，36 引脚为 3.4V，比正常值 2.9V 高；38 引脚为 2.8V，比正常值 2.4V 高；39 引脚为 3.9V，比正常值 3.5V 高；说明副载波恢复电路工作异常。

3）用 4.43MHz 晶体更换 G201，故障不变。

4）检查 C207、C208、C209、C210，发现 C207 有轻微漏电。

5）更换 C207 后，图像彩色恢复正常。

检修结论：无色彩故障多因 N101 损坏或 4.43MHz 晶体及其外围电路损坏所致。检修时应首先确定电视信号是否正常，然后重点查看 N101 的 36、38、39 引脚外围元件有无损坏，若无损坏，则进入维修模式重新调试相关数据或更换 N101。

│实例 3│ 彩色失真。

故障现象：有彩色图像，但图像为紫色，伴音正常。图像彩色失真有各种现象，这里指的是因缺少一个基色或色差信号而产生的色调异常，不是指图像底色偏色的故障。

故障分析：在检修色度通道故障时，要注意检查黑白图像，当出现彩色缺色、彩色不正常等故障时，先要将色度调节到最小，关闭色度通道，使图像显示黑白图像。若是黑白图像正常，是色度通道出现故障，如果黑白图像也缺色或偏色，则是白平衡电路或末级视放电路的故障。

检修步骤：

1）将色饱和度调节到最小，关闭色度通道，光栅显示的黑白图像正常，表明色度通道有故障。

2）测量 N101 的 31 引脚电压为 3.8V，比正常值 4.5V 低，说明一行延迟线工作异常。

3）更换 4.43MHz 晶体，故障依旧。

4）关机，检查与一行延迟线的外围电路元件 R271、C276、C277、C278 未发现异常。

5）怀疑 N101 内部损坏，更换 N101 后，图像彩色恢复正常。

检修结论：新型单片彩色电视集成电路（如 LA76810），将一行延迟线也制作在集成电路内，外围电路只有 4.43MHz 晶体。这些变化都给维修带来了方便，检查时重点应放在解码电路工作时所需的各种信号条件，再对这些条件进行检查和跟踪，从而找出发生故障的元件。

7.3.3　视放末级电路的故障维修

┃实例 1┃ 无光栅、有伴音。

故障现象：接收电视节目时伴音正常，但无光栅。

故障分析：有伴音，说明开关电源、公共通道、伴音通道正常。该故障范围较大，行扫描电路、视放末级电路、解码电路等发生故障，都可造成无光栅、有伴音的故障。这里仅分析视放末级电路故障造成的无光栅。

检修步骤：

1）观察显像管灯丝，发现灯丝不亮，，怀疑灯丝供电电路有故障。

2）将万用表拨至交流电压 10V 挡，测量显像管的灯丝电压在 6V 左右，说明灯丝供电电路无故障。

3）关机，拔下显像管座，将万用表拨至电阻 R×1 挡，测量显像管灯丝之间电阻，表针不动，说明灯丝已断。

4）更换显像管，开机检查，故障排除。

检修结论：

1）观察显像管灯丝是否发亮，如果不亮，多数是灯丝无供电电压或灯丝开路。这时应检查行扫描电路是否有故障或显像管灯丝是否良好。

2）检查显像管加速极电压是否正常，可用手背靠近显像管荧光屏表面，看有无"吸手"感觉。若有，则说明高压正常；若没有，则说明无高压造成无光栅现象。

3）检查显像管阴极电压是否正常（通常为 130～150V），若 3 个阴极的电压都很高，大于 170V，则表明视放末级电路出现故障，3 个视放管 VT902、VT912、VT922 均截止。

┃实例 2┃ 光栅图像时有时无。

故障现象：开机后光栅图像时有时无，伴音正常。

故障分析：该机伴音电路的电源取自于开关电源，由于伴音正常，说明开关电源和公共通道正常，故障应在行输出电路、亮度通道、视放末级电路。重点检查行输出电路、视放末级电路、显像管各极的供电电压是否正常，一般是某些元件性能不良或接触不良故障所致。

检修步骤：

1）直观检查显像管灯丝发亮，说明行扫描电路工作基本正常。

2）测量显像管 3 个阴极的电压，均正常。

3）仔细检查发现，当光栅变暗时，灯丝亦随之变暗；无光栅显示时，灯丝也不亮，光栅恢复正常时，灯丝亮度也正常，该现象说明故障与加入至灯丝电压值有关。

4）测量灯丝电压，光栅正常时，灯丝电压为交流 6V 左右，正常；出现故障时，灯丝电压极低直至无电压；说明灯丝电压不稳定。

5）检查灯丝供电电路，测量限流电阻 R491 两端对地电压，发现其一端电压正常，另一端电压时有时无。

6）取下 R491 测量时阻值又正常，重新焊好后再开机，故障随之消除，说明故障原因是由 R491 虚焊引起的。

检修结论：因 R491 一端的引脚与电路板脱焊，处于一种若接若离的状态，使加到显像管灯丝的电压时有时无，当 R491 接触好时，光栅图像处于正常状态；当 R491 接触不良时，则无光栅图像。

| 实例 3 | 红光栅。

故障现象：满屏红光栅，且伴有回扫线，亮度失控，但伴音正常。

故障分析：遇见这种故障时应仔细观察屏幕现象，区分屏幕显示是偏色还是显示单一基色。若是偏色，一般可通过白平衡调整解决问题。若是光栅呈红、绿、蓝中某一基色，另外两个基色荧光粉不发光，且有回扫线，说明此时某一基色的电子束流很大，失去对电子束流的控制能力，另外两个电子束流被截止了，使白平衡遭到破坏。此时，可检测显像管阴极电压，观察是否一个特别低，而另外两个特别高。

检修步骤：

1）用直观检查法对红基色视频放大器进行检查，未发现有明显的异常现象。

2）测量视放管 VT902 的基极电压为 2V，正常。

3）测量 VT902 的集电极电压为 6V，大大低于正常值 150V，测量其发射极电压由正常值 1.5V 上升到 6V 左右，表明 VT902 工作异常。

4）检查 VT902、VD901、C901、R906、R907、R908 等元器件，发现 VT902 的 c-e 极间电阻为 0Ω，说明 VT902 已击穿。

5）更换 VT902 后，光栅恢复正常。

注：R908 开路，也会引起该故障。

检修结论：因红基色视放管 VT902 的 c-e 极击穿，导致 VT902 集电极电压下降，发射极电压上升。VT902 集电极电压下降后，会使显像管中相应的红色阴极电压也下降，红色电子束流很大，而且无法消隐，荧光屏上呈现红色，有回扫线。

| 实例 4 | 光栅缺少红基色。

故障现象：光栅亮度控制正常，但光栅带有颜色，接受电视信号时有彩色图像，但缺少红基色。

故障分析：若是某一基色荧光粉没有发光，说明 3 个电子束中有一个已经截止，故障现象是缺少某一基色，如红色、绿色或蓝色，而呈现某一补色，如青色、紫色或黄色。由视放级电路造成某一电子束截止的原因有以下几种。

1）视放管集电极到显像管阴极的限流电阻开路，如 R907 开路，则图像缺少红基色。

2）视放管中有一个开路或截止，使相应的阴极电压太高。如 VT902 开路或截止，使红色阴极电压升高。

3）视放管的基色信号输入耦合电阻中有一个开路。如 R902 开路，则图像缺少红基色。

检修步骤：

1) 直观检查三基色输出的插头 XP902 连接线完好，其他也无明显的故障痕迹。

2) 测量显像管红阴极的电压为 180V，异常，说明 VT902 工作不正常。

3) 测量 VT902 基极电压为 2V，正常；再测量 VT902 集电极为 180V，异常；怀疑 VT902、R906 损坏。

4) 关机，测量 VT902、R906，发现 VT902 的 c-e 极开路。

5) 更换 VT902，故障排除。

检修结论：通常 3 个视放管的限流电阻中有一个开路（R907、R917 或 R927），3 个视放管中有一个开路或截止，均会引起相应的阴极电压升高至 180V，电子束被截止，导致缺少某一基色。

┃**实例 5**┃ 图像模糊。

故障现象：一开机图像模糊不清，但经过几分钟后，图像模糊现象慢慢减小直至最后消失，图像清晰度恢复正常。

故障分析：图像模糊又称散焦。该故障的原因显然是显像管管座受潮漏电，引起显像管管座与显像管之间接触不良。

检修步骤：

1) 调节聚焦电位器，输出的聚焦电压有变化，聚焦电压输出正常。

2) 仔细听显像管管座周围有"吱吱"的叫声，故怀疑显像管管座接触不良。

3) 检查显像管管座，打开聚焦极引线焊接腔，能看到铜绿等氧化物生成。

4) 更换显像管管座后，故障排除。

注：行输出变压器 T471 输出的聚焦电压异常（如内部聚焦电压电位器损坏），也会引起聚焦不良故障。

检修结论：由于聚焦电压较高，容易吸附灰尘或受潮，造成显像管管座受热后绝缘度下降，产生聚焦极漏电，这时显像管管座并没有完全损坏，一般不易查出来，可以采用无水酒精清洗显像管管座的方法试一试，当然最好是更换显像管管座。

本章小结

亮度通道、色度通道、基色矩阵和视放末级电路合称彩色解调解码电路，其功能是将由视频检波器输出的彩色全电视信号解调成红、绿、蓝三基色信号提供给彩色显像管。彩色解调解码电路先将图像视频信号分离成色度信号和亮度信号，然后由两路分别解调，亮度信号形成黑白图像，色度信号形成图像色彩，彩色显像管还原彩色图像。彩色解码电路主要有无彩色、彩色爬行、彩色失真或彩色时有时无等故障。目前，彩色解码电路都集成在一片 IC 芯片上，外围元器件较少，在故障检修中，若判断有关外围元器件正常，一般是更换整个集成电路，就不必细查集成电路中的哪一部分有故障了，这样使电路的检修变得简单了。

视放末级电路的作用是对三基色信号进行激励放大，对彩色显像管的红、绿、蓝电子束电流进行调制，使屏幕产生彩色图像。视放输出级由三个结构相同的视频放大电路组成，每个基色有一个放大器。视放末级电路常见有图像偏色、聚焦不良、无光栅有伴音、光栅过亮且有回扫线等故障现象，一般是先检测视频放大电路的输入、输出信号是否正常，然后测量显像管各极的电压，并结合测量数据进行分析判断。

实验七　彩色电视机的彩色解调解码电路测试与检修

一、实验目的

1）熟悉彩色解调解码电路的主要元器件，测试和判断元器件好坏，提高元器件识别和读图能力。

2）熟悉彩色解调解码电路的组成并了解其各部分电路的作用。

3）学会分析彩色解调解码电路。

4）学会正确使用仪器、仪表测试彩色解调解码电路的电压、波形和其他参数。

4）了解彩色解调解码电路故障原因、故障特点和检修流程。

5）掌握彩色解调解码电路常见故障的检修方法，提高实际操作技能。

二、实验任务

1）测试彩色解调解码电路主要元件的阻值或状态。

2）测试彩色解调解码电路的关键电压。

3）测试彩色解调解码电路的波形。

4）检修彩色解调解码电路常见故障。

5）撰写实验报告。

三、实验器材

1）汇佳彩色电视机 1 台。

2）示波器 1 台。

3）数字万用表 1 块。

4）1：1 隔离变压器 1 只。

5）彩色信号发生器 1 台。

四、实验方法和步骤

1. 元器件状态测试

（1）彩色解码电路的主要元件

按照图 7-5、图 7-7 所示电路图，用万用表电阻挡测量彩色解码电路的主要元件，将测量结果填入表 7-1。

表 7-1　彩色解调解码电路主要元件阻值或状态

元件标号	元件名称	元件阻值或状态	元件标号	元件名称	元件阻值或状态
N101			R204		
G201			R270		
R201			R242		

（2）视放末级电路主要元件

按照图 7-8 所示视放末级电路图，用万用表电阻挡测量视放末级电路的主要元器件，将测量结果填入表 7-2。

表 7-2　视放末级电路主要元器件阻值或状态

元器件标号	元器件名称	元器件阻值或状态	元器件标号	元器件名称	元器件阻值或状态
VT902			VD933		
VT912			VD901		
VT922			R907		
VT931			R917		
VT932			R927		

2．电压测试

（1）彩色解调解码电路电压

按照图 7-5、图 7-7 所示电路图，用万用表测量彩色解调解码电路的重要点电压，将测量结果填入表 7-3 中。

表 7-3　彩色解调解码电路的重要点电压　　　　　　　　　单位：V

测量部位	测量值	测量部位	测量值	测量部位	测量值
N101 的 11 引脚		N101 的 17 引脚		N101 的 32 引脚	
N101 的 12 引脚		N101 的 18 引脚		N101 的 34 引脚	
N101 的 13 引脚		N101 的 19 引脚		N101 的 35 引脚	
N101 的 14 引脚		N101 的 20 引脚		N101 的 36 引脚	
N101 的 15 引脚		N101 的 21 引脚		N101 的 38 引脚	
N101 的 16 引脚		N101 的 31 引脚		N101 的 39 引脚	

（2）视放末级电路电压

按照图 7-8 所示视放末级电路图，用万用表测量视放末级电路的重要点电压，将测量结果填入表 7-4 中。

表 7-4　视放末级电路的重要点电压　　　　　　　　　单位：V

测量部位	测量值	测量部位	测量值	测量部位	测量值
VT902 基极		VT922 集电极		显像管的红阴极	
VT902 集电极		VT931 集电极		显像管的蓝阴极	
VT912 基极		VT932 发射极		显像管的绿阴极	
VT912 集电极		显像管的灯丝		显像管的加速极	

注：用万用表测量显像管各极电压时，只能测量灯丝、阴极、加速极的电压，由于聚焦极、高压阳极的电压高达几千伏以上，必须用专用的高压仪表来测量。

3．波形测试

（1）三基色信号

按照图 7-7 所示色度信号处理电路图，用彩色电视信号发生器发射彩条信号，彩色电视机采用天线接收彩条信号，此时用示波器分别测试 N101 的 19、20、21 引脚输出的 R、G、B 三基色信号波形，在波形图中标注其周期和幅度，并填入表 7-5 中。

表 7-5　三基色信号波形

N101 的 19 引脚（R 基色信号）波形	N101 的 20 引脚（G 基色信号）波形	N101 的 21 引脚（B 基色信号）波形

（2）彩色显像管的阴极信号

按照图 7-8 所示视放末级电路图，用彩色电视信号发生器发射彩条信号，彩色电视机采用天线接收彩条信号，此时用示波器分别测试彩色显像管的 R、G、B 阴极的输出波形，在波形图中标注其周期和幅度，并填入表 7-6 中。

表 7-6　彩色显像管的阴极信号波形

彩色显像管的 R 阴极波形	彩色显像管的 G 阴极波形	彩色显像管的 B 阴极波形

4. 故障检修

检修以下故障。

1）"有图像、有伴音、无彩色"故障。

2）"彩色爬行"故障。

3）"满屏红光栅，亮度失控，且有回扫线"故障。

4）"光栅缺少绿基色"故障。

五、实验报告要求

1）将测量的数据填入相应的表格中。

2）整理测量的实验数据，根据测量结果，对所检测的彩色电视机彩色解调解码电路作出质量评价。

3）根据故障现象，分析故障原因，判断故障位置。

4）制表记录和分析检修数据，写出检修方法。

5）谈谈学习本章的体会。

思 考 与 练 习

一、选择题

1. PAL 制彩色电视机对图像信号的解调采用的是（　　）。

　　A. 鉴相器　　　　B. 鉴频器　　　　C. 同步检波器　　　　D. 包络检波器

2. PAL 制解调器中，4.43MHz 滤波器的作用是从彩色全电视信号中取出（　　）。

　　A. 亮度信号　　　　　B. 复合同步信号　　C. 色度和色同步信号　　D. 副载波信号

3. 电视图像的清晰度主要由（　　）决定。

　　A. 亮度信号　　　　　B. 同步信号　　　　　C. 色度和亮度信号　　　D. 色同步信号

4. 普通彩色电视机中亮度信号和色度信号的分离是通过（　　）电路完成的。

　　A. 时间分离　　　　　B. 频率分离　　　　　C. 相位分离　　　　　　D. 幅度分离

5. 自动消色电路是指（　　）。

　　A. ACK　　　　　　　B. ABL　　　　　　　C. AFC　　　　　　　　D. ACC

6. PAL 制解调器中 PAL 开关信号的频率是（　　）。

　　A. 4.43MHz　　　　 B. 6.5MHz　　　　　C. 32kHz　　　　　　　D. 7.8kHz

7. 色度信号是一个（　　）信号。

　　A. 调相　　　　　　　　　　　　　　　B. 调频

　　C. 调幅　　　　　　　　　　　　　　　D. 即调幅又调相

8. 显像管聚集极电压下降，将会出现的现象是（　　）。

　　A. 无光栅　　　　　B. 无图像　　　　　C. 图像模糊　　　　　　D. 无彩色

二、填空题

1. 梳状滤波器由超声延时线、_____ 和 _____ 组成。

2. 色度信号的两个分量是 _____ 和 _____。

3. 黑电平箝位电路的作用是 _____。

4. 用万用表测量显像管灯丝间电阻，其电阻为 _____ Ω。

5. 视放末级电路正常工作时，VD911 处于 _____ 状态；在彩色电视机关机的瞬间，VD911 处于 _____ 状态。

6. 彩色显像管的 7 引脚是 _____ 极。

7. 字符缺色的故障一般重点检查字符 _____ 电路。

8. 若 R928 开路，则图像缺少 ____ 基色。

三、问答题

1. 亮度通道由哪几部分组成？各部分主要完成什么任务？

2. 在亮度通道中为什么要设置黑电平箝位电路？说明其原因。

3. 色度通道由哪几部分组成？说明各部分的主要作用。

4. 梳状滤波器有什么作用？说明其工作原理。

5. 叙述视频放大电路的工作原理。

6. 叙述满屏红光栅的检修方法。

7. 叙述有图像、无彩色故障的检修方法。

8. 若下述元器件损坏后，彩色电视机会产生什么故障现象？

(1) R902 开路；(2) R908 开路；(3) R907 开路；(4) VT932 的 c-e 短路。

第8章 扫描系统原理与故障维修

扫描系统的主要任务是给行、场偏转线圈提供与彩色电视信号同步的锯齿波扫描电流，使显像管电子束做行、场扫描运动。与此同时，行扫描电路还产生彩色显像管所需要的工作电压，以激励荧光屏显示光栅。

8.1 扫描系统的组成

8.1.1 扫描系统概述

彩色电视机是由显像管显示图像的，在工作时显像管的电子枪在偏转线圈磁场的作用下进行从左到右和从上到下的扫描运动，形成一幅一幅的电视图像。行扫描电路为水平偏转线圈提供水平扫描的锯齿波电流，使电子束做水平方向的扫描运动，同时为显像管提供各种电压；场扫描电路为垂直偏转线圈提供垂直扫描的锯齿波电流，使电子束做垂直方向的扫描运动。扫描系统框图如图8-1所示。

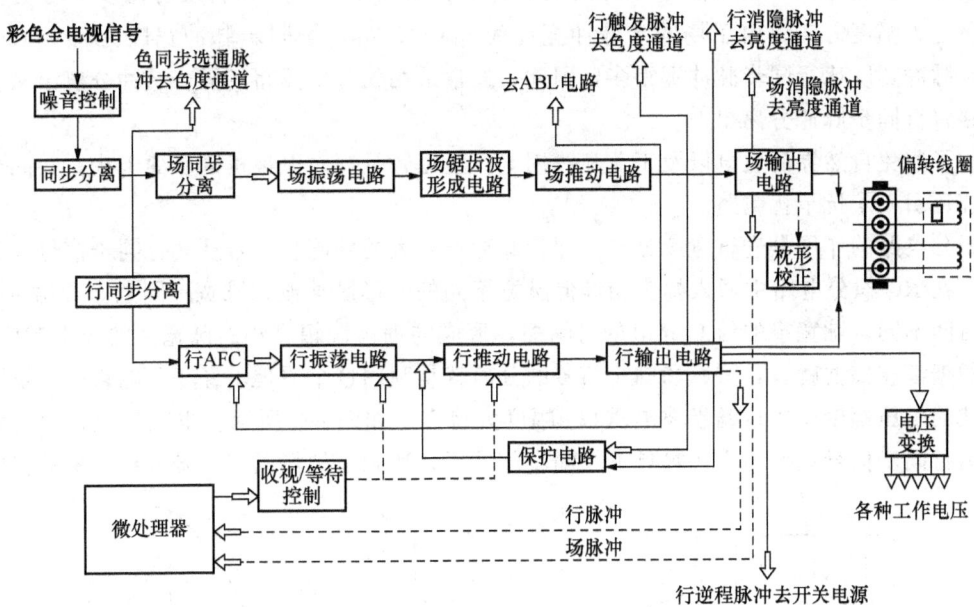

图 8-1　彩色电视机扫描系统框图

8.1.2 同步分离电路

1. 同步分离电路的组成

同步分离的作用是从彩色全电视信号中分离出行、场复合同步信号，然后再将复合同步信号分离，分离出行同步信号和场同步信号，分别去控制行、场振荡电路，使它们的频率和相位与电视台的行、场扫描信号同步。

同步分离电路由抗干扰（ANC）、幅度分离、同步放大、积分电路等几部分组成，如图 8-2 所示。

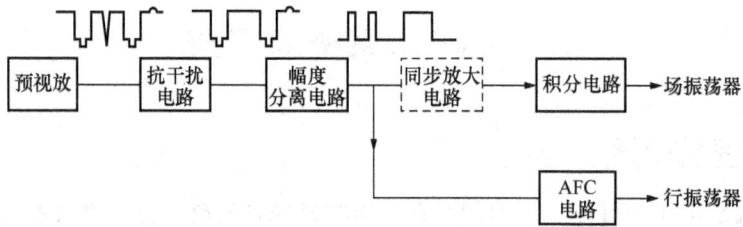

图 8-2 同步分离电路框图

2. 同步分离过程

由于同步信号在全电视信号中的幅度最高，利用这个特点可以将复合同步信号分离出来，称之为幅度分离。由于场同步脉冲宽度为 $t_H = 4.7\mu s$，场同步脉冲宽度为 $t_H = 160\mu s$，场同步脉冲宽度比行同步脉冲宽得多，因此，通常采用积分电路将场同步脉冲分离出来，微分电路将行同步脉冲分离出来。

为了避免自然界的放电以及工业和民用电产生短暂脉冲对电视机同步的干扰，在同步分离之前还引入了抗干扰电路。

积分电路的作用是进行宽度分离，即将脉冲宽度大的场同步信号从复合同步信号中分离出来。在 RC 积分电路中通入幅度相等但脉宽不同的矩形脉冲波，脉宽不同意味着给 RC 充电的时间不同，脉宽窄的给 C 充电的时间短，形成的锯齿波幅度小；脉宽大的充电时间长，形成的锯齿波幅度就大，行、场同步信号的分离就是利用这个原理。经积分电路后，场同步锯齿波的电压幅度要比行锯齿波电压 U_V 幅度大得多，如图 8-3 所示。也就是说，通过积分电路后行同步信号近似为零，只剩下场同步信号了，达到了把场同步信号分离出来的目的。

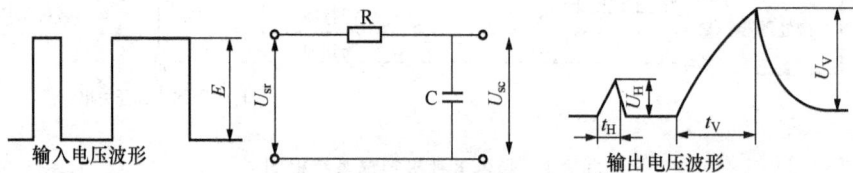

图 8-3 积分电路

注：不需再单独分离行同步信号，把幅度分离后的复合同步信号直接送入行 AFC 电路就可实现行同步作用。

8.2　行扫描电路

行扫描电路的主要作用是完成电子束在荧光屏上的水平扫描，与场扫描电路一起使荧光屏上形成光栅。另外，还要保证图像在水平方向上的稳定和正常，并为字符电路、色度解码电路提供行逆程脉冲，为大屏幕彩色电视机的垂直枕形失真校正电路提供行频锯齿波。同时，行输出电路还要给显像管及多单元电路提供直流工作电源。

8.2.1　行扫描电路的组成及作用

1. 行扫描电路的组成

行扫描电路主要由行自动频率控制（行 AFC）电路、行振荡电路、行激励电路、行输出电路，以及 X 射线保护电路、枕形失真校正电路和以行输出变压器为核心的高、中、低压形成电路等组成，如图 8-4 所示。

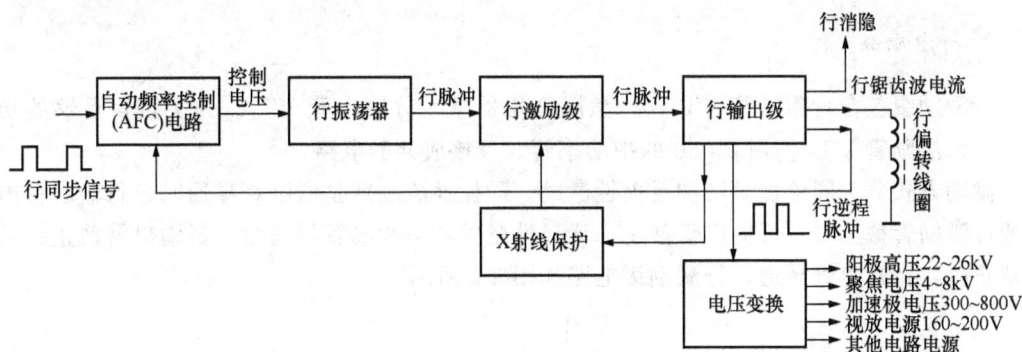

图 8-4　行扫描电路组成框图

2. 各单元电路作用

（1）行振荡电路

行振荡器（通常用 H. OSC 表示）的主要作用是产生频率为 $15625\mathrm{Hz}$ 且能受 U_{AFC} 电压所控制与行同步信号同步的行脉冲信号，经整形放大后送给行激励级。

（2）行激励级

行激励级（通常用 H. DRIVE 表示），它位于集成化的行扫描小信号处理电路和行输出电路之间，起隔离和缓冲作用，并对行频脉冲信号进行功率放大、整形，为行输出管基极提供足够的激励电流，使行输出管可靠地工作在开关状态。

（3）行输出级

行输出级（通常用 H. OUT 表示）的主要作用有两个：一是为行偏转提供行频锯齿波电流，实现水平扫描；二是通过行输出变压器变换多种脉冲电压和直流电压。

（4）AFC 电路

AFC 电路（行 AFC 鉴相器）是自动频率控制电路的英文缩写，它的作用是确保行振荡器产生行频脉冲与电视台发射的行同步信号准确同步。

（5）X 射线保护电路

当电视机发生故障时，彩色显像管的阳极高压升高，会引起电子束过强而产生有害的 X 射线辐射，对人体造成伤害。

8.2.2 行扫描电路各部分电路介绍

1. 行振荡电路

在分立元件彩色电视机中，行振荡器采用多谐振荡电路或变形间隙振荡电路。集成行振荡电路是以施密特触发器为核心，配合外接 RC 定时电路构成，利用其强正反馈作用形成自激脉冲振荡。

由于晶体振荡器的振荡频率更加精确和稳定，一些新型彩色电视机在大规模集成电路中设置 500kHz 晶体振荡器，通过 1/32 分频得到行频脉冲，然后分频得到场频振荡信号，保证行、场的准确同步，无需进行行频、场频的调节。

2. 行激励级

行激励级包含行激励管 VT_1，行激励变压器 T，行输出管 VT_2。为了获得足够的功率放大，行激励管 VT_1 使用 $\beta > 50$ 的中功率管，且接成共射电路。

激励方式分为同极性激励和反极性激励。同极性激励就是激励管导通时，行输出管饱和导通；激励管截止时，行输出管截止。反极性激励就是激励管导通时，行输出管截止；激励管截止时，行输出管导通。行激励级电路如图 8-5 所示。

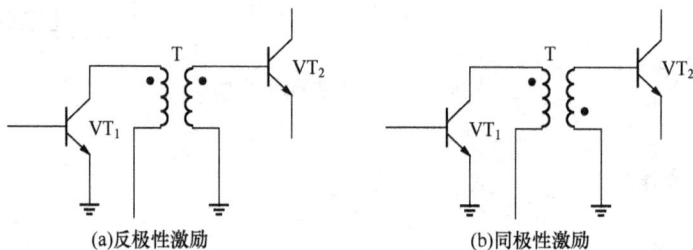

(a)反极性激励　　　　　(b)同极性激励

图 8-5　行激励方式

行激励级一般采用反极性激励，以防止高压打火烧坏集成电路。因反极性激励时，激励管与行输出管正好是一通一止。但反极性激励易产生高次谐波，使屏幕光栅形成竖直的、较粗的黑条干扰。

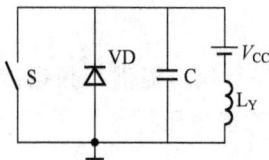

图 8-6　行输出电路波形

3. 行输出级

（1）行输出级工作原理

行输出级等效电路如图 8-6 所示，VD 是阻尼二极管，C 是行逆程电容器，L_Y 是偏转线圈电感。下面结合图 8-7，分析行输出电路基本工作原理。

1）行正程后半段（$t_0 \sim t_1$）：t_0 时刻，激励信号 u_b 为高电

第 8 章 扫描系统原理与故障维修 153

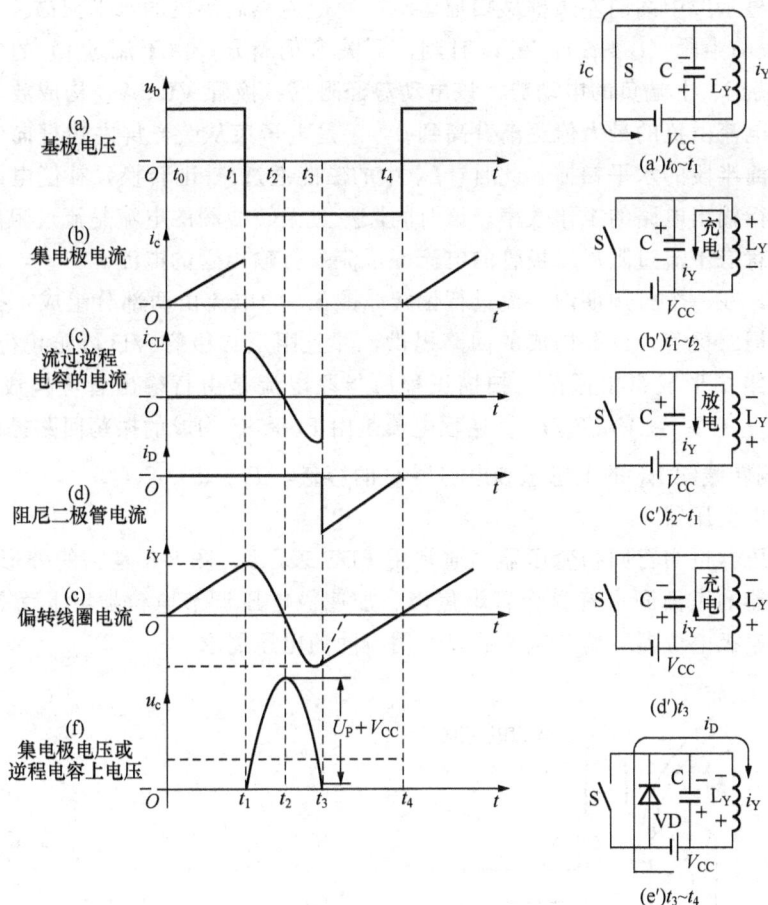

图 8-7 行输出电路波形

平，行输出管导通，相当于开关 S 接通。此时，V_{CC} 经 S 在行偏转线圈 L_Y 中形成线性增大的导通电流，使 L_Y 产生下端正、上端负的电动势。到达 t_1 时刻导通电流达到最大，同时电子束从荧光屏中间向右侧做扫描运动，到达荧光屏右边框时完成正程后半段的水平扫描。当设定正程时间为 T_S，$t_0 \sim t_1$ 的时间为 $T_S/2$，由于该时间段流过偏转线圈的电流就是行输出管集电极电流 i_c，所以在忽略损耗时的 $i_c = V_{CC}T_S/2L_Y$。由该公式可知，电流 i_c 与电源电压 V_{CC} 和 T_S 成正比，与行偏转线圈的电感量 L_Y 成反比。

2）行逆程前半段（$t_1 \sim t_2$）：t_1 时刻，激励脉冲 u_b 为低电平时行输出管截止，相当于开关 S 断开，流过 L_Y 的导通电流消失。因电感中的电流不能突变，所以 L_Y 通过自感产生一个上端正、下端负的电动势，以阻止电流的下降。该电动势经 V_{CC}、行逆程电容器 C 和 L_Y 构成的回路对 C 充电。到达 t_2 时刻充电电流下降为 0，C 两端电压达到最大（通常峰峰值为 900～1200V）。电子束在偏转磁场控制下，从荧光屏右边向中间做扫描运动，完成逆程前半段的水平扫描。行逆程电容器 C 两端的电压，也就是行输出管集电极电压 u_c 与电源电压 V_{CC} 和行周期 T_H 成正比，与行逆程时间 T_r 成反比。

3）行逆程后半段（$t_2 \sim t_3$）：t_2 时刻，开关 S 仍断开，行逆程电容器 C 存储的电压经 V_{CC}、L_Y 放电，使 L_Y 产生上端正、下端负的电动势。到 t_3 时刻放电电流达到负的最大值。

于是电子束从显示屏中间向左边框做扫描运动，完成逆程后半段的水平扫描。

4）行正程前半段（$t_3 \sim t_4$）：在 t_3 时刻，开关 S 仍断开，由于流过 L_Y 的电流消失，所以 L_Y 产生下端正、上端负的电动势。该电动势经阻尼二极管 VD、V_{CC} 构成放电回路。达到 t_4 时刻，放电电流由负的最大值逐渐升高到 0，于是电子束从荧光屏左边框向中间做扫描运动，完成正程前半段的水平扫描。此时，L_Y 中的磁能通过磁-电转换，补偿电源部分能量的损失，提高了行输出电路的工作效率。该时间段流过偏转线圈的电流是流过阻尼二极管的电流，并且理想状态下流过阻尼二极管的电流等于流过行输出管的电流。

综上所述，在一个行周期内，流过行偏转线圈 L_Y 的电流由两部分组成：扫描正程前半段电流是由阻尼二极管 VD 等构成的回路提供，并且阻尼二极管 VD 可防止行偏转线圈 L_Y 和行逆程电容器 C 形成自由振荡；扫描正程后半段电流是由行输出管等构成的回路提供。因此，$i_Y = i_c + i_D = 2i_c = V_{CC} T_S / L_Y$。逆程电流是由 L_Y 和 C 构成的振荡回路提供。行逆程时间 T_r 取决于偏转线圈 L_Y 的电感量和电容器 C 的容量，$T_r = \pi \sqrt{T_Y C}$。

（2）行输出变压器

行输出变压器也叫行回扫变压器（通常用 FBT 表示），图 8-8 是它的外形与电路符号。在行输出变压器的正面固定有显像管聚焦极、加速极电压调节电位器，上面是聚焦极电位器，下面是加速极电位器，调节电位器以适用不同的电压需求。

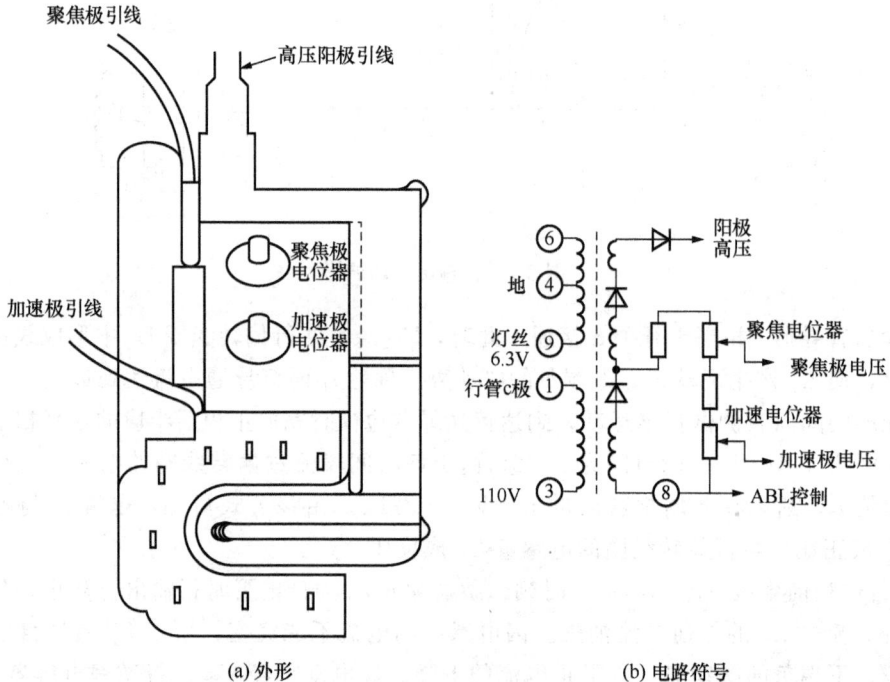

(a) 外形　　　　　　(b) 电路符号

图 8-8　行输出变压器结构

4. AFC 电路

行 AFC 电路框图如图 8-9 所示。行 AFC 电路实际是一个鉴相器，鉴相器有两路输入信号，一路是行同步脉冲（来自同步分离电路）直接加入，另一路是行逆程脉冲经积分电路将近似矩形波的行逆程脉冲变换成锯齿波后再加入鉴相器。两信号在鉴相器内部进行相位比较，并将两信号的相位差转换成相应的误差电压，经低通滤波器得到平滑直流电压，然后送入行振荡器，自动控制行振荡器的频率与相位，使之与发送端行频同步。

图 8-9　行 AFC 电路框图

5. X 射线保护电路

X 射线保护电路工作原理是：由行输出变压器输出高压取样脉冲，送到集成电路内 X 射线保护电路。当高压正常时，高压取样脉冲也正常，X 射线保护电路不起作用；当高压超过一定值时，高压取样脉冲使保护电路动作，使行预激励电路停止工作，从而使高压消失，起到保护作用。

注：在扫描电路中，还经常设置其他过电流、过电压、短路保护电路。

8.2.3　行扫描电路的失真及补偿

1. 光栅右边压缩失真及其校正

由于行输出管、行偏转线圈均有一定的内阻，所以随着扫描电流的增大，会在它们的内阻上产生较大的压降，从而使扫描电流 i_c 的增长速度变慢，导致光栅右边的图像被压缩，如图 8-10 所示。

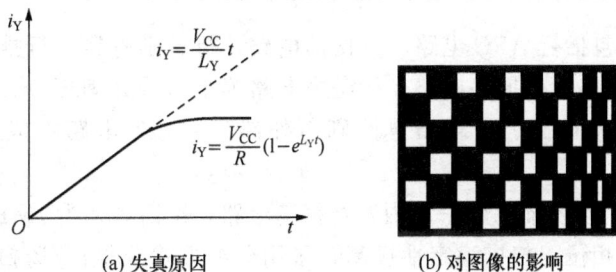

$$i_Y = \frac{V_{CC}}{L_Y}t$$

$$i_Y = \frac{V_{CC}}{R}(1 - e^{L_Y t})$$

(a) 失真原因　　　　(b) 对图像的影响

图 8-10　光栅右边压缩失真原因及对图像的影响

为了校正这种失真，在行偏转回路中串联了行线性校正线圈 L。L 属于磁饱和电抗器，当流过它的锯齿波电流较小时，它的感抗较大；当流过它的电流较大时，它进入磁饱和状态，使感抗下降，这样使行偏转回路的总感抗下降，流过行偏转线圈的电流增大，实现了画面右边压缩性失真校正。

2. 东西方向枕形失真校正电路

由于显像管的荧光屏的曲率半径与电子束的偏转半径不等，因此电子束在扫描过程中不同位置的线速度不等，必然会引起光栅的延伸失真，使光栅在荧光屏 4 个角上伸展得最远，出现扫描光栅的枕形失真。由于自会聚显像管的偏转磁场是非均匀磁场，使行扫描产生桶形光栅，补偿了延伸失真引起的南北方向枕形失真。所以，采用自会聚显像管的电视机只有东西方向枕形失真，如图 8-11 (a) 所示。

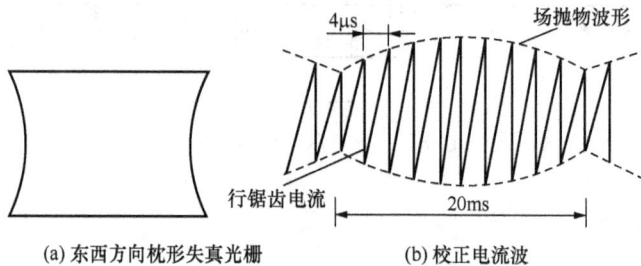

(a) 东西方向枕形失真光栅   (b) 校正电流波

图 8-11 东西方向枕形失真光栅及校正电流波形

黑白显像管的枕形失真光栅校正方法是在偏转线圈边缘处对称地设置校正小磁铁，只要附加的小磁场极性和强度合适就能校正枕形失真光栅。但是，彩色显像管不能采用这种校正方法，因为附加的小磁场会破坏彩色显像管的色纯度和会聚。为了校正自会聚显像管的东西方向枕形失真，必须采用有源枕形校正电路，设法使行扫描电流按场抛物形变化，即以场频为周期的抛物波来调制行频锯齿波电流。用这种电流通过行偏转线圈就能使每一场中间的扫描行的幅度加大，而开始和终端的扫描行的幅度减小，正好补偿了光栅的东西方向枕形失真。

图 8-11 (b) 所示为校正电流波形图。产生幅度按场抛物形变化的行扫描锯齿波电流，一般采用磁饱和变压器式的校正电路。

8.2.4 汇佳彩色电视机的行扫描电路分析

行扫描电路组成包括行 AFC 电路、行振荡电路、行激励电路、行推动电路和行输出电路等，其中行 AFC 电路、行振荡电路、行激励电路等小信号处理部分，主要集中在集成电路内部完成，而行推动电路、行输出电路则由外部分立元件电路完成，电路图如图 8-12 所示。

LA76810 中的行/场扫描电路采用内置行振荡电路，振荡频率为 4MHz；采用双 AFC 电路来控制扫描频率和相位，扫描稳定性极高；采用分频方式获得行/场扫描脉冲，无需设置单独的场振荡电路，其电路框图如图 8-13 所示。

1. 行扫描振荡电路

来自彩色电视机开关电源的 B6 (+12V) 通过 R400 加到 N101 的 25 引脚 (行启动电源输入端)，作为启动电压使启动电路产生一个很小的启动电流，让行振荡器开始工作。

N101 用于行扫描小信号电路时与众不同的是，它不采用外接石英晶体与内电路构成压控振荡器，而是在内电路中已经集成了 4MHz 的压控振荡电路。它所产生的 4MHz 信号，在 N101 内电路中，经过 256 分频获得行频脉冲信号，从 N101 的 27 引脚输出到行激励电路。

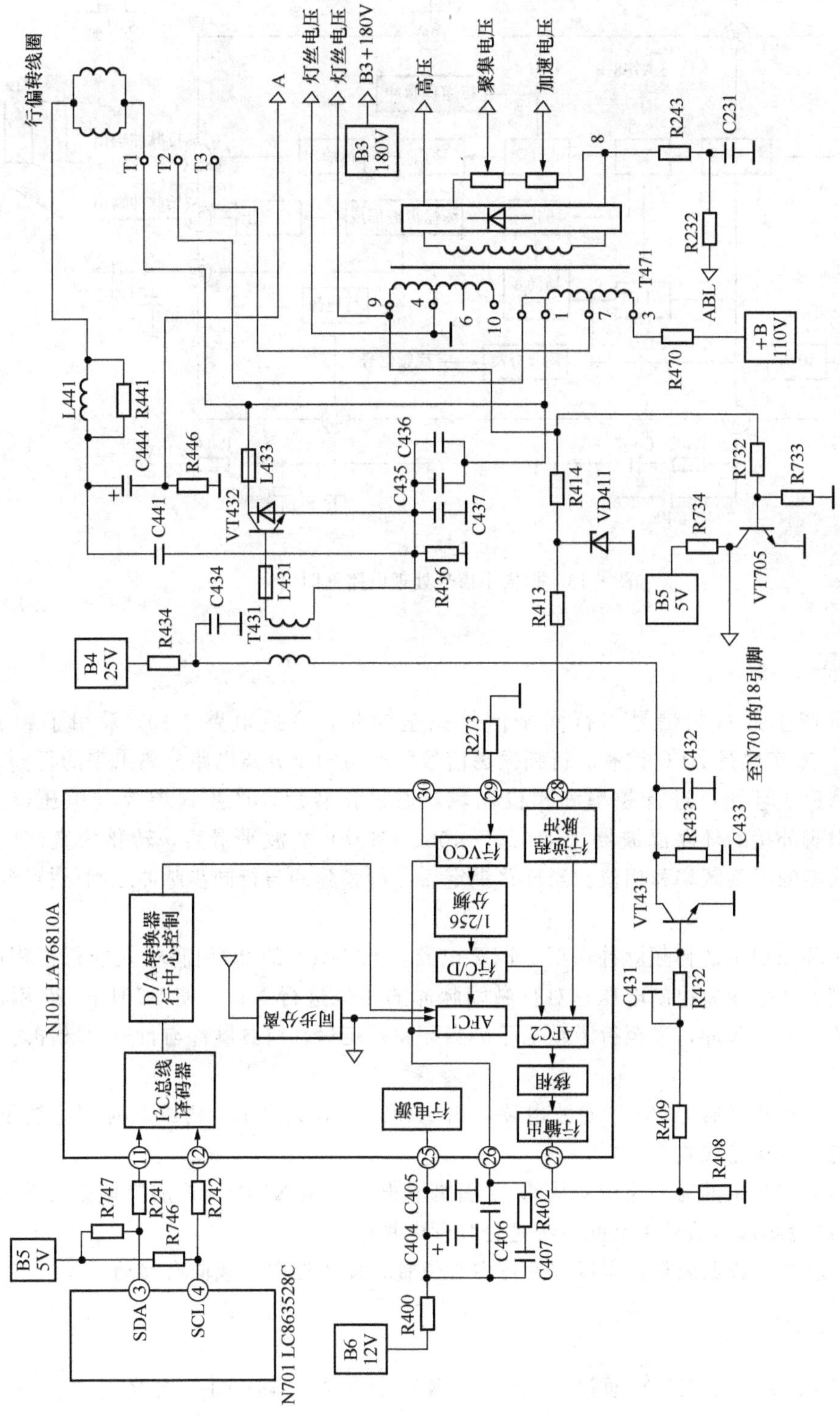
行偏转线圈
T1
T2
T3
A
灯丝电压
灯丝电压
B3+180V
B3
180V
高压
聚集电压
加速电压
T471
R243
C231
R232
ABL
+B
110V
R470
L441
R441
C444
R446
C441
VT432
L433
C435
C436
C437
R414
VD411
R732
R733
R734
VT705
B5
5V
B4
25V
R434
C434
T431
L431
R436
R413
至N701的18引脚
R273
C432
R433
C433
VT431
C431
R432
R409
R408
N101 LA76810A
D/A转换器
行中心控制
行VCO
1/256
分频
行C/D
AFC1
AFC2
行逆程
脉冲
同步分离
I²C总线
译码器
移相
行输出
行电源
R747
R241
R746
R242
SDA
SCL
N701 LC863528C
C404
C405
C406
C407
R402
R400
B6
12V

图 8-12　行扫描电路图

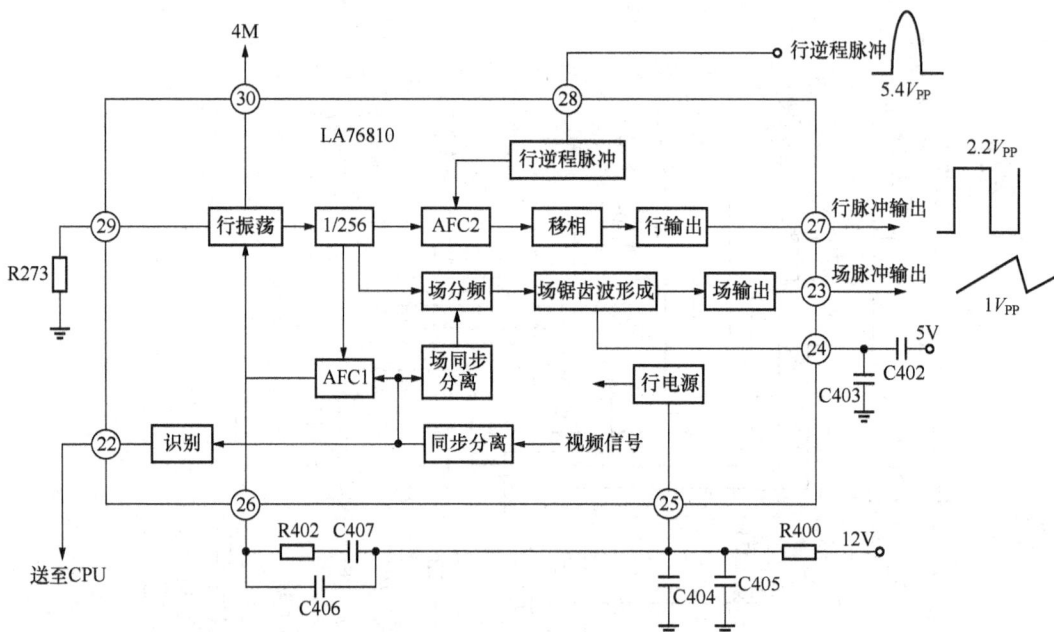

图 8-13　扫描小信号处理电路框图

2. 行 AFC

为确保所产生的行频信号与行同步信号完全同步，集成电路 N101 采用了锁相环 (PLL) 电路，来实现行 AFC 控制。行频振荡信号脉冲与同步分离电路分离出来的行同步信号一起送至 AFC1 环路，进行频率和相位比较，通过比较后，产生误差控制电压，并由 N101 的 26 引脚外接的环路滤波器 (R402、C406、C407) 滤波平滑后，转化为直流电压，去控制行振荡器的振荡频率和相位。当环路锁定后，行频脉冲与行同步脉冲之间保持严格的同步关系。

从 AFC1 环路输出的行频脉冲送至 AFC2 电路，与 N101 的 28 引脚输入的行逆程脉冲进行相位比较，产生误差控制电压，对行激励脉冲的相位进行修正，使 N101 的 27 引脚输出相位准确的行激励脉冲，送至行激励电路。当环路锁定后，行频脉冲与行逆程脉冲之间保持同步。

N101 的 26 引脚外接行 AFC 滤波电路，由 R402、C406、C407 构成双时间滤波电路，可以将误差控制电压滤成直流电压。

同步分离电路分出的另一路信号从的 22 引脚输出，加至 N701 的识别信号输入端 27 引脚，N701 通过检测这一信号来判断系统是否收到电视信号。

通过 I²C 总线的数据调整，可以改变行中心位置，使光栅向左或向右移动。

3. 行激励电路

开关电源的 B4 (+25V) 通过 R436、行激励变压器 T431 的一次绕组向行激励管 VT431 供电。

行频脉冲信号在 N101 内还要经过移相电路与行激励电路的处理之后，从 N101 的 27 引脚输出行频脉冲信号，经过 R408、R409 隔离后加到 VT431 的基极，经过 VT431 倒相放大后，由 T431 次级感应的行脉冲信号，经 L431 加到行输出电路，控制 VT432 饱和导通和截止。

C432、C433、R433 组成的电路作用是消除行激励变压器产生的高次谐波，C434 为电源去耦电容，R434 是限电流电阻，可以调节行激励输出的大小和保护行激励管。

4. 行输出电路

行输出电路由行输出管 VT432、行输出变压器 T471、行偏转线圈及外围元件组成。

R436 是限电流电阻，防止电流过大烧坏行输出管行输出管。

C435、C436 为行逆程电容器，为了防止行逆程电容开路而引路高压过高，采用两只电容器并联。逆程电容器容量的大小与光栅行幅有关，容量小，行幅小；容量大，行幅大。

T471 是行扫描电路的负载之一，它可以产生显像管各极（阳极、阴极、聚焦极、加速极、灯丝等）所属的电压和整机电路其他电压。

L441 为行线性校正电感，R441 为阻尼电阻，用来吸收 L441 可能产生的振铃电压。＋110V 电压通过 T471 初级、行偏转线圈和 L441 加到 S 校正电容器 C441 上，补充 C441 上的电压损失。

C441 为 S 校正电容器，它可以补偿因显像管结构引起的延伸性失真。它利用电容的积分特性使扫描电流成 "S" 状，而不是线性的。这样，电子束在屏幕中心扫描速度快些，在两侧的扫描速度慢些，就可以补偿这种延伸性失真。

开关电源的 B1 电压通过 R470，T471 的 3～1 引脚绕组向 VT432 提供工作电压。

T431 次级感应的行脉冲信号，经 L431 加到 VT432 的基极，使 VT432 处于开关状态。行输出管工作在截止与饱和状态时，有变化的集电极电流流过 VT432 集电极，该变化的电流流过 T471 和行偏转线圈，产生偏转磁场，引导电子束作水平方向运动，完成行扫描任务。逆程时，在 VT432 的集电极产生 900V 左右的逆程电压。

5. 高、低压形成电路

行扫描电路除了产生行锯齿波电流外，还要提供显像管工作所需的灯丝、加速极、聚焦极、高压阳极的高、低电压，以及某些电路工作所需的电压。

（1）行逆程脉冲电压

在行扫描逆程期间，很短的时间内电流由正峰值变成负峰值，电流的变化率很大，必将产生一个很大的正向脉冲电压，这个电压和电源叠加，其数值约为 $8\sim10$ 倍电源 E_c，加在逆程电容器和行输出管的 e 与 c 极之间，称为行逆程脉冲电压。

（2）高压电路

行逆程脉冲电压接到行输出变压器的初级绕组，次级高压绕组为一次升压电路，整流后得到 $22\sim27\text{kV}$ 高压，通过高压绝缘线和高压帽接入显像管的高压阳极；次级高压绕组的另一端通过 T471 的 8 引脚引出，经 R243、R232、R223 接入 ABL 电路；高压绕组的中间有一抽头，经整流后得到 5kV 左右的电压，通过聚焦电位器调整电压后用高压绝缘线接入显像管的聚焦极；在聚焦电位器下部接加速电位器，调整电压到 $300\sim500\text{V}$ 后用绝缘线接入显像管的加速极。

（3）低压电路

低压绕组从 T471 的 9 引脚输出的行逆程脉冲电压分 3 路：一路经 R491 给显像管的灯丝供电；一路经 R413、R414、VD411 加到 N101 的 28 引脚，作为行 AFC 反馈信号，以稳定行频和行相位；一路经 R732、VT705 倒相后加到 N701 的 18 引脚，作为字符显示的水平定位脉冲。

8.3 场扫描电路

场扫描电路的功能是向场偏转线圈提供线性良好、幅度足够的场锯齿波电流，使电子束做自上而下的运动形成光栅，为字符电路、亮度电路提供场逆程脉冲，向水平枕形校正电路提供场频锯齿波信号。

8.3.1 场扫描电路的组成及作用

场扫描电路的主要作用有两个：一是给场偏转线圈提供幅度足够、线性良好、频率为 50 Hz 的锯齿波扫描电流，以产生垂直变化的场偏转磁场，使显像管的电子束沿垂直方向做匀速扫描运动；二是为显像管的阴极提供一场消隐脉冲，以消除垂直回扫线。

1. 场扫描电路的组成

场扫描电路由场同步分离电路、场振荡器、场锯齿波形成电路、场激励电路和场输出电路等构成，如图 8-14 所示。

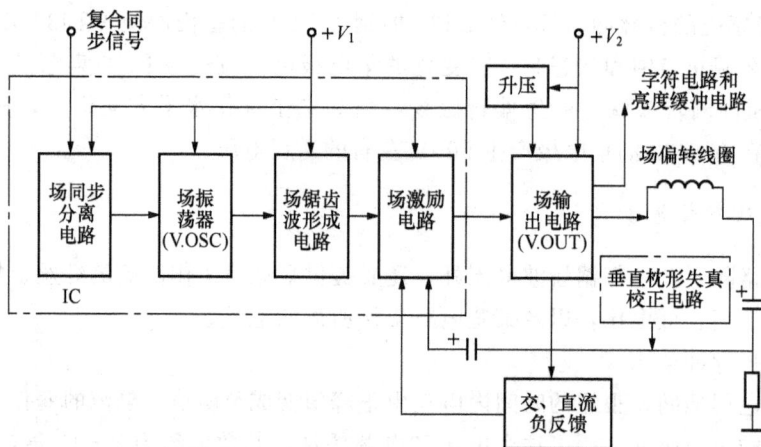

图 8-14 场扫描电路组成框图

2. 各单元电路作用

（1）场同步分离电路

该电路的作用是从复合同步信号中取出场同步信号（取掉行同步信号），并对场振荡器进行控制，确保场振荡器产生场频脉冲与电视台发射的场同步信号准确同步。

（2）场振荡器

场振荡器（通常用 V.OSC 表示）的作用是产生场频振荡脉冲信号。这一信号再作为触发信号控制锯齿波脉冲形成电路产生场频锯齿波脉冲。

（3）场锯齿波形成电路

该电路是将场频矩形脉冲信号转换为场锯齿波信号，供场激励级、场输出电路使用。

（4）场激励电路

场激励电路（通常用 V.DRIVE 表示）的作用是对场频锯齿波脉冲进行放大，为场输出电路提供激励信号。

（5）场输出电路

场输出电路（通常用 V.OUT 表示）的作用是对场频锯齿波信号进行功率放大，向场偏转线圈提供场频锯齿波电流。

8.3.2　场扫描电路各部分电路介绍

1. 场同步分离电路

由于场同步脉冲宽度为 $t_H = 4.7\mu s$，场同步脉冲宽度为 $t_H = 160\mu s$，场同步脉冲宽度比行同步脉冲宽得多，因此通常采用积分电路将场同步脉冲取出来。

2. 场振荡器

集成场振荡器是以差分电路构成的施密特触发器为核心，配置少量外接 RC 定时元件，利用电路的正反馈作用，可形成自激脉冲振荡器，输出场频矩形脉冲电压。场振荡频率主要取决于 RC 定时元件的时间常数。此外，为了使场振荡频率与场同步脉冲同步，在场振荡器输入端还需引入场同步触发脉冲，去控制场振荡频率。现在，彩色电视机的机芯不直接设场振荡器，而是将行振荡脉冲信号进行分频得到场频脉冲信号。

3. 场锯齿波形成电路

在场振荡器输出端设置场锯齿波形成电路，该电路外接 RC 锯齿波电压形成网络，将场频矩形脉冲信号，转换为场锯齿波信号，供激励级、场输出电路使用。另外，还有来自场输出级的反馈信号，用于改变场锯齿波形成电路输出的场锯齿波的线性。

4. 场激励电路

场激励的基本电路为由共射极电路和共集电极电路组成的低频电压放大电路，共射极电路起反相作用，共集电极电路起缓冲隔离作用。为减小非线性失真，场激励电路加有较深的负反馈，来自场输出电路的反馈信号用以改变光栅在垂直方向的线性。

（1）特点

场输出电路的形式大多采用互补对称型的 OTL 电路或分流调节型 OTL 电路。

互扑对称型 OTL 场输出电路，是利用 NPN 型和 PNP 型两种类型相反的晶体管作输出管。在输入的锯齿波电压的作用下，两输出管轮流导通，给偏转线圈提供一个锯齿波电流。这种电路输出波形失真小，但要求 NPN 管和 PNP 管特性一致，要严格挑选。

分流调节型 OTL 场输出电路，用两只型号相同的 NPN 型晶体管作输出管，易于匹配，但两管工作不对称，输出波形失真较大。为了克服失真，电路应采取深度的交直流负反馈和预失真措施。

多数彩色电视机都采用双电源（也称泵电源）供电，即正程期间低电源供电，逆程期间高电源供电。这是为了减小场输出管的功率损耗，提高效率，使场逆程时间符合要求，达到满意的场消隐效果。

（2）泵电源电路

在场扫描逆程期间，场偏转线圈上会产生瞬间很高的反峰电压，甚至超过电源电压，导致场输出放大器不能正常工作，因此在场扫描逆程期间必须提高场输出级电路的供电电压。场扫描锯齿波经过驱动电路驱动后，输入至如图 8-15 所示的 OTL 放大电路输出。

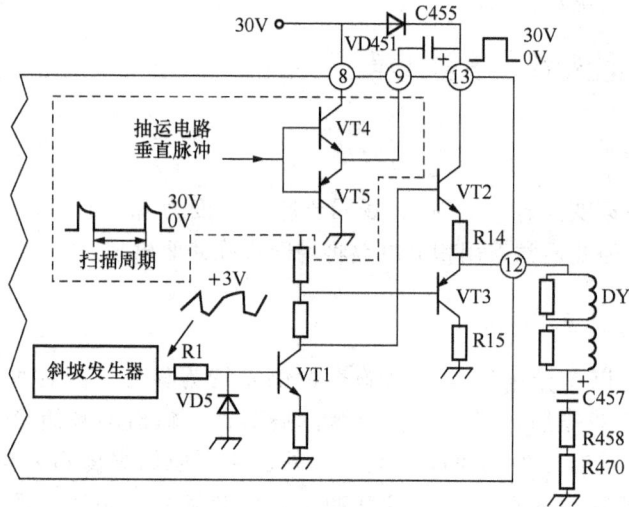

图 8-15　泵电源电路

在图中场扫描周期正程前半段，VT_1 不导通，将扫描波形放大输出；在扫描周期正程后半段，VT_1 导通，VT_3 也导通，将扫描波形放大输出，从而形成推挽放大。当场扫描输出处于逆程周期时，场扫描逆程脉冲加至 VT_4 基极，使 VT_4 导通，+30V 电压通过 VT_4 给 C455 负极充电至 +30V，这样，C455 正极电压被提升至 +60V，使 OTL 电路工作电压在场扫描输出逆程期间是其正程期间的两倍，从而使场扫描回扫在场消隐期间迅速完成。上述这种使直流电压暂时提升的过程称为"泵电压形成"。VD451、C455、VT_4、VT_5 组成泵电压形成电路。

8.3.3　场扫描电路的失真及补偿

1. 场扫描非线性失真

彩色电视机的图像在垂直方向上是否产生失真，关键在于流过场偏转线圈的锯齿波电流是否线性良好。线性良好的锯齿波电流产生的偏转磁场，使电子束垂直匀速扫描；线性不良的锯齿波电流产生的偏转磁场，使电子束在垂直方向上做非匀速扫描，于是图像在垂直方向便会出现拉长或压缩失真。

场扫描电路产生的非线性失真，主要有几种原因：一是三极管特性曲线非线性引起的失真；二是锯齿波形成电路中的电容器充放电引起的失真；三是级间耦合电容引起的失真。

2．场扫描失真补偿

1）在场输出级与锯齿波形成电路之间引入交流负反馈，以减小非线性失真的程度。

2）采用"预失真"方法。所谓"预失真"，就是输入场激励级锯齿波不是线性的，而是下凹的锯齿波，经几种上凸失真，达到校正线性的目的。

3）对于锯齿波形成电路的电容，改变其 RC 时间常数进行恒电流充放电，级间耦合也尽量采用直接耦合。

4）采用 I_{CM} 比较大的三极管，使工作点尽量在 $i_b \sim i_c$ 特性曲线的线性部分，加大三极管的动态范围。

注：对于垂直延伸性失真的补偿，是在场偏转线圈中串接一个大电容，称为垂直方向 S 校正电容器。

8.3.4　汇佳彩色电视机的场扫描电路分析

汇佳彩色电视机的同步分离及场扫描电路采用集成化形式，它将同步分离电路、场扫描前级集成在 N101 内部，场输出级采用集成化场输出电路 N451，其电路图如图 8-16 所示。

1．同步分离

公共通道从 N101 的 46 引脚输出的彩色全电视信号经 R201、C204、N101 的 44 引脚进入箝位和视频开关电路，N101 的 42 引脚输入的视频信号也进入箝位和视频开关电路。视频开关电路进行切换，输出电视信号或视频信号加至集成电路内部设置的同步分离电路，利用幅度分离的方法分离出复合同步信号，再由场同步分离电路根据行、场同步信号脉冲宽度的不同，分离出场同步信号，使场振荡产生的 50Hz 矩形波与发送端同步。

同步分离所获得的同步信号在 N101 内电路中分为 3 路输出：第一路同步信号直接送至场同步分离电路；第二路同步信号送至 AFC1 电路；第三路同步信号从 22 引脚输出，送至 N701 的 27 引脚用于电台信号的识别。

N101 的 30 脚输出的 4MHz 信号送到 SECAM 解码电路（本机未设置）作为工作时钟。

2．场振荡、场锯齿波形成电路

场振荡由 N101 内部的 4MHz 振荡信号和场分频器组成。场同步信号由同步分离电路产生场分频电路，场频信号由 N101 内部行振荡信号经过场分频电路分频后与场同步信号比较后产生，由 N101 的 24 引脚外接的积分电容变换成锯齿波，经过缓冲后从 N101 的 23 引脚输出锯齿波场频信号。

N101 的 24 引脚外接锯齿波形成电路 RC 元件（C402、C403）。

3．场输出电路

（1）工作原理

N101 的 23 引脚输出的 50Hz 锯齿波信号，经过 R451 直接耦合进入集成电路 N451 的 1 引脚，在 LA78040 内经过激励和功率放大后，从 N451 的 5 引脚输出场线性锯齿波电流，通

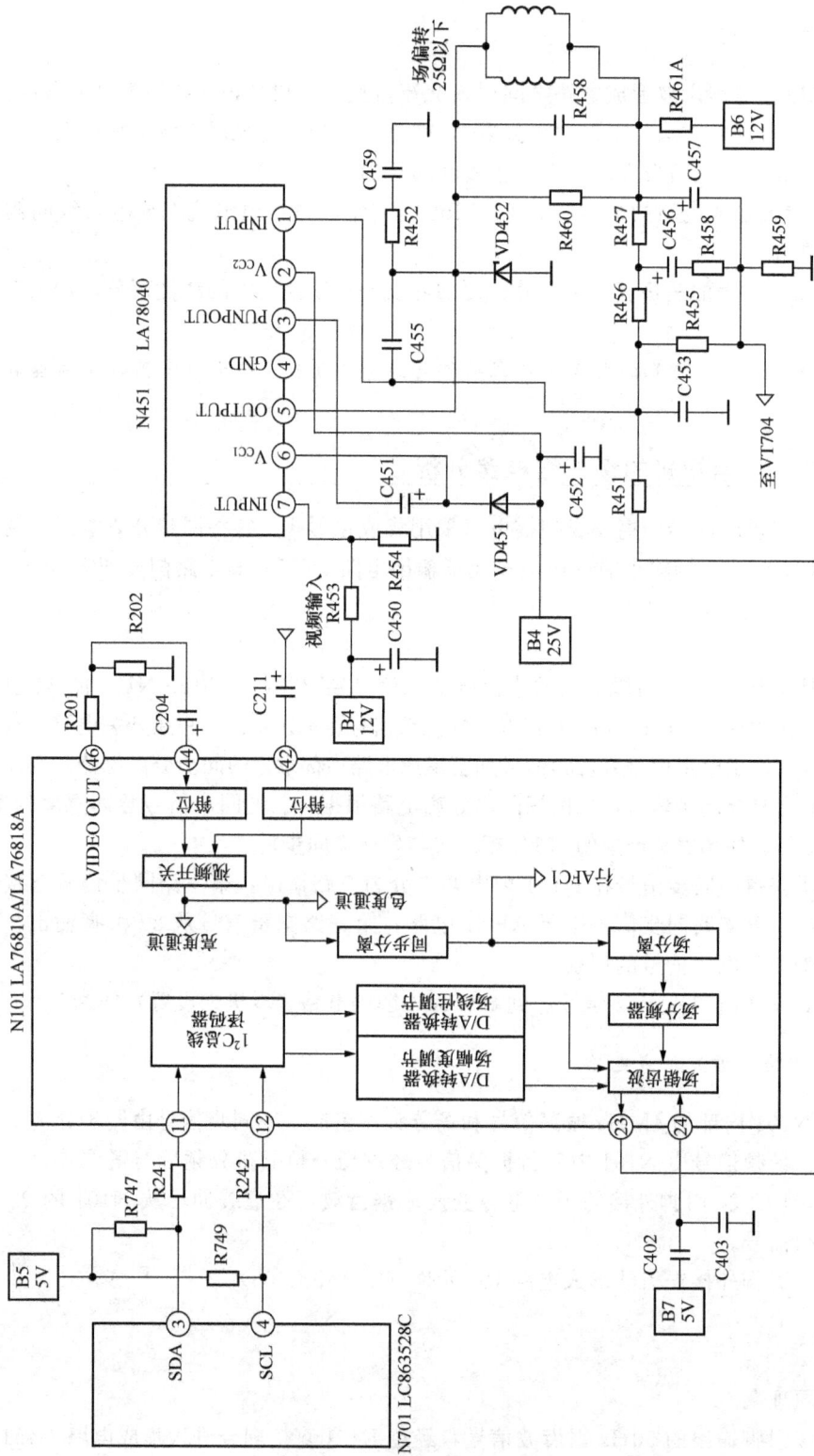

图 8-16   同步分离及场扫描电路图

过场偏转线圈 V.DY 使显像管电子束做垂直扫描。

场锯齿波电流通路为 N101 的 5 引脚→V.DY→C457→R459→地。C455 用于消除场输出电路本身产生的高频振荡；R460、C458 并接在 V.DY 两端，用于消除场偏转线圈和场输出电路产生的寄生振荡；VD452、R452、C459 用于防止 V.DY 产生的反峰电压对 LA78040 的危害。

反馈网络由 V.DY 与 N451 输入端之间的阻容网络组成。R461 为直流取样电阻，C457 为场输出电容，R459 为场反馈取样电阻，R458、C456、R457、R456、R455 等元件组成交直流负反馈电路。V.DY 中的直流电流在 R461 上产生取样电压，经 R457 和 R456 反馈至 N451 的 1 引脚，作为直流负反馈信号，用于稳定场输出电路的工作点；R459 上产生的取样电压，经 R458、C456、R456、R455 反馈至 N451 的 1 引脚，作为交流负反馈信号，改善场线性。

+12V 电压通过 R453 和 R454 分压送入 N451 的同相输入端 N451 的 7 引脚，确定场中心。

N451 的 2 引脚为场功率输出级的电源供应脚，电压为+25V，6 引脚为其他电路电源供应脚，3 引脚为内部泵电源自举输出端。C451、VD451 为构成自举升压电路，在场扫描逆程期间，由于 VD451 反偏截止，C451 已充电的 V_{cc} 电压叠加在场输出级电源 V_{cc} 上，使 N451 的 3 引脚电压提升到 2 倍的 V_{cc}。在场扫描正程期间，V_{cc} 通过 VD451 给场输出级提供电源。这样不仅降低了集成电路的损耗，而且还有利于保证逆程消隐的可靠性。

从 R459 上输出场逆程信号送入 VT704 的基极，经 VT704 倒相放大，从集电极输出加至 N701 的 17 引脚，作字符定位用。

（2）场幅度、场线性调整

由于 LA76810 与 LA78040 之间采用直流耦合激励方式，两者之间没有反馈，这样场幅、场中心、场线性、场 S 校正调整及 50/60Hz 选择等项目处理都在 LA76810 内部通过 I²C 总线控制来完成。

例如，N701 经总线发出控制数据，由 N101 的 I²C 总线译码器译出地址后，再将数据由 D/A 转换器转换成控制电压，加至场幅度调节和线性调节电路，控制 N101 的 23 引脚输出的锯齿波幅度和线性。

8.4 汇佳彩色电视机扫描电路的故障维修

8.4.1 彩色电视机无光栅的故障维修

1. 扫描电路的重要测量点

1）行输出电路电源供应端：行输出管 VT432 集电极电压。

2）行输出管 VT432 基极与发射极间电压。

3）行激励管 VT431 集电极电压。

4）行振荡电源供应端：N101 的 25 引脚电压。

5）行输出级工作电流：各机型的电流值有所不同，由于本电路行输出级不给其他电路供电，正常电流值应在 200mA 以内。

　　6）行激励脉冲信号输出：N101 的 27 引脚波形。

　　7）行逆程脉冲信号输入：N101 的 28 引脚波形。

2. 无光栅检修流程

　　引起无光栅、无伴音故障的原因，除了开关稳压电源本身工作异常外，电源负载短路，使开关稳压电源输出的直流电压降低或无输出，也是一个重要原因，其中行输出电路负载短路最为常见。判断行输出电路负载短路的方法：将行输出的 B1 电源供电电路断开，即断开行输出变压器初级 110V 电源输入端，用一只 60W 灯泡作假负载，并联接在开关电源 B1 输出端与地之间，如开机后灯泡发光正常，同时用万用表测量开关电源 110V 电压恢复正常，则是行输出电路有故障。如开机后灯泡发光暗淡，用万用表测量开关电源 B1 电压仍然较低或无电压，则不是行输出电路有故障，是开关电源电路或其他电路有故障。

　　行输出电路负载短路造成 B1 电源输出降低的一个明显特征是：在开机时能听到机内开关变压器发出"吱、吱"的叫声。检查的方法与步骤是：当脱开行偏转线圈时，若 110V 电源恢复正常，则是行偏转线圈有短路现象；若脱开行偏转线圈后，110V 电源回升不大仍然较低，则说明故障出在行输出变压器上。

　　图 8-17 所示为汇佳彩色电视机行扫描电路无光栅检修流程。

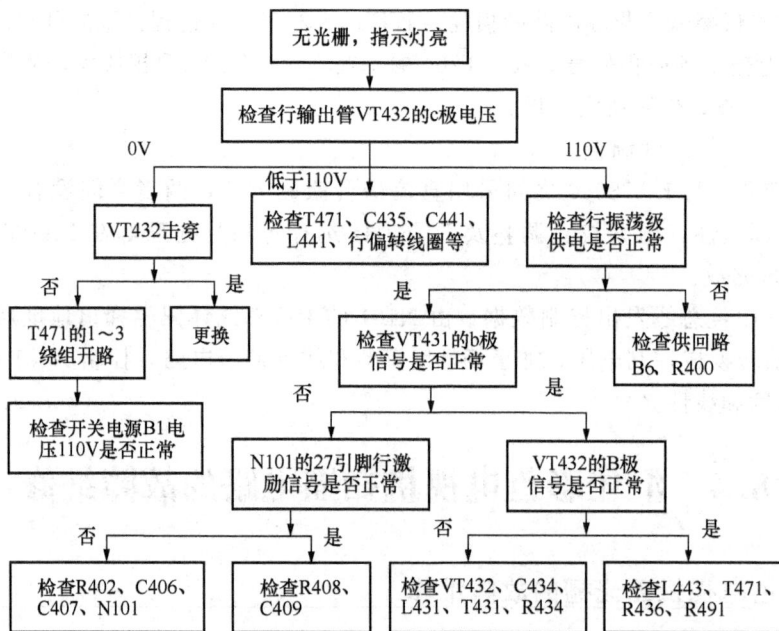

图 8-17　无光栅检修流程图

3. 常见故障分析与检修

| 实例 1 | 三无。

故障现象：开机后出现无光栅、无图像、无伴音现象，且电源指示灯不亮。

故障分析："三无"故障是各类电视机常见故障，电源指示灯不亮通常多为开关电源有故障。开关电源工作异常可能是由开关电源本身故障或开关电源负载故障所致，而行扫描电路是开关电源的主要负载，最有可能造成开关电源损坏。

检修步骤：

1）检查开关电源的整流电路输入端电压为 220V，正常。

2）测量开关管 VT513 的集电极电压为 0V，检查 VT513 已击穿短路，R502 开路。

3）更换新的 VT513、R502 后再开机，听到"扑"一声，仍是"三无"现象；检查 VT513、R502 又损坏。

4）分析故障不在开关电源，可能出在行负载电路，用万用表电阻 R×1 挡，检查行输出管 VT432 集电极与发射极之间电阻，电阻值都为 0Ω，说明行输出管 VT432 已击穿。

5）更换 VT513、R502、VT432，开机检查，故障排除。

检修结论：因行输出管 VT432 击穿短路，导致行负载电流太大，使 B1 电压+110V 负载过重，流过 VT513 电流增加，使 VT513 损坏，同时 R502 也过热损坏，导致"三无"故障。

| 实例 2 | 三无。

故障现象：开机后出现无光栅、无图像、无伴音现象，但电源指示灯亮。

故障分析：由于电源指示灯亮，说明开关电源基本正常，故障可能在行扫描电路或微处理器工作不正常，当然也不能排除亮度通道和伴音通道同时故障的可能性。

检修步骤：

1）检查开关电源的各路输出电压均正常，说明故障出在行扫描电路。

2）用示波器测 N101 的 27 引脚无行激励脉冲输出，说明行扫描电路未工作或工作异常。

3）测量 N101 的 25 引脚无电压，正常工作电压为 5V，怀疑 N101 的 25 引脚外围元件 C404、C405、R400 损坏。

4）检查发现 R400 开路，更换 R400 后，故障排除。

检修结论：因 R400 开路，N101 的 25 行启动电压输入端为 0V，N101 内行扫描信号处理电路不能启动工作，无行激励脉冲输出，致使行输出级不工作。

| 实例 3 | 三无，电源指示灯亮。

检修步骤：

1）观察发现显像管灯丝不亮，怀疑行扫描电路未工作。

2）测量 N101 的 25 引脚行启动电压，正常。

3）测量 VT431 集电极电压为+17V，说明行激励电路工作正常。

4）测量 B1 电压在 70~90V，测量行输出级工作电流在 200mA 以上，说明有短路现象。

5）关机，用手摸行输出变压器 T471 外表面，发现温度升高，说明故障为 T471 内部绕组短路而引起行负载电流过大。

6）更换 T471，开机检查，故障排除。

注：若行偏转线圈内部短路，在光线较暗时可以看见有跳火的现象，应注意观察。

检修结论：无光栅、无伴音、电源指示灯亮，说明电源电路已工作，故障发生的部位在行扫描电路可能性最大。一般是行扫描电路的行振荡级、行激励级、行输出级中某一级不工作造成的。首先检查各级供电电压是否正常；然后检查各级输入、输出信号是否正常；再检查相关回路元器件是否正常，重点注意容易损坏的元器件 R470、R434、R436、R400、VT432、T471、C435 等。

8.4.2　彩色电视机水平一条亮线的故障维修

1. 场扫描电路的重要测量点

1）N451 的 2 引脚供电电压。

2）N451 的 5 引脚输出电压。

3）N451 的 7 引脚电压。

4）N101 的 23 引脚场激励信号。

5）N451 的 5 引脚场输出信号。

2. 检修流程

水平一条亮线是场扫描电路最为常见的故障，其故障范围涉及整个场扫描电路。在彩色电视机场扫描电路中，为了稳定直流工作点和改善场线性，采用了很强的交直流负反馈电路，其方法是由场输出端反馈的前级。因此，在整个场扫描电路中前后级之间，因有直流负反馈的存在，使得前后级的直流工作点互相牵制，一处电路发生故障，就会使整个场扫描电路的直流工作点不正常，给维修带来一定的困难。水平一条亮线故障部位的判断方法有两种：人体感应法和信号注入法。

水平一条亮线检修流程如图 8-18 所示。

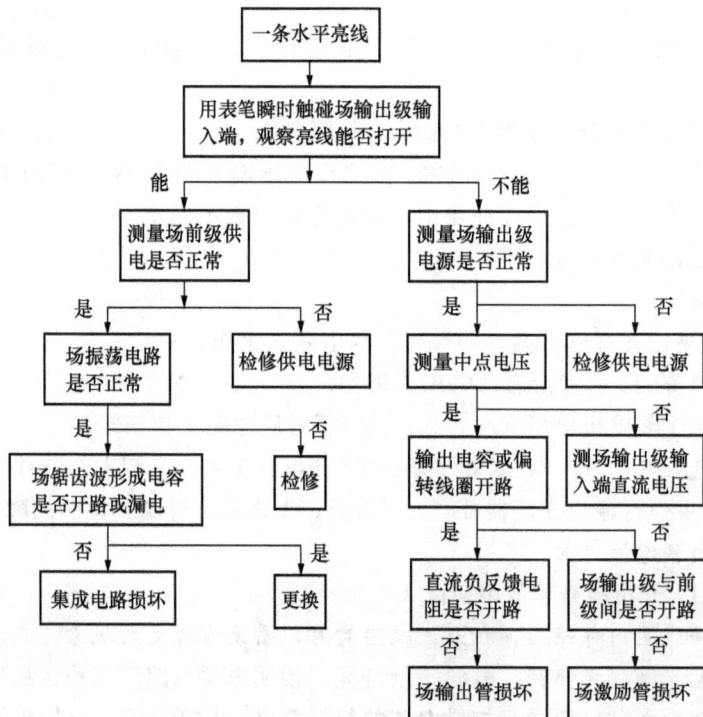

图 8-18　水平一条亮线检修流程

3. 常见故障分析与检修

实例 1 水平一条亮线。

故障现象：在显像管屏幕中央有一条水平亮线。

故障分析：屏幕上有一条水平亮线，说明开关电源、行扫描电路和显像管工作正常，故障主要是由于场偏转线圈上无偏转电流，使电子束在垂直方向上没有运动造成的，故障部位在场扫描电路。场扫描电路出现问题引起水平一条亮线的原因主要有以下几个方面：

1) 与场振荡器（含外围定时元件）、场锯齿波形成电路、场激励电路、场输出电路相关的元件或电路不良。

2) 场振荡器、场激励级、场输出级三者之间的耦合元件开路。

3) 场偏转线圈插头接触不良。

4) 场输出级负反馈元件开路。

5) 场扫描各级供电电源出现故障。

检修步骤：

1) 测量 N451 的 2 引脚电压为 +25V，说明供电电源正常。

2) 测量 N451 的 5 引脚电压为 0V，正常值为 12.5V；说明 N451 输出电路异常。

3) 测量 N451 其余各引脚电压基本正常，故怀疑 N451 内部的功放电路损坏。

4) 更换 LA78040，开机后故障排除。

检修结论：N451 输出级采用 OTL 电路，正常工作时，N451 的 5 引脚输出直流电压为输出的供电电压的 1/2，即称中点电压。现为 0V，说明 N451 内部输出电路上晶体管开路，内部损坏而造成无扫描锯齿波电压输出，导致出现水平一条亮线。N451 的 5 引脚直流电压是个关键电压，当出现一条水平亮线故障时，若 N451 供电电压正常，则首先检查 N451 的 5 引脚电压，若 5 引脚电压为 0V 或 25V，均说明 N451 内部输出级晶体管损坏，更换 N451 即可排除故障。

实例 2 水平一条亮线。

检修步骤：

1) 测量 N451 工作电压基本正常。

2) 测量 N101 的 23、24 引脚电压，发现 24 引脚电压为 0V，说明场锯齿波形成电路异常。

3) 测量 B7 供电电压 +5V 正常，关机后检查 N101 的 24 引脚对地电阻为几十欧，正常值为 7.2kΩ，怀疑电容 C403 或 N101 损坏。

4) 断开 C403，再检查 N101 的 24 引脚对地电阻恢复正常值，由此断定 C403 漏电。

5) 更换 C403，故障排除。

检修结论：C403 为外接锯齿波形成电容，+5V 电压对 C403 进行恒流充电，形成场扫描锯齿波电压，经 N451 放大后，激励场偏转线圈，完成场扫描任务。因 C403 短路，不能形成锯齿波电压，N451 因无锯齿波电压输入，故无场扫描锯齿波电压输出，导致水平一条亮线故障。

注：C402 失效，也会水平一条亮线。

│实例 3│　水平一条亮线。

检修步骤：

1）检查 N451 工作电压正常，场偏转线圈及接插件良好。

2）用信号干扰法干扰 N451 的 1 引脚，水平亮线闪动，说明场输出级无故障，故障发生在场输出级以前的电路。

3）测量检查 N101 的 23 引脚输出的场激励信号波形正常。

4）测量检查 N451 的 1 引脚无场激励信号波形输入，说明 N451 的输入回路有故障。

5）检查 N101 的 23 引脚到 N451 的 1 引脚之间通路是否开路，结果发现 R451 开路。

6）更换电阻 R451 后，试机正常。

检修结论：该故障一般是场扫描电路的场振荡级、场激励级、场输出级中某一级不工作造成的，以及场偏转线圈或与场偏转线圈相串联的电容、电感、电阻等元件开路。首先应初步确定故障是在场振荡、场锯齿波形成、场激励级，还是在场输出级，可以用信号干扰的方法来确定。

8.4.3　彩色电视机光栅不良的故障维修

1. 场线性不良检修流程

场线性不良的故障范围一般在场锯齿波形成 RC 充放电电路、场输出负反馈电路、场输出自举升压电路。若场锯齿波形成电路中定时电阻开路、定时电容失效或限幅稳压管短路，将导致场频锯齿波电压幅度减小，使场线性不良。若场输出负反馈电路中电阻开路、电容漏电或失效，会引起场线性不良、场幅不足故障。检查场输出自举升压电路，可直接测量自举升压电路的输出电压，来判断是否存在故障。汇佳彩色电视机场线性不良检修流程如图 8-19 所示。

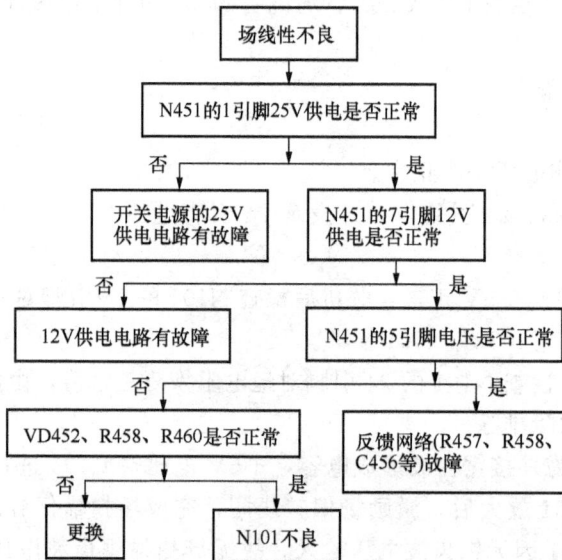

图 8-19　场线性不良检修流程

2. 场幅异常检修流程

场幅异常是指水平光栅或图像的幅度过大或过小的故障现象,一般是场扫描电路供电电路有故障、场扫描输出集成电路不良、场扫描的交直流负反馈电路的元件变质。检修流程如图 8-20 所示。

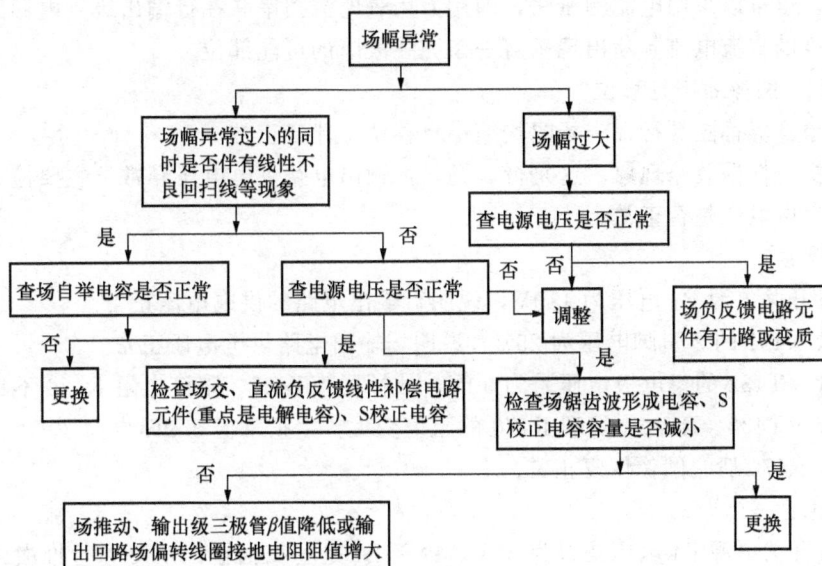

图 8-20 场幅异常检修流程

3. 常见故障分析与检修

|实例 1| 垂直一条亮线。

故障现象:开机后屏幕中央出现一条垂直亮线。

故障分析:由于有垂直一条亮线,说明行扫描电路工作无异常,能够对显像管显示光栅提供阳极、阴极、聚焦极、加速极、灯丝等工作电压,只是行偏转线圈未工作或工作异常,其原因是行偏转线圈回路短路或开路。应检查行偏转线圈接插件是否接触不良、行偏转线圈是否断路或匝间击穿短路、引脚是否脱焊、S 校正电容是否开路、串接电阻或电感是否开路等。

注:不要以为垂直一条亮线是由行扫描电路引起的,因为行扫描电路有故障,就不会有光栅了。

检修步骤:

1)首先用直观检查法观察行扫描的负载电路,未发现有明显的故障痕迹。

2)用万用表电阻挡测量行偏转线圈 H. DY、行线性补偿线圈 L441 均正常。

3)用镊子碰触 S 校正电容 C441,发现光栅有瞬间打开的现象,怀疑 C441 接触不良。

4)关机后对 C441 焊点进行补焊,开机后光栅恢复正常。

检修结论:

1)从故障现象可判定行振荡至行输出电路工作正常,这种故障多发生与行偏转线圈串联回路的元件有关，可能是行偏转线圈断路，焊点或插座 XS401 接触不良，S 校正电容 C441 开路或失效。可检测行偏转线圈及连接线、插座、S 校正电容，对性能不良的元件予以更换。

2）检修垂直一条亮线故障最好采用电阻测量法，即用万用表电阻挡分别测量行偏转线圈的插头、插座引脚是否接触不良或本身开路，S 校正电容、行线性补偿线圈是否开路或虚焊等。另外，也可以采用电流测量法，即用万用表电流挡串联在行输出级供电回路中，通过测量行输出级的直流电流判断出现垂直一条亮线故障的可能部位。

| 实例 2 | 图像缩小且移位。

故障现象：屏幕图像行幅、场幅均缩小且移位，伴音正常。

故障分析：根据故障现象，这是行、场扫描输出电路供电电压异常，主要检查行、场扫描输出电路供电电压是否正常。

检修步骤：

1）测量开关电源 B1 电压为 110V，说明行输出电路的供电电压正常。

2）测量 N451 的 2 引脚电压为 25V，说明场输出电路供电电压正常。

3）测量 VT432 的集电极电压是为 90V，故怀疑 VT432、限流电阻 R470 不良。

4）检查 VT432、R470，发现 R470 的阻值变大，由正常值 3.9Ω 变为 30Ω。

5）更换 R470 后，图像恢复正常。

检修结论：

1）检查开关电源 B4 电压是否为 25V。由于 B4 是场扫描输出电路和行推激励电路的供电电压，若场扫描输出电路和行激励电路有过电流现象，会引起供电电压下降，导致该故障。

2）检查行输出管 VT432 的集电极电压是否为 110V。若行扫描输出电路中 R470 阻值变大、VT432 不良、C435 漏电，会引起 VT432 的集电极电压下降，因而产生该故障。

| 实例 3 | 图像水平幅度不足。

故障现象：行幅比正常时窄，达不到荧光屏的左右边缘，或比正常时宽而使左右边缘的部分图像被削去。

故障分析：根据该故障特征，细听有"吱吱"声，似高压放电，图像画面缩小也是高压过高的表现。应检查开关电源、行频、逆程电容等与高压有关的电路部分。检查开关电源 B1 供电端电压，若低于 +110V，一般检修开关电源，若 +110V 正常，则检修行扫描电路。

检修步骤：

1）测量开关电源的供电端为 110V，正常。

2）细听行频叫声正常（无变高的尖叫声），怀疑逆程电容的容量下降。

3）检查逆程电容 C435 有裂纹，欲动即碎。

4）更换 C435 后，故障排除。

检修结论：

1）行逆程电容 C435 容量大小对行幅影响很大，若行逆程电容容量大，则行幅大；若行逆程电容容量小，则行幅小。

2）因 C435 容量失效，行逆程脉冲幅度增大，高压上升，对电子束吸引力加大，电子偏转灵敏度下降，因而图像缩小，并出现高压放电现象，发出"吱吱"叫声。

实例 4　光栅暗，幅度小。

故障现象：光栅暗，有图像，但垂直幅度小，有时还大小收缩。

故障分析：引起该现象的原因有两个：一个是行扫描电路自身问题；另一个是开关电源对行扫描电路供电电压不够。

检修步骤：

1）测量行输出管 VT432 集电极电压，在 75～110V 间摆动，异常。

2）断开 VT432 供电电路，在开关电源输出端 B1 处接入假负载的情况下，测量开关电源 B1 电压为 110V，正常了。这说明开关电源工作正常，而行输出电路有故障。

3）仔细检查 VT432、T471、C441、行偏转线圈 H.DY 等元件，结果发现是 T471 有轻微匝间短路。

4）更换 T471，故障排除。

检修结论：由于 T471 匝间短路，造成开关电源的主负载加重，使开关电源输出端 B1 电压下降，引发开关电源对行扫描电路供电电压不足，使行扫描电流峰值减小而引起行幅不足。

实例 5　彩色窄暗带。

故障现象：开机后有图像和伴音，但有一条几厘米宽的垂直彩色窄暗带。

故障分析：这种故障多为行激励不足或行输出级电路负载过重原因引起的，应检查与之有关的行扫描后级 VT431、VT432、T471、L441、R441、C441、R436、H.DY 等元器件。

检修步骤：

1）测量行输出管 VT432 集电极电压为 70V，异常。

2）测量 VT432 基极电压为 −0.15V，正常；但手摸 VT432 管发热烫手，怀疑行激励不足。

3）测量行 VT431 集电极电压正常，可见行输出级以前电路正常，断定是行输出级电路负载过重。

4）检查 L441、R441、C441、R436 等回路元件均正常，怀疑是 H.DY 匝间短路。

5）拆下 H.DY，发现它与显像管接触处有一块黑斑，证实已烧焦短路。

6）更换 H.DY，故障排除。

检修结论：由于 H.DY 匝间击穿短路，在屏幕上会形成一条 1cm 左右宽度的垂直彩色窄暗带，若 T471 绕组有局部短路现象，同样会产生上述故障。

实例 6　图像有黑边。

故障现象：图像右边有黑边，并伴有收缩闪动现象。

故障分析：此故障也称为行激励不足，是一种常见的故障，但容易被我们所忽视。当行激励级输出的行频脉冲开关信号小，不能使行输出管完全饱和导通和截止时，光栅右边收缩出现黑边。此故障严重时会损坏行输出管。

检修步骤：

1）检查行激励变压器 T431 引脚是否出现虚焊。凡是大电流通过的焊点或发热元件的焊点长期使用后，由于热胀冷缩的原因，焊接处的锡层会发生裂纹，不易发现，但用放大镜放大后可以清楚地看到。

2）用放大镜检查后，果然发现 T431 个别的引出脚有虚焊点，说明行激励级工作异常。

3）用烙铁将 T431 各引出脚补焊，同时对周围的行激励管 VT431、R434 等较大元器件的焊点也进行一些补焊。

4）开机检查，故障消失。

检修结论：行激励不足应重点检查行激励管是否工作正常，如 N101 的 27 引脚输出的行激励脉冲小、VT431 放大能力不足、VT431 供电电压不足、T431 不良等因素，都会造成上述故障。

│实例 7│ 图像呈现斜条纹状。

故障现象：图像、伴音正常，但光栅偏向左边，并有黑白相间的斜条纹状叠加的图像。

故障分析：由故障现象分析，是行不同步，即行信号相位与行同步信号相位不一致。本机设置了两个行鉴相器（AFC1 和 AFC2）来保证行相位的准确。显然，AFC1 和 AFC2 中之一出了问题（本身故障或丢失了需加以比较的信号），行同步便不能实现。检修时应检查与行同步相关电路。

检修步骤：

1）测量 N101 的 26 引脚 AFC 滤波端电压，正常。

2）测量 N101 的 28 引脚无行逆程脉冲输入电压，异常。

3）检查与之相关的 R412、R413、VD411 等元器件，发现 VD411 击穿。

4）更换 VD411 后，电视机恢复正常。

检修结论：由于 VD411 击穿，使 T471 行逆程脉冲不能送入 N101 的 28 引脚内鉴相器，无法与行输出脉冲相位相比较，造成行不同步。

│实例 8│ 垂直线性不良。

故障现象：图像上部压缩、下部伸长或下部压缩、上部伸长。

故障分析：造成垂直线性不良大部分都是场扫描电路中电容（锯齿波形成电容、负反馈电路中的电容、场输出级电容等）变质或场输出集成电路性能不良引起的。

检修步骤：

1）测量场输出电路 N451 的 2 引脚压为 +25V，正常。

2）测量 N451 的 5 引脚中点电压为 +12V 左右，正常，说明 N451 工作基本正常。

3）检查交流负反馈电路是否开路，发现耦合电容 C457 电容量下降。

4）用规格相同的电容器并联试验后，故障排除。

检修结论：若场线性不良的现象并不严重，可按照进入维修状态方法，进入总线 "ADJUST MENU 0"，调整 "VLINE"（场线性）数据。如果出现严重的场不良现象，则是由于场输出电路故障引起的。如交流负反馈电路中 R455、R458 开路，耦合电容 C457 电容量下降，滤波电容 C452 容量失效，均会引起此类故障。

注：C451 漏电或失容、VD451 不良，也会导致垂直线性不良。

│实例 9│ 场幅异常。

故障现象：有图像、有伴音，但场幅不足，且上、下部均有压缩。

故障分析：场幅异常的直观原因是场扫描正程期间的场扫描电流幅度不正常。造成场扫描电流幅度不正常的原因可能是场输出级的供电电压太低，或锯齿波形成电路、场激励电路工作不正常，或场扫描电路的交流负反馈电路有故障。

检修步骤：

1）测量 N451 的 2、7 引脚电压正常。

2）测量 N451 的 5 引脚中点电压为 12.5V，正常。考虑到图像不是均匀压缩，故怀疑场锯齿波形成电路有故障。

3）检查场锯齿波形成电容 C403 充放电缓慢，显然是电容容量不足。

4）更换 C403，场幅恢复正常。

检修结论：检修场幅异常的要点是先检查场输出电路 N451 的 2 引脚电压是否为 25V。若不足，要检查开关电源 25V 形成电路；若 25V 正常，可检查场输出管中点电压；若正常，再检查 N101 的 23 引脚输出信号波形或电压，若电压偏低，说明场激励增益不足，可更换 N101；若 N101 的 23 引脚电压正常，进一步检查场逆程升压电容 C451、反馈电容 C456、场锯齿波形成电容 C403。检修实践证明，大量场幅不足故障是上述电容变质或失容所致。

注：R459 阻值变大，也会导致场幅不足。

本章小结

扫描系统由同步分离电路、行扫描电路和场扫描电路组成，其主要作用是形成光栅，并为电视机其他电路工作提供正常的工作电压。

同步分离电路是从彩色全电视信号中利用幅度分离的方法分离出复合同步信号，再将复合同步信号分离，产生行、场同步信号，分别控制显像管的行、场扫描与电视台发送端同步。

行扫描电路由行振荡电路、行 AFC 电路、行激励电路及行输出电路等几部分组成，其主要作用是形成水平光栅，为解码电路、字符电路提供行逆程脉冲，同时为电视机其他电路提供工作电源。行、场扫描电路中的小信号处理部分大都与视频解码电路制作在同一集成电路中，行激励电路、行输出电路工作在高频、高压和大电流状态，大都采用分立元件。

场扫描电路由场振荡电路、场锯齿波形成、场激励、场输出电路等几部分组成。场扫描电路的功能是向场偏转线圈提供线性良好、幅度足够的场频锯齿波电流，使电子束作垂直方向运动而形成光栅；为字符电路提供场逆程脉冲；提供场消隐信号，消除场逆程产生的回扫线；向水平校正电路提供场频抛物波。场扫描电路工作频率低，扫描正程时间长，场偏转线圈为电感和电阻串联电路，场偏转线圈两端的电压波形近似为脉冲锯齿波矩形波。场扫描电路除振荡级以外，其余各级均工作在线性放大状态。

实验八 彩色电视机扫描电路的测试与维修

一、实验目的

1）熟悉扫描电路主要元器件，会测试和判断元器件好坏，提高元器件识别和读图能力。

2）认识扫描电路组成及各部分电路的作用。

3）学会分析行扫描电路和场扫描电路。

4）学会正确使用仪器、仪表测试扫描电路的电压、波形和其他参数。

5）了解扫描电路故障原因，故障特点和检修流程。

6）掌握扫描电路常见故障的检修方法，提高实际操作技能。

二、实验任务

1）测试主要元器件阻值或状态。

2）测试扫描电路关键电压。

3）测试扫描电路中各信号波形。

4）检修扫描电路常见故障。

5）撰写实验报告。

三、实验的器材

1）汇佳彩色电视机 1 台。

2）示波器 1 台。

3）数字万用表 1 块。

4）1∶1 隔离变压器 1 只。

四、实验方法和步骤

1. 元器件状态测试

（1）行扫描电路元器件

按照图 8-12 所示行扫描电路图，用万用表电阻挡测量彩色电视机行扫描电路的部分元器件，将测量结果填入表 8-1。

表 8-1　行扫描电路主要元器件阻值或状态

元器件标号	元器件名称	元器件值或状态	元器件标号	元器件名称	元器件值或状态
R400			VT431		
R434			VT432		
R491			T431		
C406			T471		
C436			N101		
C441			H. DY		

（2）场扫描电路元器件

按照图 8-16 所示场扫描电路图，用万用表电阻挡测量彩色电视机场扫描电路的部分元器件，将测量结果填入表 8-2。

表 8-2　场扫描电路主要元器件值或状态

元器件标号	元器件名称	元器件值或状态	元器件标号	元器件名称	元器件值或状态
R451			VD452		
C402			N101		
C403			N451		
VD451			V. DY		

2. 电压测试

(1) 行扫描电路电压

按照图 8-12 所示行扫描电路图，测量行扫描电路重要点电压，将测量结果填入表 8-3 中。

表 8-3 行扫描电路重要点电压 单位：V

测量部位	测量值	测量部位	测量值	测量部位	测量值
VT431 的基极		N101 的 25 引脚		N101 的 29 引脚	
VT431 的集电极		N101 的 26 引脚		T471 的 3 引脚	
VT432 的基极		N101 的 27 引脚		T471 的 9 引脚	
VT432 的集电极		N101 的 28 引脚			

注：①测量 VT432 时，其基极电压是负压，若基极电压为正值，说明 VT432 工作异常。

②测量 T471 的 9 引脚时应用万用表交流电压挡。

(2) 场扫描电路电压

按照图 8-16 所示场扫描电路图，测量场扫描电路重要点电压，将测量结果填入表 8-4 中。

表 8-4 场扫描电路重要点电压 单位：V

测量部位	测量值	测量部位	测量值	测量部位	测量值
N101 的 23 引脚		N451 的 2 引脚		N451 的 6 引脚	
N101 的 24 引脚		N451 的 3 引脚		N451 的 7 引脚	
N451 的 1 引脚		N451 的 5 引脚			

3. 波形测试

(1) 行激励信号波形

按照图 8-12 所示行扫描电路图，用示波器测试 N101 的 27 引脚波形，在波形图中标注其周期和幅度，并填入表 8-5 中。

表 8-5 行激励信号波形

标 准 波 形	行激励信号波形
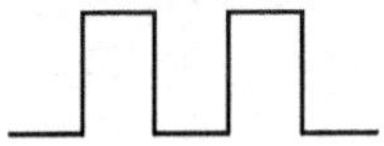	

(2) 场激励脉冲波形

按照图 8-16 所示场扫描电路图，用示波器测试 N101 的 23 引脚波形，在波形图中标注其周期和幅度，并填入表 8-6 中。

表 8-6 场激励脉冲波形

标 准 波 形	场激励脉冲波形

（3）场输出波形

按照图 8-16 所示场扫描输出电路图，用示波器测试 N451 的 5 引脚波形，在波形图中标注其周期和幅度，并填入表 8-7 中。

表 8-7 场输出波形

标 准 波 形	场输出波形
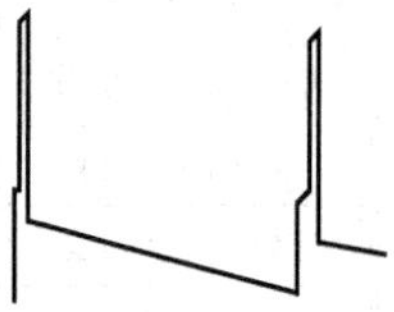	

4. 故障检修

检修以下故障。

1）"无光栅"故障。

2）"水平一条亮线"故障。

3）"场幅窄"故障。

4）"图像缩小且移位"故障。

五、实验报告要求

1）将测量的数据填入相应的表格中。

2）整理测量的实验数据，根据测量结果，对所检测的彩色电视机扫描电路作出质量评价。

3）根据故障现象，分析故障原因，判断故障位置。

4）制表记录和分析检修数据，写出检修方法。

5）谈谈学习本章的体会。

思考与练习

一、选择题

1. 场输出级的工作状态是（　　）。

    A. 开关 　　　　B. 功率放大 　　　　C. 饱和 　　　　D. 截止

2. 行、场偏转线圈中的偏转磁场是由（　　）电流流过形成的。

    A. 脉冲 　　　　B. 三角波 　　　　C. 锯齿波 　　　　D. 正弦波

3. 行振荡器产生的行振荡信号的波形是（　　）。

    A. 矩形方波 　　B. 三角波 　　　　C. 锯齿波 　　　　D. 正弦波

4. VD451 是起（　　）作用的。

    A. 保护 　　　　B. 稳压 　　　　　C. 隔离 　　　　D. 整流

5. 若出现无光栅现象，一般是（　　）有故障。

    A. 解码电路 　　B. 公共通道 　　　C. 伴音电路 　　D. 行扫描电路

6. 当显像管的高压上升时，显示的图像会（　　）。

    A. 增大　　　　　B. 减小　　　　　　C. 不变　　　　　D. 不一定

7. 图像缺少红色，其原因是（　　）。

    A. 红枪阴极电压高　　　　　　　　B. 红枪阴极电压低

    C. 白平衡调节不良　　　　　　　　D. 聚焦电压异常

8. 出现水平一条亮线，则产生故障的电路是（　　）。

    A. 开关电源　　　B. 高频调谐器　　　C. 行扫描电路　　D. 场扫描电路

二、填空题

1. 场逆程脉冲信号可以确定屏幕字符的_____位置。

2. R434 是_____电阻，L441 是_____电感。

3. 行偏转线圈的作用是_____。

4. 白平衡调整的目的是使显像管显示_____时，在_____或_____均不出现任何彩色。

5. 我国规定电视的场扫描频率为_____ Hz，行扫描频率为_____ Hz。

6. 行扫描电路由_____、_____、_____、_____、_____等电路组成。

7. 垂直一条光栅说明_____有故障。

8. C441 可以补偿因显像管结构引起的_____失真。

三、问答题

1. 扫描系统的主要任务是什么？

2. 说明同步分离电路的组成和作用。

3. 画出行激励电路的激励方式，简述其工作原理。

4. 分析泵电源电路的工作原理。

5. 说明场输出集成电路 N451 的工作过程。

6. 叙述彩色电视机的无光栅检修流程。

7. 叙述彩色电视机水平一条亮线的检修方法。

8. 若下述元件损坏后，彩色电视机会产生什么故障现象？

（1）C435 容量减小；（2）R457 开路；（3）R491 开路；（4）VD452 短路。

第二部分

数字电视原理与机顶盒

第 9 章　数字电视原理

模拟电视存在明显的缺点，例如，经过长距离传输后图像质量的损伤积累会使图像的信噪比下降，图像清晰度越来越低，细节分辨率较差；相位失真的累积使图像产生彩色失真、镶边和重影；亮、色信号容易产生相互窜扰；隔行扫描会引起并行、行蠕动，半帧频闪烁、大面积闪烁等现象；频带内的利用率不够，逆程时间内不能传送信息；稳定度差、可靠性低、不易调整、较难集成与自动控制等。

数字电视是从节目采集、编辑制作到信号的发送、传输和接收全部采用数字处理的全新电视系统。数字电视将传统的模拟电视信号经过取样、量化和编码转换成用二进制数代表的数字信号，然后进行各种功能的处理、传输、存储和记录，也可以用计算机进行处理、检测和控制。

数字电视分为标准清晰度电视和高清晰度电视。标准清晰度电视（SDTV）的质量相当于目前模拟彩色电视系统，符合 ITUR601 标准的 4：2：2 的视频，清晰度约为 500 线，数码率约为 5Mb/s；高清晰度电视（HDTV）的水平清晰度和垂直清晰度大约为目前模拟彩色电视系统的 2 倍，宽高比为 16：9，清晰度应在 1000 线以上，视频数码率约为 20Mb/s。另外，一般将清晰度约为 300 线，视频数码率约为 1～2Mb/s，图像质量与 VCD 相当的数字电视规定为家用级数字电视或数字低清晰度电视（LDTV），也称为普及型数字电视。SDTV 与 HDTV 之间还有增强清晰度电视（EDTV），其图像格式为 960×576 像素，50Hz，或者为 960×483 像素，60Hz。超高清晰度电视（HRI）图像的最小分辨率为1920×1080 像素，传输速率为 60f/s。

数字电视与模拟电视相比有如下优点：

1）数字电视利用了先进的数字图像压缩技术、数字信号纠错编码技术、高效的数字信号调制技术等，可以清除在处理、传输信号过程中一定的门限的噪波，也可以利用纠错技术纠正误码，所以数字电视接收的图像质量较高。

2）数字电视彩色逼真，无串色，不会产生信号的非线性和相位失真的累积。

3）由于数字信号只有"0"、"1"，电平的幅度大小要求不是十分严格，数字设备输出信号稳定可靠。

4）数字电视可实现不同分辨率等级（标准清晰度、高清晰度）的接收，适合大屏幕及各种显示器。

5）数字电视可移动接收，无重影。

6）数字电视可实现 5.1 路数字环绕立体声，同时还有多语种功能，收看一个节目可以选择不同语种。

7）数字技术易于实现设备的自动化控制和调整。

8）数字电视采用压缩编码技术，能够充分利用频带，在只能传送一套模拟电视节目的频带内可传送多套数字电视节目，减少传输成本。

9）数字电视便于开展多种数字信息服务，如数据广播、文字广播等。

10）数字电视易于实现交互电视，使电视业务的形式更加丰富。

11）数字电视容易实现加密、加扰，便于电视台开展各类收费业务。

9.1 数字电视的标准

目前，国际上的数字电视广播有 3 个相对成熟的标准制式：欧洲的 DVB（Digital Video Broad-casting）、美国的 ATSC（Advanced Television Systems Committee）和日本的 ISDB（Integrated Services Digital Broadcasting）。

1996 年美国联邦通信委员会（FCC）通过了数字电视地面传输标准 ATSC。ATSC 标准包括 18 种视频格式，视频压缩采用 MPEG-2 标准，音频压缩采用 ATSC 标准 A/52（即杜比公司的 AC3），节目复用遵循 MPEG-2 标准，可完成各种码流的组合和调整。在地面电视广播系统中，采用网格编码（Trellis Code）8 电平残留边带（8VSB）调制方式，在 6MHz 的频带内可传送一路 HDTV 节目，传输速率为 19.39Mb/s；有线电视网采用 16VSB 调制方式，在 6MHz 的频带内可传送两路 HDTV 节目，传输速率为 38.78Mb/s。

1994 年欧洲电信标准学会（ETSI）通过了 DVB-S（卫星）和 DVB-C（有线）标准，1997 年又通过了 DVB-T（地面广播）标准。DVB 制式成为应用最广泛、最灵活的数字电视标准。3 个标准的信源编码方式都是视频采用 MPEG-2 标准，音频采用 MPEGAudio 层 II（MUSICAM）编码标准。DVB 标准对于不同的传输媒体采用不同的调制方式：DVB-S 采用 QPSK 四相相移键控调制方式，DVB-C 采用 QAM 正交幅度调制方式，DVB-T 采用 COFDM 多载波频分复用技术。COFDM 在抑制多径传输干扰方面有着显著的优越性。DVB 允许传输速率可变，DVB-T 在 6MHz 频带内传输速率为 3.7～23.8Mb/s，在 8MHz 频带内传输速率为 4.9～31.7Mb/s。DVB-S 和 DVB-C 标准被世界各国采用。

1999 年，日本提出地面综合业务数字广播标准（ISDB-T），2001 年开始实施。

9.1.1 ATSC 标准

1. ATSC 系统

（1）系统组成

ATSC 标准采用了 ITU-R Tech Group 11/3 模式（数字电视地面广播模式），由信源编码和压缩、业务复用和传送、RF/发送 3 个子系统组成，如图 9-1 所示。信源编码与压缩用来得到视频、音频和辅助数据流。辅助数据是指控制数据、条件接收控制数据和与视频、音频节目有关的数据。业务复用和传送把视频、音频和辅助数据流打包成统一格式的数据包并合成一个数据流。RF/发送也称为信道编码和调制。信道编码的目的是从收到传输损失的信号中恢复出原信号，在地面传输中采用 8-VSB 调制，在有线电视中采用 16-VSB 调制。

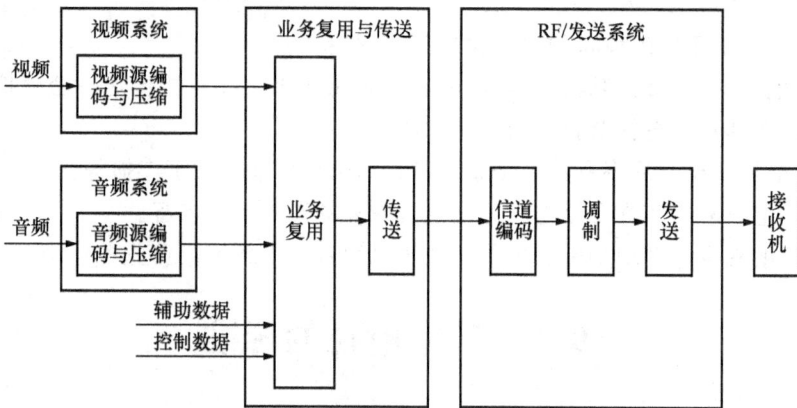

图 9-1　ITU-R 数字电视地面广播模式

根据不同的显示格式、屏幕宽高比、扫描方式、帧频和场频，ATSC 标准规定了 18 种扫描格式。

（2）基准频率

图 9-2 所示是 ATSC 编码设备框图。图中有两套频率，信源编码和信道编码部分采用不同的基础频率。在信源编码器部分，以 27MHz 时钟为基础（f_{27MHz}），用来产生 42b 的节目时钟参考。根据 MPEG-2 规定，这 42b 分成 33b 的节目时钟参考基础和 9b 的节目时钟参考扩展两部分，用于在视频和音频编码中产生时间表示印记（Presentation Time Stamp，PTS）和解码时间印记（Decode Time Stamp，DTS）。图 9-2 中，f_a 和 f_v 分别是音频和视频时钟，必须锁定在 27MHz 的频率上。信道编码部分传送比特流频率 f_{tp} 和 VBS 符号频率 f_{sym} 必须锁定，并有如下的关系：

$$f_{tp} = 2 \times \frac{188}{208} \times \frac{312}{313} \times f_{sym}$$

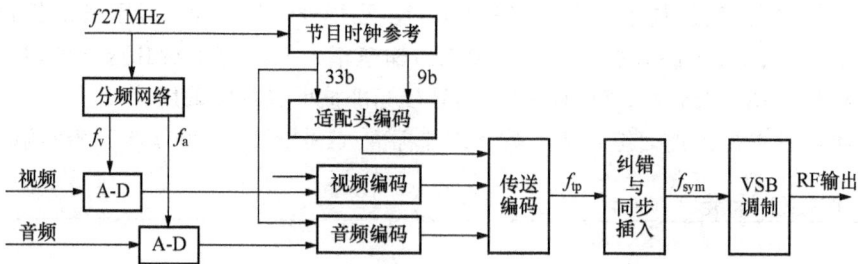

图 9-2　ATSC 编码设备框图

2. VBS 调制

数字 VBS 调制方式输出一种单载波幅度调制的、抑制载波的残留边带信号。图 9-3 所示是 VBS 调制框图。从传送编码输入的 TS 流信息码率是 19.28Mb/s，每个数据包（TS 包）为 188B，包含一个同步字节和 187B 数据，码率是 19.28Mb/s×188B/187B＝19.39Mb/s。先进行数据随机化，接着进行 FEC 前向纠错和 RS 编码，附加 20B 纠错码后，每个数据包变为 208B，通过卷积交织器交织后，再经 2/3 网格编码器输出到复用器，与数据段同步和数据场同步复用。复用的输出数据插入适当的导频，经过均衡滤波器后和调制载频相乘，再经 VBS 滤波器输出已调制的 VBS 信号。

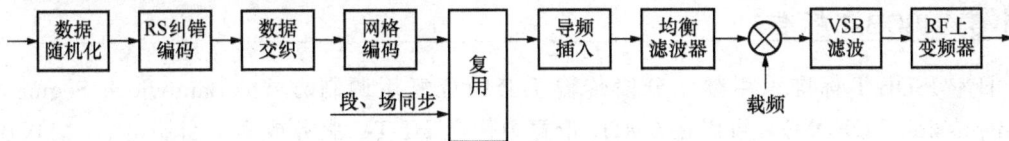

图 9-3　VBS 调制框图

9.1.2　DVB 标准

DVB 标准是以欧洲国家为主，世界上 200 多个组织参加开发的项目。它是一套以发展 SDTV 为主的完整的数字电视解决方案，得到多国的广泛应用。DVB 系统主要有以下标准。

1）DVB-S：用于 11/12GHz 频段的数字卫星系统，适用于多种转发器带宽与功率，传输层的数码率最大为 38.1Mb/s。

2）DVB-C：用于 8MHz 带宽数字有线电视系统，与 DVB-S 兼容，传输层的数码率最大为 38.1Mb/s。

3）DVB-T：用于 6MHz、7MHz、8MHz 地面数字电视系统，传输层的数码率最大为 24Mb/s。

4）DVB-CS：用于数字卫星共用天线电视系统（SMATV），由 DVB-C 和 DVB-S 改变而得，用于共用天线电视系统安装。

5）DVB-SI：服务信息系统。

6）DVB-TXT：固定格式图文广播传送规范。

7）DVB-CI：条件接收及其他应用的 DVB 公共接口。

8）DVBDATA：数据广播的技术规范。

9）DVBRCC/RCT/NIP：用于交互电视回传信道。

DVB 还有多种网络接口标准。

DVB 基带处理部分主要包括视频信号、音频信号的压缩处理方法、数码流的组成等。DVB 直接采用了 MPEG-2 标准中的系统、视频、音频部分，用于形成 DVB 基本码流 ES 和传送流。各标准的区别主要在于调制方式的不同。

DVB 定义了 3 种专用接口：ASI、SPI 和 SSI。

1）ASI（Asynchronous Serial Interface，异步串行接口），采用 270Mb/s 的固定连接速率，适用于电缆传输和光缆传输。用于电缆传输时，采用 BNC 连接器。

2）SPI（Asynchronous Parallel Interface，同步并行口），是以 ITURBT6562 为基础制定的，用于较短距离的信号连接。接口连接器采用 25 针 D 型超小型连接器，提供 11 对信号线和 3 条地线，信号采用低电压差分信号（LVDS）电平。信号线是平衡的，每个信号有

A、B 两条线。11 对信号线中有 8 对数据信号（Data0～Data7）、1 对时钟信号（Clock）、1 对包同步信号（Psync）和 1 对数据有效信号（Dvalid）。

3）SSI（Synchronous Serial Interface，同步串行口），SSI 可以被看做是做了并/串转换的 SPI 的扩展，它使用的速率就是传输码流的速率，传输介质可以是电缆或光缆。采用电缆传输时采用 BNC 连接器。

注：中国的数字电视采用欧洲的 DVB 标准。

9.1.3 ISDB-T 标准

日本 ISDB-T 标准采用频宽分段传输正交频分复用调制方式（Bandwidth Segmented Transmission，OFDM），可以在 6MHz 带宽中传递 HDTV 服务或多节目服务。与 DVB 不同的是，ISDB-T标准将整个带宽分割成一系列的频率段，称为 OFDM 段。ISDB-T 提供几种调制方式的组合（DQPSK、QPSK、16QAM、64QAM）和内编码的编码率（1/2、2/3、3/4、5/6、7/8），每个 OFDM 段可以独立选择这些参数。ISDB-T 的模拟带宽有宽带 5.6MHz 和窄带 430kHz 两种。宽带 ISDB-T 由 13 个 OFDM 段组成，可分层传输，各个 OFDM 段可以具有不同的参数，这样能满足综合业务接收机的要求。窄带 ISDB-T 仅由一个 OFDM 段构成，适合语音和数据广播。宽带接收机可以接收窄带信号，窄带接收机可以接收宽带信号的中心频率段。

一个 OFDM 段帧由 108 个载波和 204 个符号组成。根据载波调制方式不同，OFDM 段可分成两类：一类为差分调制（DQPSK）；另一类为连续调制（QPSK、16QAM、64QAM）。每个 OFDM 段不光具有数据载波，同时还有一些特别的符号或载波，包括分散导频 SP、连续导频 CP、传输和复用配置控制 TMCC、辅助信道 AC1 和辅助信道 AC2。CP、AC1、AC2 和 TMCC 用于频率同步，SP 用于信道估计，TMCC 用于传送载波调制方式和内编码的编码率。

为实现数字电视地面移动接收，ISDB-T 采用了高强度时间交织，最大限度地缓冲突发误码对系统的冲击。地面移动信道的动态多径造成的误码具有强突发性质，误码持续时间远大于脉冲干扰引起的突发误码。ISDB-T 在系统内层采用延时长达数百毫秒的交织环节是相当有效的，它使系统对移动信道恶劣环境的适应性明显加强。加上系统频谱分段分级传输功能，使得 ISDB-T 系统具有较强的综合业务，特别是移动业务的开发潜力。

9.2 数字电视的信源编码

数字电视信号的信源编码主要包括视频信源编码和音频信源编码。对于视频图像信源，静止图像的编码采用 JPEG 标准，运动图像信号采用 MPEG 标准；音频的信源编码采用 MUSICAM 编码、AC-3 编码。

9.2.1 图像信号的压缩编码

数字电视的视频信源编码（图像信号编码）分为帧内编码和帧间编码。帧内编码采用 JPEG 标准编码方式；帧间编码采用 MPEG 标准编码方式。

1. 帧内编码

(1) JPEG 标准

JPEG（Joint Photographic Experts Group）是联合照片（静止）图像专家组的缩写。该标准于 1992 年正式通过，它不仅适用于静止图像的压缩编码，电视图像序列的帧内压缩也常采用 JPEG 算法，因此 JPEG 标准是一个适用范围广泛的通用标准。

JPEG 标准包括有损压缩和无损压缩两种压缩方法。有损压缩是以离散余弦（DCT）变换为基础，压缩比高，是 JPEG 标准的基础；无损压缩是以预测压缩为基础，解码后能精确地恢复原图像，但压缩比低。

注：数字电视图像信号的帧内压缩采用的是 JPEG 标准中的有损压缩，即基于 DCT 变换的压缩方式，而运动图像则采用 MPEG 标准压缩。

(2) JPEG 编码原理

JPEG 的编码原理框图如图 9-4 所示。其编码过程如下：

1) 形成 8×8 像素块。将一幅静止图像在水平方向上切成条，然后再在垂直方向上切成块，称为宏块，再以同样的方式切成 4 个小块，每个小块中包含 8×8 像素块。

2) DCT 变换。DCT 以离散余弦函数作为变换的基函数，其作用是将二维空间的图像数据变换到二维频域成为二维频率系数。DCT 变换的目的是去除图像数据中的空间冗余。

3) 量化。将经过 DCT 变换后的系数用归一化量化系数进行量化。

4) Z 字型扫描。在编码之前需要将二维的变换系数转换为一维序列。由于量化之后的右下角高频系数大部分为零，采用 Z 字形扫描读取可以得到较长的零游程，提高编码的效率。如果后续的系数全部为零，用 EOB（Eng of Block）表示块结束。

5) 可变字长熵编码。根据非零系数的幅值和零的游程（连续零的个数），为了消除码字中的统计冗余，采用可变字长熵编码方式。

(3) JPEG 解码原理

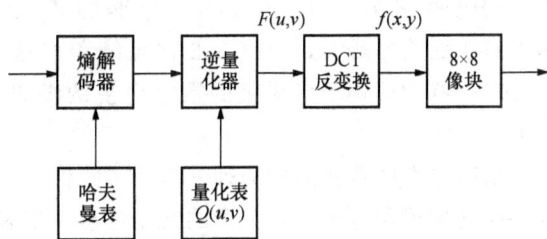

JPEG 解码原理框图如图 9-5 所示，解码是编码的逆过程。

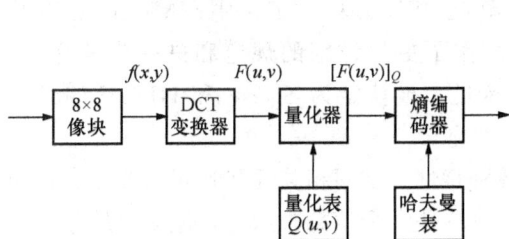

图 9-4　JPEG 编码原理框图　　　　图 9-5　JPEG 解码原理框图

解码后的重建图像与原始图像之间有一定的误差，这是量化过程所引起的，只要将这个误差控制在一定的范围内，人眼的视觉就不易察觉。

2. 帧间编码

无论是美国的 ATSC，还是欧洲的 DVB 及日本的 ISDB，数字电视视频信号的帧间编码都采用 MPEG-2 标准。我国的数字卫星电视和数字有线电视的信源编码也采用 MPEG-2 标准。

（1）MPEG 标准

MPEG（Moving Picture Experts Group）是运动图像活动专家组的英文缩写。它的主要任务是对应用于数字存储媒介、广播电视及通信的运动图像及其相关声音制定一种通用的数字编码标准。针对不同的应用，MPEG 专家组现已制定一系列标准，如 MPEG-1、MPEG-2、MPEG-3、MPEG-4、MPEG-7、MPEG-21，每个标准都建立在前一个标准的基础之上。

1）MPEG 标准简述。

MPEG-1（ISO/IEC11172）：第一个视音频压缩标准，应用于 VCD，其中的音频压缩的第 3 级（MPEG1 Layer 3）简称 MP3，成为比较流行的音频压缩格式。视频位速率约为 1.5Mb/s。

MPEG-2（ISO/IEC13818）：广播质量的视频/音频和传输协议。被用于 ATSC、DVB 以及 ISDB、数字卫星电视（如 DTV）、数字有线电视信号、HDTV，以及 DVD 视频光盘技术中。

MPEG-3：原为 HDTV 设计，但 MPEG-2 已足够 HDTV 应用，故 MPEG-3 中止研发。

MPEG-4：2003 年发布的视频压缩标准，主要是扩展 MPEG-1、MPEG-2 等标准以支援视音频物件（video/audio "objects"）的编码、3D 内容、低位元率编码（Low Bitrate Encoding）和数位版权管理（Digital Rights Management），其中第 10 部分由 ISO/IEC 和 ITU-T 联合发布，称为 H.264/MPEG4 Part 10。

MPEG-7：多媒体内容描述接口，它的目标是产生一种描述多媒体信息的标准，并将该描述的内容相联系，以实现快速有效的检索。

MPEG-21：目的在于用多媒体框架将各种服务（如多媒体家庭服务、多媒体商业服务等）综合在一起并进行标准化，以此支持各种不同应用领域，实现对知识产权的管理和数字媒体内容的保护。它的目标是为未来多媒体的应用提供一个完整的平台。

MPEG 组织于 1994 年推出 MPEG-2 压缩标准，以实现视/音频服务与应用互操作的可能性。MPEG-2 标准是针对 SDTV 和 HDTV 在各种应用下的压缩方案和系统层的详细规定，编码码率为 3～100Mb/s，标准的正式规范在 ISO/IEC 13818 中。MPEG-2 不是 MPEG-1 的简单升级，MPEG-2 在系统和传送方面作了更加详细的规定和进一步的完善。MPEG-2 特别适用于广播级的数字电视的编码和传送，被认定为 SDTV 和 HDTV 的编码标准。

MPEG-2 图像压缩的原理是利用了图像中的两种特性：空间相关性和时间相关性。这两种相关性使得图像中存在大量的冗余信息。如果能将这些冗余信息去除，只保留少量非相关信息进行传输，就可以大大节省传输频带。而接收机利用这些非相关信息，按照一定的解码算法，可以在保证一定的图像质量的前提下恢复原始图像。一个好的压缩编码方案就是能够最大限度地去除图像中的冗余信息。

2）MPEG-2 的"级"和"型"。MPEG-2 是一个分等级的视频编码标准，按编码图像的分辨率分成 4 "级（Levels）"，按所使用的编码方法的不同分成 5 个"型（Profiles）"。"级"与"型"的若干组合构成 MPEG-2 视频编码标准在某种特定应用下的子集：对某一输入格式的图像，采用特定集合的压缩编码工具，产生规定速率范围内的编码码流。在 20 种可能的组合中，目前有 11 种已获通过，称为 MPEG-2 适用点，如表 9-1 所示。

表 9-1 MPEG 级和型的定义与组合

级 \ 型		简单型 SP	基本型 MP	信噪比可分级型 SNRP	空间可分级型 SSP	增强型 HP
高级 HL	1920×1080×30 1920×1152×25	—	MP@ML 80Mb/s	—	—	HP@HL 全部层 100Mb/s 底层 25Mb/s
高级 H1440L	1440×1080×30 1440×1152×25		MP@H1440 60Mb/s		SSP@H1440 全部层 60Mb/s 底层 15Mb/s	HP@H1440 全部层 80Mb/s 底层 20Mb/s
基本级 ML	720×480×30 352×288×25	SP@ML 15Mb/s	MP@ML 15Mb/s	SNP@ML 全部层 15Mb/s 底层 10Mb/s	—	HP@ML 全部层 20Mb/s 底层 4Mb/s
低级 LL	352×240×30 352×288×25	—	MP@LL 4Mb/s	SNP@LL		
备注	采用的亮色比	4∶2∶0	4∶2∶0	4∶2∶0	4∶2∶0	4∶2∶0 4∶2∶2
	可分级能力等	无分级 无 B 图像	无分级	有 SNR 分级	有空间分级 和 SNR 分级	有空间分量 和 SNR 分级

MPEG-2 中的 4 个输入图像格式"级"都是基于 ITU-RRec. BT601 标准的。低级 (Low Level) 的输入格式的像素是 ITU-RRec. BT601 格式的 1/4，即 352×240×30 （代表图像帧频为 30f/s，每帧图像的有效扫描行数为 240 行，每行的有效像素为 352 个），或 352×288×25。低级之上的主级 (Main Level) 的输入图像格式完全符合 ITU-RRec. BT601 格式，即 720×480×30 或 720×576×25。主级之上为 HDTV 范围，基本上为 ITU-RRec. BT601 格式的 4 倍，其中 1440 高级 (High-1440Level) 的图像宽高比为 4∶3，格式为 1440×1080×30，高级 (High Level) 的图像宽高比为 16∶9，格式为 1920×1080×30。

在 MPEG-2 的 5 个"型"中，较高的"型"意味着采用较多的编码工具集，对编码图像进行更精细的处理，在相同比特率下将得到较好的图像质量，当然实现的代价也较大。较高型的解码器除能解码用本型方法编码的图像外，还能解码用较低型方法编码的图像，即 MPEG-2 的"型"具有后向兼容性。主型 (Main Profile) 除使用所有简单型的编码外，还加入了双向预测的方法。信噪比可分级型 (SNR Scalable Profile) 和空间可分级型 (Spatially Scalable Profile) 提供了一种多级广播的方式，将图像的编码信息分为基本信息层和一个或多个次要信息层。基本信息层包含对图像解码至关重要的信息，解码器根据基本信息即可进行解码，但图像的质量较差。次要信息层中包含图像的细节。广播时对基本信息层加以较强的保护，使其具有较强的抗干扰能力。在距离较近，接收条件较好的情况下，同时收到基本信息和次要信息，恢复出高质量的图像；在距离较远，接收条件较差的条件下，仍能收到基本信息，恢复出图像，不至造成解码中断。高级型 (High Profile) 实际上应用于比特率更高，要求更高的图像质量。此外，前 4 个型在处理 Y、U、V 时是逐行顺序处理色差信号的，高级型中还提供同时处理色差信号的可能性。

注：目前的 SDTV 采用 MP@ML 基本型和基本级，而 HDTV 采用 MP@HL 基本型和高级。

3）MPEG-2 的帧概念。MPEG-2 的编码图像被分为 3 类，分别称为 I 帧、P 帧和 B 帧。

① I 帧图像采用帧内编码方式，称为帧内编码帧（Intracoded Frame），即只利用了单帧图像内的空间相关性，而没有利用时间相关性。该帧内的图像信号为全帧编码传送，编码采用 JEPG 压缩标准。

② P 帧为前向预测编码帧（Forward Predictive Coded Frame）。P 帧只传送在它前面的 I 帧的差值信息，称为预测误差，可以提高压缩效率和图像质量。该差值信息可被看成是运动图像的变化部分。P 帧是在 I 帧的基础上获得的。P 帧前面如果不是 I 帧而是 P 帧，也可以由前面的 P 帧获得预测误差，如图 9-6 所示。

③ B 帧为双向预测内插编码帧（Bidirectionally Predicted Interpolative Coded Framd）。B 帧是根据它前面的 I 帧（或 P 帧）和后面的 P 帧来获得预测误差的，如图 9-7所示。由于 B 帧传送它前面的 I 帧（或 P 帧）与后面的 P 帧之间的预测误差，故称为双向预测。这种传送双向预测误差的方法是 MPEG 的特点，可以大大提高压缩倍数，而且预测精度能做到很高。I 帧和 P 帧或 P 帧和 P 帧之间一般可以内插两个 B 帧。

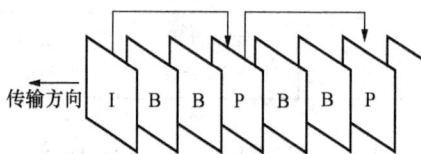

图 9-6　P 帧的获取

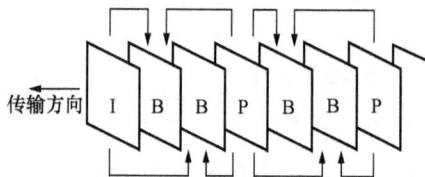

图 9-7　B 帧的获取

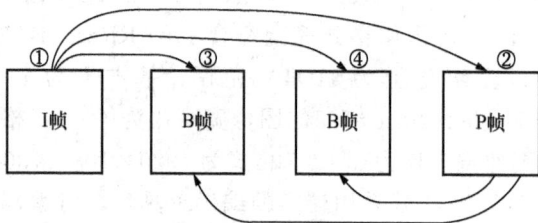

图 9-8　帧间编码示意图

P 帧和 B 帧图像采用帧间编码方式，即同时利用了空间和时间上的相关性。

图 9-8 所示为帧间预测的示意图。I 帧需要前后帧提供信息图像，其压缩采用 JPEG 标准编码，即帧内压缩编码，而 P 帧需要前面一个 I（P 帧）提供前向动态预测，即需要根据此 I（或 P）帧产生差分信息；B 帧需要来自前向或后向的预测，即前面的 I（或 P）帧及后面的 P 帧提供差分信息，两个 B 帧都要求双向预测，但差分值不同。

4）MPEG-2 的数据结构。MPEG-1 和 MPEG-2 的数据结构是相同的层次性结构，共分为 6 个层次，即图像序列层、图像组（GOP）、图像、像条、宏块和块，如图 9-9 所示。

第 1 层是块，是编码的 DCT 变换基本单元。它由 8×8 像素的亮度成分或色差成分构成。

第 2 层是宏块，由 16×16 像素的亮度成分和在图像中空间位置对应的两个 8×8 像素的色差成分共同构成。一个宏块由 4 个亮度块和 2 个色差块（1 个 C_B 和 1 个 C_R）组成，它是运动预测的基本单元。

第 3 层是像条，从左到右完整的一条图像，由若干连续的宏块组成。像条与像条之间不能重复或有间隙，最初的像条必须从图像最初的宏块开始，最后的像条必须到图像最后的宏

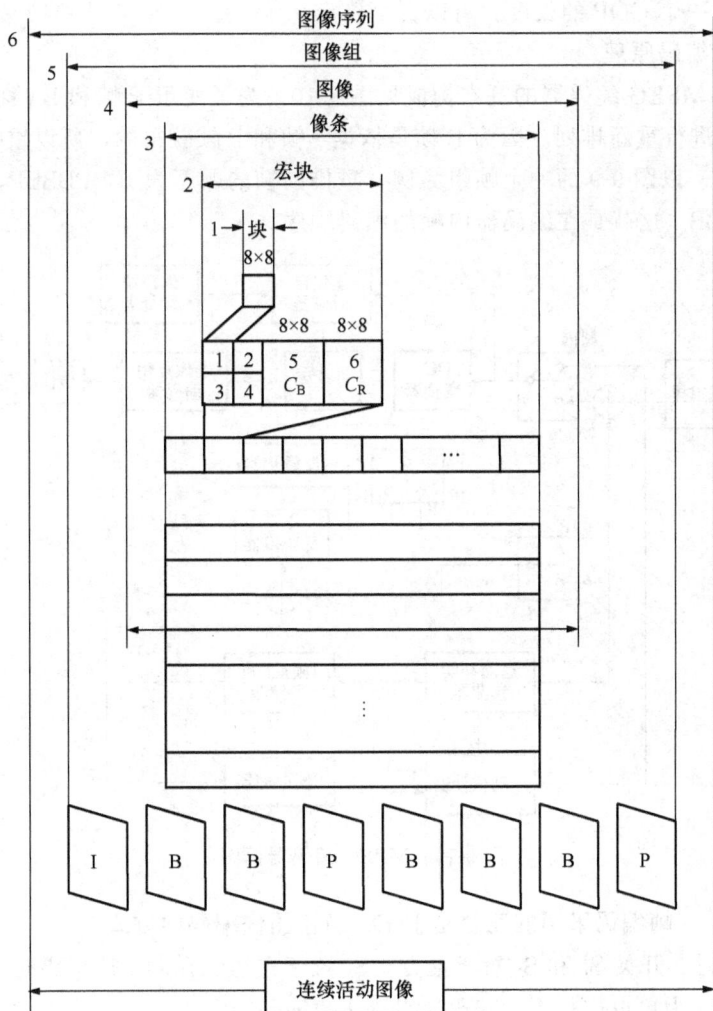

图 9-9 MPEG 视频数据结构

块结束。在信号处理中，像条是能正确解码的基本单元。

第 4 层是图像，是由若干像条构成的一幅完整图像，这种图像可以是内部编码图像（I 图像），也可以是预测编码图像（P 图像）。它是构成活动图像的一个独立的基本显示单元，在信号处理中它是基本编码单元。

第 5 层是图像组（GOP），由几幅编码图像组成。图 9-9 中的图像组，是由 1 幅 I 图像 2 幅 P 图像和 5 幅 B 图像组成的一个固定的组，组内开头的编码图像必须是 I 图像，结尾用 I 图像或 P 图像，不用 B 图像。编码流中图像的顺序必须与重放时解码器处理的顺序相同，每一组是视频图像进行编辑存取的基本单元。

第 6 层是图像序列（视频序列），是表现连续图像的比特流，从序列头开始，其后可接 1 个或数个图像组，最后用 1 个序列尾码结束，各个序列构成能够连续重放图像。在序列头中，量化矩阵以外的数据元素必须和最初的序列相同，这样在序列途中就可以进行随机存取了。可见，序列是节目内容（连续图像）的随机存取单元。

对于一个图像组，通常为 9～15 帧，一对 I、P 帧或 P、P 帧之间可以有 2 或 3 个 B 帧。

MPEG 没有规定一个 GOP 的长度，可以自由确定。

（2）MPEG 编码原理

1）帧重排。MPEG 编码器的基本构成见图 9-10。为了便于 P 帧和 B 帧的处理，编码时首先对输入的帧进行重新排列。因为 B 帧是依据 I 帧和 P 帧获得的，所以重排的原则是将 P 帧排在 B 帧之前。以图 9-9 的一个帧组为例，重排前帧的顺序为 IBBPBBBP，重排后帧的顺序变为 IPBBPBBB。这就是在编码器内帧的编码顺序。

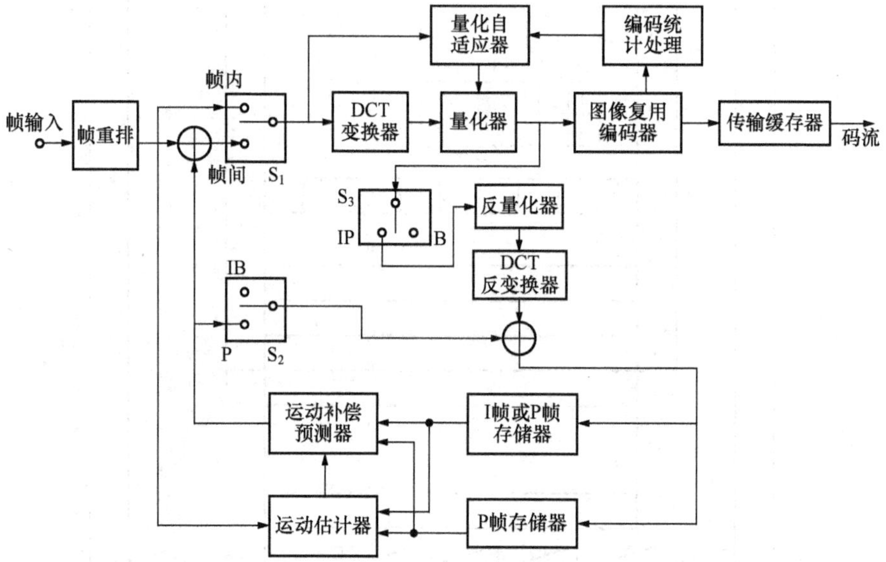

图 9-10　MPEG 编码器框图

2）I 帧编码。I 帧编码采用的完全是 JPEG 静止图像编码的方式。

当输入 I 帧时，开关 S_1 和 S_2 置于上方，S_3 置于左边。在对 I 帧编码时，按片的顺序进行，在片内以宏块为单位进行逐一编码，直到 I 帧编码结束。

量化器输出的量化频率系数分两路传送：一路经图像复用编码器，与各种辅助信息一起编码后送到传输缓存器形成码流传输出去；另一路经开关 S_3、反量化器和离散余弦逆变换器（DCT^{-1}）还原成变换前的 I 帧图像数据，送到 I 帧存储器，以供后面的 P 帧和 B 帧编码用。

3）P 帧编码。当帧重排输出 P 帧时，开关 S_1 和 S_2 置于下方，S_3 仍置于左边，此时 P 帧宏块输入运动估计器，I 帧存储器将 I 帧数据也同时输入运动估计器。估计器输出的运动矢量分两路：一路送到图像复用编码器等待编码；另一路送到运动补偿预测器，存储器中的 I 帧图像也同时输入此预测器。预测器根据 P 帧宏块位置和运动矢量坐标在 I 帧中找到与 P 帧宏块最相近的匹配宏块。该宏块分两路输出：一路送到加法器；另一路送到开关 S_2。经过编码得到的 P 帧宏块，存入 P 帧存储器，供后面的 B 帧编码用。

4）B 帧编码。当帧重排输出 B 帧时，开关 S_1 仍置于下方，开关 S_2 置于上方，S_3 置于右边。此时 B 帧宏块输入运动估计器，存储器中的 I 帧和 P 帧也同时输入运动估计器。运动估计器根据 B 帧宏块位置轮换在 I 帧和 P 帧中搜索，找到与之最相近的匹配宏块，确定运动矢量坐标。该矢量坐标分两路输出：一路送到图像复用编码器；另一路送到运动补偿预测器，存储器中的 I 帧和 P 帧也同时送到此预测器。预测器根据 B 帧宏块位置和两个运动矢量，分别找出 I 帧中的匹配宏块和 P 帧中的匹配宏块。

将这两个匹配宏块相加获得帧间预测值。该预测值输出只送到加法器（S_2 此时不通），与 B 帧宏块相减后得到预测误差，接着进行离散余弦变换和量化。此过程与处理 P 帧时相同，只是量化的频率系数直接进入图像复用编码器（因开关 S_3 不通），与其他辅助信息一起编码后输出。因 B 帧不作为基准，所以不再作反量化和逆变换存入存储器。

（3）MPEG 解码原理

MPEG 解码是 MPEG 编码的逆过程，从编码比特流中重建图像帧。MPEG 解码框图如图 9-11 所示。接收到的码流经过 TS 流解复用和视/音频 PES 包解复用后输出视频基本流（ES）和运动矢量（MV），经反量化（Q^{-1}）和反 DCT 变换后输出重建的宏块差值 ΔMB。

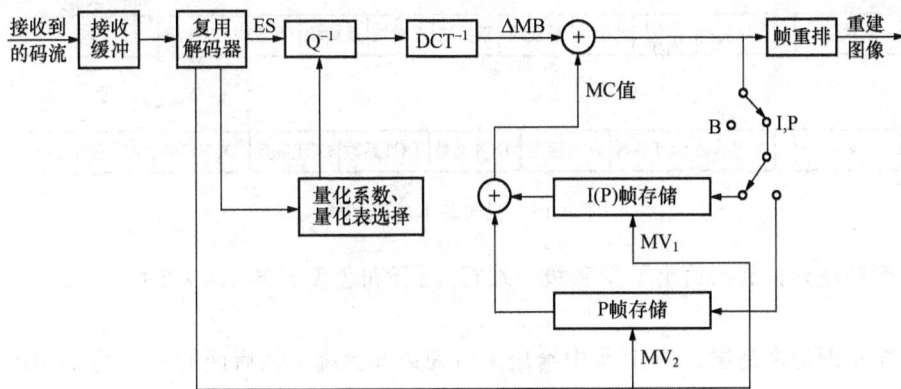

图 9-11　MPEG 解码框图

解码框图中没有复杂的运动估计电路，它直接用码流中传输来的 MV 进行准确的运动补偿，从帧存储器中读出匹配宏块 MC，在加法器中与宏块差值 ΔMB 相加，还原出相应的 P、B 图像。

将解码后的重建图像组重新排列成编码前原始的图像顺序，也就是图像的显示顺序。由于编解码器中都有帧重排，结果使显示图像比原始图像产生一定的延时，相对于声音编解码会导致画面滞后于声音，所以要注意相应的延时补偿。

3．视频编码的码流结构

经过 MPEG 编码后，6 个视频层次构成的编码视频码流称为视频基本数据流（Elementary Stream，ES），如图 9-12 所示，自上而下为视频序列层、图像序列层、图像层、像条层、宏块层和块层。

视频码流的上面 4 层里都有各自相应的起始码。起始码有其独特的位模式，一般包括子起始码、序列头和序列扩展，放在数据流的前面，可作为同步识别用。一旦因误码或其他原因使接收码流失去同步时，可从码流中寻找新的起始码重新同步。

第 1 层是视频序列层，视频序列由多个编码的视频序列组成，每一个编码的视频序列开始是一个序列头，后面跟随一个图像组头，接着是由许多图像（I、P 和 B）组成的一系列 GOP，最后是一个序列终止码。其中，序列头给出了图像尺寸、宽高比、帧频和比特率等

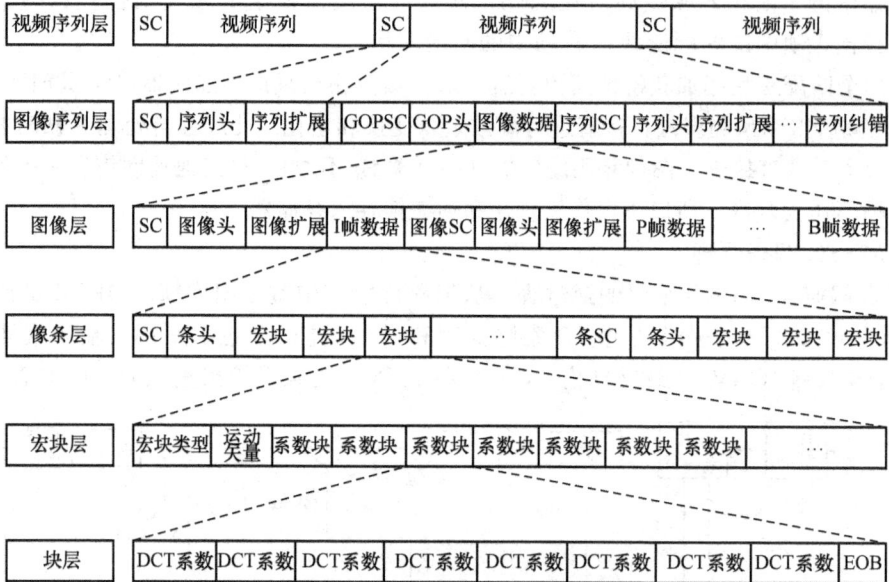

图 9-12 视频基本码流结构

数据。后面的序列扩展码给出了型和级、逐行/隔行和色度格式（4：2：0）和（4：2：2）等信息。

第 2 层是图像序列层，GOP 头中给出了时间码和紧随 I 帧后面的 B 图像的预测特性等信息。

第 3 层是图像层，图像头中给出了时间参考信息、图像编码类型和视频缓存校验器（Video Buffering Verifier，VBV）延时等信息，图像头后面的图像扩展码给出了运动图像、图像结构（顶场、底场或帧）、量化因子类型和可变长编码 VLC 等信息。

第 4 层是像条层，像条头中给出了像条垂直位置、量化因子码等信息。

第 5 层是宏块层，其中的宏块类型码中给出了宏块属性、运动矢量。

第 6 层是块层，给出了其 DCT 系数。

在视频 ES 中完全包含了供接收端正确解码的一切信息（辅助数据和图像数据）。视频 ES 和音频 ES 一起传输时，还要分别打包形成视频/音频 PES。

9.2.2　音频信号的压缩编码

数字电视的音频信源编码采用 MUSICAM 编码或 AC-3 编码。

针对音频中存在的冗余，音频数据压缩通常有熵编码和知觉编码两种方法：在完全不丢失信息的情况下，利用信号本身的统计特性进行高效的编码是熵编码（平均信息量编码）；利用人们对音频信号的感知特性，通过省略人们所不能分辨或不敏感的信息来压缩信息量，就是知觉编码。

熵编码技术通过解码能不失真地完全再现编码前的数据，因此应用范围很广，但是仅仅利用熵编码，不能实现大压缩比的音频数据压缩，这是因为音频信号中含有"白噪声"分量，对于这种随机信号，按照信息的观点是不可能实行熵压缩的。因此，在音频压缩中，还要联合使用知觉编码才能进一步提高编码器的效率。

1. 人耳的听觉特性

（1）频谱掩蔽特性

人对各种频率声音可听见最小声级叫绝对可听域。在 20Hz～20kHz 可听范围内，人耳对频率 3～4kHz 附近的声音信号最为敏感，对太低和太高频率的声音感觉却很迟钝。图 9-13（a）中，频域部分有一条表示最小可听信号的灵敏度曲线，称为人们的绝对听觉阈。它是指在寂静时人们听觉所能听到的最低音量。人们的听阈是一条曲线，在 2kHz 左右听阈最低，在 40Hz 以下的低频和 16kHz 以上的高频听阈最高。图中 30～40dB 有一条起伏不大的水平线，代表一般寂静室内的背景噪声。绝对听阈若要在消音的实验室中才可能测出来。

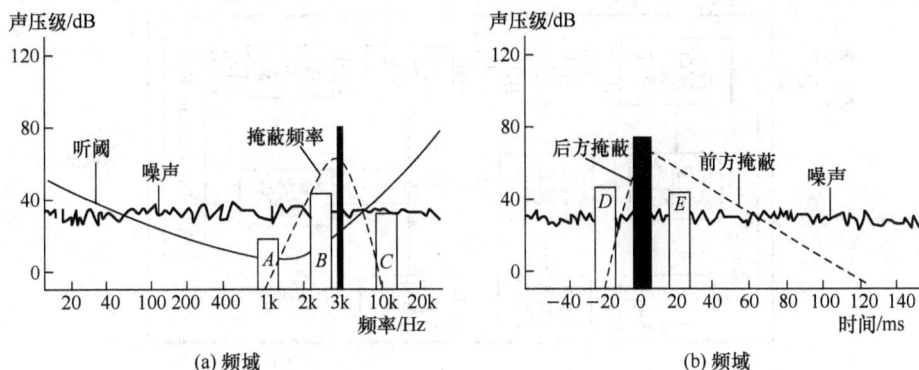

图 9-13　人耳的听觉特性图

从图 9-13（a）中可以看出，在背景噪声的掩蔽下，A 信号及 C 信号均不可能听到。若在消音室中，则 A 信号能听到，而 C 信号由于在绝对听阈以下听不到。

频率掩蔽效应是指由于在频域上某点强信号的影响，使人们不能听到与其频率接近的较弱的信号。图 9-13（a）中在 3kHz 处有一强信号，因此信号 B 我们也不能听到。虚线为强信号的掩蔽效应。

（2）时间掩蔽效应

在时域听觉特性中，处于时间轴某点的强信号，使人们不能听出与其在时间轴上接近的较弱信号。如图 9-13（b）中，在时轴原点有一强信号，由于其掩蔽效应，使处于其邻近的信号 E 听不到。从掩蔽曲线可看出，在强信号的前面也有一部分掩蔽区，但大部分的掩蔽区则产生于强信号的后面。

实际的听阈是上述所有效应的合成。所有被掩蔽的声音信息就是多余的，不需要对其进行编码和传送。

处于听阈以下的信号，若用精密的测定仪来测定，则可被证明是确实存在的；仅仅是由于人耳的听觉特性被其他信号掩蔽了，这是听觉心理特性的掩蔽，并不是强的声音信号消除了较弱的声音信号，只反映出人耳的感知特性。

（3）方向掩蔽效应

人耳除具有听觉掩蔽效应外，还不能分别判断频率接近的高频声音信号的方向，在声音编码中可利用此特性，把多个声道的高频部分耦合到一个公共声道，以达到压缩编码的目的。

2. MUSICAM 音频压缩编码

MPEG-1 和 MPEG-2 的音频压缩编码都采用 MUSICAM 音频压缩编码。

由于人耳的听阈是一条曲线，各频率间是不相同的，为了最大限度地压缩编码数据，可采用子带滤波器，将整个频段进行分段，分别采用不同的量化长度。MUSICAM 编码就是基于子带编码方式的。子带编码把输入信号分割成多个频段（称为子带），用各频段功率的不均匀性，再利用人耳的听觉特性，对各频段独立地进行编码，以减小动态范围，再根据各子带的信号能量采用不同的码长分配比特。频带分割（即形成子带）是利用多个正交镜像滤波器（QMF）的多相滤波器库（PFB）来实现的。它的基本构成如图 9-14 所示。

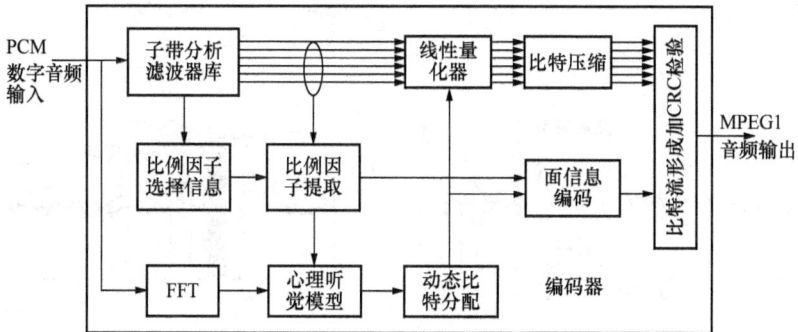

图 9-14   音频编码器的组成

（1）子带分析滤波器库

16 位线性量化的 PCM 数字音频信号首先进入子带分析滤波器库进行子带分析。子带分析就是利用 512 抽头的 PFB 将输入的数字信号分割成 32 个频段的子带信号。这样按时域分布的输入信号就被转换成由 32 个频段构成的频域信号。

（2）比例因子算法

为了识别各子带信号的响度（即电平幅度），按动态范围一致的标准要求来提取各子带信号的比例因子。

比例因子的计算：在层 1 格式中以每个频段进行 12 个采样为提取比例因子的依据，32 个频段则进行 384 个采样。然后将每个子带的 12 个采样作为一组，搜索绝对值最大的采样，从所给的比例因子表中选择与上述相匹配的数值，作为比例因子。

在层 2 格式中对每个频段的采样数是层 1 格式的 3 倍，为 36 个采样，32 个频段共进行 1152 个采样，分组和计算比例因子的方法与层 1 格式相同。

这样，在层 2 中采样频率的提高使清晰度和编码质量均得到提升。不过，此时的数据量也增加了，导致压缩率降低。为此，在层 2 格式中根据 3 个比例因子的组合分配新的值，以防止压缩率降低。

（3）比特分配

根据心理听觉模型分析，决定各子带的比特分配。在分配前先要从可能利用的总比特中扣除头、CRC 检验和辅助数据等。分配中，要探索具有最小掩蔽噪声比（MNR）的子带，将适用于子带的量化级减小 1 级，求出新的可能分配的比特数。这些工作经过反复进行后，以使可能分配的比特为正的最小值。

（4）量化

采用线性量化器进行量化。根据比特分配量对各子带信号进行量化，量化后的子带信号就可进行比特压缩了。压缩的依据是心理听觉特性，压缩的结果既保证了原有的音质，又省掉了对人耳不起作用的音频信号。这就是 MPEG 音频压缩处理的含义。

（5）比特流的形成

压缩后的子带数据与面信息编码器输出的辅助信息一起在比特流形成器中被格式化。在格式化过程中，还要加进循环冗余检验（CRC）码，形成比特流输出，该比特流的形式如图 9-15。层 1 格式和层 2 格式的比特流形式基本相同，只是层 2 格式在比特分配信息之后多了一个比例因子选择信息。因为在层 2 格式中的比例因子是层 1 格式的 3 倍，并且进行了组合和分配了新的值，故需要增加比例因子选择信息，把此信息排在比例因子之前。

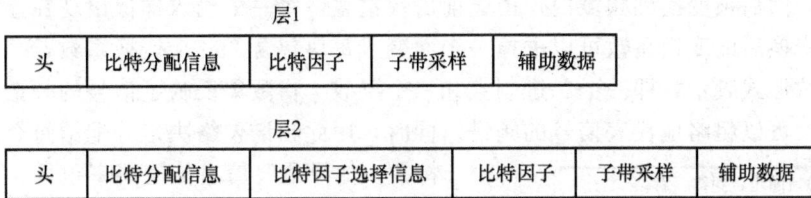

层1

头	比特分配信息	比特因子	子带采样	辅助数据

层2

头	比特分配信息	比特因子选择信息	比特因子	子带采样	辅助数据

图 9-15　音频比特流

3. MUSICAM 音频解码原理

MUSICAM 音频压缩解码是编码的逆过程，其解码器组成如图 9-16 所示。重放时输入的比特流首先进入比特流分解检错器，将比特流分离成头、辅助信息和量化了的子带信号，并在分解过程中进行 CRC 纠错。辅助信息送到面信息解码器，解出比特分配数和比例因子数，它们被送到逆量化器，以便逆量化器将量化子带信号还原成量化前的子带信号，最后利用子带合成滤波器库将子带信号恢复成 16 位的 PCM 数字信号。这一过程也就是 MPEG 音频的解压过程。数字电视的音频是采用层 2 格式。

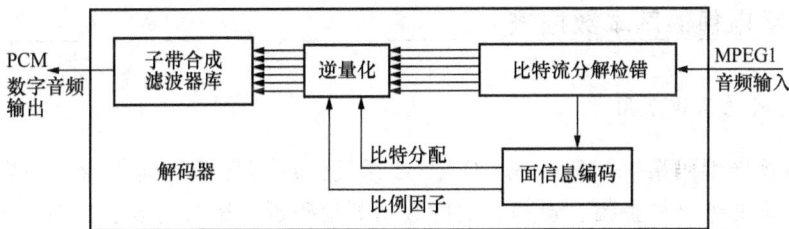

图 9-16　MUSICAM 音频解码器原理图

4. AC-3 编码

AC-3 编码技术起源于为 HDTV 提供高质量的声音，是美国联邦通信委员会（FCC）在 1995 年最后确定的标准。AC-3 编码器接收声音 PCM 数据，最后产生压缩数据流，AC-3 算法通过对声音信号频域表示为粗略量化，可以达到很高的编码增益。其编码过程如图 9-17 所示。

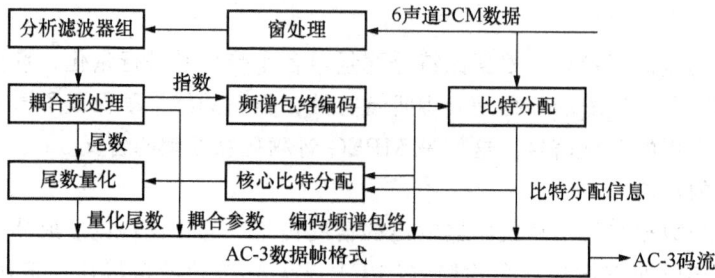

图 9-17　AC-3 编码框图

第一步把时间域内的 PCM 样值变换成频域内成块的一系列变换系数。每块包含 12 个样值点，其中 256 个样值在连续的两块中是重叠的，重叠的块被一个时间窗相乘，以提高频率的选择性，然后被变换到频域内。由于前后块重叠，每一个输入样值出现在连续两个变换块内，因此变换后的变换系数可以去掉一半而变成每块包含 256 个变换系数，每个变换系数以二进制指数形式表示，即一个二进制数和一个尾数。指数集反映了信号的频谱包络，对其进行编码后，可以粗略地代表信号的频谱。同时，用此频谱包络决定分配给每个尾数多少比特数。如果最终信道传输码率很低，而导致 AC-3 编码器溢出，此时要采用高频系数耦合技术，以进一步减少码率，最后把 6 块（1536 个声音样值）频谱包络，粗量化的尾数以及相应的参数组成 AC-3 数据帧格式，连续的帧汇成了码流传出去。

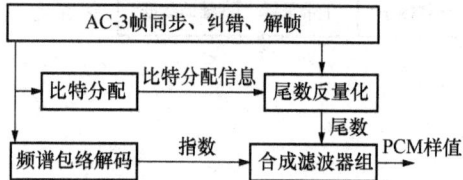

图 9-18　AC-3 解码框图

AC-3 解码器基本上是编码的逆过程，图 9-18 所示是其原理框图，AC-3 解码器首先必须与编码数据流同步，经误码纠错从码流中分离出各种类型的数据，如控制参数、系数配置参数、编码后的频谱包络以及量化后的尾数。然后根据声音的频谱包络产生比特分配信息，对尾数部分进行反量化，恢复变换系数的指标和尾数，再经合成滤波器变换成时域表示，最后输出重建的 PCM 样值信号。

9.2.3　数字电视的基本数据流

1. 数字电视的系统复用

数字电视视频编码系统一般采用 MPEG-2 系统。从信息的流向来看，在发送端，复用系统将各种基本业务（如视频、音频、辅助数据等编码器）送来的数字比特流，经过一定的处理，复合成单路串行的比特流送给调制解调器。要将多路比特流复合成单路比特流，通常有两种方法：一种是以固定长度的包为单位进行复用，使之成为 TS 传输流（Transport Stream）；另一种方法是基于可变长度的包进行复用，使之成为 PS 节目流（Program Stream）。传输流的复用过程如图 9-19 所示。

（1）PES 流与 PS 流

基本数据流经过打包器将连续传输的数据流按一定的长度分段，切割成一个个单元包，称为打包基本

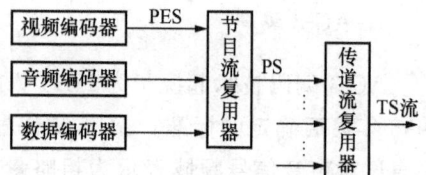

图 9-19　传输流的复用

流（Packaged Elementary Stream，PES）。PES 包是非定长的，音频的长度不超过 64KB，而视频一般一帧为一个包。为了实现解码的同步，每段之前还需插入相应的时间标记及相关的标志符，如显示时间标签（PTS）、解码时间标签（DTC）及段内信息类型和用户类型等标志信息。

PS 流是由一个或几个具有公共时间基准的 PES 包组合成单一的码流，称为节目流。由于每个 PES 包的长短不一，一旦失去同步易造成严重的信息丢失。因此，它适用于误码小、信道较好的环境，如演播室、家庭环境和存储媒介中。

（2）传输流 TS

PES 在系统复用中切割成一个个固定长度为 188 字节的包，由这些包组成的数据流称为 TS。TS 流将所有的视频和音频的 PES 包，包括其中的包头，都作为传送包的净荷或有效载荷来处理。

TS 流的结构侧重传输方面的状态。由于在传输时采用多路复用，各节目流的包相互交插，除了需要加入同步字，有无差错等标志外，还需加入节目时钟、连续计算和不连续计算、包识别符（PID）识别是视频、音频，还是辅助信息等。因此，TS 流是各种传输设备的基本接口，是各传输系统的连接格式，适用于性能一般的传输信道。

2. 数字电视的多路节目双层复用

数字电视要在一个电视频道传送多路电视节目，也就是在一个常规频道内传输多路 TS，称为多路节目的多层复用。多路节目的双层复用系统框图如图 9-20 所示。

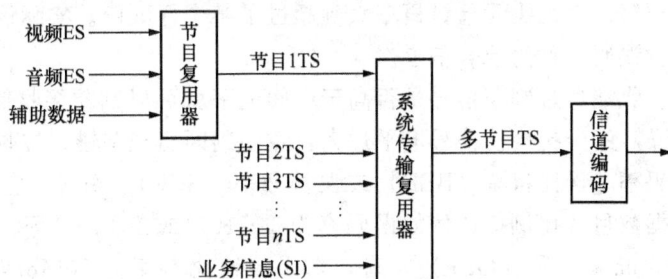

图 9-20　多路节目双层复用系统图

首先是节目复用（Program Multiplex），它们具有共同的时间基准；其次是传输复用（Transport Multiplex），彼此有独立的时间基准。

多路节目首先通过多个节目复用器将每套节目复用成 TS，接着将多个 TS 加到系统传输复用器进一步复用成一路 TS，然后再去信道编码器。

每套节目的 TS 中，可包含其独有的 PID，以供接收者用来选看所需的节目。在多路节目复用中，还可根据各套节目的内容分配给它们不同的 TS 包数目，实现码率动态复用，达到各套节目都有尽可能好的图像质量。

由于每套节目的内容不同，图像编码采用变字长编码，各路 TS 的数据是不同的。为了使之在恒定速率的信道上传输，必须在编码器末端设置一个视频援存校验器 VBV。VBV 与编码器输出相连接，对编码器或编辑过程中可能产生的数据率的变化加以调整，它暂存下码率不恒定的输入数据流，随后以恒速的码率向信道输出。各种不同的复用有不同的码流控制方式，一般采用 CBR 编码或 VBR 编码复用方式。

9.3 数字电视的信道编码与调制

9.3.1 信道编码概述

信道编码的主要目的是提高系统的抗干扰能力，所以也称为差错控制编码或纠错编码。对信道编码的要求是：编码效率高，抗干扰能力强；传输信号的频谱特性与传输信道的通频带有最佳的匹配性；传输通道对于传输的数字信号内容没有任何限制；发生误码时，误码的扩散蔓延小；编码的数字信号具有适当的电平范围；编码信号内包含有正确的数据定时信息和帧同步信息，以便接收端准确地解码。

信道中的干扰噪声分为加性噪声和乘性噪声。加性噪声叠加在有用信号上，它与信号的有无及大小无关，即使信号为零，它也存在，比如无线电、工频、雷电、火花、电脉冲干扰等。乘性噪声是对有用信号调幅，信号为零时，噪声干扰影响也就不存在了，比如线性失真、交调干扰、码间干扰以及信号的多径时变干扰等。噪声是随机的，只能用随机信号或随机过程的理论来研究它们的统计特性。信道类型不同，噪声类型不同构成不同类型的信道模型，分为随机误码信道和突发误码信道两类。随机误码信道中，码元出现误码与其前、后码元是否出现误码无关，每个码元独立地按一定的概率产生误码，通常用误码率来描述。突发误码信道中突发误码是由突发噪声引起的，总是以差错码元开头，以差错码元结尾，头尾之间并不是每个码元都错，而是码元差错概率大到超过了某个标准值。实际信道中往往既存在随机误码又存在突发误码，称为混合信道。

数字二元码在接收端通过判断信号是否高于中间电平就可以判断接收信号是 1 或 0，但在传输过程中由于噪声的干扰会使信号电平过大，致使判断出现差错，接收到误码。误码的轻重程度通常以误码率［误比特率（BER）或误符号率（SER）］衡量，它表示为单位时间内误码数目占总数据数目的比例值，例如误码率为 1×10^{-6} 或 1×10^{-9} 等。一般，误码率达到 1×10^{-11} 时可称为准无误码（QEF）状态，如果传输比特率为 20Mb/s，则 1×10^{-11} 的 BER 对应平均 1 小时 23 分才出现一次不可纠错的码，可认为没有误码。

实践证明，要求在接收端难以察觉误码图像，对于 DPCM，传输误码率要优于 5×10^{-6}。一维前值预测传输误码率要优于 10^{-9}，二维预测的 BER 优于 10^{-8}，采用冗余度纠错编码，可使误码率由 10^{-9} 变为 10^{-6}。不同的压缩标准，对传输信道的误码率要求也不一样，如 H.261 适用于 BER 不大于 1×10^{-6} 的 ISDN 信道，而 MPEG 适用于 BER 不大于 7×10^{-5} 的 ISDN 通道。

为了提高图像的传输质量，就要降低误码率。降低误码率的方法有：选取抗干扰强的码型，如双极性非归零码、多元码等；选取先进的调制方法，不同的传输方式要采取不同的调制方式，如 QPSK、QAM 调制等；编码时加入检错纠错码。

信道编码的一般结构如图 9-21 所示。从框图可以看出，自信源编码后，经多路视频音频、数据节目复用后，变为 TS，再以复用与匹配能量扩散，进入信道编码。信源压缩编码（传输流）后，包括扰码、交织、卷积等所有的编码措施笼统地称为信道编码。

实际上，信道是很复杂的，其信道编码的形式也因业务质量要求不同而不同。数字电视信号传输过程中，信道编码主要由 RS 编码、交织、卷积编码、TCM 及 QPSK、QAM、

图 9-21　信道编码结构图

VSB 或 COFDM 调制方式和上变频与功放过程组成。

注：RS 编码、交织、卷积编码 TCM 或 Turbo 是信道编码的核心。

9.3.2　检错纠错原理

1. 检错纠错码

（1）检错纠错码概念

检错纠错码是在数据发送时增加的一些与原发送数据间有一定特殊关系的附加数据。为了使信源代码具有检错纠错能力，应按一定规则在信源编码数据的基础上增加一些冗余码元（又称检错纠错码），使检错纠错码元与信息码元之间建立一种确定的关系，发送端完成这项任务的过程就称为差错控制编码。在接收端，根据检错纠错码元与信息码元之间已知的特定关系，可实现检错和纠错，这个过程称之为误码控制译码（解码）。

纠错码的分类依据不同的角度有不同的分法。图 9-22 所示是一种纠错码的分法。

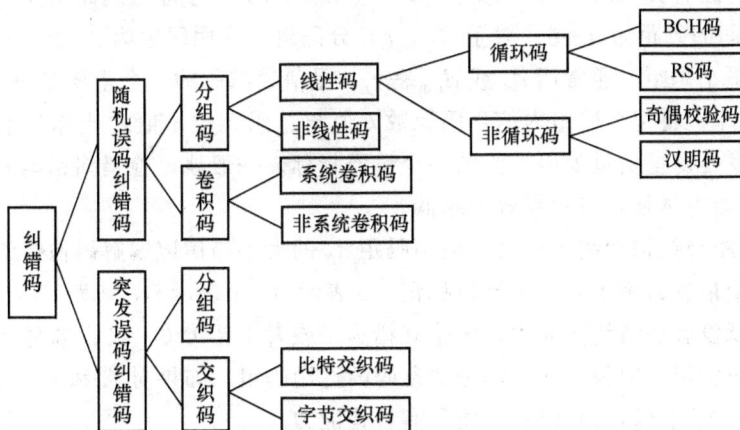

图 9-22　纠错码的分类

1）纠错码按照误码产生原因的不同，分为随机误码（多个误码）的纠错码和突发误码（单个误码）的纠错码两种。前者用于主要产生独立性随机误码的信道，后者用于易产生突发性局部误码的信道。

2）纠错码按照检错纠错的功能不同，分为检错码、纠错码和纠删码。检错码只能检知一定的误码而不能纠错；纠错码具备检错能力和一定的纠错能力；纠删码能检错纠错，对超过其纠错能力的误码则将有关信息删除或采取误码隐匿措施将误码加以掩蔽。

3）纠错码按照信息码元与监督码元之间的检验关系，分为线性码和非线性码。如果信息码元和监督码元之间存在线性关系，可以用一组线性方程式表示，就称为线性（纠错）码；反之，两种码元之间不能用线性方程式描述，就称为非线性码。

4）纠错码按照信息码元与监督码元之间约束方式的不同，分为分组码和卷积码两种。

5）纠错码按照信道编码之后信息码元序列是否保持原样不变，又分为系统码（组织码）和非系统码（非组织码）两种。系统码中，编码后的信息码元序列保持原样不变，监督码元位于其后；非系统码中，编码后的信息码元序列会发生改变。

（2）检错纠错码的能力

检错码控制范围是指在一个编码组内，增加 r 个检错码可以对多少个数据码元进行检错。同样纠错码控制范围是指在一个编码组内，增加 r 个纠错码可以对多少个数据码元进行纠错。当然，我们希望对一个码元为 n 的编码组，在保证其误码率的条件下，尽可能加入最少的检错码。

1）码组。如 3 比特的码组 000，001，010，011，100，101，110，111，共有不同的码组值 2^n 个。若码组 000，111 为许用码组，为 2^k 个，可作为发送信息使用。

在总码元 n 中含有 k 个信息码元，记作 (n, k)。码组 (n, k) 的含义是：在总码长为 n 的不同码组中，有 k 个信息码元，$r=n-k$ 个纠错码元（监督码元），不同的码组总共为 2^n 个，其中许用码组为 2^k 个。

2）码长和码重。码组或码字中编码的总位数称为码组的长度，简称码长；码组中非零码元的数目称为码组的重量，简称码重。例如，"11010" 的码长为 5，码重为 3。

3）码距。在分组编码中，每两个码组间相应位置上码元值不相同的个数称为码距，又称为汉明距离，通常用 d 表示。例如，0000 与 1011 码组之间的码距为 $d=3$；000111 与 111000 码组之间的码距为 $d=6$。对于 (n, k) 分码组，许用码组为 2^k 个，各码组之间的码距最小值称为最小码距，通常用 d_0 或 d_{min} 表示，是信道编码的一个重要参量。

4）编码效率。将每个码组内信息码元数 k 值与总码元数 n 值之比称为信道编码的编码效率。编码效率是衡量信道编码性能的一个重要指标。一般地，检错纠错码元越多（即 r 越大），检错纠错能力越强，但编码效率越低。

5）最小码距与检错和纠错能力。最小码距 d_0 的大小与信道编解码检错纠错能力密切相关。假设有两个信息 A 和 B，用 1 比特标记，0 表示 A，1 表示 B，码距 $d_0=1$。如果直接传送该信息码，就没有检错纠错能力，无论 0 错为 1 或者 1 错为 0，接收端都无法判断正确与否，更不能纠正错误，因为 0 和 1 都是信息码的许用码组。如果对 A 和 B 两个信息各增加 1 比特监督码元，组成 (2, 1) 码组，便具有检错能力。

3 位码组的检错、纠错能力归纳为表 9-2。以此类推：

① 在一个码组内要检知 e 个误码，则最小码距 $d_0 \geq e+1$。

② 在一个码组内要纠正 t 个误码，则最小码距 $d_0 \geq 2t+1$。

③ 在一个码组内要纠正 t 个误码并同时要检知 e 个误码，则最小码距 $d_0 \geq e+t+1$。

表 9-2 3 位码组的检错、纠错能力

码　组	许用码	禁用码	码　距	检错位数	纠错位数
0, 1	0, 1	无	1	0	0
00, 01, 10, 11	00, 11	01, 10	2	1	0
000, 001, 010, 011, 100, 101, 110, 111	000, 111	001, 010, 011, 100, 101, 110	3	1	1

2. 线性分组码

在数字电视中常用线性分组码进行检错和纠错。线性分组码是指信息码元和监督码元之间的关系可以用一组线性方程来表示的分组码。其主要性质如下：

1）封闭性，即任意两个准用码组之和（逐位模 2 加）仍为一个准用码组。

2）两个码组之间的距离必定是另一码组的重量，因此码的最小距离等于非零码的最小重量。

3）线性码中的单位元素是 $A=0$，即全零码组，因此全零码组一定是线性码中的一个元素。

4）线性码中一个元素的逆元素就是该元素本身，因为 A 与它本身异或的结果为 0。

3. 循环码

循环码是一种线性分组码，检错纠错性能较好，既可纠正随机误码，也可纠正突发误码。其编码设备很容易用带反馈的移位寄存器实现，在数字电视的编码系统中经常使用。

（1）循环码的形式

循环码的表示方式同线性分组码一样，每个 n 码元的码组中 k 个信息码元在前，r 个监督码元在后，如 (n, k)。

（2）循环码的特性

1）封闭性：编码后的码组中任意两个码字对应位之模 2 和仍为许用码。

2）循环性：任意一组循环码，作左移或右移循环多次后仍为许用码。如 $(a_{n-1}, a_{n-2}, \cdots, a_1, a_0)$ 为一组环循码，则 $(a_0, a_{n-1}, a_{n-2}, \cdots, a_1)$，$(a_1, a_0, a_{n-1}, \cdots, a_2)$，…也是循环码中的许用码组。

3）码元多项式将码长为 n 的码组表示为

$$T(x) = a_{n-1}x^{n-1} + a_{n-2}x^{n-2} + \cdots + a_1 x + a_0$$

称为码元多项式。多项式系数 $a_{n-1}, a_{n-2}, \cdots, a_1, a_0$ 表示码元，值为 0 或 1，其幂次表示码元位置。例如，110101 的码元多项式为

$$T(x) = x^5 + x^4 + x^2 + 1$$

4）循环码的编码。循环码的编码规则是：把 k 位信息码左移 r 位后被规定的多项式除，将所得余数作为校验位加到信息码后面。规定的多项式称为生成多项式，用 $G(x)$ 表示。

要将 $A(x)$ 左移 r 位，只要将 $A(x)$ 乘上 x^r，得到 $x^r A(x)$。用生成多项式 $G(x)$ 除 $x^r A(x)$，便可得到余数 $R(x)$。

用这种编码方法能产生出有检错能力的循环码 (n, k)。在发送端发出信号 $U(x) = x^r A(x) + R(x)$，如果传送未发生错误，则收到的信号必能被 $G(x)$ 除尽，否则表明有错。

4. RS 码

（1）定义

里德-所罗门码由 Reed 和 Solomon 两位研究者发明，故称为 RS 码。RS 码特别适合于纠多进制传输中的突发误码，具有较强的纠错能力。

RS 码的码组与线性分组码是不同的。其含义是：在 (n, k) 码组的 RS 编码中，输入的信

息数据流划分为 $k \times m$ 比特组，每组内包含 k 个符号，每个符号由 m 比特组成，编码后加入了 $n-k$ 个纠错字符号。例如，（7，5）码组中，信息的个数是 5 个符号，RS 纠错码符号是 2 个，每个符号可以是 3 比特。一个能纠正 t 个码元错误的 RS 码的主要参数如下：

1）字长 $n=2^m-1$ 码元或 m（2^m-1）比特。

2）监督码元数 $n-k=2t$ 码元或 $m \times 2t$ 比特。

3）最小码距 $d_{min}=2t+1$ 码元或 $m \times$（$2t+1$）比特。

数字电视中的数据流，采用（204，188，$t=8$）或（207，187，$t=10$）的 RS 码，其中 $n=204$ 或 208 字节（207 字节加 1 字节同步字节），$m=8$ 比特，信息码长度为 $k=188$ 字节，RS 纠错码为 $r=16$ 字节或 20 字节。纠错能力 t 分别为 8 字节或 16 字节。

（2）伽罗华域

伽罗华域是由 $2m$ 个符号及相应的加法和乘法运算所组成的域，记为 GF（2^m）。例如，两个符号"0"和"1"，与模 2 加法和乘法一起，组成二元域 GF（2）。

一般来说，如果 GF（2^m）中一个元素的幂可以生成 GF（2^m）的全部非零元素，我们就把该元素称为本原元素。

RS 码生成运算是在伽罗华域中完成的。

（3）由纠错能力确定 RS 码

对于一个长度为 2^m-1 的 RS 码组，其中每个码元都可以被看成是伽罗华域中 GF（2^m）的一个元素。最小码距为 d_{min} 的 RS 码生成的多项式具有如下形式：

$$g(x) = (x+a)(x+a^2) \cdots (x+ad_{min}-1)$$

其中，a 就是 GF（2^m）的本原元素。例如，要构造一个能纠正 3 个错误码元，码长 $n=15$，$m=4$ 的 RS 码，则可以求出该码的最小码距为 7 个码元，监督码元数为 6，因此是一个（15，9）RS 码。其生成多项式为

$$g(x) = (x+a)(x+a^2)(x+a^3)(x+a^4)(x+a^5)(x+a^6)$$
$$= x^6 + a^{10}x^5 + a^{14}x^4 + a^4x^3 + a^6x^2 + a^9x + a^6$$

从二进制码的角度来看，这是一个（60，36）码。

RS 码能够纠正 t 个 m 位二进制错误码组。至于一个 m 位二进制码组中到底有 1 位错误，还是 m 位全错了，并不会影响到它的纠错能力。所以，RS 码特别适合于纠正突发错误，如果与交织技术相结合，它纠正突发错误的能力则更强。RS 码广泛应用于既存在随机错误又存在突发错误的信道上。

5. 交织码

集中的噪声干扰（突发差错）的危害大于分散的噪声干扰（随机差错）。为了增强 RS 码纠正突发错误的能力，常使用交织（Interleaving）技术，交织的作用是减小信道中错误的相关性，把长突发错误离散成为短突发错误或随机错误。交织深度越大，则离散程度越高。

交织也称交错，是对付突发差错的有效措施。突发噪声使信道中传送的码流产生集中的、不可纠正的差错。如果预先对编码器的码流做顺序上的变换，然后作为信道上的传输流，信道噪声干扰造成的传输流中的突发差错可能被均匀化、分散化，转换为码流中随机的、可纠正的差错，不需要附加的监督码。

交织分为分组交织和卷积交织。

（1）分组交织

分组交织比较简单，对一个 (n,k) 分组码进行深度为 m 的分组交织时，把 m 个码组按先行后列排列成一个 $m \times n$ 的码阵。码元 a_{ij} 的下标 i 为行号，下标 j 为列号，排列成 a_{11}，a_{12}，…，a_{1n}，a_{21}，a_{22}，…，a_{2n}，a_{m1}，a_{m2}，…，a_{mn} 形式。交织编码规定以先列后行的次序和从左到右的顺序传输，即以 a_{11}，a_{21}，…，a_{m1}，a_{12}，a_{22}，…，a_{m2}，…，a_{1n}，a_{2n}，…，a_{mn} 的顺序传输。接收端去交织则执行相反的操作，把收到的码元仍排列成 a_{11}，a_{12}，…，a_{1n}，a_{21}，a_{22}，…，a_{2n}，a_{m1}，a_{m2}，…，a_{mn} 形式，以行为单位，按 (n, k) 码的方式进行译码。

经过交织以后，每个 (n,k) 码组的相邻码元之间相隔 $m-1$ 个码元。当接收端收到交织的码元后，恢复成原来的码阵形式，就把信道中的突发错误分散到了 m 个 (n,k) 码中。如果一个 (n,k) 码可以纠正 t 个错误（随机或突发），则交织深度为 m 时形成的 $m \times n$ 码阵就能纠正长度不大于 mt 的单个突发错误。交织方法是一种时间扩散技术，它把信道错误的相关性减小，当 m 足够大时就把突发错误离散成随机错误。

（2）卷积交织

卷积交织比分组交织要复杂。DVB 采用的是卷积交织。DVB 的交织器和去交织器如图 9-23 所示。交织器由 $I=12$ 个分支组成，在第 $j(j=0,1,\cdots,I-1)$ 分支上设有容量为 jM 字节的先进先出（FIFO）移位寄存器，图中的 $M=17$，交织器的输入与输出开关同步工作，以 1 字节/位置的速度从分支 0 到分支 $I-1$ 进行周期性切换。接收端在去交织时应使各字节的延时相同，采用与交织器结构相似但分支排列次序相反的去交织器。要使交织与去交织开关同步工作，交织器中数据帧的同步字节总是由分支 0 发送出去，必须满足以下关系：

$$N = IM = 12 \times 17 = 204$$

也就是说，17 个切换周期正好是纠错编码包的长度，所以交织后同步字节的位置不变。通过从分支 0 识别出同步字节来实现去交织器的同步。

卷积交织器用参数 (N, I) 来描述，图 9-23 所示的是 $(204, 12)$ 交织器。显然，在交织器输出的任何长度为 N 的数据串中，不包含交织前序列中距离小于 I 的任何两个数据。I 称为交织深度。对于 $(204, 188)$ RS 码，能纠正连续 8 字节的错误，与交织深度 $I=12$ 相结合，可具有最多纠正 $12 \times 8 = 96$ 字节的突发误码的能力。I 越大，纠错能力越强，但交织器与去交织器总的存储容量 S 和数据延时 D 与 I 有关，即

$$S = D = I(I-1)M$$

在 DVB 中，交织位于 RS 编码与卷积编码之间，这是因为卷积码的维特比译码会出现差错扩散，引起突发差错。

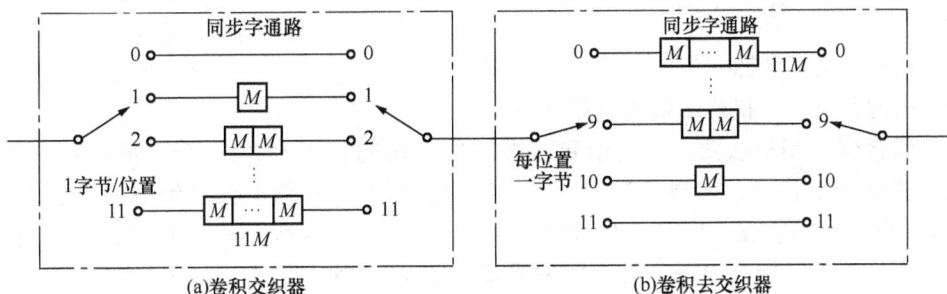

图 9-23　DVB 的卷积交织器和去交织器

6. 卷积码

卷积码由伊利亚斯（P. Elias）于 1955 年提出，用 (n, k, m) 表示，其含义是：参数 k 表示输入信息码位数，$n(n>k)$ 表示编成的卷积码的位数，m 表示卷积码的约束长度。但编码出的 n 比特的码组值不仅与当前码字中的 k 个信息比特值有关，而且与其前面 m 个码字中的 $m \times k$ 个信息比特值有关，也即当前码组内的 n 个码元的值取决于 $m+1$ 个码组内的全部信息码元。

由于卷积码编码利用了前后码组间的相关性，涉及的数据量大，所以 n 和 k 值一般取得较小，这既能获得较好的抗误码能力，又可避免编译码电路复杂化。卷积码的编码效率为 $\eta = k/n$，性能要比分组码好。但卷积码至今没有最佳设计方案，大多需采用计算机搜索法来寻找优化的编码电路结构。也就是说，对于一定的 k 值和 n 值，选取多大的约束长度 m 并怎样地产生出最佳抗误码能力的编码器，还不容易设计得很完善。n 值小时电路简单些，适合于纠正随机误码；n 值大时还具有纠正一定的突发误码的能力。实践中，n 值一般小于 10。

卷积码是一种非线性纠错码，不能用线性方程组表示出来；从卷积码内的码元看，分不出哪几个是信息位，哪几个是监督位，而是结合在一起的几个码元。所以，卷积码一般为非系统码（非组织码）。

(1) 卷积码的编码原理

卷积码编码器一般由若干移位寄存器及模 2 和加法器组成。通常，移位寄存器数目等于 $n-1$，模 2 和加法器数目等于 n 值。图 9-24（a）、（b）中示出了 (2, 1, 2)，(2, 1, 3) 两种编码器电路的例子。由于串行输入的 k 个信息码元生成 n 个卷积码元后一般仍以串行数据流形式输出，所以在输出端加入一个并-串转换开关。

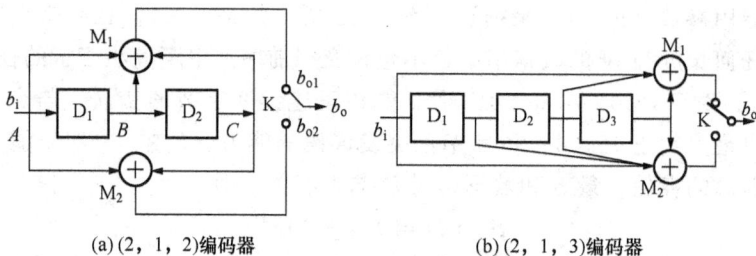

(a) (2, 1, 2) 编码器　　　　　　(b) (2, 1, 3) 编码器

图 9-24　两种卷积码编码器电路结构

(2) 卷积码与格状图

卷积码的状态图与格状图如图 9-25 所示。

卷积码常常采用格状图、树状图和状态图进行研究。如图 9-25（a）所示，卷积码的编码用存储单元 M_1、M_2 实现 (2, 1, 3) 卷积编码，2 个存储单元可组成 4 个状态（00，01，10，11）用顶点 (a, b, c, d) 表示，状态转移用弧线表示，并标注编码关系 $x_1 \rightarrow y_1 y_0$，如从状态 a 开始，输入 0 时，则编码输出为 00，状态仍为 a，可表示为 $0 \rightarrow 00$；输入 1 时，则编码输出为 10，状态变为 b，可表示为 $1 \rightarrow 10$。若从状态 b 开始，输入 0 时，则编码输出为 01，状态变为 c，可表示为 $0 \rightarrow 01$；输入 1 时，则编码输出为 11，状态变为

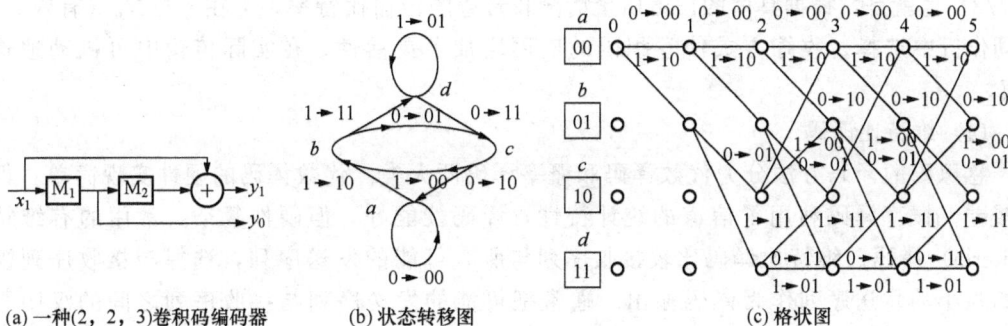

（a）一种(2，2，3)卷积码编码器　（b）状态转移图　　　　　　（c）格状图

图 9-25　卷积码的状态图和格状图

d，可表示为 1→11。以此类推，如图 9-25（b）所示。从分析可知，由这种编码器编成的码，有些路径是绝不会发生的，如 a→c，a→d，b→a，b→b，c→c，c→d，d→a，c→b 的转移。把连接的状态转移图展开就可构成格状图，如图 9-25（c）所示，可得到由状态图发展的所有可能的编码路径构成的格状图。从格状图可以看到编码所有可能发展的路径，可看出从 a 点开始经过 $m=3$ 段后，已可发展到 4 个状态的任一个状态，后面各段格状结构是重复的。卷积编码形成了码序列之间的相关性，反映在格状图上成为格状图上的路径，那么在接收时就只要考虑格状图上有的路径。因此，接收端也要有和发送端相同的编码器，用来产生格状图上路径，以便从中寻找出沿着一条路径发展的编码 $y_1 y_0$ 序列和收到码序列相同或差别最小的，以此作为最有可能的路径，并按每段 x_1→$y_1 y_0$ 关系逆推出 x_1 序列作为发送的码序列。这条找到的路径叫做似然路径。从格状图路径中找出似然路径的方法是 Viterbi 算法。

（3）卷积码的收缩

可以通过卷积码的收缩来改变编码效率 η，收缩方式如表 9-3。对于卷积编码内的"1"表示原样传输的比特，"0"表示省略不传的比特。由于卷积码编码中约束长度内的码组间具有相关性，省略一些特定码元后再传输，接收端译码时可在这些位置上填充特定的码元，然后在容许的误码范围内可正确地译出原始信息比特，其纠错能力也会随之下降。

表 9-3　卷积码的收缩方式

$\eta=1/2$	$\eta=2/3$	$\eta=3/4$	$\eta=5/6$	$\eta=7/8$
X：1 Y：1	X：10 Y：11	X：101 Y：110	X：10101 Y：11010	X：1000101 Y：1111010
$I=X_1$ $Q=Y_1$	$I=X_1 Y_2 Y_3$ $Q=Y_1 X_3 Y_4$	$I=X_1 Y_2$ $Q=Y_1 X_3$	$I=X_1 Y_2 Y_4$ $Q=Y_1 X_3 X_5$	$I=X_1 Y_2 Y_4 Y_6$ $Q=Y_1 Y_3 X_5 X_7$
$X_1 Y_1$	$X_1 Y_1 Y_2 X_3 Y_3 Y_4$	$X_1 Y_1 Y_2 X_3$	$X_1 Y_1 Y_2 X_3 Y_4 X_5$	$X_1 Y_1 Y_2 Y_3 Y_4 X_5 Y_5 X_7$

如图 9-24（b），卷积码的编码效率 $\eta=1/2$，纠错能力强，适于干扰较多的卫星广播和地面广播传输媒体。如果传输环境比较好，如有线电视信道干扰相对较小，则可对卷积码实施收缩来提高编码效率，增大有用比特率的传输。具体地，可从 1/2 提高为 2/3，3/4，5/6

或 7/8。也就是，根据具体的信道质量情况和希望的传输比特率，可在 η 与 R_u（有效码率）之间作折中选择。收缩方式使卷积码的应用增加了灵活性，在实际传输中可机动地选择 η 值。

（4）维特比译码

卷积码的译码方法分为代数译码和概率译码两大类。代数译码的硬件实现简单，但性能较差。概率译码利用了信道的统计特性，译码性能好，但硬件复杂，常用的有维特比（Viterbi）译码。维特比译码比较接收序列与所有可能的发送序列，选择与接收序列汉明距离最小的发送序列作为译码输出。通常把可能的发送序列与接收序列之间的汉明距离称为量度。如果发送序列长度为 L，就会有 $2L$ 种可能序列，需要计算 $2L$ 次量度并对其进行比较，从中选取量度最小的一个序列作为输出。因此，译码过程的计算量随着 L 的增加呈指数增长。

7. 前向纠错

信道编码常用的差错控制方式有前向纠错（Forward Error Correction，FEC）、检错重发（Automatic Repeat Request，ARQ）、反馈校验（IRQ）和混合纠错（Hybrid Error Correction，HEC）。

数字电视采用前向纠错方式，接收端能够根据接收到的码元自动检出错误和纠正错误。纠错编码在所要传输的信息序列上附加一些与信息码元间有某种固定规则关系的码元。接收端按照这种规则对接收的码元进行检验，一旦发现码元之间的固定关系受到破坏，便可通过恢复原有固定关系的方法来纠正误码。数字电视的前向纠错包括 4个部分，即能量扩散（Energy Dispersal）、RS 编码、交织和卷积编码。

注：数字电视信号进行信道编码就是为了提高信号传输的抗干扰能力，以减少误码率。

9.3.3　数字电视调制

数字电视的视、音频信号经过信源编码数据压缩和信道编码差错控制后得到的数字信号通常为二元数字信息，其脉冲波形占据的频带一般从直流或较低频率开始直至可能的最高数据频率（几十千赫、几百千赫或几兆赫、几十兆赫），带宽很宽，能宽到短波波段的射频范围。尽管最高频率可能很高，但这种信号的频谱是大约从零频开始的，称为数字基带信号。对于短距离的传输可以直接传送数字基带信号，而较长距离的有线信道传输，或者是无线信道传输，则需要采用合适的调制方式将数字基带信号调制到高频载波上进行传输，这种调制称为数字调制。

数字调制中，由时间上离散和幅度上离散的数字信号改变载波信号的某个参量，载波信号做相应的离散变化，被认为是受键控的，数字调制信号也称键控信号，高频载波可受到幅移键控（Amplitude Shift Keying，ASK）、频移键控（Frequency Shift Keying，FSK）或相移键控（Phase Shift Keying，PSK）。这 3 种调制方式对应于模拟调制中的调幅、调频和调相。

数字调制中典型的调制信号是二进制的数字值。高频载波的调制效率可以用每赫（Hz）已调波带宽内可传输的码率（b/s）来标记，故单位为 b/(s·Hz)。为了提高载波的调制效率，常采用多进制信号进行高频调制，这样可使已调波带宽内包含更高的数码率。多进制调制中，每 k 个比特构成一个符号，得到一个个 $2k＝m$ 进制的符号，逐个符号对高频载波做多进制的 ASK、FSK 或 FSK 调制。符号率的单位为符号/秒（symbol/s），也称为波特（Baud），已调波的高频调制效率用 B/Hz 表示。

1. QAM

正交幅度调制（Quadrature Amplitude Modulation，QAM）也称为正交幅移键控。这种键控由两路数字基带信号对正交的两个载波的振幅和相位同时进行调制复合而得，称为数字复合调制方式。一般用 m-QAM 代表 m 电平正交调幅，用 $MQAM$ 代表 M 状态正交调幅。通常有 2 电平正交幅移键控（2-QAM 或 4QAM）、4 电平正交幅移键控（4-QAM 或 16QAM）、8 电平正交幅移键控（8-QAM 或 64QAM）等。电平数 m 和信号状态 M 之间的关系是 $M＝m^2$。

图 9-26 所示为 16QAM 调制电路的框图，输入的串行数据流经过串–并变换器分成两路双比特流 b_1b_2 和 b_3b_4，它们分别由数–模转换器把 4 种数据组合（00，01，11，10）转换成 4 种模拟信号电平（+3，+1，−1，−3），上、下支路的模拟输出分别调制载波信号 $\sin\omega_c t$ 和 $\cos\omega_c t$，然后通过加法器使两个已调波相加，得到合成的调相波信号 16QAM 输出。

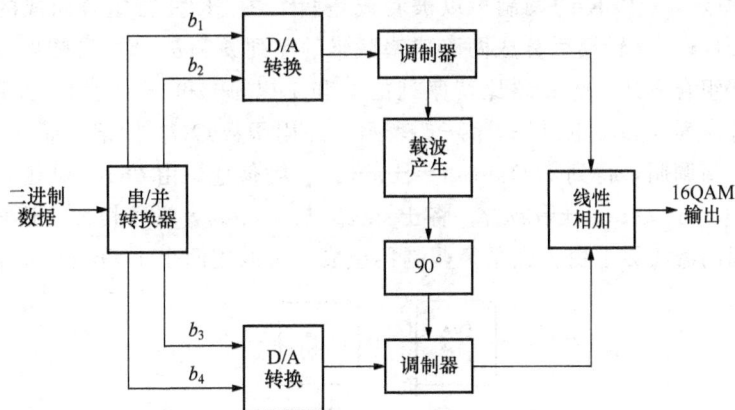

图 9-26　16QAM 调制电路框图

根据取值规定，得出 b_1b_2，b_3b_4 共有 16 种组合，归一化后可表示 16 种组合的矢量（幅值与幅角），画出其星座图。16QAM 星座图与码元关系如图 9-27 所示。

MQAM 调制方式中除了常用的 16QAM 外，还有 4QAM、32QAM、64QAM、128QAM 和 256QAM 等。其中，4QAM 实际与 4PSK 是等效的，星座图上都是 4 个星座点。

MQAM 的解调是 MQAM 调制的逆过程，如图 9-28 所示。由恢复的参考载波对已调波进行同步解调，解调的信号经低通滤波后受到种电平的阈值判决，得到两路码率为编码时输入码率的一半的二进制序列，再通过并/串转换形成码率与编码相同的二进制序列。

理想的低通滤波情况下，MQAM 信号的已调波带宽效率都是 $\eta=\log_2 M[\mathrm{b/(s\cdot Hz)}]$。例如，16QAM 的高频调制效率 $\eta=4\mathrm{b/(s\cdot Hz)}$。实际基带低通滤波器的截止边沿是按照升余弦滚降特性下降的，滚降系数 α 为 0～1（0 为锐截止的理想低通特性），此时的高频调制效率应修正为 $\eta=\log_2 M/(1+\alpha)[\mathrm{b/(s\cdot Hz)}]$。

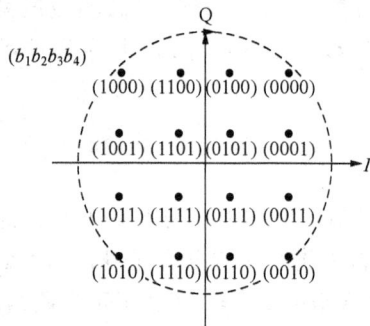

图 9-27　16QAM 星座图与码元关系

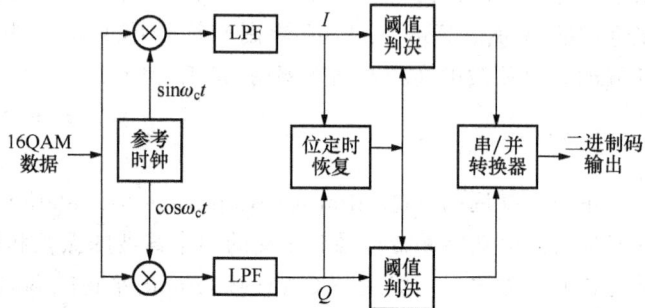

图 9-28　16QAM 解调电路框图

2. QPSK

MPSK 调制，特别是四相制相位键控（QPSK）是目前微波通信或卫星数字通信中最常用的一种载波传输方式，具有较高的抗干扰性和频谱利用率，在电路上很容易实现，是通信系统的主要调制方式。

如图 9-29 所示，QPSK 的调制可以被看成是两个 2PSK 并行组合而成的。输入的串行二进制信息序列经串-并转换后分成两路速率减半的序列 a 和 b，数/模转换器使每对比特码元形成 4 种数据组合方式。令 a 路比特序列的 0 和 1 以 +1 和 −1 表示，并用函数 $I(t)$ 标记；令 b 路比特序列 0 和 1 也以 +1 和 −1 表示，并用函数 $Q(t)$ 标记。而后，由 $I(t)$ 对载波 $\sin\omega_c t$ 进行平衡调制，得到 $I(t)\sin\omega_c t = \pm\sin\omega_c t$；类似地，由 $Q(t)$ 对载波 $\cos\omega_c t$ 进行平衡调制，得到 $Q(t)\cos\omega_c t = \pm\cos\omega_c t$。将 $\pm\sin\omega_c t$ 与 $\pm\cos\omega_c t$ 信号相加，形成 QPSK 信号。因此，QPSK 调制器实际上由正交平衡调制器组成，可以用两个 16QAM 组成 QPSK。

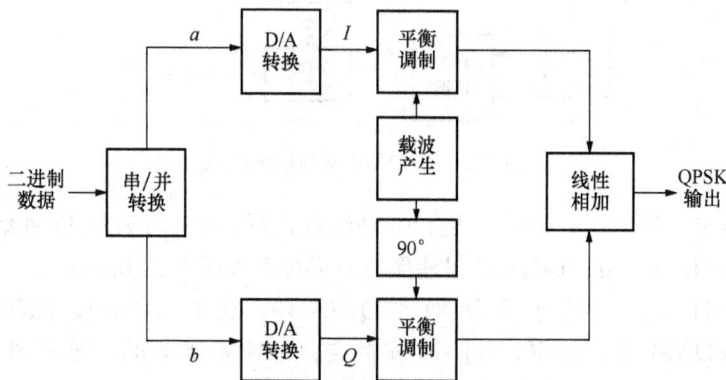

图 9-29　QPSK 调制电路框图

a、b 码元的调制波组合可形成表 9-4 中 4 种绝对的 QPSK 信号，并能用图 9-30 所示的已调相波星座图表示，参见图中的 4 个 "." 点。

I 平衡调制后可能输出两个相位（+$\sin\omega_c t$ 和 −$\sin\omega_c t$），Q 平衡调制后可能输出两个相位（+$\cos\omega_c t$ 和 −$\cos\omega_c t$）。当两个正交信号线性组合后，QPSK 就有 4 种可能的相位结果，且每个信号的幅度相同。

QPSK 中任何相邻两个相移是 90°，因此 QPSK 信号在传输过程中几乎可以承受＋45°或－45°相移，在一定的噪声环境下解调时，仍可以保证正确的编码信息。

表 9-4　真值表

输入		PSK 输出相位
Q	I	
0	0	$-135°$
0	1	$-45°$
1	0	$+135°$
1	1	$+45°$

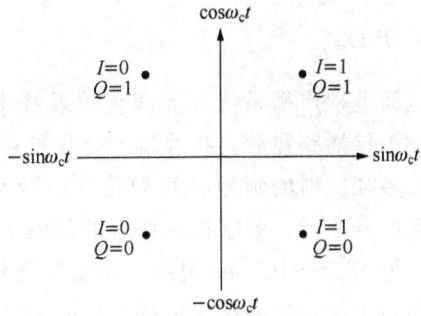

图 9-30　QPSK 星座图

3. TCM

昂格尔博克（Ungerboeck）提出的网格编码调制（Trellis Code Modulation，TCM）将纠错编码与调制作为一个整体，编码器和调制器综合后产生的编码信号序列具有最大的欧几里得自由距离。在不增加系统带宽和相同信息速率的情况下，TCM 可获得 3～6dB 的性能增益。

网格编码调制的基本原理是通过一种"集合划分映射"的方法，将编码器对信息比特的编码转换为对信号点的编码，在信道中传输的信号点序列遵从网格图中某一条特定的路径。这类信号有以下两个基本特征：

1）星座图中所用的信号点数大于未编码时同种调制所需的点数（通常扩大 1 倍），这些附加的信号点为纠错编码提供冗余度。

2）采用卷积码在时间上相邻的信号点之间引入某种相关性，只有某些特定的信号点序列可能出现，这些序列可以模型化为网格结构，称为网格编码调制。

图 9-31 所示为通用 TCM 编码调制器结构示意图。TCM 编码调制器由卷积编码器、信号子集选择器和信号点选择器组成。在每个调制信号周期中，有 b 比特信息输入。其中，k 比特送到卷积编码器，卷积编码器输出的 $k+r$ 比特中的 r 比特是由编码器引入的冗余度，通常 $r=1$，这 $k+r$ 比特用于选择 2^{b+r} 点星座的 2^{k+r} 个子集之一；剩余 $b-k$ 比特直接送到信号选择器，在指定的子集中唯一确定一个星座点。

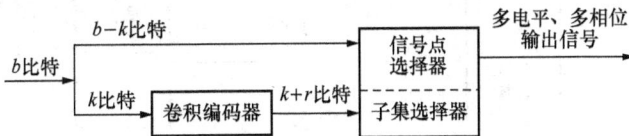

图 9-31　通用 TCM 编码调制器结构示意图

TCM 码形成信号星座到 2^{k+r} 个子集的一种分割，分割采用最小距离最大化的原则，即分割后子集内信号点之间的最小欧几里得距离最大。每经过一次分割，子集数加倍，每个子集内的信号点数减半，最小欧几里得距离随之增大。设经过 i 级分割之后子集内的最小欧几里得距离为 d_i，则 $d_0 < d_1 < d_2 < \cdots$。可以用二叉树来表示集分割，定义最后一次分割得到

的子集数为分割的级数，图 9-31 的 TCM 编码调制器使用的分割级数应该是 2^{k+r}。

TCM 码的解调与译码采用维特比算法。

4. COFDM

在地面电视广播系统等无线传输系统中，发送的信号经过建筑群等复杂地理环境的反射、散射等传播路径后，接收端的信号是多个幅度和相位各不相同的信号的叠加，这就是多径干扰。多径反射的延迟时间为几百纳秒到几微秒。多径干扰会引起信号的频率选择性衰减，引起信号变异。数字视频信号的数码率约为几兆比特/秒到几十兆比特/秒，因而比特周期很短，为 $10^{-1} \sim 10^{-2} \mu s$ 量级。调制在高频载波上进行地面开路发送时，多径干扰会产生较大的码间干扰，造成接收中的误码率较高。对于移动接收，情况会更严重。

解决这一问题的办法是扩大比特周期，使其大大超过多径反射的延迟时间，这样多径反射波滞后于直达波的时间将只占比特周期的很小一部分，码间干扰变得微小而不会产生误码。为此，将码率 R_b 降低几千倍，使串行数据流经串-并转换器转换成几千路并行比特流，每路比特流的码率是原码率 R_b 的几千分之一。然后将这几千路符号对频带内的几千个子载波分别进行 PSK 或 QAM 调制，再将几千路已调波混合起来，形成高频频带内的一路综合已调波，这种调制方式是多载波调制。因为子载波已调信号是以频分多路形式合成在一起的，所以属于 FDM 调制。

正交频分复用（Orthogonal Frequency Division Multiplexing，OFDM）利用数据并行传输和频谱重叠的 FDM 技术来抗脉冲干扰和多径衰减，同时实现频带的充分利用。

图 9-32 所示为 OFDM 调制原理框图。为了解决高速率数据在开路通道传输时因多径效应引起的码间干扰，采取的一种方法是在规定的高频带宽 B 内均匀安排以 $N = 2^k$ 个子载波，同时将高码率的串行数据流经串-并转换器分路成 N 个并行支路，使支路的码率相应地大为降低，然后由 N 路符号（每符号由 2，4 或 6 比特组成）分别对 N 个子载波进行调制（4PSK，16QAM 或 64QAM），再将各路已调波混合，形成 FDM 信号。FDM 调制各子载波的频谱如果是正交的，则称为正交频分复用 OFDM。

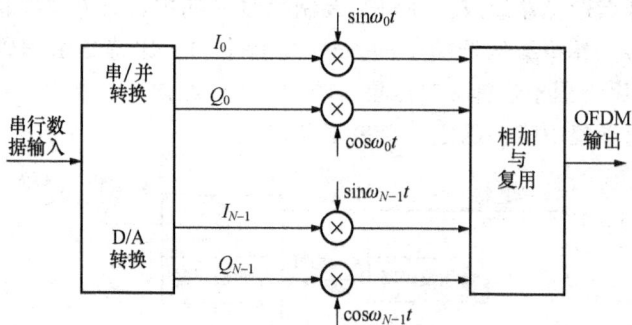

图 9-32　OFDM 调制原理框图

对于 8MHz 的电视频道，$N = 2^k$ 中 k 的取值可取 11，12，13，即 $N = 2048$，4096，8192，对应的每一个子带的带宽为 3096Hz，1953Hz，976.5Hz。

图 9-33 所示为 OFDM 的解调原理框图，由接收端产生的各个 $\sin\omega_j t$ 和 $\cos\omega_j t$ 与接收端的 OFDM 信号相乘，只有同频同相的 OFDM，才能产生相对应的 I_j 和 Q_j 信号（即同步解

调），再经阈值判决、A/D 转换和并/串转换，就可以恢复原来的数据流。

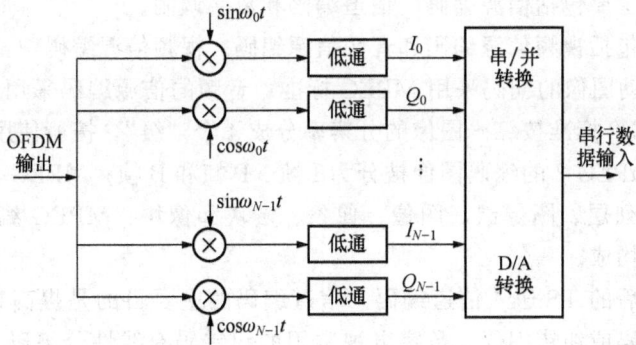

图 9-33　OFDM 解调原理框图

COFDM 实际上是将编码和 OFDM 结合起来的一种传输方案。利用时间和频率分集，OFDM 提供了一种在频率选择性衰减信道中传输数据的方案。COFDM 是一种有效消除多径干扰和衰减的数字调制方式，多用于数字地面广播电视中。

5. VSB

残留边带（Vestigial Side Band，VSB）调制，用调幅信号抑制载波，并且两个边带信号中一个边带完全通过而另一个边带只残留少量部分通过。为了保证传输的信息不失真，要求残留边带分量等于传输边带中失去的部分。这要求残留边带滤波器在载频处具有互补滚降特性（奇对称），这样有用边带分量在载频附近损失的部分能被残留边带分量补偿。基带信号经平衡调幅器产生双边带平衡调幅波形，通过一个合适的残留边带滤波器得到残留边带调制信号。

图 9-34 所示是一个 16VSB 的数字调制电路。串/并转换器将串行比特流转换成 4 路并行比特流，经 D/A 转换后形成 16 电平的信号（± 1，± 3，± 5，± 7，± 9，± 11，± 13，± 15），加上导频信号后再对中频载波 f_{IF} 实施抑制载波的平衡调幅，得到上、下两个边带信号，由 VSB 滤波器滤除大部分下边带，让残留的下边带和上边带通过，再由一个线性相位、平坦幅度响应的 SAW 滤波器完成邻近频道抑制，经上变频器变换到射频。

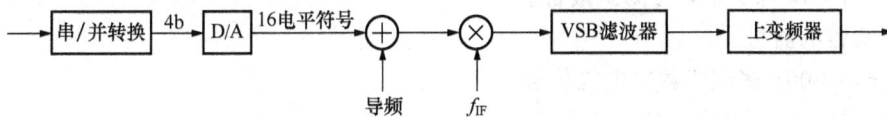

图 9-34　16VSB 调制器

注：DVB-S 采用 QPSK 调制，DVB-C 采用 QAM 调制，DVB-T 采用 COFDM 调制。

本章小结

数字电视是从节目采集、编辑制作到信号的发送、传输和接收全部采用数字处理的全新电视系统，它有着模拟电视无法比拟的优点。

目前，国际上有 3 个相对成熟的数字电视广播标准制式：欧洲的 DVB、美国的 ATSC

和日本的 ISDB。我国的数字电视采用 DVB 标准。

数字电视技术主要包括信源编码、信道编码和数字调制。

信源编码主要包括视频信源编码和音频信源编码。视频信源编码中，静止图像的编码采用 JPEG 标准，运动图像的编码采用 MPEG 标准；音频的信源编码采用 MUSICAM 编码或 AC-3 编码。MPEG-2 标准按编码图像的分辨率分成 4 个"级"，按所使用的编码方法的不同分成 5 个"型"；MPEG-2 的编码图像被分为 I 帧、P 帧和 B 帧；MPEG-2 的数据结构分为 6 个层次，即图像序列层、图像组、图像、像条、宏块和像块；MPEG 编码后的视频基本码流由 6 个视频层次构成。

经过信源编码后的 TS 送入信道编码。信道编码的主要目的是提高系统的抗干扰能力，也称为差错控制编码或纠错编码。数字电视常用的纠错码有线性分组码、RS 码、交织码和卷积码等。

数字调制方法有 QAM、QPSK、TCM、COFDM、VSB 等，数字电视根据不同的标准和传输方式采用不同的数字调制方法。

实验九　数字电视信号的测试

一、实验目的
1）掌握数字电视在各个环节的信号类型。
2）认识数字电视的射频信号幅度范围。
3）认识数字电视的基带信号。
4）认识数字机顶盒的输出信号。
5）掌握数字电视各部分信号的测试方法。

二、实验任务
1）连接测试系统。
2）测试数字电视射频信号的幅度。
3）测试数字电视的基带信号（TS）。
4）测试数字机顶盒的输出信号。
5）分析测试结果并撰写测试报告。

三、实验的器材
1）3513B-001 多制式数字电视信号发生器 1 台。
2）熊猫 3216 型数字有线电视机顶盒 1 台。
3）彩色电视机 1 台。
4）场强仪 1 台。
5）数字示波器 1 台。
6）D1660E68 型 HP 逻辑分析仪 1 台。

四、实验方法和步骤
测试系统的连接如图 9-35 所示。

1）用有线电缆线将机顶盒的 RF 输入端与 3513B-001 多制式数字电视信号发生器的输出端连接起来。

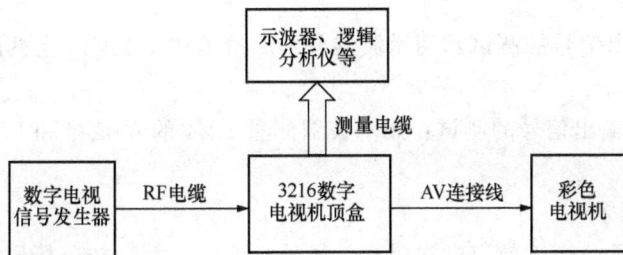

图 9-35　测量系统连接

2）用音视频连接线将机顶盒的 AV 输出端子与彩色电视机的 AV 输入端子连接起来。

3）数字示波器、逻辑分析仪等的测量电缆探头与机顶盒的被测点连接。

1. 测试数字电视射频信号的幅度

1）设置数字电视信号发生器，使其发射一定频率和符号率以及 50dBμV 幅度的数字电视信号，操作数字电视机顶盒，使其正常接收发射的节目，用场强仪测量此时 RF 射频线的幅度值，记录结果。

2）调节发射信号的幅度小于 35dBμV，寻找刚好使接收的节目不出现马赛克的临界点，用场强仪测量此时 RF 射频线的幅度值，记录结果。

3）调节发射信号的幅度大于 80dBμV，寻找刚好使接收的节目不出现马赛克的临界点，用场强仪测量此时 RF 射频线的幅度值，记录结果。

2. 测试数字电视基带信号（TS）

设置数字电视信号发生器，输出任意频率和符号率的 DVB-C 电视信号，将机顶盒设置为接收节目的状态。

（1）用示波器测试

用示波器的探头 1 连接机顶盒高频头的 23 引脚 CLK，用探头 2 分别连接高频头的 15～21 引脚的 D0～D7，记录测试的波形。

（2）用逻辑分析仪测试

1）将逻辑分析仪的时钟探头连接到机顶盒高频头的 23 引脚 CLK，其他 8 个数据探头连接到高频头的 15～21 引脚（TS 的 D7～D0）。

2）逻辑分析仪设置为状态模式"State"，设定状态时钟，更改标记为 DATA，分配通道给数据 D7～D0。

3）设定状态触发项和触发条件，以确定开始记录数据和停止的时间及存储什么数据。

4）使机顶盒处于正常播放节目状态，按分析仪的 RUN 键，屏幕显示所选项的状态列表，记录状态数据。滚动面板上的旋钮或按 Page 键可以翻阅后面页的数据。

3. 测试数字机顶盒的输出信号

将机顶盒设置为接收节目的状态。

1）音频输出信号的测试：用示波器分别测量 RA15、RA16 上的两路 Audio 输出信号，记录测量波形和数据。

2）复合视频输出信号的测试：用示波器分别测量 RV7、RV13 上两路 Video 输出信号，记录测量波形和数据。

3）S 端子 Y/C 输出信号的测试：用示波器测量 LV4 的 Y 信号和 LV5 的 C 信号，记录测量波形和数据。

五、实验报告要求

1）制表记录几种状态下数字电视射频信号的幅度值，并比较分析原因。

2）制表记录数字示波器和逻辑分析仪分别测量的 TS 波形和数据，并进行分析比较。

3）制表记录数字机顶盒的输出信号的测试波形和数据。

4）总结数字电视的信号流程并用框图绘制出来。

思考与练习

一、选择题

1. 数字电视发展的方向是（　　）。

　　A. SDTV 　　　　　B. HDTV 　　　　　C. DTV 　　　　　D. PDTV

2. 帧间编码利用的是图像的（　　）特性。

　　A. 空间相关性 　　B. 频域相关性 　　C. 时间相关性 　　D. 生理相关性

3. MPEG 标准的压缩方法分为（　　）。

　　A. 4 级和 4 型 　　B. 4 级和 5 型 　　C. 5 级和 4 型 　　D. 5 级和 5 型

4. DVB-S 信道卷积编码采用的编码效率 η＝（　　）。

　　A. 5/6 　　　　　　B. 3/4 　　　　　　C. 2/3 　　　　　　D. 1/2

5. 杜比 AC-3 音频编码采用的是（　　）。

　　A. 双声道 　　　　B. 5.1 声道 　　　　C. 6.1 声道 　　　　D. 7.1 声道

6. 美国的 ATSC 数字电视的带宽是（　　）。

　　A. 4MHz 　　　　　B. 6MHz 　　　　　C. 8MHz 　　　　　D. 10MHz

7. 由一个或多个节目以固定长度的包为单位复用得到的是（　　）。

　　A. ES 　　　　　　B. PES 　　　　　　C. PS 　　　　　　D. TS

8. 在一个码组内要纠正 t 个误码，则最小码距 $d_0 \geqslant$（　　）。

　　A. $t+1$ 　　　　　B. $2t+1$ 　　　　　C. $2t-1$ 　　　　　D. $e+t+1$

9. （　　）编码利用前后码组间的相关性，有较好的抗误码能力，编译码电路简单。

　　A. 卷积码 　　　　B. 循环码 　　　　　C. RS 码 　　　　　D. 交织码

10. MPEG 标准规定 BER$\leqslant$（　　）。

　　A. 7×10^{-5} 　　　B. 5×10^{-6} 　　　C. 1×10^{-6} 　　　D. 1×10^{-8}

二、填空题

1. 目前，国际上的数字电视标准有美国的_____、欧洲的_____和日本的_____，我国采用_____。

2. 数字电视的编码包括_____、_____、_____。

3. 数字电视中常用的图像压缩编码方法有_____、_____、_____、

_____。

4. 数字电视信道中出现的误码类型有_____、_____。

5. MPEG 编码后的视频码流分为 6 层：_____、_____、_____、_____、_____、_____。

6. 检错纠错码组 (n, k) 中 n 是总码元数，k 是_____，监督码元 $r=$_____。

7. MPEG 的全称是_____。

8. 模拟电视信号经过_____、_____和_____转换成数字电视信号。

9. DVB-S 信道采用_____调制，DVB-C 信道采用_____调制，DVB-T 信道采用_____调制。

10. 数字电视的前向纠错包括 4 个部分：_____、_____、_____和_____。

三、问答题

1. 与模拟电视相比较，数字电视有哪些优点？

2. MPEG 有几种类型的帧？它们分别是怎样得到的？

3. MUSICAM 编码器有哪些特点？

4. AC-3 编码器有哪些特点？

5. 交织的作用是什么？常用的有哪两种方法？

6. 要构造 $m=8$，$t=16$ 的 RS 码，应取信息符号 k 为多少？监督符号 r 为多少？编码率是多少？

7. 正交幅度调制的电平数 m 和信号状态数 M 是什么关系？它们是怎样表示的？

8. QPSK 调制电路框图是怎样的？

9. 正交频分复用是怎样消除多径效应引起的码间干扰的？

10. 画出 16QAM 调制的框图和星座图。

11. 简述 COFDM 调制的基本原理。

12. 网格编码调制的基本原理是什么？

第10章 数字电视广播系统

　　数字电视的广播方式根据信号传输媒体的不同分为卫星广播、有线广播和地面广播。卫星广播在世界上已得到广泛应用，我国的中央电视台和大部分省级电视台的上星节目都是数字卫星广播。有线电视的数字化是我国实现全数字广播电视系统的切入点。在我国的数字演播室参数、有线数字电视传输、业务信息规范和条件接收系统等标准已颁布实施的基础上，有线数字电视的普及正在全国大部分城市稳步推进。卫星和有线两种传输方式的数字电视信号的信道编码和高频调制方式，在技术上国际上已有公认的、优化的处理方法，各国标准基本类同，所以普遍先推行这两种数字电视广播系统。地面开路广播通道的传输媒体的传输特性与卫星和有线的相比有较大的不同，由于对地面广播数字电视的性能要求各国有所不同，信道编码和高频调制的信号处理方式也就各不相同。

10.1　数字广播电视发送系统的组成

　　数字广播电视发送系统功能框图如图 10-1 所示，该系统由信源编码、多路复用、信道编码、数字调制等 4 部分组成。

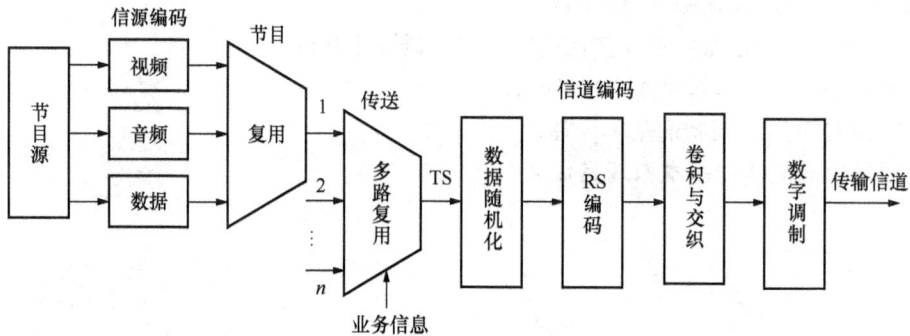

图 10-1　数字广播电视系统功能框图

　　（1）信源编码

　　信源编码是对视频、音频、数据进行压缩编码的过程。标准数字电视按照MPEG-2标准进行信源编码。辅助数据可以是独立的数据业务，也可以是和视频、音频有关的数据，如字幕、"台标"信号等。信源编码是为了提高数字通信传输效率而采取的措施，它通过各种编码尽可能地去除信号中的冗余信息，以降低传输速率和减少传输频带宽度。

　　（2）多路复用

　　数字电视的复用包含两层复用，第一层是将视频、音频和数据等各种媒体流按照一定的方法复用成一个节目的数据流，第二层是将多个节目的数据流再复用成单一的数据流。

（3）信道编码

信道编码是纠错编码，是为提高数字通信传输的可靠性而采取的措施。为了能在接收端检测和纠正传输中出现的错误，信道编码在发送的信号中增加了一部分冗余码，因此增加了发送信号的冗余度，通过牺牲信息传输的效率来换取可靠性的提高。为了达到数字通信系统的高效率和可靠性的最佳，信源编码和信道编码都是必不可少的处理步骤。

（4）数字调制

数字调制是指为了提高频谱利用率，把宽带的基带数字信号转换成窄带的高频载波信号的过程。应根据传输信道的特点采用效率较高的信号调制方式，常用的方式有 QAM、QPSK、TCM、COFDM 和 VSB 等。

经过信源编码、多路复用、信道编码、数字调制形成的射频数字调制信号，经放大传送给有线电缆、卫星或发射天线进行发射，完成广播电视发送任务。

10.2　DVB 数字视频广播电视系统

1991 年由欧洲人发起的制定数字电视发展规划的组织很快就变成了一个世界性组织。1993 年 9 月工作组起草了一个备忘录，将工作组更名为 DVB 组织，即国际数字视频广播组织。DVB 标准的数字视频广播成为数字电视的主流，被绝大多数国家使用，中国的数字电视也采用 DVB 标准。

DVB 数字视频广播电视系统的核心技术是通用的 MPEG-2 视频和音频编码，充分利用了视觉和听觉生理性达到更好的压缩。

（1）DVB 标准的核心

1）采用 MPEG 压缩的音频、视频及数据格式作为数据源。

2）采用公共 MPEG-2 传输流（TS）复用方式。

3）采用公共的广播节目的系统服务信息（SI）。

4）系统的第一级信道编码采用 RS 前向纠错编码保护。

5）不同的传输媒介确定信道编码与数字调制方式。

6）使用通用的加扰方式及条件接收界面。

（2）DVB 音频特点

DVB 系统的音频编码使用 MPEG-2 的第二层（Layer Ⅱ）音频编码，也称 MUSI-CAM。此音频编码压缩系统利用了声音的低声音频谱掩蔽效应，这一人体生理学效应允许我们对于人耳不太敏感的频率进行低码率编码，可以大大地降低音频编码速率。MUSICAM 音频编码可用于单音、立体声、环绕声和多路多语言声音的编码。

（3）DVB 视频特点

DVB 系统的视频，国际上采用标准的 MPEG-2 压缩编码。

（4）MPEG-2 码流复用及服务信息

数字电视的音频、视频及数据信号首先经过 MPEG-2 编码器进行数据压缩，通过节目复用器形成基本码流（ES），基本码流经过打包后形成有包头的基本码流（PES）。代表不同音频、视频信号的 PES 流被送入传输复用器进行系统复用，复用后的码流称为 TS，传输流中包括多个节目源的不同信号。为了区分这些信号。在系统复用器上需要加入 SI，使接收端可以识别不同的节目。

（5）SDTV 视音频实时编码器

SDTV 视音频实时编码器是用于将模拟视音频信源送来的 PAL 或 NTSC 信号经 A-D 转换后，把视频转换为符合 CCIR601 标准的 4：2：2 信号，再按 MPEG-2 信源编码的要求进行实时编码，其技术关键在于"实时"。

（6）DVB 标准传输系统

DVB 标准的传输系统分成信源编码和信道编码两部分，信源编码采用 MPEG-2 码流，先对音频和视频进行节目复用，然后再将多个数字电视节目流进行传输复用。信道编码包括前向纠错编码调制、解调和上下变频 3 部分。前向纠错码根据不同的传输媒介采用不同的调制：为了获得最大的功率利用率卫星传输，采用 QPSK；为了使频谱的利用率最大有线传输，采用 QAM；为了抗多径干扰开路传输，采用 COFDM 或 16VSB。

DVB 数字视频广播电视系统根据不同的传输媒介分为 DVB-S（数字卫星电视）、DVB-C（数字有线电视）和 DVB-T（数字开路电视）。由于相对较低的基础设施费用和相对简单的标准协调，DVB-S 网比 DVB-C 网和 DVB-T 网先发展。1995 年 DVB 组织确立了 DVB-S 标准，1996 年 DVB-C 标准数字共用无线电视、数字微波电视等标准随之确立，数字开路电视 DVB-T 的采用紧随其后。1997 年以 DVB 标准为基础的数字电视已在全世界普及，拥有了几百万用户。1998 年末，微型计算机用户可以通过在他们使用的微型计算机内插入数字卫星接收卡，用来享受因特网服务。目前，DVB-T 标准正在逐渐被世界各国所采用，为今后的高清晰度电视开辟了广泛的前景。

10.2.1 DVB-S（卫星）

DVB-S 1994 年 12 月由 ETSI 制定，编号为 ETS300421。ITU 的相应标准号是 ITUR-BO.1211。我国相应的国家标准号是 GB/T—17700—1999。我国国家标准与国际标准的差别在于：我国将使用范围扩展到了 C 波段（4/6GHz）固定卫星业务中的相应业务；我国 DVB-S 系统主要使用 QPSK 调制方式，只在特定的条件下使用 BPSK 调制方式。

DVB-S 系统功能框图见图 10-2 所示，左边部分为 MPEG-2 信源编码和复用，右边部分为卫星信道适配器，即信道编码和高频调制部分。

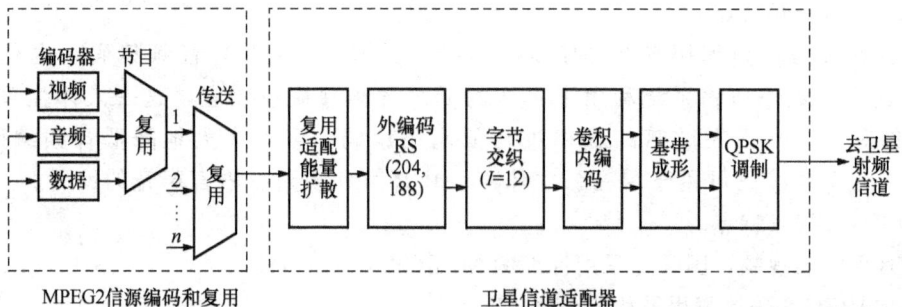

图 10-2　DVB-S 系统功能框图

DVB-S 系统可适应多种卫星广播系统。卫星的转发器带宽从 26～72MHz（−3dB）；转发器功率从 49～61dBmV；可以使用的卫星有 Astra、Eutelsat 系列和 Hispasat、Telecom 系列的一部分，如 Tele-X、Thor、TDF-1、TDF-2、DFS 等。

DVB-S 是一个单载波系统，其处理结构如一个洋葱，中间是数据，外面还有许多层，用来减少信号对误码的抵抗能力并使其具有适应通道的传输特性。

1. 复用适配与能量扩散（加扰码）

系统复用器输出的 TS 是固定长度（188 字节）的数据包，其中第一个字节是同步字节 Sync（47H）。将每 8 个 TS 包组成一个大包，作为加扰序列的循环周期，第一个同步字为 47H（01000111）的反码 B8H（10111000），其他字节的同步字为 47H，如图 10-3 所示。

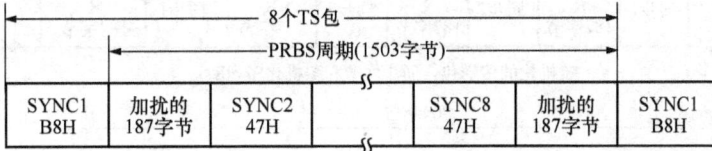

图 10-3　TS 流大包和加扰周期

形成的 TS 流大包，对数据进行随机化，即加扰码，使数据的能量扩散，采用 15 位移位寄存器构成的 PRBS（伪随机二进制序列）如图 10-4 所示。每个大包的同步期间，扰码器初始化。图中的初始化数据为 100101010000000，随后连续工作，但在每个 TS 的小包同步期间，使能端切断扰码信号，不加扰码。加入的扰码与原来的 TS 做"模 2 加"（异或）。

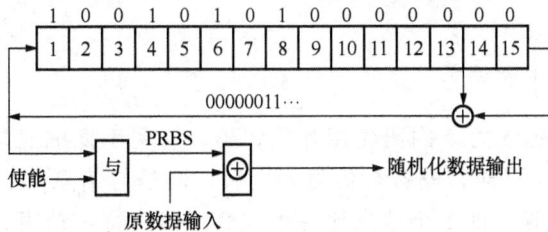

图 10-4　PRBS 发生器和加扰示意图

解扰电路很简单，将加扰后的码与扰码异或就可以得到原来的比特流，如图 10-5 所示。

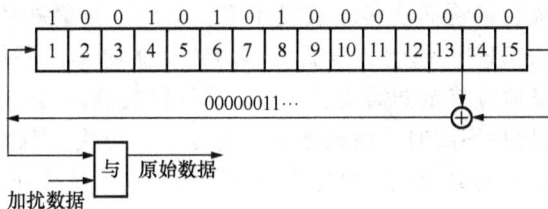

图 10-5　解扰电路

2. 外码编码、交织和形成帧

外码编码采用 RS 码，加到经扰码后的每一个数据包，包括翻转的和末翻转的同步字。

RS 码（204，188，$T=8$）由原始的 RS 码（255，239，$T=8$）截短得到，编码时在数据包 204 字节前添加 51 个全"0"字节，产生 RS 码后去除前面 51 个空字节。

其实在外编码中，加入了 16 字节的 RS 码，可以纠错 8 个误码字节。

为了提高抗突发误码的能力,在 RS 编码后采用以字节为单位的交织,称为外交织,交织深度 $I=12$,加到每个有误码保护的数据包上(204 字节)。经交织处理后的帧结构如图 10-6 所示。

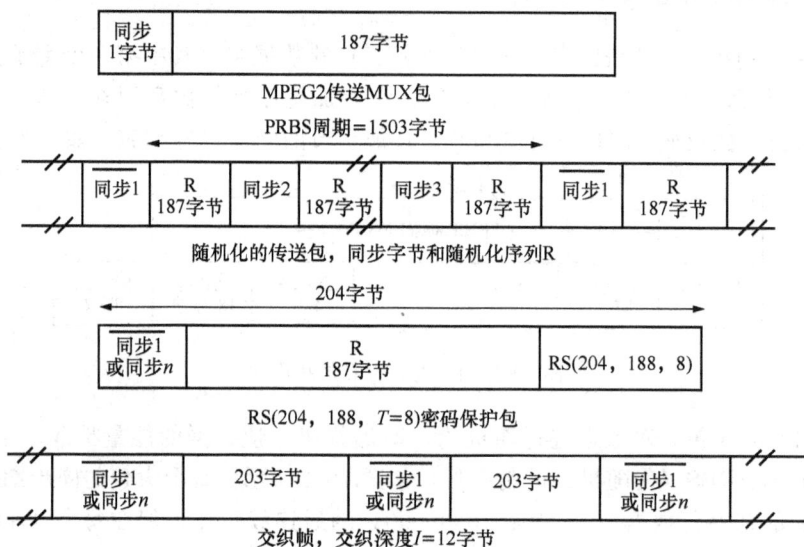

图 10-6   帧结构示意图

3. 内编码、基带成形和调制

为了增强信道的纠错能力,内码使用卷积编码,有利于抵抗卫星广播信道传输中的干扰。内码编码不像 RS 码那样,安排在信息码之后,而是与信息码交错在一起,采用(2,1,7)形式的收缩卷积码,即 1 个信息比特生成 2 编码比特,约束长度为 7 比特,编码效率为 1/2,但纠错能力强。这种方法可以使使用者根据数码率来选择相应的误码纠正的程度。

卫星信号的频带宽(>24MHz),卫星转发器的辐射功率不高(十几瓦至一百多瓦),卫星信道路径远,易受雨衰影响而使传输质量不高。为保证可靠接收,DVB-S 采用调制效率较低、抗干扰能力强的 QPSK 调制。根据具体的转发器功率、覆盖要求和信道质量,可利用不同的内码编码率来适应特定的需要。例如,为确保良好的传输和接收,编码率可以是 1/2 或 2/3;如希望可用比特率高时,编码率可以是 3/4 或更大。总之,DVB-S 系统的参数选择在内码编码率上有较大的灵活性,可适用于不同的卫星系统和业务要求。

10.2.2   DVB-C(有线)

DVB-C 的欧洲标准是由 ETSI 于 1994 年 12 月制定的,标准编号为 ETS300429。ITU 的相应标准为 ITUJ.83 建议书。我国制定的相应标准为《有线数字电视广播信道编码和调制规范》,编号为 GY/T-170—2001。

有线数字电视广播系统的特点是:传输信道的带宽窄(8MHz);信号电平高,接收端最小输入信号大于 100mVpp;传输信道质量好,光缆和电缆内的信号不易受外界干扰。因此,DVB-C 系统对 FEC 的要求较低,其高频调制效率可以提高。

DVB-C 数字电视系统的框图如图 10-7 所示。系统由两个部分组成：信源编码与复用和信道编码与调制。为了使各种传输方式尽可能兼容，除数字调制外的大部分处理都与卫星电视中的处理相同，亦即有相同的伪随机序列扰码、相同的 RS 纠错、相同的卷积交织。图中涉及的系统帧结构、信道编码和调制传输都是以 MPEG-2 系统层为基础，加上适当的 FEC 和调制方式。DVB-C 信道编码层尽量与 DVB-S 的编码相协调，便于使卫星传送的多节目数字电视进入 DVB-C 馈送网络向用户分配。

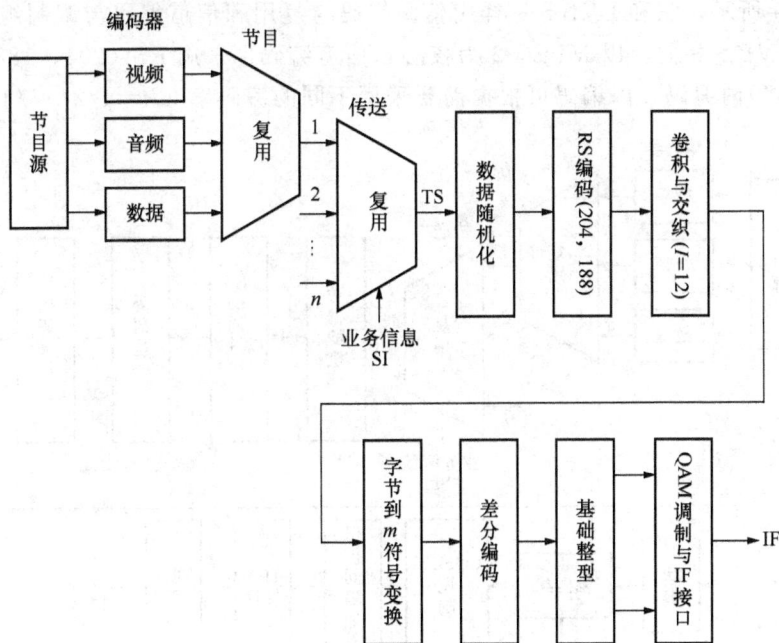

图 10-7 DVB-C 系统框图

为提高调制效率，DVB-C 采用的 MQAM 可以在 16、32、64、128 和 256QAM 中选择，通常用 64QAM。高质量的光缆、电缆可以采用 128QAM 甚至 256QAM。为实现 QAM 调制，需要将交织器的串行字节输出转换成适当的 m 位符号，这就是字节到符号的映射。

单字节到 m 位符号的转换，如 64QAM 是将 8 比特数据转换成 6 比特为一组符号，然后头两个比特进行差分编码再与剩余的 4 比特转换成相应星座图中的点。实现上述电路的框图如图 10-8 所示。该方案可以适应 16、32、64QAM 调制方式。若多元调制为 $2m$QAM，则需把 k 字节映射成 n 个符号，即 $8k = n \times m$，映射后的符号的最高两比特要进行差分编码。

有线网络系统与卫星系统的核心基本相同，但调制采用正交幅度调制（QAM）而不是 QPSK 调制，而且不需要内码正向误码校正（FEC）。系统以 64QAM 为中心，也可以使用较低水平的 16QAM 和

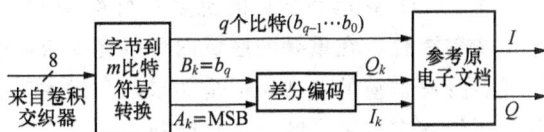

图 10-8 单字节到 m 位符号的转换框图

32QAM，或者较高水平的 128QAM 和 256QAM，根据不同的情况，在系统的数据容量和数

据的可靠性之间进行折中，但它们的使用取决于有线网络的容量是否能应付降低了的解码余量。QAM 传输的信息量越高，抗干扰能力越低。在一个 8MHz 标准电视频道内使用 QAM，所传输的数据速率为 38.5Mb/s。

10.2.3　DVB-T（地面）

DVB-T 是 1997 年 8 月由 ETSI 制定的，标准编号为 ETS300744。DVB-T 的传输系统框图如图 10-9 所示，它和 DVB-S 一样由信源编码与复用和信道编码与调制组成。信源编码与复用同 DVB-S 相同，以 MPEG-2 为核心，信道编码也采用 RS（204，188，$t=8$）外编码和删余卷积内编码，内编码可根据需要采用不同的编码率（$R=1/2\sim7/8$）。

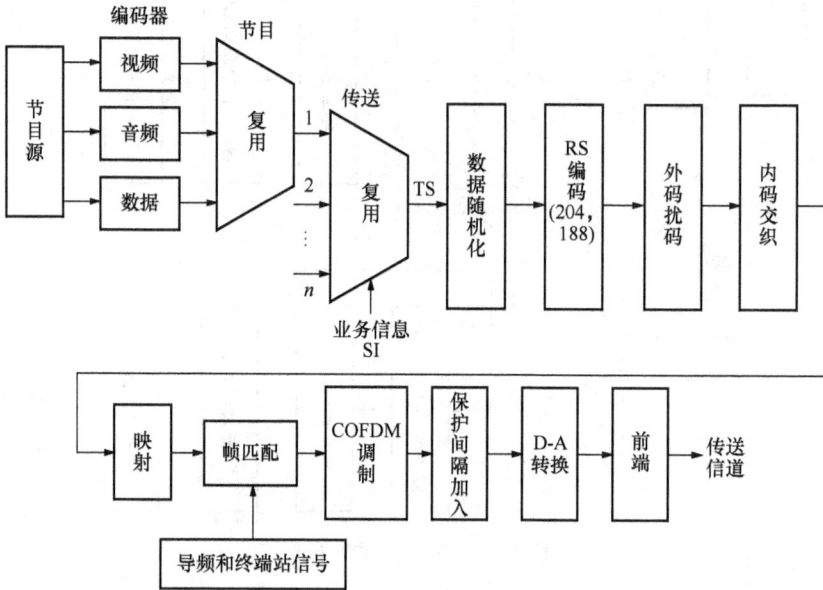

图 10-9　DVB-T 的传输系统框图

DVB-T 采用 COFDM 调制方式。在这种调制方式内，可以分成适用于小范围的单发射机运行的 2kHz 载波方式和适用于大范围多发射机的 8kHz 载波方式。COFDM 调制方式将信息分布到许多个载波上面。这种技术曾运用到数字音频广播 DAB 上，用来避免传输环境造成的多径反射效应，而且引入了传输"保护间隙"。这些"保护间隙"会占用一部分带宽，通常 COFDM 的载波数量越多，对于给定的最大反射延时时间，传输容量损失越小。保护间隙的插入使频谱利用率略有下降。但是总有一个平稳点，增加载波数量会使接收机复杂性增加，破坏相位噪声灵敏度。

由于 COFDM 调制方式的抗多径反射功能，它可以潜在地允许在单频网中的相邻网络的电磁覆盖重叠，在重叠的区域内可以将来自两个发射塔的电磁波看成是一个发射塔的电磁波与其自身反射波的叠加。但是如果两个发射塔相距较远，发自两塔的电磁波的时间延迟比较长，系统就需要较大的"保护间隙"。

从前向纠错码来看，由于传输环境的复杂性，DVB-T 系统不仅包含了内、外码，而且加入了内外交织。

10.3　数字电视的接收

　　数字电视接收因不同的传输信道分为卫星、有线和地面广播 3 种不同的类型，它们在系统的视频、音频和数据的解复用和信源解码方面都是相同的，都遵循 MPEG-2 系统标准、视频标准和音频标准。3 种类型数字电视接收机的主要区别在调谐、解调和信道解码上。现在的接收机都是将调谐器、频率合成器及数字解调和信道解码器等整合在一起，成为一体化调谐解调解码器，俗称一体化高频头，也常称为数字调谐器、DTV 调谐器或数模一体机。所以，DVB-S 接收机采用 DVB-S 高频头，DVB-C 接收机采用 DVB-C 高频头，DVB-T 接收机采用 DVB-T 高频头，而 3 种接收机后端的信号处理电路都是一样的。

　　将数字调谐器和解复用、信源解码、视/音频 D/A 转换组合在一起就形成完整的数字电视接收机，即机顶盒。机顶盒，是指放置在电视机顶部的一种终端装置。在当前模拟电视与数字电视共存的阶段，模拟电视机不能直接用来接收数字电视节目，机顶盒就是用来充当数字电视与模拟电视机之间桥梁的一种接收转换装置。也就是说，机顶盒加上用于显示的彩色电视机就构成完整的数字电视接收设备。机顶盒的相关知识我们将在下一章作详细的介绍。

10.4　数字电视的特殊功能

　　与模拟电视不同，数字电视具有一些特殊的功能，如条件接收、交互式电视、视频点播、数据广播、电子节目指南等。

10.4.1　条件接收

　　条件接收是数字电视的一种技术手段，它允许被授权的用户收看规定的电视节目，未经授权的用户不能收看这些电视节目。数字电视广播系统便于实现条件接收。条件接收系统是数字电视收费的技术保障。

　　条件接收系统（Conditional Access System，CAS）要解决的是阻止用户接收未经授权的节目和收取用户的收视费用。在广播电视系统中，解决这两个问题的基本途径是发送端对节目进行加扰，在接收端对用户进行寻址控制和授权解扰。CAS 由前端（广播）和终端（接收）两部分组成。前端完成广播数据的加扰和授权信息以及解扰密钥的加密等工作，将被传送节目数据由明码变为密码，加扰后的数据对未授权用户无用，而向授权用户提供解扰信息，这些信息以加密的形式复用到传送流中，授权用户对它进行解密就可以得到解扰密钥。终端由解扰器和智能卡完成解扰和解密。

1. 条件接收的相关概念

　　接收控制系统/条件接收系统：该系统的任务是保证广播业务仅被授权接收的用户所接收，其主要功能是对信号加扰，对用户电子密钥的加密，以及建立一个确保被授权的用户能接到加扰节目的用户管理系统。

　　条件接收子系统：它是解码器的一部分，其作用是对电子密钥进行解码，并恢复出用来控制解扰序列所需的信息。

控制字（CW）：它是用在解扰器中的密钥。

加密：加密是指为了加扰信号而进行的连续不断的改变电子密钥的处理。

同密：指通过同一种加扰算法和加扰控制信息，使多个条件接收系统一同工作的技术或方式。其核心是不同厂家采用同一种加扰方式，用同一种加扰算法来加扰电视节目，但对各自的密钥数据采用各自的加密算法。

多密：指接收机对多个不同的条件接收系统的节目进行接收的技术或方式。多密方案的基本思想是将解扰、解密等条件接收功能集中于一个具有公共接口的插入式 CA 模块中。而接收机中只具有接收未加扰的 MPEG-2 视频、音频、数据的功能。

授权控制信息（ECM）：是 MPEG-2 为 CAS 规定的数据流之一，用来传送直接解扰的信息。

授权管理信息（EMM）：是 MPEG-2 为 CAS 规定的另一个数据流，是一种授权用户对某个业务进行解扰的信息，用来传送用户的付费情况或权限，包括对 ECM 进行解密的信息。它与授权控制信息一样，在发送端被加密以后与信号一道传送，在接收端 EMM 被用来打开/关闭单个解码器或一组解扰器。

条件接收表（CAT）：MPEG-2 在 PSI 表中规定了 CAT，它通过一个或多个 CA 描述符提供一个或多个 CAS 与它们的 EMM 流以及特有参数之间的关联。

加扰：它是指连续不断地改变广播电视信号形式的方法，以使得不用恰当的解码器和电子密钥就不能接收到正确的信号。

解扰：它与加扰相反，是加扰的逆过程。

盗收：它是指对控制节目进行非授权的接收。常指使用伪造的智能卡和解扰器，从而绕过整个或部分条件接收系统的不正当接收方法。

用户授权系统：它在用户管理系统的指导下，负责对 ECM 和 EMM 数据流进行组织，使之序列化并传输到用户管理中心。

用户管理系统：它是向用户发放智能卡，寄送账单及收费的商业中心。用户管理中心的主要任务是建立用户信息、解码器序列号，以及哪种业务被订购、接收的信息的数据库。

2. DVB 标准中有关 CAS 的规定

DVB 中有关条件接收的标准有《在数字广播系统中使用扰码和条件接收的支持》（DVBCSETR289）、《DVB 系统中同时加密的技术规范》（DVBSIMTS101197DVB）和《条件接入和其他数字视频广播解码器应用的公共接口规范》（DVBCIEN50221）。我国相应的标准为《数字电视广播条件接收系统规范》（GY/Z 175—2001）。

欧洲的 DVB 标准在 MPEG-2 的基础上有进一步的规定。DVB 规定了两个加扰控制位的含义（适用于 TS 层和 PES 层）；DVB 规定加扰能实施于 PES 层，在 PES 层实施加扰有一定限制：不能同时在 TS 和 PES 层次上实施加扰，加扰的 PES 包的头不能超过 184 字节，除了最后一个 TS 包外，携带加扰 PES 包的 TS 包不能有自适应域；DVB 规定用新的 CA 信息替换原有的 CA 信息时，PID 等于某个 CA 描述符的 CA-PID 值的 TS 包只能携带 CA 信息，不能携带其他信息，同时 CA 信息只能出现在这些 TS 包中，不能出现在其他 TS 包中，而且在同一个 TS 中，两个 CA 提供商不应使用相同的 CA-PID；DVB 还规定了一个用表传输 CA 信息的机制，把 ECM 和 EMM 以及将来的授权数据放在 CMT（条件接收信息表，地址 0x80～0x8F）中，更方便过滤。

3. 条件接收系统的组成和工作原理

条件接收系统由加扰器、解扰器、加密器、控制字发生器、用户授权系统、用户管理系统和接收机中的条件接收子系统等组成，如图 10-10 所示。

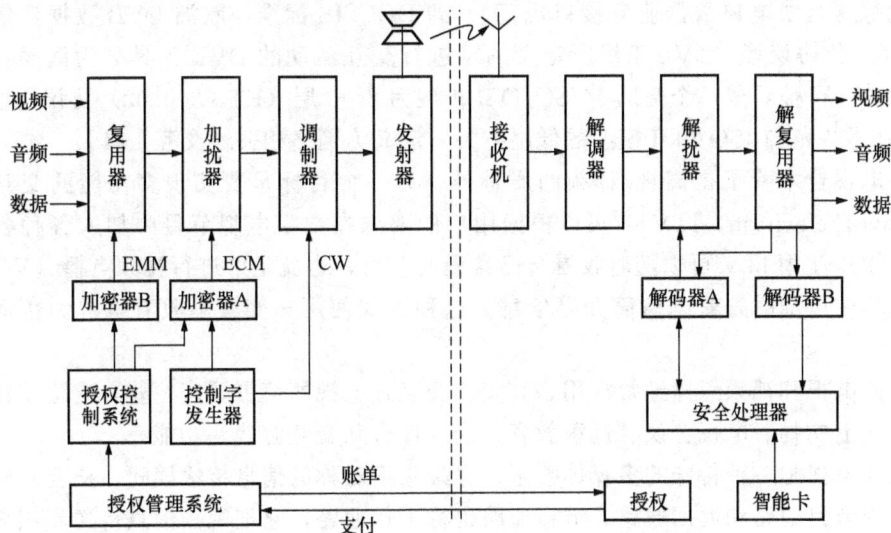

图 10-10　条件接收子系统框图

在信号的发送端由控制字发生器产生控制字（CW），将它提供给加扰器和加密器 A 控制字的典型字长为 60 比特，每隔 2～10s 改变一次。加扰器根据控制字发生器提供的控制字，对来自复用器的 MPEG-2 传送比特流进行加扰运算，加扰器的输出结果即为经过扰乱了以后的 MPEG-2 传送比特流，控制字就是加扰器加扰所用的密钥。加密器接收到来自控制字发生器的控制字后，根据用户授权系统提供的业务密钥对控制字进行加密运算，加密器的输出结果即为经过加密以后的控制字，它被称为授权控制信息（ECM）。业务密钥在送给加密器 A 的同时也被提供给了加密器 B。加密器 B 与加密器 A 有所不同，它能自己产生密钥，并可以用此密钥对授权控制系统送来的业务密钥进行加密，加密器 B 的输出结果为加密后的业务密钥，这被称为授权管理信息（EMM）。经过这个过程产生的 ECM 和 EMM 信息均被送至 MPEG-2 复用器，与加扰后的图像、声音和数据信号比特流一起打包成 MPEG-2 传送比特流而输出。

在信号接收端，经过解调后的加扰 TS，在开始控制字还没有恢复出来以前，该加扰 TS 没有解扰的情况下，通过解扰器送至解复用器，由于 ECM 和 EMM 信号被放置于 MPEG-2 传送 TS 包头的固定位置，因此解复用器便很容易地解出 ECM 和 EMM 信号。从解复用器出来的 ECM 和 EMM 信号，被分别送至智能卡（Smart Card）中的解密器 A 与解密器 B 与智能卡中的安全处理器共同工作，从而恢复出控制字（CW），并将它送至解扰器。恢复控制字的过程十分短暂，一旦在接收端恢复出正确控制字以后，解扰器便能正常解扰，将加扰 TS 恢复成正常 TS。

注：我国数字电视的 CA 方案目前以中视联条件接收系统、永新同方条件接收系统为主

流，两家 CA 系统各有特点，各电视台根据自己的具体情况选择适合的 CA 方案。当然，国内也有电视台采用国外的 CA 方案，这也是目前数字电视具有地方性的重要原因。

10.4.2　交互式电视

数字交互式电视的技术标准由数据广播和交互业务标准组成，主要包括美国 ATSC 数据广播规范《有线电视数据业务接口规范》，即 DOCSIS 标准，欧洲 DVB 数据广播标准及 DVB 交互业务协议等。DVB 组织所定义的可进行交互活动的 DVB 工具分为两类：第一类与网络无关，可被看成一个借助于 ISO/OSI 扩展为 2～3 层（ETS 300802）协议叠层；第二类 DVB 技术规范与 ISO/OSI 模型的低层有关，定义为网络相关性交互工具。

数字电视技术除了提高视/音频的质量外，另一个目标是要实现多功能的交互式电视（Interactive Television，ITV），可以根据用户的要求在数字电视节目中加入各种各样的增值服务。用户使用 ITV 可以随时收看自己喜爱的节目，也就是可进行视频点播（VOD）；在收看的过程中可随时查看剧情简介等信息。这种方式使用户变被动收看电视为主动收看的方式。

交互式电视和视频点播经常混用。其实，交互式电视的范围要广一些，它除了视频点播外还包括网上购物、电视会议、远程教育、交互广告和交互游戏等功能。

交互式电视是一种特殊的多媒体技术，它采用不对称的信息传输模式。交互式电视的传输通路分为节目通路和返回通路。节目通路也称下行通路，它把视频信息传送到用户。返回通路也称上行通路，是用户通过遥控器进行节目选择、从电视购物目录中浏览和选购时使用的通路，它的数据传输率很低。交互式电视系统下行通路带宽为 50～1000MHz，上行通路带宽为 5～42MHz，下行信号带宽远宽于上行信号带宽，下行数据速率远高于上行数据速率。

1. 交互式电视系统的组成

交互式电视系统由电视节目源、视频服务器、宽带传输网络、家庭用户终端、管理收费系统 5 部分组成。

（1）电视节目源

内容丰富、画面清晰、声音优美的数字电视节目源是交互式电视服务必要的前提。可以利用电影和电视联合的优势，以及数字电视中加密和条件存取的功能，来扩大交互式电视节目的数量和质量。交互式电视节目源主要有多频道、多角度、图文频道等节目形态。

（2）视频服务器

视频服务器是交互式电视系统中的关键设备，其性能对实现 VOD 和扩大电视的应用范围起着决定的作用。视频服务器是一个存储和检索视频节目信息的服务系统，必须具有大容量低成本存储、迅速准确响应和安全可靠等特性。

视频服务器具有用户访问控制功能、大容量视频存储功能、并行实时连续传输功能、交互控制功能、自诊断恢复功能等功能。

（3）宽带传输网络

视频流从视频服务器到家庭用户是通过传输网络进行的。传输网络包括主干网和用户分配网。目前主干网比较统一，都使用 SDH，ATM 或 IP 技术的光纤网络。用户分配网因提供交互式电视业务的行业不同分为以下 3 类：

1）广播电视行业采用 HFC 光纤同轴电缆有线电视混合网。

2）电信行业采用 ADSL 不对称数字用户线路公众电话交换网。

3）计算机公司采用局域网（LAN）并利用五类线为用户服务。

（4）家庭用户终端

用户终端分为多媒体计算机、交互式电视接收机和电视机加机顶盒 3 种。对已有电视机的用户，增加一个机顶盒就可以。机顶盒是用户用来选择节目、遥控节目运行的设备，其主要功能有收发信号、调制解调和解压缩等。

（5）管理收费系统

交互式数字电视可以根据不同用户的不同需求服务，安全可靠、有效合理的管理收费系统可以运用地址编码和寻址功能，按提供服务的内容和数量对用户进行收费。

2. 数字交互式电视的关键技术

（1）数据压缩技术

数据压缩技术是交互式电视的核心技术，采用 MPEG 标准。MPEG-2 把视频及其伴音信号压缩到 10Mb/s。在图像质量不变的情况下，MPEG-2 可把视频信号压缩到原来的 1/75。MPEG-2 是面向演播级的视频、音频压缩标准。DVD 和数字卫星广播采用的就是 MPEG-2 标准，分辨率可达 720×576 像素，DVD 的播放效果几乎是目前高档电视机的清晰度上限。

（2）流式压缩技术

在采用流式技术传输的系统中，用户不必等到整个文件全部下载完毕，而只需开始进入时经过几秒或十几秒的启动延时即可进行观看。当音频、视频等多媒体文件在客户机上播放时，文件的剩余部分将在后台从服务器内继续下载。流式传输不仅使启动延时成十倍、上百倍地缩短，而且不需要太大的缓存容量。

（3）数据库技术

数据库技术是交互式电视的技术支持。对交互式电视系统而言，数据库管理系统必须保证用户能迅速、方便地找到所需的素材，有效地完成对素材的各种管理任务。一般采用多媒体数据库的基本结构，能够高效率地组织、管理和发布大量的多媒体信息，系统利用索引服务器来管理系统索引与查询数据，用对象服务器来管理数字化的内容。客户端用应用程序向索引服务器提出请求来获取对象，索引服务器将此请求传送给包括该对象的对象服务器，再由对象服务器把对象传送给请求的客户机。

（4）网络技术

网络技术是交互式电视的技术保障，不但有高速的接入网，还要有高速连通的传输网。多媒体数据对网络环境提出了非常苛刻的要求，带宽和实时性的要求尤为突出。交互式电视中的视音频与时间相关性强，对网络的延迟特别敏感，应保证在 HFC 网，IP，ATM 和以太网混合网或单纯以太网上都能流畅地进行多媒体数据流传输。

（5）视频流传输技术

视频流传输技术是交互式电视技术的关键。随着网络技术的发展，ITV、网络 VOD 等多媒体技术在网络系统或 Internet/Intranet 的应用中步入了一个新里程。网络多媒体的核心概念是流（Streaming），网络视频要解决的就是视频流（Streaming Video）的传输问题。区别于传统的视频收看形式，视频流一般指通过专用网或 Internet/Intranet 将视频从网络服务器传送到远距离的用户面前的影视节目码流。

3. 交互式电视的实现

目前，国际上主要有两种方式的交互式电视。

（1）存储释放终端交互方式

这种交互方式不需要回传通道，它通过广播网络向下传输数字电视信号，也称为广播方式的交互式电视。互动功能的实现是用户在传输的多路节目源中选择一套节目并且在一套节目源中选择从不同角度拍摄的节目以及相关的图文信息。它利用广播电视频带宽的特点将大量的数据传到用户，用户可以实时地在接收端与接收机的终端实现交互，或将大量信息存在终端的存储器或硬盘中，再实现终端交互，是非实时的交互方式。

（2）面向人的实时交互方式

将电视和 Internet 相结合，使之具有 Internet 访问功能，用户可以通过遥控器进行网上冲浪、发送电子邮件、查找相关节目信息、进行电视购物等，这是通过用户主动查找信息的方式来实现交互功能的，是实时的交互方式。

10.4.3 视频点播

VOD 是一种典型的交互式电视业务。VOD 就是根据用户的需要播放相应的视频节目，用户好像在自己家的录像机或 DVD 机上播放节目一样处理（暂停、快进、慢主和、搜索等）。另外，用户在收看节目过程中，还可以任意选取与节目相关的一定信息，如演员个人资料等。

VOD 按其实时性和交互式可分为 3 种：准视频点播（NVOD）、真视频点播（TVOD）和交互式视频点播（IVOD）。

（1）NVOD 系统

NVOD 又称就近式视频点播，与 TVOD 完全不同。TVOD 是一种实时宽带的检索业务，是一对一（客户机与服务器）的关系，是一种交互式的检索与应答的关系。而 NVOD 是一种实时宽带分配业务，它以广播方式播放视频节目，用户对节目的播放无交互能力，用户仍然是以被动方式接收节目。假设播放一套 2h 的视频节目，并且希望用户平均等待 5min 就能得到服务。用户点了这套节目后平均等 5min 就能看到这套节目。为了达到这样的目的，视频服务器只要每隔 10min 用另一个信道将节目码流从头播放一遍，重复播放这套节目，在 2h 内送出 12 个码流就能满足需要。用户观看节目时，交换机将用户终端与最近将要从头开播的信道连通，用户等待的时间不会超过节目重播的时间间隔（10min）。

（2）TVOD 系统

当用户提出请求时，视频服务器就会立即传送用户需要的视频内容。如果有另一个用户提出同样的请求，视频服务器也会立即为他再启动另一个传送同样内容的视频流。

但是只要视频流开始播放，就要连续不断地播放下去，直到结束。在这种系统中，每个视频流专为某个用户服务，一个用户独占一个信道，所以 TVOD 对网络和视频服务器要求都很高，其运行成本很高。

（3）IVOD 系统

IVOD 与前两种方式相比，在交互控制方面有了很大的改进，它不仅可以支持用户的随时点播、随时播放，而且还允许对视频流进行交互式的控制。在 IVOD 系统中用户可以像操作 DVD 机一样，方便地实现节目的播放、暂停、快倒、快进和自动搜索等功能，IVOD 系统对前端处理系统、传输网络以及用户终端设备都有比较严格的技术要求，实现起来更复杂。

10.5　数字电视的显示

由于数字电视的清晰度较高，终端需要高清晰度的显示设备才能体现其优点。目前常用的成熟的有液晶显示器（LCD）和等离子显示器（PDP），通常将它们组成的电视机称为平板电视机。平板电视的显示器有体积小、质量小、低功耗和无 X 射线辐射等优点。

10.5.1　彩色液晶显示器

液晶显示器电视（Liquid Crystal Display-TV，LCD-TV），采用彩色液晶板作为显示器件，具有超薄结构，现在正成为电视机中的主流产品。

液晶材料胆甾醇苯甲酸酯是一种有机化合物结晶体，通常将晶态物质加热到熔点就变成透明液体。但这类物质加热到一定温度就成为混浊黏稠体。它既有液体的流动性，又有晶体的光学各向异性，称为"液晶"态，用以区别于物质的晶态、液态和气态。液晶对外加的电场、磁场、热能等刺激很灵敏。液晶本身并不发光，但它在外加电场、磁场、热的作用下，产生光密度或色彩变化，这是液晶显示器件工作的基本原理。

1. 液晶的电光效应

液晶分子的某种排列状态在电场作用下变为另一种排列状态时，液晶的光学性质就跟着改变，形成电场调制光的电光效应。液晶的电光效应是由液晶的介电系数、电导率和折射率的各向异性引起的。

液晶有多种电光效应，应用于液晶显示的主要有以下两类。

（1）电场效应

电场效应又分为扭曲向列（TN）效应和宾主（GH）效应。

TN 型液晶盒的组成及工作原理如图 10-11 所示，在涂覆透明电极的两玻璃基片之间夹着厚度为 $10\mu m$ 的 P 型液晶分子扭曲排列的向列型液晶层。在液晶盒上、下两侧各有一偏振片，入射光侧的偏振片称为起偏器，出射光侧的称为检偏器。起偏器的偏振方向与该侧基片表面的液晶分子轴方向一致。检偏器的偏振方向与起偏器的偏振方向平行或垂直。液晶分子扭曲的螺距为 $40\mu m$，远远大于可见光波长。因此，射入液晶的直线偏振光的偏振方向在通过液晶层时沿着液晶分子轴扭曲旋转 $90°$。在不加电场且检偏器的偏振方向与起偏器的偏振方向平行时，出射光的偏振方向与检偏器的偏振方向垂直，出射光被遮断，如图 10-11（a）所示。当起偏器和检偏器的偏振方向垂直时，出射光通过检偏器，液晶盒呈透明。

如果给液晶盒施加电场 E，且外加电压高于阈值电压时，液晶分子排列改变为分子轴与电场方向平行，如图 10-11（b）所示。分子轴与电场 E 方向相同，液晶的旋光性消失，入射光的偏振方向不旋转。当两侧偏振片的偏振方向平行时，出射光透过检偏器，若用于显示屏，则呈现黑底白像；当两侧偏振片的偏振方向互相垂直时，出射光被遮断，若用做显示屏，则呈现为白底黑像。

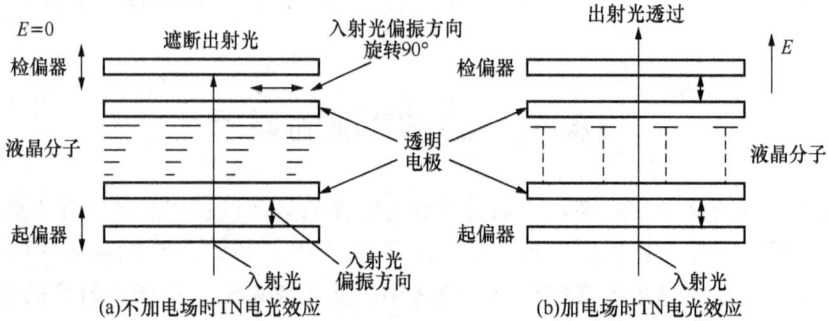

图 10-11　TN 电光效应原理

目前，应用最广泛的液晶显示器件都是运用液晶的扭曲向列电光效应。在此基础上的液晶显示有 TN 型、超扭曲向列（STN）型和双层超扭曲向列（DSTN）型。

GH 效应是将长轴方向与短轴方向对可见光吸收率不同的二色染料棒状分子作为"宾"，溶解在作为"主"的按一定规则排列的液晶中，二色染料分子方向与液晶分子方向平行。当在电压作用下改变作为"主"的液晶分子的排列方向时，作为"宾"的染料分子的排列方向随着"主"分子的方向变化，从而改变了染料的可见光吸收特性，引起颜色变化。

另外，液晶在外加电场力作用下还会产生动态散射（DS）效应、电控双折射（ECB）效应、相变（PC）效应等。

（2）电热光效应

在加电场的同时改变液晶温度，会引起液晶的光学性质变化。例如，向列—胆甾型混合液晶的电热光效应可用于激光热写入的大型动画显示。

2. 液晶显示器件的分类

液晶显示器件种类很多，根据不同的电光效应原理分为扭曲向列型、宾主型、电控双折射型、相变型、动态散射型、热光型、电热光型。

根据液晶显示器件所显示光的类型不同可分为透射型、反向型、投影型。

根据液晶显示板上显示电极的形状不同可分为段显示和矩阵显示。段显示用于数字显示。矩阵显示由水平和垂直两组条状电极及其间的液晶层组成，两组条状电极的交点即为像素。矩阵显示屏可用于图形显示。

3. 液晶显示器件的特点

液晶显示的原理是利用液晶的电光效应，通过施加电压改变液晶的光学特性，对入射光进行调制，用信号电压来控制液晶的透射光或反射光，以达到显示的目的。液晶显示器件有着显著的特点：

1）液晶显示器件本身不发光，必须外加光源。光源可以是高照度的荧光灯、太阳光、环境光等。

2）液晶显示器件驱动电压低，一般为 3V 左右。驱动功率小，一般为 $10\mu W/cm$，所以能用 MOS 集成电路驱动。

3）液晶的光学特性对信号电压响应速度慢（TN 型液晶的响应时间 $\tau_r \approx 150ms$，薄膜晶体管有源矩阵的 $\tau_r \approx 80ms$），所以液晶跟不上驱动电压快速上升的峰值变化，液晶只能响应驱动电压的有效值（均方根值）。

4）直流电压驱动液晶屏会引起液晶分子电化学反应，缩短液晶寿命。通常使用无平均直流成分的交流电压驱动液晶屏。

5）液晶显示屏的电光转换特性近似线性。

6）液晶显示器件与电容器的结构相似，是容性负载。

4. 液晶矩阵显示器的驱动方式

液晶电视采用矩阵显示。矩阵显示器的驱动方式分为简单矩阵方式和有源矩阵方式。

（1）简单矩阵液晶屏的驱动

图 10-12（a）所示为简单矩阵驱动方式的液晶显示器的电极排列形式。x 为扫描电极，加扫描电压。y 为信号电极，加信号电压。一个 x、y 电极的交叉点是一个像素（x_i，y_j），等效电阻器为 R、等效电容器为 C。x、y 电极将所有 x、y 电极群的各个交叉点液晶像素的等效 RC 并联电路连接成一个立体电路，如图 10-12（b）所示。

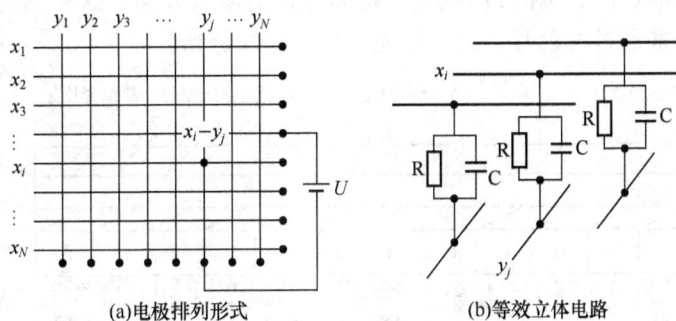

(a)电极排列形式　　(b)等效立体电路

图 10-12　简单矩阵驱动方式的液晶显示器

矩阵显示的扫描方式分为点顺序扫描和行顺序扫描。

（2）有源矩阵液晶屏的驱动

简单矩阵液晶屏显示的电极间的交叉效应严重地降低图像的对比度，致使显示图像的分辨力不高。有源矩阵液晶屏在扫描电极和信号电极的交叉处，安装透明的薄膜晶体管开关或非线性元件与液晶像素串联，使液晶电极之间的交叉效应减小，使液晶像素的阈值特性变陡从而克服上述缺点。

有源矩阵液晶屏分为晶体管驱动和非线性元件驱动。

图 10-13 所示为薄膜场效应晶体管（TFT）驱动的有源矩阵液晶屏的一个像素。X_i 为第 i 个扫描电极，Y_j 为第 j 个信号电极，BK 为背电极，VT_{ij} 为 X_i 和 Y_j 交叉处的开关晶体管。C_{Lj} 为液晶像素电容，用来存储模拟信号的一个像素。R_{Lj} 为液晶像素的绝缘电阻，阻值很大可视为开路。

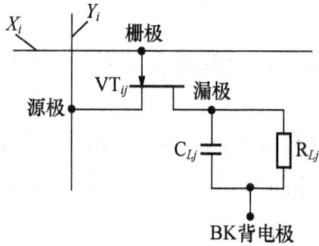

图 10-13　薄膜场效应晶体管驱动
的有源矩阵液晶的一个像素

矩阵液晶像素间的交叉串扰。

每像素配置一个开关晶体管。由于晶体管的导通、截止状态近似理想开关，各像素间的寻址相互独立，消除了液晶像素间的交叉串扰，极大地改善了液晶显示图像的对比度和清晰度。

TFT 液晶显示器是目前主流液晶显示屏的面板。

非线性元件驱动利用金属-绝缘体-金属（MIM）、二极管环（两个相反极性二极管的并联）、背对背二极管（两个二极管的负极连接在一起）等非线性开关元件与液晶像素串联，使液晶的阈值特性变陡，也可以有效地克服简单矩阵液晶像素间的交叉串扰。

5. 彩色液晶显示器

液晶器件的彩色显示方法有两种：相减混色法和相加混色法。在液晶彩色电视中，通常采用镶嵌式三基色滤色片进行相加混色。

图 10-14 所示是镶嵌式三基色滤色片型相加混色的彩色液晶显示屏的横剖面。起偏光片和检偏光片的偏振方向同为垂直方向。图中白色条 TN 液晶阈中掺有黑色染料分子，有利于关闭滤色片，使其不透光。不加电场时，液晶分子与上、下基片表面平行，但 TN 液晶分子在上、下基片之间连续扭转 90°，使入射液晶的直线偏振光的偏振方向通过液晶层时，沿液晶分子扭转 90°，出射光的偏振方向垂直于检偏光片的偏振方向，这样出射光被遮断。也就是说，入射白光不能通过滤色片，在出射光端看不到滤色光。

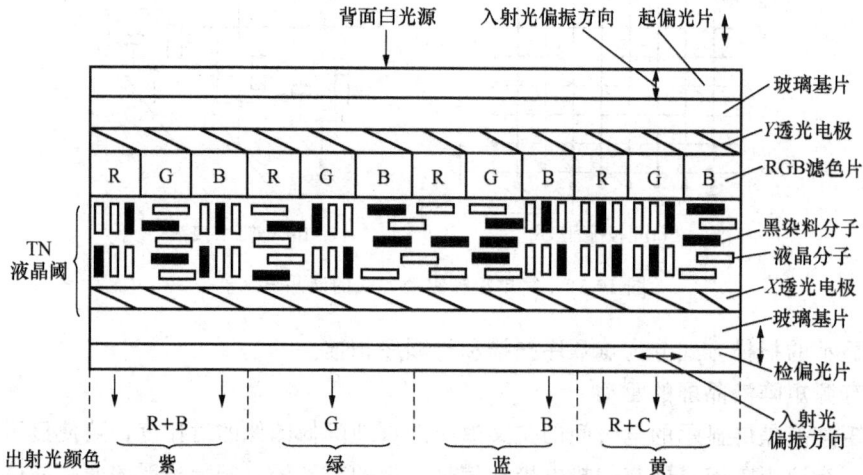

图 10-14　镶嵌式滤色片型相加混色的彩色液晶显示器的横剖面

当透明的 Y 电极与 X 电极间加大于液晶阈值电压的电压时，外加电场改变 TN 液晶分子的排列方向，液晶分子轴与电场方向平行，液晶的 90°旋光消失，使得入射白光经 R 滤色片透过检偏光片，出射 R 光，在出射端能看到红基色光。RGB 三个基色滤色片组成一个彩色像素，在一组 RGB 滤色片中有 1～3 个滤色片能使入射白光被滤色而透过检偏光片时，出射端就能看到 1～3 种基色光的相加混色。TN 液晶对基色光起控制阈门的作用。

　　X、Y 透明电极的交叉点间有一组 RGB 滤色片，形成一个彩色像素。每像素有一个 A-SiTFT 晶体管开关有源矩阵，用来消除像素间的交叉串扰。彩色液晶屏是通过电着色、真空蒸镀、彩色油墨印刷或感光等工艺，将 R、G、B 三种色素沉积在玻璃基板内表面，形成镶嵌式三基色滤色片系统。RGB 滤色片可以纵向排列、三角形排列或倾斜排列。图 10-14 中的彩色液晶显示屏是 RGB 滤色片纵向排列的电极结构，信号电极 Y 的数目是单色屏的 3 倍，而扫描电极 X 只需一套。

　　随着逐行扫描的进行，彩色液晶显示器上会显示出一幅由许许多多彩色像素组成的彩色液晶电视图像。

10.5.2　彩色等离子体显示

　　等离子显示屏（Plasma Display Panel，PDP）由两块相距很近（约 0.1mm）的玻璃板构成，在中间充入气体并被分隔成许多小的单元。它利用施加在单元内的电极间的一定电压，使气体放电产生等离子体并激发荧光物质显示彩色图像。单色 PDP 直接利用气体放电时发出的可见光实现单色显示，放电气体一般用纯氖气或氖氩混合气。彩色 PDP 通过气体放电发射的真空紫外线照射红、绿、蓝三基色荧光粉，使荧光粉发光来实现彩色显示，放电气体一般选用氖氙混合气、氦氙混合气或氦氖氙混合气等含氙的稀有混合气体。

　　PDP 大多采用三电极表面放电的工作方式。其结构从上到下依次为前侧玻璃基板、扫描电极和保持电极、介电层、保护层、RGB 荧光粉、隔离墙、地址电极和后侧基板，前后玻璃板密封在一起形成 PDP 显示屏。

　　当显示屏中的惰性气体在真空中进行等离子放电时，所产生的紫外线（147nm）将激发红、绿、蓝荧光粉，产生可见光，通过空间混色形成彩色显示。至于 PDP 的灰度，是通过子场的技术来实现的，即将一帧图像的显示时间分成若干段，每段的维持显示期之比 1：2：4：8…前者的亮度相应地是后者的一半。通常将一帧图像分成 8 个子场，因此在一帧图像内可以实现 256 种亮度组合，即可以实现 256 级灰度控制。再加上 RGB 的组合，就可以显示彩色图像。

　　等离子显示屏、显示驱动电路、逻辑控制电路、电源电路以及图像信号处理电路等构成等离子显示器。另外，为了防止发射强烈的电磁波和红外线干扰环境，通常在显示屏前面放置光学滤波器。

　　等离子显示板是由水平和垂直交叉的阵列驱动电极组成。它可以按像点的顺序驱动发光，可以按线的顺序驱动发光，还可以按整个画面的顺序显示。

　　等离子显示屏所具有的基本特点是：大屏幕、宽视角；薄而轻的结构；防电磁干扰；纯平面图像无扭曲；较高的亮度和对比度，色彩还原性好；没有汇聚和聚焦问题；使用寿命长达 10 年。

本章小结

　　数字电视广播系统包括发射、传输和接收 3 个部分。数字广播电视发送系统由信源编码、多路复用、信道编码、数字调制 4 部分组成。数字广播电视的传输媒体有卫星、有线电缆和地面开放广播 3 种方式。

由欧洲制定的 DVB 标准的数字视频广播是国际上数字电视的主流，被多数国家使用，中国也采用 DVB 标准数字电视。DVB 数字视频广播电视系统的核心技术是通用的 MPEG-2 视频和音频编码。不同传输方式的 DVB-S、DVB-C 和 DVB-T 系统在组成和技术上各有不同的特点。

数字电视广播有着模拟电视广播无法比拟的特殊功能：条件接收、交互式电视、视频点播等。

数字广播电视的接收系统包括数字解调解码、解复用、解压缩（信源解码）、音视频 D-A 转换和显示设备。前面的数字电视信号处理都由数字电视机顶盒来完成。数字电视的终端显示设备通常选用高清晰度、大屏幕的电视机，即 LCD 或 PDP 组成的平板电视机。液晶显示器电视采用彩色液晶板作为显示器件，具有超薄结构，目前是电视机中的主流产品。

实验十　数字电视系统的发射和接收实验

一、实验目的

1）认识数字电视的发射系统组成。
2）认识数字电视的接收系统组成。
3）能正确连接数字电视的发射和接收系统。
4）会正确使用系统中的所有设备。
5）能正确发射数字电视信号。
6）能正确接收数字电视信号。

二、实验任务

1）连接数字电视的发射和接收系统的所有设备。
2）使用数字电视信号发生器发送数字电视信号。
3）使用传输流复用器复用数字电视信号。
4）用 QAM 调制器调制数字电视信号。
5）使用数字有线电视机顶盒接收调制过的数字电视信号。

三、实验器材

1）MTG300 MPEG-2 码流发生器 1 台。
2）带数字信号输出的数字卫星电视机顶盒 1 台。
3）M108 传输流复用器 1 台。
4）Q101 算通 QAM 调制器 1 台。
5）熊猫 3216 型数字有线电视机顶盒 1 台。
6）彩色电视机 1 台。

四、实验方法和步骤

1）连接数字电视的发射和接收系统的所有设备。按图 10-15 所示连接各设备。

① 将 MTG300 MPEG-2 码流发生器的输出信号电缆接入 M108 传输流复用器，同时将数字卫星电视机顶盒的数字信号输出电缆也接入传输流复用器。

② 将传输流复用器的输出电缆接入 Q101 算通 QAM 调制器。

③ 将 QAM 调制器的调制信号输出电缆接入熊猫 3216 型数字有线电视机顶盒的 RF 输

入口。

④ 将数字有线电视机顶盒的 AV 输出口接入彩色电视机的 AV 输入口。

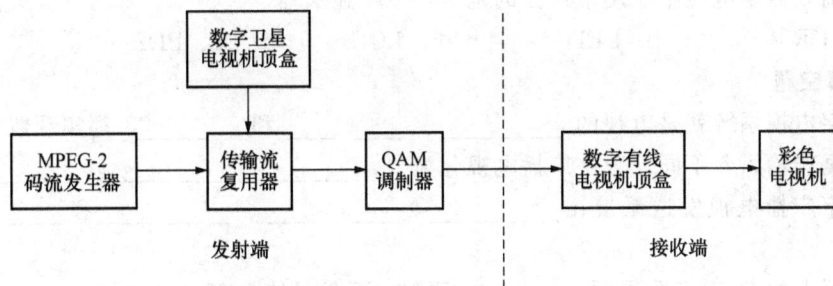

图 10-15 数字电视发射和接收设备连接图

2）设置 MPEG-2 码流发生器，使其输出一固定的传输流。

3）用数字卫星电视机顶盒接收数字卫星信号，固定接收一个节目。

4）设置传输流复用器，将输入的两路节目信号复用。

5）设置 QAM 调制器，将送入的节目传输流调制到一定的频率和符号率，控制输出电平。

6）用数字有线电视机顶盒的手动搜索方式接收调制好的固定频率和符号率的信号，使接收的节目显示在电视机上。

五、实验报告要求

1）说明操作的具体步骤和系统连接的方法。

2）说明操作中应注意的事项和容易出错的地方。

3）制表记录发射的数字信号的频率和符号率以及不同参量情况下的接收情况。

思考与练习

一、选择题

1. 中国采用的数字电视标准为（   ）。

   A. DVB   B. ATSC   C. ISDB   D. ADTB

2. DVB 标准中的音频和视频压缩采用（   ）标准。

   A. AC-3   B. MPEG   C. H.261   D. JPEG

3. DVB-C 数字电视采用（   ）调制方式。

   A. QPSK   B. COFDM   C. QAM   D. 16VSB

4. 根据我国国情，目前大力发展的是（   ）数字电视。

   A. DVB-S   B. DVB-C   C. DVB-T   D. 以上都不是

5. 在（   ）数字电视中最难也是最关键要解决的是抗干扰问题。

   A. 卫星   B. 有线   C. 地面   D.

6. 条件接收的解扰器中的密钥是（   ）。

   A. ECM   B. EMM   C. CAT   D. CW

7. 真正能实现交互的交互电视方式是（　　　）。

    A. NVOD　　　　　B. TVOD　　　　　C. IVOD　　　　　D. VOD

8. 目前，数字电视中应用最广泛的是（　　）显示器。

    A. CRT　　　　　　B. LED　　　　　　C. LCD　　　　　　D. PDP

二、填空题

1. 数字电视系统就是电视的_____、_____和_____都实现数字化处理。

2. 根据传输媒介不同，数字广播电视分为_____、_____、_____。

3. 数字广播电视发送系统由_____、_____、_____和_____ 4 部分组成。

4. 国际上的 DVB-S 多采用_____调制，而我国的 DVB-S 采用_____调制。

5. MPEG-2 为 CAS 规定的数据流 ECM 传送_____信息，EMM 传送_____信息。

6. 数字电视的特殊功能是_____、_____、_____。

7. 交互式电视有两种实现方式：_____和_____。

8. 数字电视的接收系统由_____和_____组成。

9. 应用于液晶显示的电光效应主要有_____和_____两类。

10. 液晶电视矩阵显示器的驱动方式分为_____和_____。

三、问答题

1. 数字广播电视发送系统是怎样组成的？画出数字广播电视发送系统框图。

2. DVB 数字视频广播电视系统的核心技术是什么？

3. DVB-S、DVB-C 和 DVB-T 数字电视系统各有什么特点？它们的区别在哪里？

4. 条件接收系统由哪几部分组成？各部分分别有什么作用？

5. 简述条件接收系统的工作原理。

6. 中国数字电视主要使用什么 CA 系统？

7. 什么是交互式电视？它由哪几部分组成？

8. 数字交互式电视的关键技术是什么？

9. 视频点播分为哪几种？它们各有什么特点？

10. 液晶显示器件的分类和使用特点怎样？

11. 简述液晶显示器的工作原理。

12. 等离子显示器的系统电路主要由哪些部分组成？等离子显示屏有哪些特点？

第 11 章　数字电视机顶盒

从广义上说，凡是与显示器连接的网络终端设备都可以称为机顶盒（SetTop Box，STB）或称为综合解码接收机（Integrated Receiver Decoder，IRD）。机顶盒是数字电视广播的接收设备。机顶盒包含了数字解调、信道解码、解复用、条件接收控制和信源解码等数字电视的核心技术，它可以把来自数字电视卫星广播、数字有线电视广播、数字电视地面广播和网络的信号接收下来，通过解调、信道解码、解复用和信源解码转换成 RGB 模拟电视信号送给显示器或转换成 PAL 制信号送给电视机，也可进行数据广播信号的接收和处理。正是因为机顶盒具有接收数字电视的功能，用户无需更换模拟电视机就可以收看数字电视。

11.1　机顶盒的分类

1. 按应用范围分类

机顶盒按应用范围来划分大致分以下 3 类。

（1）互联网机顶盒或网络机顶盒（WebTV）

这类机顶盒能将数字电视机（或现行模拟电视机）作为互联网的终端机，实现家庭电视机网上浏览、电子邮件收发和双向信息交流等功能的机顶盒。网络机顶盒内包含操作系统和互联网浏览软件，内置了 33.6～56Kb/s 的调制解调器（Modem），可通过电话网或有线电视网连接互联网，使用电视机作为显示器。这种机顶盒使用时不需要进行复杂的软硬件配置，利用配备的无线键盘或其他输入设备，可以轻松浏览网页、写 E-mail 或者玩网络游戏。

（2）数字机顶盒

这类机顶盒除具备 WebTV 机顶盒功能外，它还有高速互联网浏览和视音频点播功能。数字机顶盒包括数字卫星电视机顶盒、数字 CATV 电视机顶盒和数字地面电视机顶盒。

（3）软件机顶盒（多媒体机顶盒）

这类机顶盒功能和标准可以随时通过下载新的软件而改变，即具备升级简单的特征。软件机顶盒因具有灵活多样性而更有发展潜力。典型的软件数字机顶盒包括一个用于控制的微处理器、存储器网络接口、用于 CATV 卫星传输和地面传输的调谐器、解调器、传输流解复用器以及 MPEG-2 音频和视频解码器。目前，视频点播的数字机顶盒就是软件机顶盒的典型形式。软件机顶盒采用软件无线电技术，其硬件部分主要是高速数字信号处理器（DPS），其余部分则是射频处理单元和输入/输出接口，其他所有功能均由软件实现。软件机顶盒是一个具备强大运算功能的网络计算机，为各种应用提供了最佳的解决方案，提供了灵活、开放的系统平台。软件机顶盒的最大特点是具有完全的可编程性，它的软系统为实现设备的多标准性、多业务适应性、功能升级适应性，提供了最佳解决方案，有广泛的应用前景。

2. 按技术性能分类

机顶盒按技术性能划分可分为以下 3 类。

（1）基本型机顶盒

这类机顶盒也称普及型机顶盒，由数字调谐器、主芯片、Flash、SDRAM、开关电源、标准接口、AV 接口、SVideo 接口、IC 卡座、嵌入式软件、CA 系统组成。它能接收数字电视信号到模拟电视机并实现付费收看。

（2）增强型机顶盒

这类机顶盒兼容基本型机顶盒，另外增加了中间件和其他应用软件。它能接收数字电视信号到模拟电视机，实现付费收看、多种有线电视增值业务及简单交互式应用。

（3）交互式机顶盒

这类机顶盒由于其模块化设计而在功能选择上更加灵活。如要增加 Internet 浏览功能，只需要在机顶盒硬件上增加 CPU 及相关应用软件即可。根据交互方式的不同类型，机顶盒采用不同的回传方式和接口。其功能可在增强型有线数字机顶盒的基础上按需要添加。

注：目前家庭中广泛使用的是数字电视机顶盒。

11.2　机顶盒的功能

机顶盒的发展在近几年日益成熟，其微处理器已从 $0.25\mu m$ 工艺发展到 $0.18\mu m$，甚至更高，其主频也从 50MHz、80MHz 发展到 100MHz，甚至 180MHz、200MHz。新一代数字机顶盒的应用主要体现在以下几个方面。

（1）机顶盒是模拟电视向数字电视过渡的桥梁

数字电视具有一定的标准和规范，它在性能上有许多模拟电视不可比拟的优点：实现了信道资源的有效利用，传送一路模拟节目占用的宽带可传送 4～8 路数字电视节目；实现了真正意义上的高清晰度，基本上可以达到演播室水平；数字传送误差率低，杜绝了模拟电视在传送过程中的各种干扰。但用户使用模拟电视接收机无法直接收看数字电视节目，需要数字机顶盒作为中介，将接收的数字音视频信号解码为模拟信号再输送到模拟电视机，达到模拟电视收看数字电视节目的目的。

（2）机顶盒是实现交互功能的关键设备

利用 CATV 网接收数字电视广播的机顶盒可以充分利用 CATV 网络频带较宽实现交互功能。数字技术的发展而形成的概念不仅仅使 CATV 增加了更多的频道，更重要的是数字技术使电视机具有了计算机和通信功能一样的交互性，这是模拟技术无法做到的。通过上行通道和数字机顶盒，用户坐在家中就能享受到 VOD、网上浏览、远程教学和购物、家庭银行、互动教室和交互游戏等服务。这种机顶盒的交互性将改变人们收看电视的传统习惯。

（3）机顶盒是电视接入互联网的重要工具

随着互联网的迅速发展，机顶盒成为除了 PC 之外接入互联网的最佳候选。例如 WebTV 网络机顶盒，用户只需将该机顶盒接到电视机和电话线上并在 WebTV 网络公司登记注册，就可以在 Internet 上轻松漫游，自由收发电子邮件。机顶盒是电视机接入互联网的最佳方式。

注：目前数字电视机顶盒是家庭中的重要信息家电。

11.3　机顶盒的基本结构及原理

11.3.1　机顶盒的基本结构

　　机顶盒的功能取决于其结构与关键技术。为适应日新月异的数字技术发展，机顶盒从最初的模拟式机顶盒演变成数字机顶盒。随着广播电视节目的数字化以及互联网的普及，机顶盒的功能越来越强，其作用从单一的解密收费功能发展成集解压缩、互联网浏览、解密收费、交互控制为一体的数字化装置。这一领域可能成为未来很长时间计算机与消费类电子产品的主流，因此 IBM、Intel、Philips、ST、Sony、Microsoft 等在内的很多大公司都进入了这一领域。机顶盒的基本组成有数字调谐器、ATM 单元、ADSL 接口、图像和声音解码器、PAL/NTSC/SECAM 编码器，内存接口及扩展接口。机顶盒是一个模块化的结构。一个典型的机顶盒硬件结构及工作流程如图 11-1 所示。

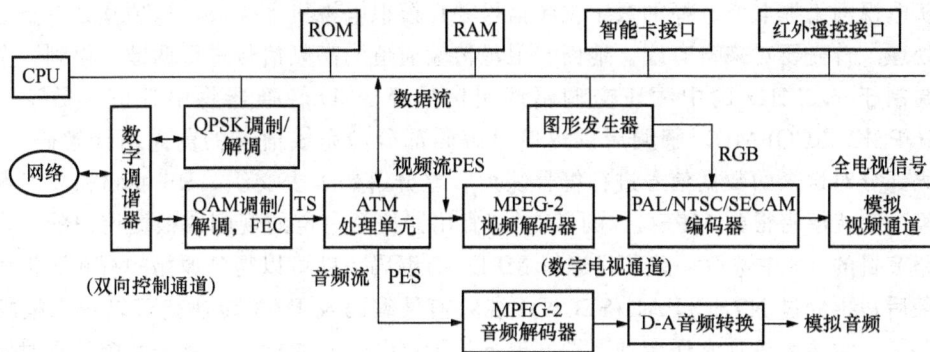

图 11-1　机顶盒硬件结构及工作流程

11.3.2　机顶盒的工作原理

　　如图 11-1 所示，机顶盒的工作流程或原理可简单描述如下：从网络（同轴电缆）传来的射频信号经 A/D 转换，QAM 解调及前向纠错后，由 ATM 处理单元进行数据包的解复用，并将数据分为视频流、音频流和数据流。视频流由 MPEG-2 视频解码器解码后，交给 PAL/NTSC/SECAM 编码器以得到相应格式的模拟视频信号。在此过程中，可以叠加图形发生器产生的诸如选单之类的图形信号。音频流由 MPEG-2 解码后由音频 D/A 转换器转换为模拟音频信号。数据流传递给 CPU，由 CPU 做相应的处理。例如，CPU 根据数据流中的选单图形数据来控制图形发生器产生选单图形；CPU 还可以根据用户选择产生相应的消息数据，经 QPSK 或 QAM 调制由上行通道反馈给视频服务器。

　　机顶盒拥有模拟视频通道、数字视频通道和双向控制通道，使其能够支持模拟式广播传输、数字式广播传输和交互功能。按照信号传播介质的不同，机顶盒可分为卫星数字电视机顶盒、有线电视机顶盒和地面电视机顶盒。

11.3.3 机顶盒的关键技术

数字电视机顶盒的技术含量非常高，它集中反映了多媒体技术、计算机技术、数字压缩编码技术、通信技术、网络技术以及加解扰技术、加解密技术的发展水平。目前，数字电视机顶盒关键技术包括以下几个方面。

（1）嵌入式系统技术

因为所有嵌入式系统都是实时的，所以实时嵌入式系统一般就称嵌入式系统，它含有实时的意思。一般来说嵌入式系统由嵌入式芯片、嵌入式软件、嵌入式操作系统和嵌入式系统开发工具4部分组成。嵌入式芯片包含嵌入式微处理器、嵌入式微控制器、嵌入式数字信号处理器以及嵌入式片上系统。随着 RISC 计算机技术和微电子技术的发展，嵌入式芯片的功能越来越强，体积越来越小。总之，机顶盒是一个实时嵌入式系统，是嵌入式系统在信息家电方面的典型应用。

（2）信号处理技术

要从电视网络提取所选择的数字视频信号并在模拟电视机上播放，机顶盒必然要进行数字信号处理。首先要对来自有线、地面、卫星传输通道的高频信号进行调谐，得到一个带宽8MHz 调制于 7.5MHz 的中频正交调幅调制信号经 A/D 转换器将中频信号数字化，经QAM（QPSK 或 COFMD）解调后供给信道解码部分，完成信道的前向纠错解码。然后，信道解码部分对送来的数据信号进行符号映射、差分解码、去交织、RS 解码和去能量扩散后，再经过解扰解密得到 MPEG-2 的 TS。解复用器按照一定的规则或根据用户的要求，从包含多路节目的 TS 中选取一路节目进行 MPEG-2 解码，就可以得到原始的视频数据和音频数据。最后，再经过 NTSC/PAL/SECAM 视频信号编码及 D/A 转换就可以送入模拟电视机的电路了。大多数机顶盒还会加上图文屏幕显示（OSD）功能。控制子系统负责对各部分进行初始化，配置或事件处理，控制各部分的实际工作。

（3）条件接收技术

由于用户占用专用频道资源接受视频服务器服务，所以要实行有条件接收。条件接收是指允许用户端接收机在满足一定接收要求条件下，接收特定的视频节目技术，这是付费电视业务的关键。现在数字电视中采用的 MPEG-2 标准包括了识别和传送条件以及接收信息的方法，但没有定义条件接收信息的格式和对信号进行解码的方法。实现条件接收，不但要有技术保障，还要最大限度地满足商业可行性。而商业上主要考虑的问题是条件接收要具有开放式编码和传输的国际标准，以实现有偿电视业务，进而顺利地实现 VOD 业务。

（4）上行信道技术

在 CATV 网络中，5～65MHz 是分配给上行信道的，用于上行传送用户端的信息。为了提高传输效率，上行通道采用了抗干扰能力强的 QPSK 进行数字调制，CATV 网的双向传输基本分为频分、时分和空分复用3种形式。我国现有的有线电视网基本上采用单向广播的树结构，采用同轴电缆作为传输介质，用放大器来延长传输距离；而 HFC 双向网络要求使用双向放大器，双向光节点，前端增加话音和数据通信设备，用户端增加相应接收设备。

（5）实时操作系统

实时操作系统（RTOS）负责本地资源和网络资源的管理，提供基本操作功能和设备的访问控制。在启动机顶盒时，由引导程序通过网络从中心控制系统下载。深圳迪科网视通数字机顶盒的 RTOS 在设计上采用了 FLASH ROM 引导，其引导程序功能包括系统自检、系统设置、DTV 功能和系统升级。

（6）中间件

中间件是一种将应用程序与底层的操作系统和硬件隔离开来的软件环境，它通常由各种虚拟机（如 HTML 虚拟机、Java 虚拟机、MHEG-5 虚拟机等）构成。一个完整的数字机顶盒由硬件平台和软件系统组成，可分为 4 层，从底层向上分别为硬件、底层软件、中间件和应用软件。其中，硬件提供机顶盒硬件平台；底层软件提供操作系统和各种硬件的驱动程序；应用软件包括本机储存的应用和可下载的应用；中间件将应用软件与依赖硬件的底层软件分离开来，使应用不依赖于具体的平台。

11.3.4　机顶盒的输出接口端子

机顶盒内部生成的数字图像信号在机内经过 D/A 转换，以模拟的形式传输到电视机或其他显示设备。机顶盒的模拟输出接口包括以下几种端子：

1）RF 射频端子。将机顶盒信号调谐为电视机的一个频道，RF 射频端子连接的电视机的图像效果最差，尽量不要用 RF 接口，要用 A/V 接口或其他更高档的接口。

2）A/V 端子。由 3 个独立的 RCA 插头（RCAjack，又叫莲花插头）组成的。其中的 V 接口连接复合视频信号 CVBS（Composite Video Burst Sync），为黄色插口；L 接口连接左声道声音信号，为白色插口；R 接口连接右声道声音信号，为红色插口。

3）S 端子。又称为超级视频端子（Super Video）、SVideo、SVHS。S 端子使用专用的五芯连接线及结构独特的 4 针插头 MINIDIN。S 端子传输的视频信号保真度比 V 端子的更高，水平清晰度最高可达 400～480 线。

4）分量色差端子 V。分量色差端子使用 3 条电缆，连接亮度信号 Y、色差信号 $R-Y$ 和 $B-Y$。通过分量色差端子还原的图像水平清晰度比 S 端子更高。

5）三基色 RGB 端子。三基色 RGB 端子比分量色差端子效果更好。在视频播放机中将图像信号转换为独立的 RGB 三种基色，直接通过 RGB 端子输入电视机或显示器中作为显像管的激励信号，可以得到比分量色差端子更高的保真度。

6）VGA 端子、SVGA 端子。VGA 是计算机系统中显示器的一种常用显示类型，其分辨率为 640×480 像素；SVGA 端子的分辨率可以达到 1024×768 像素。二者都使用标准的 15 针专用插口 dSub15，只是传输的信号规格不一样。具有 VGA 端子的机顶盒，可以使用计算机的显示器。

一般机顶盒只有 A/V 端子和 S 端子等两三种模拟输出接口。

当显示设备是数字设备时，应采用数字接口，以免"数字—模拟—数字"的重复转换造成细节的损失和信号的畸变。数字接口可以省去两次不必要的转换，使画面质量提高，同时也节约了硬件配备。高档机顶盒通常配置以下数字接口：

1）数字视频接口（Digital Video Interface，DVI）。它使用标准的 D 型 24 针连接器。

2）高分辨率多媒体接口（High Definition Multimedia Interface，HDMI）。它除了有视频信号外，还有多声道音频信号。

3）串行数字接口（Serial Digital Interface，SDI）。它对数据流进行扰码并变换为倒相的不归零码（Non Return to Zero Invert，NRZI，原码为 1 时输出数据周期的中央有电平跳变），以确保接收端可靠恢复。

4）IEEE1394 接口。也称为火线接口（Fire Wire），连接器体积较小，有 4 线和 6 线两种结构，即插即用，支持数字传输内容保护（Digital Transmission Content Protection, DTCP），可用串行方式连接多台设备。

前面 3 种数字接口传送未压缩的数字图像信号，第 4 种数字接口传送压缩的数字信号。

注：实际应用中，机顶盒大多采用 A/V 接口与电视机连接。

11.4　DVB 机顶盒系统介绍

11.4.1　DVB-S 数字卫星电视机顶盒

（1）卫星数字电视传送的优点

1）用数字方式传输节目的质量高，图像质量比较稳定。

2）传输一路模拟电视节目的卫星通道可传输 4～8 路数字电视节目，传输节目数量多，可满足观众日益增长的需求，也降低了每套电视节目传送的成本。

3）传输方式灵活，有单路单载波（SCPC）方式和多路单载波（MCPC）方式。

4）可实现多种业务传输，能进行电视广播传输，也能进行声音和数据广播传输。

5）容易进行加扰、加密，实现条件接收和对用户的授权管理。

（2）DVB-S 数字卫星电视机顶盒

DVB-S 数字卫星电视机顶盒由前端解调器、MPEG-2 解调器、音频 DAC 和视频编码器构成信号处理器。如图 11-2 所示，主控电路通过 I^2C 总线设置信道解码电路、音频 DAC、视频解码电路等，接收用户指令进行用户设置并控制屏显，电源电路则向整机提供所需的各种电源。

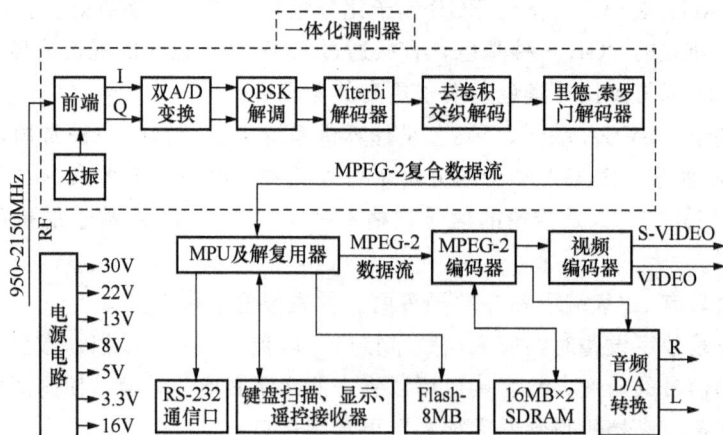

图 11-2　DVB-S　数字卫星电视机顶盒原理框图

DVB-S 采用 QPSK 调制，使传输码率提高了一倍。QPSK 调制波不含载波分量，卫星转发器非常有限的功率就不必浪费在发射载波上，改善了卫星转发器的功率受限。不过，由于它不含载波分量，接收端必须正确地恢复载波及位时钟信号。

（3）整机工作原理

DVB-S 整机电路连接框图如图 11-3 所示。图 11-4 所示为一体化高频调谐器的功能框图。

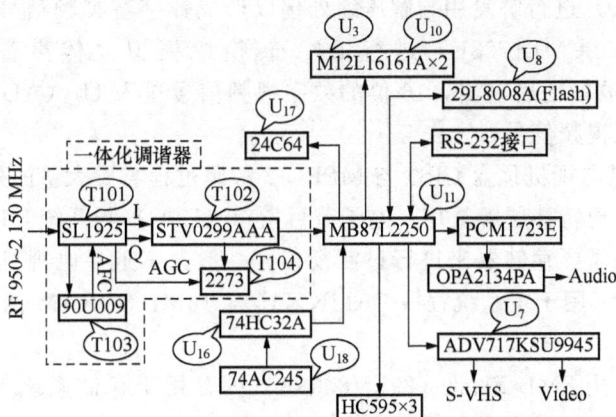

图 11-3　DVB-S 机顶盒整机电路连接框图

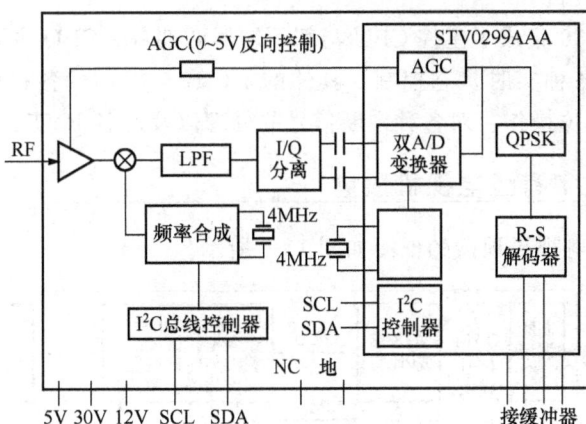

图 11-4　一体化高频调谐器功能框图

调谐器将选定频道的数字信号转换为零中频的基带信号送到 QPSK 解调器，这就是零中频方案。在混频时本机振荡频率与输入信号频率相同，输出信号为零中频的基带信号，它可直接送到数字解调和解码电路进行处理，省去了中频处理电路和声表面波滤波器等元器件，简化了电路，降低了成本。

高频调谐器第二本振的可变频率范围为 1429.5～2629.5MHz，它与输入的第一中频950～2150MHz 的 RF 信号差频形成第二中频 479.5MHz，其带宽一般设定为 36MHz，然后再进行零中频变换，即第三本振频率为 479.5MHz。经 90°移相器正交相干分离出 I 与 Q 基带模拟信号。Q 信号超前 I 信号 90°，且当第一中频输入为 951MHz 时，I/O 输出频率为 1MHz。调谐器一般采用载波跟踪锁相环技术，以确保 479.5MHZ 载波频率的精确性。解调出来的模拟基带 I/O 信号送至前端解调 T102（STV0299AAA），经由 A/D 转换、QPSK 解调、Viterbi 解码、解交织、RS 解码、能量解扰、最后生成 8 位 TS，其取样频率一般为

54MHz，即主频 27MHz 的 2 倍。高频调谐器一般采用 2 级自动增益控制，以使其控制范围达到 50～70dB。

8 位 TS 与字节时钟信号，同步字节时钟、奇偶校验信号 D/P，误差信号一起送往 U_{11} 主芯片（MB87L2250）进行解复用与解压缩处理以形成数字音视频信号。16 位串行音频数码流信号送入 U_6（PCML1723E）进行 D/A 转换成模拟立体声音频信号，再送 U_5（OPA2134）进行运放处理后输出，16 位的数字视频信号送入 U_7（ADV7l71KSU）进行视频编码处理生成模拟视频信号。

DVB-S 数字卫星电视机顶盒 CPU 与 MPEG-2 解码过程需要大量的外部存储器与之配合工作，这是因为要实现转移层解复用、电子节目指南（EPG）与系统管理、各电路控制、组件驱动与同步运行均需要存储器来进行过渡衔接。一般数字卫星电视机顶盒均外接有 8MB 的 Flash 存储器一块（用于主系统程序：512K×16），16MB SDRAM 两块（一块用于程序，一块用于解码）。

富士通方案中选用 8MB Flash（29LV8008A）闪存用于存储系统程序、汉字字库、厂家预置节目参数以及开机屏显画面等格式化数据。原始节目参数一般存放在 Flash 中，但动态节目参数信息则存在一块 8KB×8 的 E^2PROM U_{17}（24C64）中。一块容量为 64KB 的存储器刚好存储 275 套节目。

主芯片 MB87L2250 集成了主控 CPU 与解压缩器两部分。CPU 主要完成各 IC 的通信控制和数字处理，以及各种实时状态控制、具体的 I^2C 通信控制、各存储器数据的存取与运算、对所有 IC 进行复位操作、对各种中断信号的处理以及对各 IC 工作状态的监视。

11.4.2 DVB-C 数字有线电视机顶盒

DVB-C 数字有线电视机顶盒的框图如图 11-5 所示。

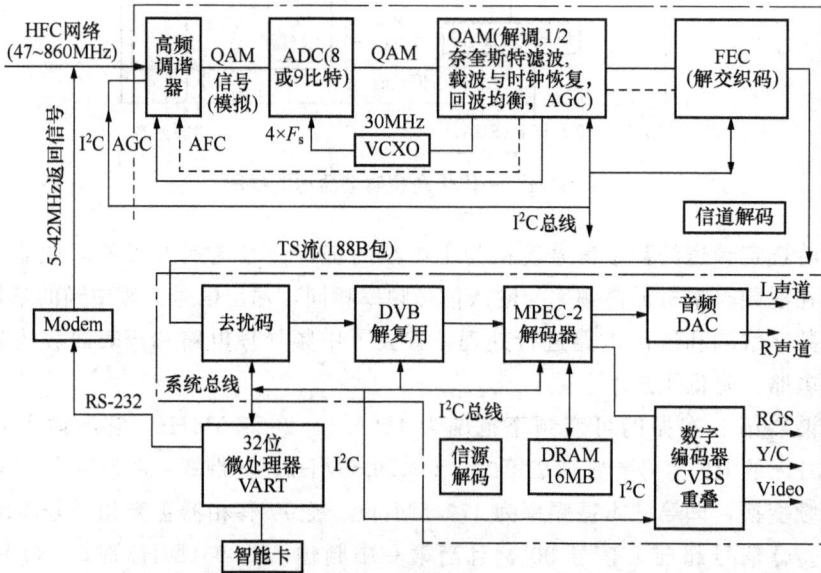

图 11-5 DVB-C 数字有线电视机顶盒框图

DVB-C 数字有线电视机顶盒采用的是 QAM 调制方式，由于其传输媒介是同轴线，其外界干扰相对较小，信号强度也较高，所以在其前向纠错码（FEC）保护中取消了内码。采用 QAM 调制后，其频道利用率最大，8MHz 带宽内可传送 36Mb/s 的数据［在 64QAM 中一个码元可携带 6 比特的信息，即 6 比特组成一个符号（Symbol）］。

该系统从 47～860MHz 的信号频谱中选择目标频率并差频成 36.15MHz 的第一中频（其带宽为 7MHz），再二次变频为第二中频 6.875MHz（第二本振为 43.25MHz）。

A/D 转换器：经差频变换后的 QAM 信号送到 A/D 转换器转换成数字信号，其精度为 8 比特（64QAM）或 9 比特（256QAM），并且使其取样频率是符号频率的 4 倍。该取样频率使用下一级 QAM 来的时钟恢复回路并锁定在其符号频率上。

QAM 解码：是信道解码的一个关键步骤，从数字 QAM 信号输入开始，进行数字解调、半奈奎斯特滤波、I 及 Q 信号的回波均衡，使其重新格式化为 FEC 电路的适用形式（并行 8 比特），它还是上述时钟及载波回路恢复电路的一部分，也能产生前端中频及射频放大器所需要的 AGC 控制电压。

FEC：该部分完成去交织、RS 码解码及去随机化。与 DVB-S 数字卫星电视机顶盒相同，其输出数据为并行的 8 比特的 188 字节传输流数据包。

HFC 线缆调制器：由桥接器、路由器、网络控制器、以太网集线器以及加解扰器等组成，对数据信息进行调制与解调。一般它有两个接口，一个接入宽带有线网，一个连接计算机系统，完成网络通信中数据链路层与物理层之间的电气连接。其采用的标准是 DOCSIS，如采用 Internet 接入方式，主要是浏览业务，其特点是上/下行速率不对称，下载信息量远大于上行返回信息。其上行技术有的采用 FDMA、TDMA、S-CDMA，有的还用频分与时分混合制。

其他功能，比如条件接收、去扰码、解复用、MPEG-2 视频及音频解码等功能，在原理上和 DVB-S 数字卫星电视机顶盒基本一致。

11.5　机顶盒主要芯片公司的机顶盒方案

目前，大多数厂家把解复用、信源解码、音视频编码以及机顶盒系统控制部分的电路集成在单芯片上。常用的单芯片有 LSI Logic 公司（2001 年并购 C-cube 公司）的 SC2000/2005 系列、法意半导体—汤姆逊公司（SGSThomson，简称 ST 公司）的 STI5500/5518/5516 系列、德国富士通公司的 MB87L2250/MB86H21 和飞利浦公司的 PNX8310。其他芯片厂商，如 ATI 公司、NEC 公司、科胜讯（Conexant）公司、Broadcom 公司等也有类似的芯片。

注：各公司研制的机顶盒芯片都有各自的特色，采用不同的操作系统，这也是它们的软件不可能互换的重要原因。

11.5.1　ST 公司机顶盒介绍

1. ST 公司初期研发的 DVB-C 机顶盒

ST 公司初期研发的 DVB-C 机顶盒的结构如图 11-6 所示。

机顶盒前端的数字解调解码由 STV 0197（QAM）完成，升级产品是 STV 0297 以及

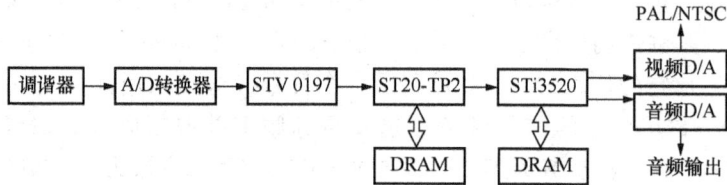

图 11-6　ST 公司 DVB-C 机顶盒结构图

STV 0397。CPU 系统控制、解复用由 ST20-TP2 完成，音视频解码由 STI3520 完成，升级后的 CPU 产品包括 STI5518、STI5516、STI5105 等将系统控制、解复用、解码和音视频编码集成在一起，QAM5516 更是将数字解调解码也集成到一起。

ST 公司的 DVB-S 机顶盒只要将前端的数字解调解码芯片换成 STV 0199（QPSK）、STV 0299 即可，后端的处理相同。

图 11-6 中系统和解复用芯片为 ST20-TP2，它包括以下主要性能：

1）集成了 32 比特可变长精简指令集（VL-RISC）的 CPU，有 8KB 的片内 SRAM，支持最大 200Mb/s 的数据宽度。

2）具有可编程的存储器接口，支持 SRAM 和 DRAM 混用形式，数据宽度可为 8、16、32 比特，支持 PCMCIA 模式。

3）支持异步和同步两种串行通信方式。

4）有内部集成的解扰模块，支持 DVB 的通用解扰方式的解扰。本模块具有多种接口，包括两个 MPEG 解码的 DMA 接口、两个智能卡的接口、码流输入的 DMA 接口、块移动的 DMA 接口、图文接口和 IEEE 1284 接口。

5）其开发工具中包括标准 C 的编译器和库，可利用软件实现 MPEG 系统层的解复用，对其他设备（模块）的驱动和同步，电子节目表的过滤和显示，以及条件接收等。

ST20-TP2 的内部结构如图 11-7 所示。

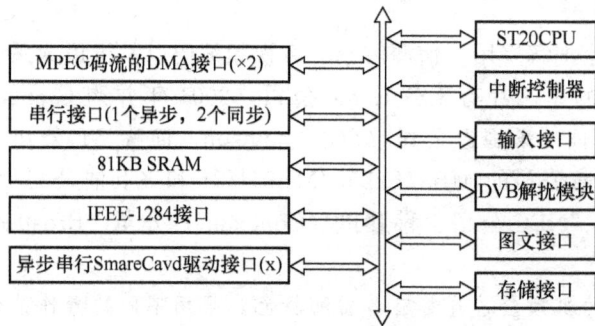

图 11-7　ST20-TP2 内部结构框图

在 ST 公司新一代 ST20-TP3 中，传送流解复用改为硬件实现，通过可编程控制的复用接口进行控制 CPU 被占用的资源更少，同时解扰模块也进行了改进，可以很方便地应用到更多的 CA 系统中。

图 11-6 中 ST 方案的解码芯片使用 STI3520，它包括视频解码部分、音频解码部分和锁相环。视频解码部分可实时解码符合 MPEG-1 和 MPEG-2 标准，视频分辨率为 720×480，

样点 60Hz 或（720×576）样点 50Hz，通过水平和垂直方向上的滤波器来实现显示图像格式的转换。音频解码部分符合 MPEG 标准的音频码流，采样频率分为 32kHz、44.1kHz、48kHz。音频数据通过 8 比特的数据接口输入，STI3520 能自动检出时码进行音视频同步，有在屏显示功能，用户定义的位图可叠加在显示图像上，要显示的位图由 ST20 直接写入内存中。STI3520 的内部结构见图 11-8 所示。

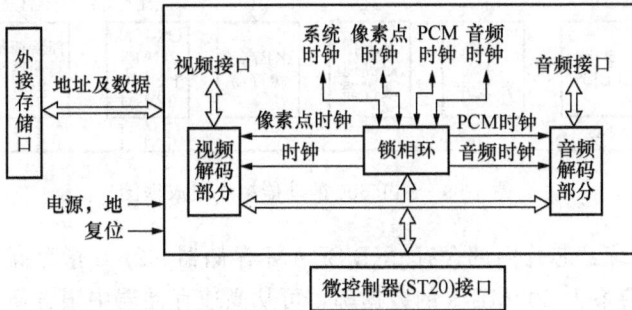

图 11-8 STI3520 内部结构图

由图 11-8 可见，STI3520 有 4 个主要接口：微控制器接口、存储器（DRAM 或 SDRAM）接口、视频和音频接口。微控制器接口用来传送数据、音视频的中断请求以及其他一些控制信息；存储器接口传送动态地址和数据信息；视频接口输出复合、分量、S-Video 等格式的信号，信号中可包含在屏显示信息；音频接口输出音频的时钟 PCM 数据。在存储器存量大于 2MB 时，PAL 解码和在屏显示可同时执行，在屏显示颜色为 16 色。

STI3520 可以接收多种格式的压缩码流数据：由 ISO/IEC 13818-1 标准定义的 MPEG 的 PES 流；由 ISIO/IEC 13818-2 标准定义的 MPEG 视频 ES；由 ISOI/IEC 11172-3 标准定义义的音频 ES；由 ISO/IEC 11172-1 标准定义的 MPEG 视频 ES；由 ISO/IEC 11172-2 标准定义义的 MPEG 的 PES。

2. ST 机顶盒单芯片

ST 公司开发了一系列数字电视机顶盒的 CPU 芯片，将解复用、信源解码、音视频编码以及机顶盒系统控制电路集成的单芯片有 STI5500、STI5518、STI5516、STI5105 等，这里以 STI5500 为例进行介绍。

STI5500 采用嵌入式系统设计，将 32 位微处理器、TS 解复用器、MPEG-2 音频、视频解码器、PAL/NTSC 模拟编码器、块运动 DMA 控制器、MPEGDMA 控制器、判断控制器以及外部存储器接口 EMI、串行 IEEE 1394 接口、图文信号接口、SDAV 接口等集成在一起。图 11-9 所示是 STI5500 的功能模块组成框图。

（1）ST20 及外围电路

1）CPU：芯片内部的 CPU 是一个 ST20C2 的 32 位可变长度精简指令（VL-RISC）微处理器内核，它含有指令处理逻辑单元、指令和数据指示器、运算寄存器等，能直接进入片内的 SRAM 存储器。CPU 能经通用外部存储器接口 EMI 进入外部 DRAM 和 EPROM 存储器，也可经与 MPEG 解码器共享的 SDRAMEMI 接口进入外部 100MHz SDRAM 存储器，支持 MPEG 解码和 OSD 显示，时钟信号频率为 50MHz。

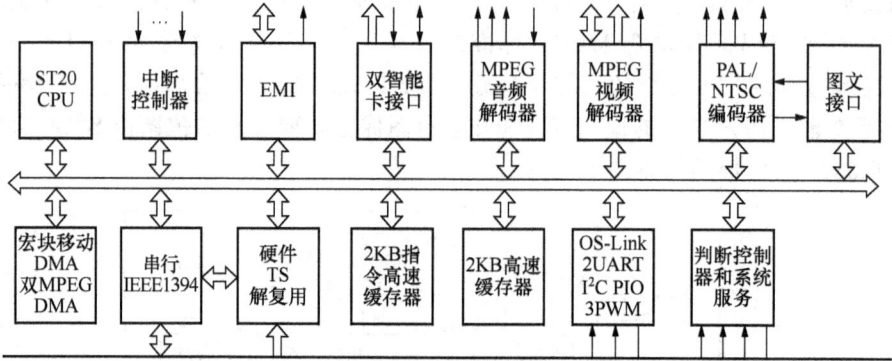

图 11-9　STI5500 的功能模块组成框图

2）存储器子系统：芯片内部含有 2KB SRAM 存储器、2KB 指令高速缓存器和 2KB 数据高速缓存器，支持最大 200MB/s 的数据率，可从高速存储器中很方便地调用数据。

通过 EMI 接口能进入一个大于或等于 16MB 的物理地址空间，并提供高达 80MB/s 的持续数据转移率。利用 SDRAMEMI 接口能支持高达 200MB/s 的存储器数据率带宽。

3）串行通信：芯片中含有两个通用异步串行接口 UART，能支持多种波特率和数据格式，用于与调制解调器或其他外部设备相连；也能提供一个同步串行接口，通过 I²C 总线通信，用于控制解调和信道解码集成块等外部芯片。

4）中断子系统：支持 8 个优先中断等级，由 3 个外部中断引脚来提供。

5）TS 流解复用器：利用片内硬件模块来完成 TS 流解复用的功能。TS 流解复用器直接与解调和信道解码集成电路相连，所以也称为线路接口。TS 流进行分析和解扰后，数据可转移到外部存储器的缓冲器中，再从缓冲器中用 DMA 方式进入 MPEG 解码器；数据也可直接加到 MPEG 音频和视频解码器。解复用器支持 32 路 PID 解复用。

6）智能卡接口：支持智能卡，与 ISO 78163 兼容，使用异步协议，适应 CA 系统的需要。

7）PWM 和计数器模块：含有 3 个独立的脉宽调制器（Pulse Width Modulation，PWM）和一个共享的计数器。此外，它还有 3 个定时器以及与其共享的第二计数器，用于比较和捕捉频道。PWM 计数器是以 8 位来计数的，还备有 8 位寄存器；捕捉和比较计数器及其相关的寄存器是采用 32 位的。

8）并行 I/O 模块：它提供 34 位平行 I/O 端口，无论是输出还是输入，其每一位均是可编程的。显然，STI5500 器件中的许多引脚是多功能的，既能按 PIO 配置，也可连接到内部周边信号。

9）图文信息：利用一个专门的 DMA 将图文数据从一个外部存储缓冲器中读出，并按规定格式进行编码，以复合视频信号形式传送。

（2）MPEG 解码子系统

支持 MPEG-2MP@ML 视频解码。对于 MP@ML 解压缩，仅需配置 12MB 外部存储器。视频解码输出数字 YUV 数据信号，送到 PAL/NTSC 编码器子系统；音频解码器支持 MPEG 的第一层和第二层，音频解码输出立体声 PCM 数据，接口还输出音频码流，以便与外部 MPEG 解码器或 AC3 解码器相连，能支持多声道音频。系统还提供 OSD 图形，能进行编程，并与视频解码器输出的视频数据相混合。

　　（3）PAL/NTSC 编码器

　　经过 PAL/NTSC 编码器可使 MPEG 视频解码器输出的数字视频信号变换成 R、G、B 模拟基色信号，或者 CVBS、Y 和 C 的模拟信号。图文接口输出的信号先进行滤波，再插入到视频信号的场消隐期间。

　　STI5518 保留了 STI5500 的所有功能，添加了对杜比数码和 MP3 音频解码的支持，还增加了驱动硬盘驱动器的逻辑电路，能够在录制电视节目后回放。

3. STI5518 机顶盒方案

　　STI5518 方案是国内数字电视机顶盒采用得最多的方案，其组成框图如图 11-10 所示。DVB-C 在调谐器后用 STV 0297 进行 QAM 解调和信道解码，输出 TS 流；DVB-S 在调谐器后用 STV 0299/0399 进行 QPSK 解调和信道解码，输出 TS 流；DVB-T 在调谐器后用 STV 0360 进行 COFDM 解调和信道解码，输出 TS 流。接收免费频道时，TS 流经过条件接收 DVB-CI 接口电路直通进入 STI5518 进行信源解码。

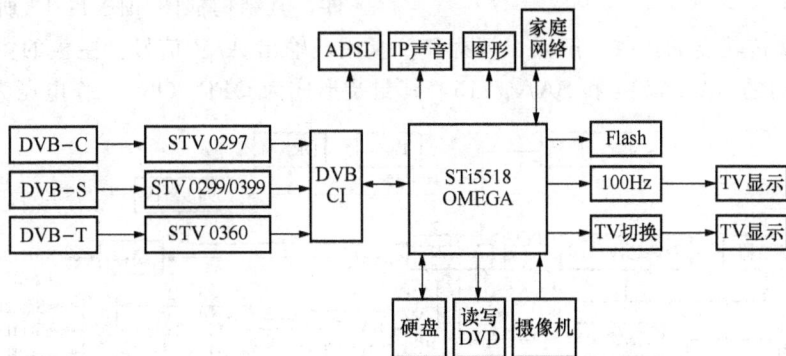

图 11-10　STI5518 方案组成框图

4. ST 开发平台

　　图 11-11 所示是 ST 开发平台的软件结构示意图。平台提供 ST20 软件工具包，免费提供 STLite 实时操作系统和一组 ST 应用编程接口驱动代码 STAPI。ST 公司开发的 STAPI 应用编程接口是用户建立各种应用的稳定基础。STAPI 对 ST 公司后续芯片继续有效，可将用户编写的应用程序移植到下一代芯片中。适配层可适配流行的中间件，如 Media-Highway、OpenTV、Liberate 等。该平台提供了一个连接到硬盘驱动器的接口和一个 "Overdrive" 接口，可连接到一个外部的 ST40 微处理器板以实现双处理器系统。这种结构的软件系统可以减少产品的设计时间和难度。

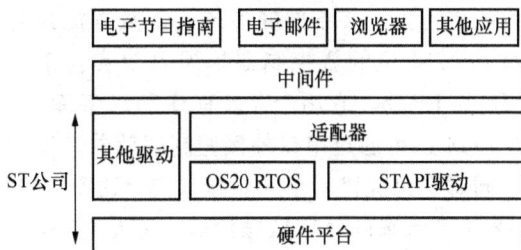

图 11-11　ST 开发平台的软件结构示意图

11.5.2　Philips 公司机顶盒介绍

1. 机顶盒方案

Philips 公司研制的 DVB-C 机顶盒结构如图 11-12 所示，整个机顶盒可以分成 4 部分：前端板、主板、前面板和电源。

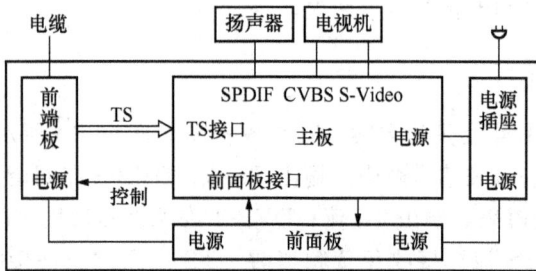

前端板主要由高频头、运放及解调芯片组成。信号通过射频输入口 RF-in 进入高频头，由高频头输出的中频信号经运放放大后进入解调芯片 1820，1820 将进来的模拟信号转换成数字信号，即转换成 MPEG 传输流后输入主板。主板通过 I²C 总线对前端板进行控制。

图 11-12　DVB-C 机顶盒结构图

主板在整个机顶盒中是一个核心部件，其结构框图如图 11-13 所示，它主要完成 MPEG-2 传输流的接收、解码、解扰和解复用，输出 A/V 信号。主板的主要芯片选用了 Philips 公司的 SAA 7214 和 SAA 7215，其封装形成为 QFP 208，工作电压为＋3.3V。

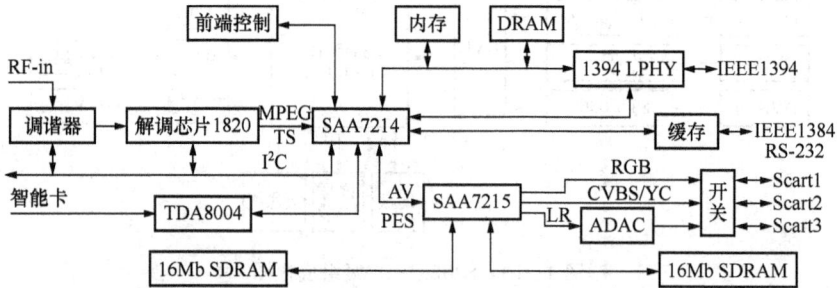

图 11-13　Philips DVB-C 机顶盒主板结构框图

SAA 7214 是一个 MPEG-2 传输流的综合源解码器，它包含必备的硬件和软件，从而能够完成 MPEG-2 传输流的接收、解码、解扰和解复用，其内含一个 32 位的 MIPS PR3001 RISC CPU 核（频率为 40.5MHz）和几个周边接口：UART、I²C 单元及 IEEE 1284 接口。因此，SAA 7214 在所有的数字电视应用中能执行所有的控制任务。它能处理并行字节和串行位的传输流。在不同的形式下，数据流速可达 13.5MB/s（即未压缩的 108Mb/s）。7214 通过一个 16 位的微控制器扩展总线支持 DRAM、FLASH、（E）PROM 等。采用了一片 32MB 的 Flash，它用于存放程序和汉字库。一片 DRAM 用于存放动态数据和一些中间结果。7214 还可通过串口外接调制解调器，实现反向信道功能。

同时它也提供一个同步接口与 MPEG AVG 解码器（7215）以 40.5MB/s 的速率通信：从 7214 里出来的 AV 数据流进入集成的 SAA 7215。7215 的功能主要是完成声音、视频和图像的解码和数字视频的编码。与 7215 相连的有两片 16MB 的 SDRAM，用于声音、视频解码和图像数据的存储。从 7215 里出来的信号经过 D/A 转换器实现数模转换，形成模拟电视机可以接收的电视信号再送到电视机里。

2. PNX8310 芯片简介

Philips 公司的 Nexperia PNX8310 系列解复用和信源解码芯片采用了 120MHz、32 位 MIPS RISC CPU 和 16 位高速存储总线（Unified Memory Architecture，UMA），提供一种低价格数字机顶盒和交互电视的直接解决方案，同样适用于中档的 FTA 免费频道电视和付费电视。

PNX8310 具有如下主要特点：

1）支持所有符合 DVB/MPEG-2 标准的传送。

2）专用的传送 RISC 的解复用引擎使 MIPS 处理器可以空余出来执行其他任务；DVB 解扰适用于大部分 DVB 付费电视。

3）高级的 MIPS CPU、专用硬件、音频 DSP 使得组成的数字机顶盒性能优良。

4）通过 USB 1.1host 接口和两个 230Kb/s 的 UART 传送外部数据。

5）ISO 7816 智能卡接口适用于一或两种（非同密）条件接收。

6）可按 NTSC、PAL 或 SECAM 制式数字编码为模拟视频信号。

7）符合 ITUR 656 的数字视频接口用于平板显示或有数字视频处理的电视机（100Hz，逐行扫描）。

8）具有 SDRAM 接口，可接单一的 8、16 或 32MB SDRAM，还具有 MIU 存储接口。

9）高压缩的 Flash 码被解压缩进入 SDRAM 中具最佳性能的引导程序。

10）支持没有互锁流水线阶段的微处理器（Microprocessor Without Interlocked Pipeline Stages，MIPS，是一种 CPU 结构体系），40% 是精简指令。

3. Nexperia 软件环境

图 11-14 是 Nexperia 软件环境示意图。它是一种模块化的树结构，允许用户从驱动程序、驱动程序＋适配层、驱动程序＋适配层＋应用层 3 种方式中选取一种。该软件基于 pSOS2.5，提供两组 debug 工具 EJTAG 以及 Wind River 和 Ashling's Opellaplus Vitra 跟踪软件。

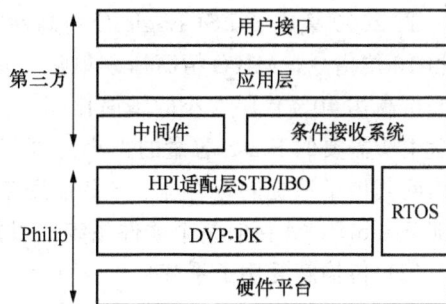

第三方：用户接口 / 应用层 / 中间件　条件接收系统

Philip：HPI适配层STB/IBO　RTOS / DVP-DK / 硬件平台

图 11-14　Nexperia 软件环境示意图

11.5.3　LSI Logic 公司机顶盒介绍

LSI Logic 公司具有 20 多年生产音频/视频解码器芯片的经验，该公司的 SC 2000 芯片是机顶盒的专用芯片，集成了多个机顶盒必需的硬件设备，包括嵌入式 MIPS CPU、MPEG-2 A/V 解码器及 NTSC/PAL 编码器。它具有强大的音、视频处理能力，而且便于上层应用软件的开发。

1. 机顶盒的硬件结构

LSI Logic 公司机顶盒的硬件结构如图 11-15 所示，从 HFC 网上传输来的有线电视信号和数据广播信号经调谐器进行下变频后，通过 QAM 解调器，输出 TS 流，在嵌入式 MIPS CPU 的控制下，码流再经过解复用、解码、缓存处理，最后实现各种数据业务。其中，

QAM 解调器可以自适应地支持 6、32、64、128、256QAM 解调，一般情况下，使用 64QAM 解调，当线路质量不好时，采用 16QAM 解调。

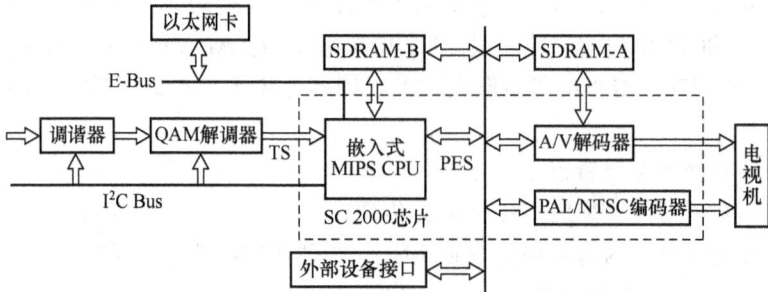

图 11-15　SC 2000 芯片顶顶盒硬件结构图

PAL/NTSC 编码器将解码出的数字电视信号转换成相应制式的模拟电视信号。

以太网卡通过 E-Bus 和嵌入式 MIPS CPU 连接，实现双向通信和上网浏览网页的功能。

此外，还有丰富的外部设备接口。其中，智能卡接口提供有条件接收的 IC 卡认证功能，红外线接口提供遥控器功能，RS232 接口提供外部通信。

2. SC 2000 芯片介绍

SC 2000 主要包括如下子系统。

（1）CPU 子系统

SC 2000 集成了 LSI Logic 公司高性能的 108MHz、32 位 MIPS 微处理器核心，支持 32 位和 16 位指令，MIPS 精简指令集除了保留与已经存在的 32 位二进制代码的完全兼容外，还提供高达 40% 代码大小的精简比率。频繁出现的指令被编码进入 16 位指令域，以减少机顶盒中所需的 Flash 容量的大小。SC 2000 总线系统包括 I-Bus、S-Bus 和 E-Bus。I-Bus 用来访问其他子系统的寄存器；S-Bus 用来访问 SDRAM；E-Bus 用来访问外部 Flash ROM。外部 Flash ROM 存储整个软件系统的可执行代码。

（2）传输解复用子系统

该子系统集成了 MPEG-2 传输层支持音频、视频和数据服务的所有解复用功能，通过信道解码接口接收传输层格式的打包数据流（每包 188 字节）。通过 PID 处理器解析所收的数据，提取所选择的节目流、音视频 PES 数据、PSI、SI 和私有数据，再通过高频解码接口输出音频视频流。PSI、SI 和私有数据被存进外围 SDEAM 中，从而能直接被内嵌 CPU 读取。解复用子系统支持 DVB、Multi2 和外部解扰。

（3）信源解码子系统

该子系统用于接收从传输子系统发来的信道数据，通过硬件进行 MPEG-2 的音视频解码，输出解码后的视频给混合/编码子系统，输出解码后的数字音频给 DAC 模块。音视频解码子系统通过内部存储接口访问一个专有的 SDRAM，用来存储音视频数据和 PES 头信息。

（4）混合/编码子系统

该子系统用于混合来自 OSD 子系统的图像和来自解码子系统的视频，输出 RGB 格式和

NTSC/PAL/SECAM 制式编码模拟视频。解码子系统输出视频给混合器，OSD 子系统输出 OSD、静止图像层和鼠标层数据给混合器，经处理后形成单一的显示层，将 YCbCr 格式数据送给编码器，形成 RGB 格式视频和混合模拟视频。

（5）外围接口子系统

该子系统提供 CPU 访问外围设备的接口，包括并口、串口、红外接口、智能卡接口和通用输入/输出接口等。并口用来读取前面板键盘的数据；串口用于调试和将用户点播信息通过调制解调器送上 PSTN 网；红外接口用于接收用户遥控器的命令；智能卡接口用于用户身份认证和资格审查；通用输入/输出接口进行一般的输入/输出处理。

3. SDP 2000/2005 终端软件开发平台

机顶盒终端软件 SDP 2000 采用 pSOS 实时多任务操作系统，依据软件工程的原则，按层次进行模块设计，具有很强的可移植性。下面分别介绍 pSOS 操作系统 SDP 2000 和各层模块之间的关系，其层次关系如图 11-16 所示。

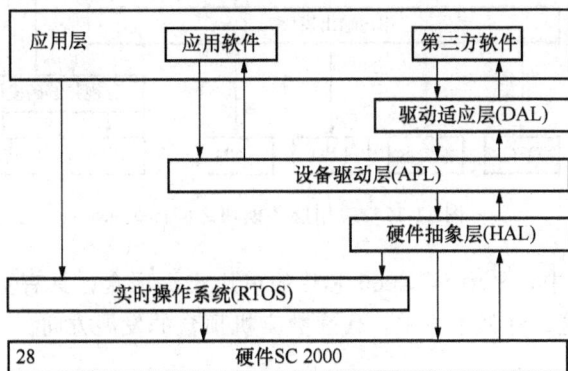

图 11-16　SDP 2000 软件层次关系

pSOS 是一个模块化、高性能的实时操作系统，专门用来设计嵌入式微处理器。它提供了一个基于开放系统标准的，彻底的多任务环境。pSOS 系统采用的是模块化的结构，围绕着 pSOS 实时多任务内核，集成了基于标准结构的，绝对编码独立的各种功能软件模块。标准的模块结构使它们一方面可以不用进行丝毫改变就可被不同的程序所调用；另一方面也减少了用户的维护工作，增强了系统的可靠性。

SDP 2000 软件模块主要包括以下几层。

（1）应用层

应用层是 SDP 2000 的最高层代码，用来控制整个机顶盒的操作，包括用户输入/输出、音视频功能和通用任务，能直接调用驱动层函数，也可访问 RTOS 的功能。

（2）驱动层

驱动层通过硬件抽象层控制特定的硬件组件，向应用层提供应用编程接口，所有的驱动组件都可以访问 RTOS 的功能。

（3）驱动适应层

驱动适应层对第三方提供的应用软件，包括浏览器、股票分析系统等，通过驱动适应层调用驱动层的 API，这样，当第三方软件修改时，只需要修改相应的驱动适应层即可。

（4）硬件抽象层

硬件抽象层硬件抽象层是驱动层的子集，它直接访问硬件，通过设定片内寄存器实现特定的功能，这样，若将 SDP 2000 移植到新的硬件平台，仅需改动硬件抽象层即可。

4. 终端软件应用层的具体实现

SDP 2000 应用层根据机顶盒所提供的功能进行设计，实时接收用户的请求，然后进行分析，将相应的服务提供给用户。应用层软件是 SDP 2000 的最高层，也是按照模块化的思想，让各个部分独立地实现专门的功能。

各模块的关系如图 11-17 所示。

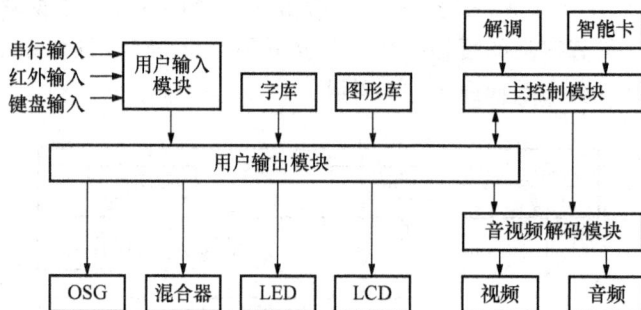

图 11-17　应用层各模块之间的关系

在 DVB-C 机顶盒中，采用 SC 2000 芯片的单片式机顶盒，具有更友好的界面和更方便的交互性，增强了功能，降低了成本，代表数字机顶盒的发展方向。

11.5.4　富士通公司机顶盒芯片介绍

富士通公司以生产芯片见长，其生产的机顶盒芯片被许多公司用来生产机顶盒整机。

MB87L2250 是德国富士通公司的一种单片 MPEG-2 解码器，它包含 32 位 RISC 处理器、1KB 高速缓冲存储器、32 路 PID 解复用器、MPEG-2 视音频解码电路、音频 PLL、视频解码器、OSD 合成和 CA 标准解扰器以及字符图形发生器等。CPU 工作频率为 54MHz。MB87L2250 的内部结构如图 11-18 所示。它还有红外线接收、备份 CPU 接口、I^2C 接口、16MB 的 SDRAM 接口、两个智能卡接口及视音频输出接口等。

MB86H21 是 MB87L2250 的改进型，又称为 SmartMPEG，其内部结构如图 11-19 所示。它包含一个 130.5MHz 的 RISCCPU，两个传送流的解复用器，一个 PAL/NTSC/SE-CAM 编码器和一个能覆盖 4 层图形数据的显示控制器。该芯片有一个 CPU 和 MPEG 解码器可以分享的 SDRAM 接口，可以连接 16 或 32 位总线的最大容量为 128MB 的 SDRAM，还有 Flash 存储接口、IDE 硬盘接口和两个 Smartcard 接口。它集成的 DPLL（数字锁相环）和内部音频 DAC 减少了外部元件，降低了产品成本，同时还支持 NDS 的条件接收系统。

富士通的 SmartMPEG-DK 开发工具提供一种简单有效的方法来评估 SmartMPEG 芯片，可以加快接收机的开发。开发工具的软件是为完成简单的机顶盒而准备的。开发工具有两个传送流接口，其中一个适合数字卫星接收用的单片 QPSK 调谐器评估板

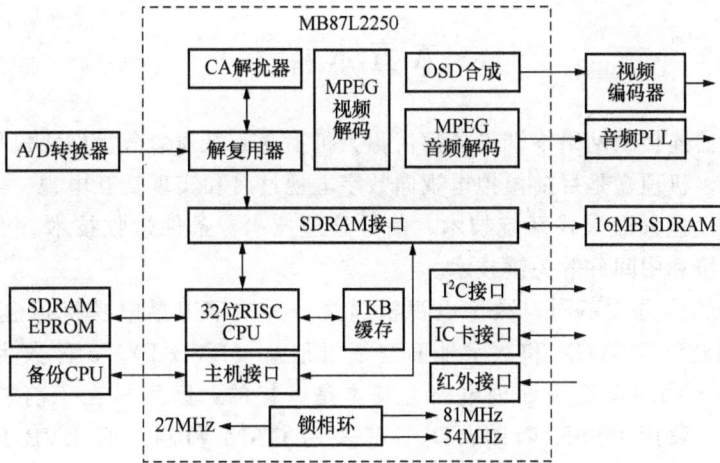

图 11-18　MB87L2250 的内部结构框图

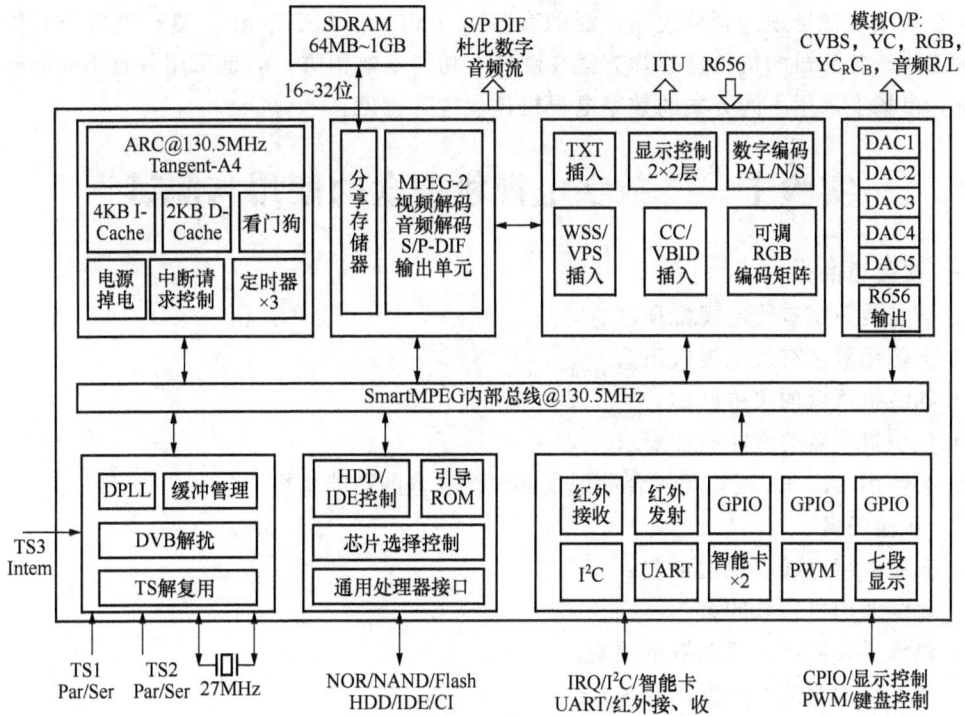

图 11-19　MB86H21 内部结构框图

MB86A15DK01；另一个适合 MPEG 编码评估板 MB86391E/B。开发工具有一个 IDE 硬盘驱动器连接器、一个 7 段数码和键盘连接器、两个智能卡连接器，还有处理器接口 UPI、RS232 接口 UART、Debug 接口和 USB（通用串行总线）适配器。开发工具上有 32MB Flash、64MB SDRAM、音频 DAC 和 27MHz 晶体。

富士通驱动应用编程接口 FAPI 是完整的驱动程序包，用户在此基础上能快速有效地进行软件设计。因为它是一种富士通 DVB 器件的标准编程接口，所以可以容易地移植到下一代装置中。开发工具程序包括汇编、查错程序等。

本 章 小 结

凡是与显示器连接的网络终端设备都俗称为机顶盒。机顶盒分为网络机顶盒、数字机顶盒和软件机顶盒。机顶盒是目前模拟电视向数字电视过渡和实现交互电视、网络电视的关键设备。数字机顶盒包含嵌入式系统技术、信号处理技术、条件接收技术、上行信道实现技术、实时操作系统和中间件等关键技术。

根据信号传输的方式不同，数字电视机顶盒分为数字卫星电视机顶盒（DVB-S）、数字有线电视机顶盒（DVB-C）和数字地面电视机顶盒（DVB-T）。3 种数字电视机顶盒在后端的解复用、解码和音视频处理电路上基本是一样的，区别只在于前端的高频解调解码。通常 DVB-S 采用 QPSK 调制，DVB-C 采用 QAM 调制，而 DVB-T 采用 COFDM 调制。

数字电视机顶盒的芯片方案从三片到两片到单片，现在已基本上都采用单片集成方案。目前，在数字电视机顶盒领域使用广泛的有 ST、Philips、LSI Logic、富士通等公司生产的机顶盒芯片。各公司的机顶盒芯片方案在硬件上功能基本相仿，但是采用各自不同的软件操作系统。市场上采用不同方案的数字电视机顶盒各有特色。

实验十一　数字电视机顶盒的使用与测试

一、实验目的

1）会安装数字有线电视机顶盒。

2）会使用数字有线电视机顶盒。

3）熟悉机顶盒的菜单操作。

4）认识机顶盒的性能指标要求。

5）会使用 VM700 视音频综合测试仪测试机顶盒的性能指标。

二、实验任务

1）安装数字有线电视机顶盒。

2）熟练使用机顶盒的菜单。

3）熟练操作数字有线电视机顶盒。

4）学习机顶盒的性能指标要求。

5）使用 VM700 视音频综合测试仪测试机顶盒的性能指标。

三、实验器材

1）彩色电视机 1 台。

2）熊猫 3216 型数字有线电视机顶盒 1 台。

3）3513B-001 多制式数字电视信号发生器 1 台。

4）泰克 VM700 视音频综合测试仪 1 台。

四、实验方法和步骤

（1）机顶盒的安装

参照机顶盒使用说明书，安装好机顶盒。

（2）机顶盒使用操作

1）按图 11-20 机顶盒的操作步骤操作机顶盒。

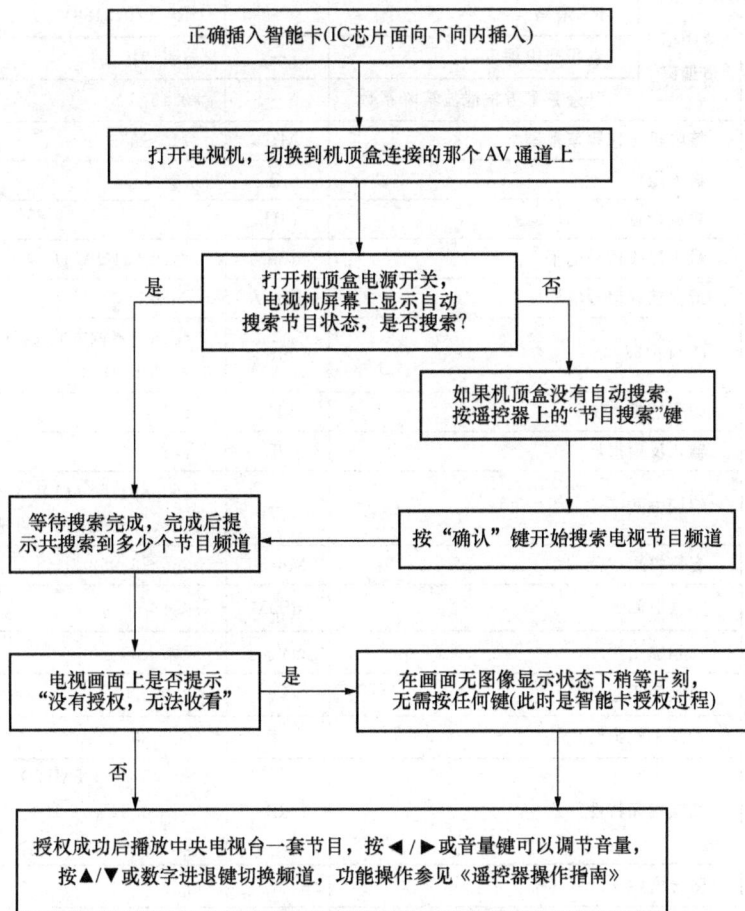

图 11-20　机顶盒的操作步骤

2）按机顶盒的菜单使用说明操作机顶盒。

（3）数字有线电视机顶盒的技术性能要求

大规模生产的机顶盒都必须符合国家广电总局对数字有线电视机顶盒标准的规定，数字有线电视机顶盒的技术性能指标参数要求见表 11-1。

表 11-1　数字有线电视机顶盒的技术性能指标参数表

序　号	项　　目		单　位	技　术　要　求
1		解码方式	—	MPEG-2　MP@ML
2	视频	单路视频压缩码率	Mb/s	2～15（连续可调）
3		图像分辨率	像素	720×576（最大：随发端信号可调）
4		音频解码方式	—	MUSICAM
5	音频信道编码	音频工作方式	—	单声道、双声道、立体声
6		音频取样率	kHz	48

参数要求（位于序号1~6左侧合并列）

序 号	项 目			单 位	技 术 要 求
7	参数要求	音频信道编码	RS 编码	—	RS (204.188)
8			卷积交织深度	—	$I=12$
9			升余弦平方根滤波滚降系数	—	0.15
10	输入信号与解调性能要求	接收机工作频率范围		MHz	110~855
11		输入阻抗		Ω	75
12		频道带宽		MHz	8
13		最小接收信号电平		dBμV	≤50 (64QAM)
14		最大接收信号电平		dBμV	≥80
15		C/N 门限		dB	≤28 (解调方式 640QAM,符号率=6.952Mb/s)
16		频率捕捉范围		kHz	±150
17		输入反射损耗		dB	≥8
18		解调方式		—	16、32、64 QAM(必选) 128、258 QAM(可选)
19		支持符号率范围		Mbaud	3.6~6.952
20		本振泄漏		dBμV	≤43
21	PAL-D 视频输出	视频输出幅度		$mV_{\eta-\beta}$	700±20
22		视频同步幅度		$mV_{\eta-\beta}$	300±20
23		带外干扰抑制比		dB	≤−35
24		视频幅频特性		dB	±0.5 (≤4.8MHz) ≤+0.5,≥−1.0 (4.8~5.0MHz) ≤+0.5,≥−4 (≥5.5MHz)
25		微分增益		%	±5
26		微分相位		°	±5
27		视频信杂比(加权)		dB	≥56
28		亮度非线性		%	≤5
29		色度/亮度增益差		%	±5
30		色度/亮度时延差		Ns	±30
31		K 系数		%	±3
32	音频输出	音频输出电平		dBμV	0±6
33		音频失真度		%	1
34		音频频率响应		dB	≤+1.0,≥−2.0 (20~60Hz) ±0.5 (60Hz~18kHz) ≤+1.0,≥−3.0 (18~20kHz)
35		音频信噪比(不加权)		dB	≥70
36		音频左右声道串扰		dB	≤−70
37		音频左右声道相位差		°	≤5 (60Hz~18kHz)
38		音频左右声道电平差		dB	≤0.5 (60Hz~18kHz)

续表

序　号	项　目	单　位	技　术　要　求
39	传输流误码率	—	≤1.0×10（解调方式 64QAM，符号率 =6.952Mb/s 接收机输入电平=70 dBμV
40	视频信号输出	—	复合 PAL-D 信号：BNC 或 RCA，75Ω 模拟分量信号：S 端子
41	音频信号输出	—	XLR 型：600Ω 平衡 RCA 型：600Ω 不平衡，低阻
42	数据输出	—	RS-232 型，或 RS-422 型，DB9，阴性
43	射频电视信号输出（可选）	—	75Ω
44	供电	—	150～240V，50Hz±2Hz
45	绝缘电阻	MΩ	≥2（直流电压 500V）
46	抗电强度	—	2120V（交流峰值）
47	电磁辐射干扰值	W	≤1×10⁻¹⁰W

（4）数字有线电视机顶盒的技术性能参数测试

使用 VM700 视音频综合测试仪分别测试上表中对机顶盒整机视频和音频输出的技术性能指标，记录测量数据，将结果与表中指标比较，分析测量结果。

五、实验报告要求

1）记录安装机顶盒中的问题及解决方法。

2）记录操作机顶盒工程中的难点和疑点及解决方法。

3）制表记录机顶盒视音频输出性能参数的测量数据。

4）比较所测视音频输出性能参数与标准指标的差异，分析结果。

思考与练习

一、选择题

1. 能接收数字电视信号到模拟电视机并实现付费收看的最简机顶盒是（　　）。

　　A. 交互式机顶盒　　B. 增强型机顶盒　　C. 基本型机顶盒　　D. 网络机顶盒

2. 目前，市面上机顶盒的主频通常为（　　）。

　　A. 80MHz　　　　B. 133MHz　　　　C. 180MHz　　　　D. 200MHz

3. 交互式功能通常应用在（　　）电视机顶盒中。

　　A. 数字卫星　　　B. 数字有线　　　C. 数字地面　　　D. 数字网络

4. 效果最差的机顶盒输出端子是（　　）端子，一般不要使用。

　　A. RF　　　　　　B. A/V　　　　　　C. S　　　　　　D. VGA

5. （　　）数字接口传送压缩的数字信号。

　　A. DVI　　　　　B. HDMI　　　　　C. SDI　　　　　D. IEEE 1394

6. 数字电视机顶盒的 CPU 通常采用（　　）工作频率。

    A. 12MHz   B. 24MHz   C. 27MHz   D. 54MHz

二、填空题

1. 与显示器连接的网络终端设备称为_____，又称为_____。

2. 机顶盒按应用范围划分为 3 类：_____、_____和_____。

3. _____是一种将应用程序与底层的操作系统和硬件隔离开来的软件环境，它通常由各种_____构成。

4. 高档机顶盒通常配置 4 种数字接口：_____、_____、_____和_____。

5. 目前，多数机顶盒厂家主要使用_____公司、_____公司和_____公司生产的机顶盒 CPU 芯片。

6. ST 公司的机顶盒平台提供_____软件工具包。

7. 整个机顶盒基本可以分成 4 部分：_____、_____、_____和_____。

8. SDP 2000 应用层主要包括_____、_____、_____和_____ 4 个模块。

三、问答题

1. 基本型、增强型和交互型 3 种机顶盒有什么区别？

2. 机顶盒的功能是什么？机顶盒的关键技术是什么？

3. 画出一般机顶盒的硬件结构，并说明工作原理。

4. 数字电视机顶盒常用的输入/输出接口端子有哪几种？

5. 卫星数字电视传送的优点是什么？简述数字卫星电视机顶盒的原理。

6. 常用的单芯片解复用和信源解码集成电路有哪几种？

7. 什么是中间件？有什么用处？

8. 简述 STI5518 方案机顶盒的结构和工作原理。

9. 画图说明 SDP 2000 软件模块的层次结构。

10. 分析比较几种主要机顶盒芯片公司的机顶盒芯片的异同之处。

第12章 数字有线电视机顶盒的原理与故障维修

12.1 数字有线电视机顶盒系统结构

有线电视网络具有覆盖范围广，频带资源丰富，建设成本低，可以同时支持传统的模拟业务、新型的数字点播和数据信息服务等特点。我国目前采用欧洲的 DVB-C 标准，所以接收有线数字信息的终端设备通常称为 DVB-C 机顶盒。

数字有线电视机顶盒是在过渡时期用模拟电视机接收数字有线电视节目、提供综合信息业务的终端设备，使用户不用更换电视机就能收看数字电视节目，图像质量可达 600 线水平。

根据国情，目前我国数字有线电视机顶盒应用最广泛，它主要由模拟视音频接收、数字信号接收、有线电视用户接入因特网和双向控制信道 4 部分组成，如图 12-1 所示。

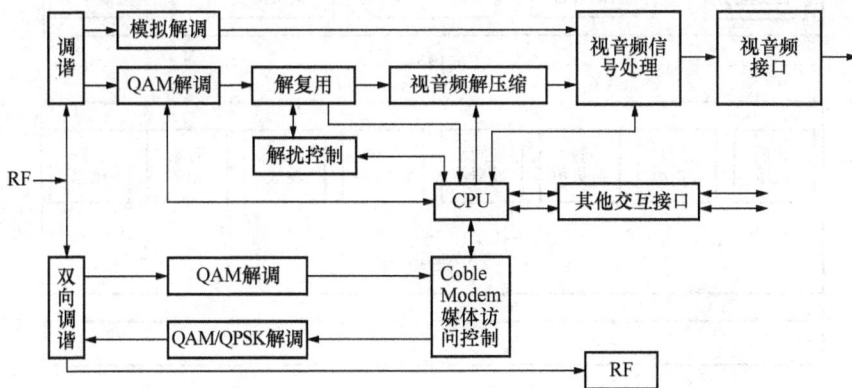

图 12-1 数字有线电视机顶盒系统结构图

（1）模拟视音频信号接收

调谐器完成射频选择转换，模拟解调器解出视音频信号。

（2）数字信号接收

1）调谐器完成射频选择转换，QAM 解调器从射频信号中解调出 MPEG-2 传送流。

2）MPEG-2 传送流通过解复用器、解扰器和解压缩器，输出 MPEG-2 视音频基本流以及数据。

3）视音频处理器完成视音频信号的模拟编码和图形处理功能，视音频接口分别输出满足不同需要的视音频信号。

（3）线缆调制解调器

有线电视用户接入因特网采用线缆调制解调器（Cable Modem），因为有线电视 HFC 网传输的是模拟 RF 信号，如果用它来传输数字数据，就使用线缆调制解调器。它是一种可以通过有线电视网络进行高速数据接入的装置，其作用是将数据调制在一定的频率范围内，通过有线电视网将信号输出去，接收方再对这一信号进行解调，还原出数据。

一个典型的线缆调制解调器通常分别在两个不同方向上接收和发送数据。在下行方向，数据信号调制在 42～750MHz 中的某个 6MHz（或 8MHz）带宽电视载波频道上。调制方式有两种，QPSK 和 QAM，这个信号可放在规划的 6MHz（或 8MHz）宽的频道上。在一个双向有线电视网中，上行通道通常设在 5～42MHz，这意味着上行通道处在漏斗状噪声干扰较多的环境。因为 QPSK 抗干扰能力较强，所以上行方向大多采用 QPSK 调制方式。

（4）CPU 和交互接口

CPU 是完成各种指令和控制的硬件基础，包括 ROM 和 RAM 等信息和应用软件的储存。交互式接口包括通用串行接口 USB、高速串行接口 1394、以太网接口、视频音频接口等。

12.2　数字有线电视机顶盒的软件实现

数字有线电视机顶盒整个软件系统分为 3 层：应用层、DVB 数据广播规范层和系统层。数字有线电视机顶盒软件结构如图 12-2 所示。

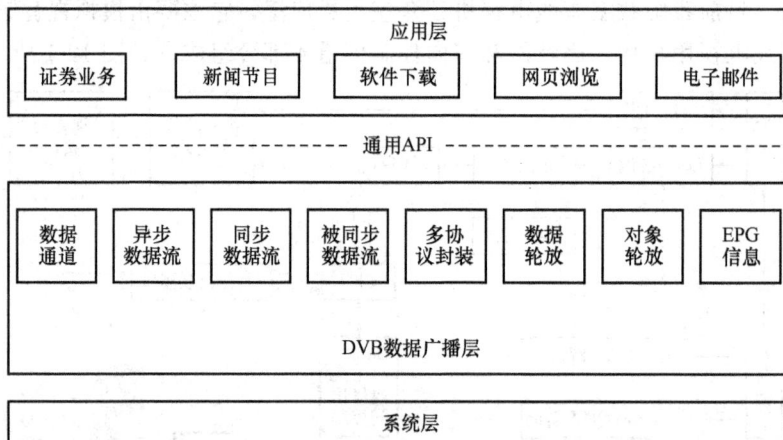

图 12-2　数字有线电视机顶盒软件结构图

其中，系统层包括 MPEG-2 解码芯片、网络接口、内存等硬件资源及管理这些硬件的嵌入式操作系统（RTOS），OS 向上为 DVB 数据广播规范层提供一些底层的系统服务，如码流过滤、设置中断处理函数等。对于每种具体应用，都利用 DVB 数据广播规范层提供的通用 API，选择合适的数据组织和传输方式。

根据不同的应用场合，DVB 规范提供了以下 7 种可供选择的方法。

1）数据通道（Data Piping）：直接在 TS 的小包中传输数据，是一种很基本的数据广播，这给予具体应用程序的实现者很大的灵活度。

2）异步数据流（Synchronous Data Streaming）：用来传输异步的数据，基于 MPEG-2 PES 包，数据包的最大长度为 64KB。

3）同步数据流（Asynchronous Data Streaming）：支持同步的数据流，也是基于 MPEG-2 PES 包，对数据包的到达时间有严格要求，时钟信息可以在接收端精确恢复。

4）被同步数据流（Synchronized Data Streaming）：不仅本身是同步的数据流，而且每个数据流之间也要保持同步，也是基于 MPEG-2 PES 包的。

5）多协议封装（Multiprotocol Encapsulation）：能够通过 MPEG-2 码流传输其他通信协议数据包，如典型的 TCP/IP 中的 IP 包，NetWare 协议中的 IPX 包等。其有两种方法：一种是使用 LLC/SNAP（逻辑链接控制/子网附加点）对一般的网络协议进行通用封装；另一种是针对 IP 包进行优化，不需要 LLC/SNAP 包头。这是基于 MPEG-2 数据段（Section）的，最大包长为 4KB，因为可以通过解码芯片的硬件完成解复用过滤，所以效率很高。

6）数据轮放（Data Carousels）：能够对变化不大、相对稳定的数据进行周期性的传输，保证用户尽可能接收到数据，这是在 MPEG-2 的 DSMCC（Digital Storage Media Control Command）的基础上实现的。

7）对象轮放（Object Carousels）：支持用户到用户的数据传输。对于 DVB 数据广播的实现，最基本的就是实现的 7 种数据封装，为用户的应用提供独立于最底层的 MPEG-2 TS 的接口，这一层应该是比较固定的，而且其提供的是 API 与平台无关的。从广义上讲，DVB 标准中的 SI（Service Information）信息也是一种数据广播，根据其内容可以生成（Electronic Program Guide，EPG）。在实现中我们把 SI 信息也包括了进去。

这种通用的软件 API，能将应用层的数据广播与硬件资源隔离，从而将具体应用从底层的 DVB 数据广播协议中独立出来，使得基于 DVB 数据广播的具体应用能够完全独立于硬件平台的设计。不同平台上的数据广播应用软件具备可移植性，它还可以使其上一层的具体应用开发的可扩展性更好，软件更加容易维护。这种通用软件 API 设计的基本思想就是中间件的系统结构，而这正是现代信息家电系统发展的总趋势。这里我们通过提供统一的 API，保证各种硬件平台的机顶盒、集成功能的电视机、PC 上软件互相移植成为可能，从而满足日益发展的宽带数据业务对 DVB 数据广播标准的要求，进一步推动市场向开放性方向发展。

注：通常说机顶盒是一种软件非常复杂而硬件相对简单的家电产品，说明了机顶盒软件的复杂性和重要性。

12.3　数字有线电视机顶盒的功能

数字有线电视机顶盒的基本功能是接收数字有线电视广播节目，同时具有所有广播与交互式多媒体应用功能，主要包括以下方面。

（1）电子节目指南

EPG 给用户提供一种容易使用、界面友好、可以快速访问节目的方式，用户可以看到所有频道上近期将播出的电视节目。同时，EPG 可提供分类功能，帮助用户浏览和选择各种类型的节目。

（2）高速数据广播

高速数据广播能给用户提供股市行情、票务信息、电子报纸、热门网站等各种信息。

（3）软件在线升级

数据广播服务器按 DVB 数据广播标准将升级软件从电缆传播下来，机顶盒能识别该软件的版本号，在版本不同时接收该软件，并对保存在存储器中的软件进行更新。

（4）Internet 接入和电子邮件

数字有线电视机顶盒可通过内置的电缆调制解调器方便地实现 Internet 接入功能，用户可以通过内置的浏览器上网，发送电子邮件。可以实现新的交互式数字化的家庭娱乐以及交互式对外交流，具有双向通信能力，能实现电视购物、远程教学和远程视频点播等功能。

（5）有条件接收（Conditional Access）

CA 的核心是加扰和加密，数字有线电视机顶盒具有解扰和解密的功能。

（6）交互电视

数字有线电视机顶盒可以实现用户与有线电视台之间的交互通信，其中视频点播就是一种典型的交互式电视业务。

12.4　熊猫 3216 型数字有线电视机顶盒电路原理

目前，国内各省市的数字有线电视机顶盒类型和品牌繁多，但是其基本结构和功能都大同小异。这里我们以熊猫 3216 型数字有线电视机顶盒为例，对机顶盒的电路进行介绍。

数字有线电视机顶盒在数字电视中的位置如图 12-3 所示。

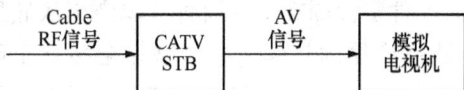

图 12-3　数字电视接收端连接

机顶盒内部电路通常分为前端和后端处理电路，另外还包括开关电源、智能卡板和前面控制板。前端由一体化高频头完成数字高频电视信号的解调解码；后端由机顶盒 CPU 芯片完成解复用、解扰、解压缩和音视频处理。

12.4.1　高频调谐器（高频头）电路分析

1. 机顶盒前端工作原理

机顶盒的前端部分就是信道部分，主要功能是将有线电视网络传送过来的高频信号经过调谐器降为中频信号，经过滤波、放大后将信号送给 QAM 解调芯片，完成解调制工作。前端结构框图见图 12-4。

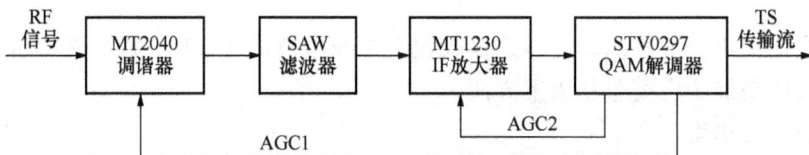

图 12-4　数字有线电视机顶盒的前端部

MT2040 Silicon Tuner 可以接收 48～860MHz 的高频信号，并将其转换为用户所需的中频频带上。经过一个表面声波滤波器（SAW Filter）和 MT1230 中频放大器，将降频后的中频信号传送给 STV0297 进行 QAM 解调。

STV0297QAM 解调芯片内集成了 A/D 转换、赖奎斯特滤波处理、载波恢复、均衡、解交织和 R-S FEC 解码等功能。

STV0297 片内集成有一个高性能的 A/D 转换器，可以直接对输入的中频信号进行 A/D

采样。STV0297 还为 AGC 提供两路 PWM 输出：一路提供给 Tuner（AGC1）；另一路提供给 IF Amplifier（AGC2），用于对输入信号进行 AGC 调节。经 A/D 转换后得到的数字信号经过奈奎斯特滤波器处理，以达到 0.13 的传输滚降系数。信号通过奈奎斯特滤波器后的能量损失是由片内的数字 AGC 模块来进行补偿。此外，STV0297 还要完成载波恢复、均衡、解交织和 FEC 解码等工作。载波恢复能消除残留的载波频率和相位的偏移。频道均衡能适当的消除各种回声和线性频道失真。为了减轻脉冲噪声，增加 R-S FEC 编码的纠错能力，在发送端 RS 编码后数据进行了交织。因此，在接收端 RS 解码前要进行解交织工作。STV0297 中使用的是 Forney 型解交织器，其默认的解交织深度为 12，单元深度为 17。由于 MPEG 数据流头信息对于正确接收信号非常重要，STV0297 采用 RS 纠错码来保证接收数字比特流的正确性。

数字有线电视机顶盒的前端部分通常都用一体化高频头来实现，比如 Thomson、LG、Philips 等品牌的高频头。现在国内也有几家高频头厂商（如旭光、塔能等）的产品在市场上广泛应用。3216 型数字有线电视机顶盒采用的就是旭光的 DCQ-1D/CW11F2-D5 高频头。

2. 高频头电路工作原理

(1) 高频头介绍

高频头 DCQ-1D/CW11F2-D5 是成都旭光电子股份公司生产的一款 DVB-C（QAM 解调）数字有线电视高频头，它的设计符合欧洲数字电缆 ETS 300 429 标准，包括 VHF/UHF 调谐、天线环路输出功能、QAM 解调。DCQ-1D/CW11F2-D5 可以输出并行或串行传输的 MPEG-2 规格的 TS 传输流，适合监督 IC 在传输过程中的连接情况。调谐、波段开关转换、初始状态和控制解调的过程都由 I^2C 总线连接控制。QAM 解调应用的是 ST 公司生产的 STV0297 解调芯片。

DCQ-1D/CW11F2-D5 具有以下功能特性：

1) 卧式结构。

2) QAM 解调芯片 STV0297。

3) 并行 D0～D7 或串行 D0 输出。

4) 内置 30V 调谐电压。

5) 全数字频道覆盖（52.5～858MHz）。

6) 16QAM/32QAM/64QAM/128QAM/256QAM。

7) 具有无源（关机时）和有源（开机时）环路输出。

8) 输入阻抗（Input Impedance）：75Ω。

输出阻抗（Output Impedance）：75Ω。

DCQ-1D/CW11F2-D5 高频头各端子的定义见表 12-1。

表 12-1　DCQ-1D/CW11F2-D5 高频头各端子的定义

端子编号	端子名称	具 体 说 明
1	AGC1 IN	RF 自动增益控制输入
2	NC	—
3	V_{CC1}	5V 供电压，天线环出部分

续表

端子编号	端子名称	具 体 说 明
4	NC	—
5	V_{CC2}	调谐器部分+5V 供电
6	BT	使用时为悬空
7	V_{CC3}	IF 部分+5V 供电
8	AGC1 out	RF 自动增益控制输出
9	NC	悬空
10	FEL	调谐器锁定位
11	RES	解调芯片复位
12	ERR0OP	错误信号输出
13	DVALID	输出数据有效
14	PSYNC	数据包同步信号输出
15	D7	输出数据 7
16	D6	输出数据 6
17	D5	输出数据 5
18	D4	输出数据 4
19	D3	输出数据 3
20	D2	输出数据 2
21	D1	输出数据 1
22	D0/SER	输出数据 0/串行数据输出
23	CLK	输出（字节/位）时钟
24	SDA	I^2C 数据线
25	SCL	I^2C 时钟线
26	V_{CC4}	解调芯片 3.3V 供电电压
27	NC	悬空
28	NC	悬空
29	NC	悬空

（2）高频头电路

高频头工作电路见图 12-5 所示。高频头正常工作需要 3 个基本条件：它的 V_{CC1}、V_{CC2}、V_{CC3} 三引脚上加上+5V 电压和 V_{CC4} 引脚加上+3.3V 的电压；它的复位脚 RESET 为高电平复位，由 RC（RL2 和 CL22）复位电路完成；I^2C（SCL 和 SDA）必须用电阻上拉到+3.3V 才能正常与 STI5516 进行通信。高频头的电源滤波要求严格，+5V 的滤波电容用 $0.01\mu F$、$0.1\mu F$ 和 $470\mu F$ 对高频和低频进行滤波，+3.3V 用 $0.1\mu F$ 和 $100\mu F$ 电容进行滤波即可，如果需要外部加入+33V 调谐电压的高频头对+33V 的要求更为严格，要其纹波电压小于 $5mV_{pp}$，由于此原因，现在的高频头都将+33V 内置，减小对外部电路的要求。

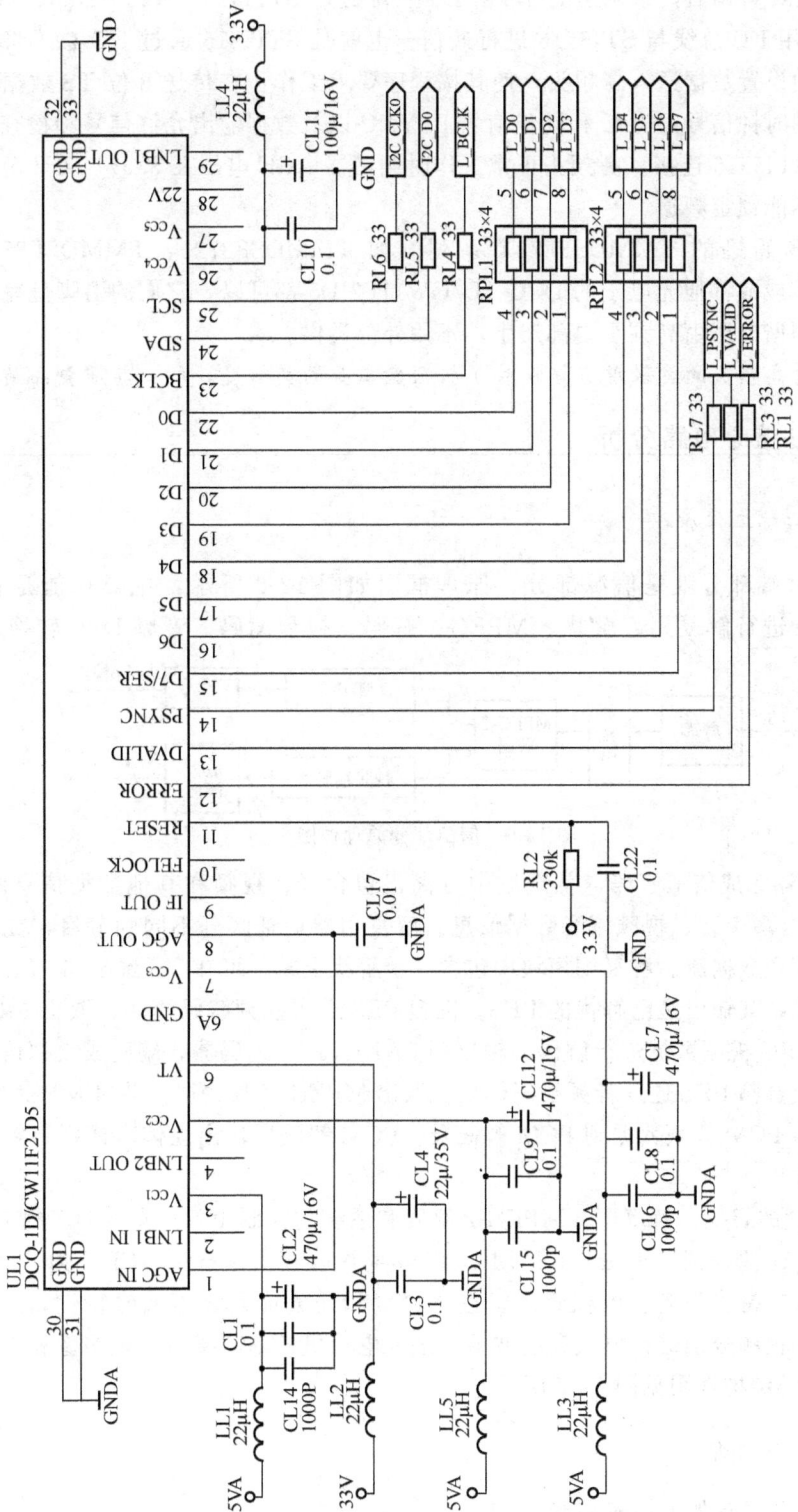

图 12-5　高频头工作电路

在满足 3 个基本条件之后，有线电视 RF 信号从高频头的 RF 输入口进入，在内部进行高频解调和 QAM 解调后，解调出的 TS 由 D0～D7 送入 STI5516（N23～N26、M23～M26 脚）。高频头运用 I²C 总线与 STI5516 进行通信，也就是 STI5516 通过 I²C 总线将程序中对高频头寄存器的设置数据送入高频头，使其按程序要求工作；在传送 8 位 TS 数据时必须要有与数据同步的时钟信号 BCLK 和同步信号 PSYNC 以及数据输出允许信号和检查数据是否出错的信号与 STI5516 连接。高频头正常工作时调谐器 AGC 电压在 3.9～4.1V 范围内，超出范围高频头不能锁定频道。

高频头用汤姆逊的 TMMDSF872X 系列（如 TMMDSF8721、TMMDSF8722、TM-MDSF8729 等）或成都旭光电子的 DCQ-1D/CW11F2-D5 都可以，它们的引脚是完全对应相同的。＋33V 调谐电压由高频头内部产生，不用外部提供。

注：机顶盒高频头的灵敏度直接反映了机顶盒本身的灵敏度，所以其质量品质很重要。

12.4.2   CPU 核心电路分析

1. 机顶盒后端工作原理

机顶盒的后端部分就是信源部分，原理框图如图 12-6 所示，主要功能是将高频头解调出来的 TS 进行解复用、解扰、MPEG-2 解码、视频编码、音频 D/A 转换。

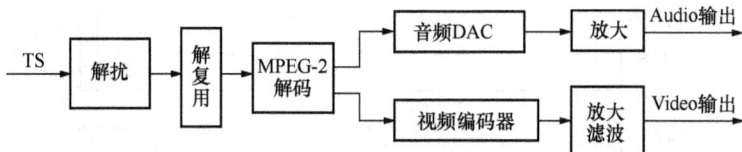

图 12-6   信源部分原理框图

QAM 解调器完成信道解码，从载波中分离出包含音、视频和其他数据信息的 TS 流。TS 流中一般包含多个音、视频流和数据信息。解复用器用来区分不同的节目，提取相应的音频流、视频流和数据流。解复用模块中包含一个解扰引擎，可在 TS 流层和 PES 层对加扰的数据进行解扰，其输出是已解扰的 PES。视频 PES 送入视频解码模块，取出 MPEG 视频数据，并对 MPEG 视频数据进行解码，输出到 PAL/NTSC 编码器，编码成模拟信号经视频输出电路输出。音频 PES 送入音频解码模块，取出 MPEG 音频数据，并对 MPEG 音频数据进行解码，输出 PCM 音频数据到 PCM 解码器，PCM 解码器输出立体声模拟音频信号，经音频输出电路输出。

3216 机顶盒的解扰、解复用、MPEG-2 解码和系统的控制由 ST 公司生产的 DVB CPU 功能芯片 STI5516 来完成。STI5516 采用 OS20 实时嵌入式操作系统，CPU 为 ST20C2＋32 位处理器，具有支持多任务、内核管理、进程调度和任务优先级等实时特性，经 STI5516 处理后的音频和视频分别进行放大和滤波即可送入电视机的 AV 接口呈现图像和声音。应用 OS20 总线的后端结构框图见图 12-7 所示。

2. STI5516 芯片介绍

STI5516 芯片具有如下性能特点。

1）基于 ST20 操作系统的 32 位 VL-RISC CPU：主频 180MHz，8KB 直接缓存，8KB

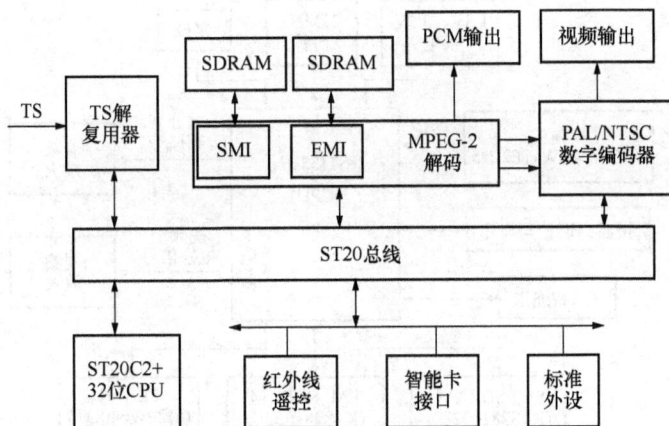

图 12-7　机顶盒后端结构框图

存储器，8KB SDRAM。

2）共享内存接口：135MHz，16 位 SDRAM 接口，64MB、128MB 外接存储。

3）可编程外设存储接口：SRAM、SDRAM、Flash。

4）可编程传输接口（PTI）：2 个 MUX 输入、1 个传输流 MUX（DVB）。

5）封装：35×35BGA。

6）MPEG-2 MP@ML 视频解码。

7）图像显示：256 色 OSD 显示。

8）PAL/NTSC/SECAM 解码：复合视频信号输出、S 端子（Y、C）输出。

9）音频输出模式：MPEG-1 音频压缩、杜比环绕声处理、PCM 输出。

10）单片结构：6 个 8 位 I/O 口、2 个 I^2C 接口、Modem 和前端接口、图文处理、IEEE 1284 接口、多路接收和发射、看门狗控制、低电压工作。

STI5516 是一片高集成度的 DVB 系统芯片，是 DVB 接收机的 CPU，其内部包含 ST20 操作系统的总控制、音视频 TS 的解复用、音视频压缩数据的解码、视频的编码和音频的 D/A 转换。从高频头解出的 TS 进入 STI5516 处理后，送出的直接是音频（PCM）和视频（CVBS 和 Y、C）的模拟信号。

3. STI5516 及其外围电路

以 STI5516 为核心的机顶盒主板的结构框图和信号流程见图 12-8 所示。有线电视的 RF 射频信号（48～860MHz）进入高频头 DCQ-1D/CW11F2-D5，高频头对高频信号进行高频解调和 QAM 解调，解调出的 8 位并行数字 TS 流信号送入 STI5516 进行解扰、解复用、解码，解码后的数字音频和视频信号在 STI5516 内部分别做音频 D/A 转换和视频编码，STI5516 送出的音频差分信号用集成运放 LM833 进行放大，视频全电视信号进行滤波、放大调整，最后产生标准的音频信号和彩色全电视信号，可以送入电视机显示图像和播放声音。

中心控制系统 STI5516 除了完成数据 TS 的解复用和解码以及音频 D/A 转换和视频编码等专用功能以外，它还担负着整个机顶盒的所有控制作用，从 Flash 闪存中读取程序，把机顶盒功能程序和动态数据存到 SDRAM 中，通过 I^2C 总线或通用 I/O 口与其他功能块一起

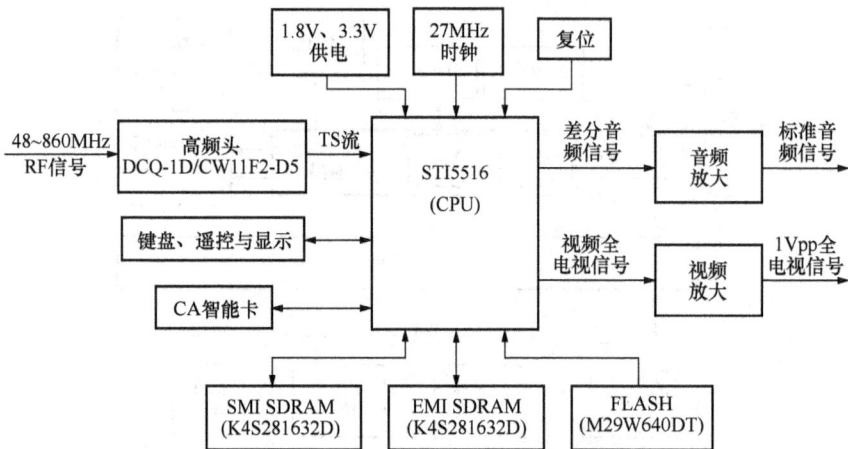

图 12-8　主板结构和信号流程图

完成机顶盒的整体功能，比如 I²C 总线对高频头 DCQ-1D/CW11F2-D5 的控制，I/O 口对前面板键盘和 LED 数码显示的控制以及与智能卡的通信等。

STI5516 工作必须要有 3 个基本要素：电源、复位和时钟。

1）STI5516 供电有两组：＋1.8V 和＋3.3V，＋1.8V 由电源提供的＋3.3V 经过 AMC1117-1.8 降压而得，＋3.3V 由电源提供的＋5V 经过 AMC1117-3.3 降压而得，电路中两路供电都需要有 $0.1\mu F$ 和 $100\mu F$ 对电源进行高频和低频的滤波。

2）STI5516 复位（AE7 引脚）：低电平复位，复位信号由前面板（KEY 板）的单片机 AT89C2051 的 I/O 口提供，开机瞬间在 CU71 引脚上能测量到负跳变信号。

3）STI5516 时钟提供（A18）：STI5516 工作需要 27MHz 时钟，而且要求时钟很稳定，要求 27MHz（±30PPM），在 RU4 上可测出时钟。电路由百利通公司的 PT7V4027 和一颗 27MHz 晶体组成一个压控晶体电路，电压控制由 STI5516 的 GPIO 口 AE17（27MHz PWM）控制，时钟电路如图 12-9 所示。

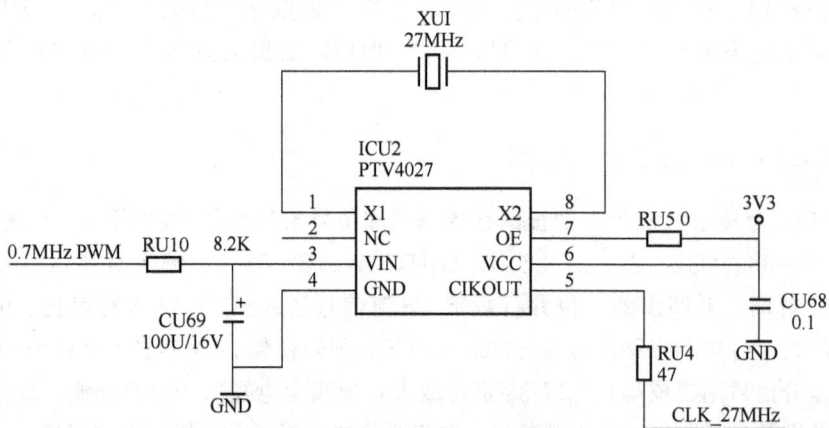

图 12-9　STI5516 时钟电路图

STI5516 的 EMID0 ～ EMID15、EMIA2 ～ EMIA25 及 EMI 相关控制信号与外部 SDRAM（EMI）相连，作为程序和动态数据的存储；STI5516 的 SMID0 ～ SMID15、

SMIA0～SMIA13 及 SMI 相关控制信号与外部 SDRAM（SMI）相连，作为解码过程中图像和声音数据的动态存储。

STI5516 的 N23～N26、M23～M26（TS10～TS17）引脚接收从高频头送来的 TS 数据，进行解复用和解码以及音频 D/A 转换和视频编码后由 AB1、AB4、AC3、AC4 引脚送出差分音频信号（幅度很小，需放大），由 AF9 引脚送出复合视频信号，由 AE10、AD10 引脚分别送出 Y 信号和 C 信号。

程序存储 Flash 电路如图 12-10 所示。Flash 芯片 ICM1 采用 ST 公司的 M29W640FB（64MB），它的供电是＋3.3V，低电平复位由 RC（RM1 和 CM2）复位实现，与 CPU 通信的数据线 DQ0～DQ15 和地址线 A1～20 与一片 SDRAM（ICM2）共用 STI5516 的 EMI 数据线和地址线。Flash 中烧录着机顶盒工作的程序，同时可存储节目信息以及一些数据信息。

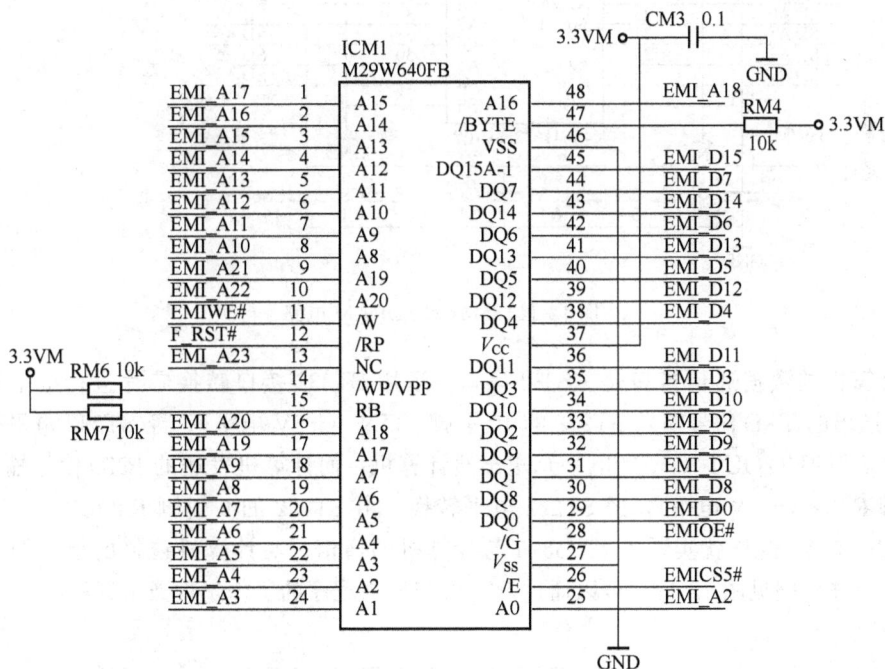

图 12-10　Flash 电路

EMI 的 SDRAM（ICM2）电路采用三星公司的 K4S641632D（64Mb），连接方法与 SMI 的 SDRAM 电路一样。它的供电是＋3.3V，与 CPU 通信的数据线 DQ0～DQ15 和地址线 A0～A11 与 Flash（ICM1）共用 STI5516 的 EMI 数据线和地址线，其中用于与 STI5516 进行通信同步的时钟线 CLK 很重要。这片 SDRAM 用于程序运行中的数据暂存及电子节目指南和数据广播的数据暂存。

SMI 的 SDRAM（ICS1）电路如图 12-11 所示，它与 EMI 的 SDRAM（ICM2）电路相同，只是与 STI5516 的连接位置不同，它与 STI5516 的 SMI 部分的数据线和地址线相连。SMI 依然采用三星公司的 K4S641632D（64Mb）。K4S641632D 由＋3.3V 供电，SDRAM 用于音视频解码时的数据动态存储，它会影响图像质量。当这片 SDRAM 工作不正常时，图像会出现花屏现象。

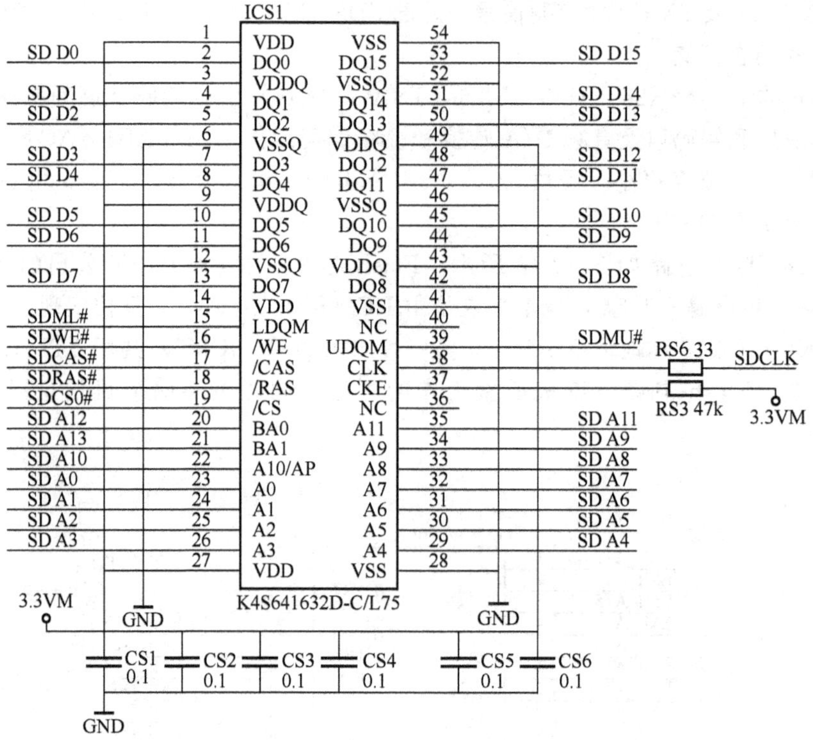

图 12-11　SMI 的 SDRAM 电路

与计算机的数据通信接口是 RS232 串口，运用 ST232 接口转换芯片进行电平转换，将 STI5516 送出的 TXD 信号输入 ST232 的 10 引脚 T2IN（＋5V 电平），经 ST232 电平转换，由 ST232 的 7 引脚 T2OUT（－7V 电平）送出给计算机，而计算机发送的 RXD 信号输入 ST232 的 8 引脚 R2IN（－7V 电平），经 ST232 电平转换，由 ST232 的 9 引脚 R2OUT（＋5V 电平）送回给 STI5516，这样就实现了 STI5516 与计算机的通信。与计算机连接的接口器件是一只 DB9 口。具体电路见图 12-12。可以通过 RS232 口监视程序的工作过程或下载程序。

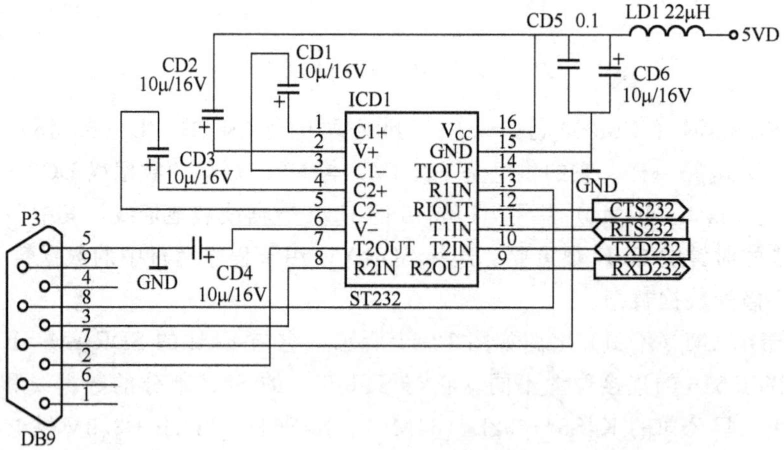

图 12-12　RS232 接口电路

12.4.3　音视频输出电路分析

1. 音频输出电路

STI5516 芯片输出音频信号有两种方式，一种是解码后的数字音频信号——LRCLK、SCLK、PCMCLK、PCMD，需要经过 D-A 转换再进行放大输出；另一种是直接模拟差分音频信号——PLEFT、PRIGHT、MLEFT、MRIGHT（STI5516 的 AB1、AB4、AC3、AC4 引脚送出），经过 LM833 放大就可由音视频（AV）端子输出。本机运用的就是第二种方式输出，电路如图 12-13 所示。

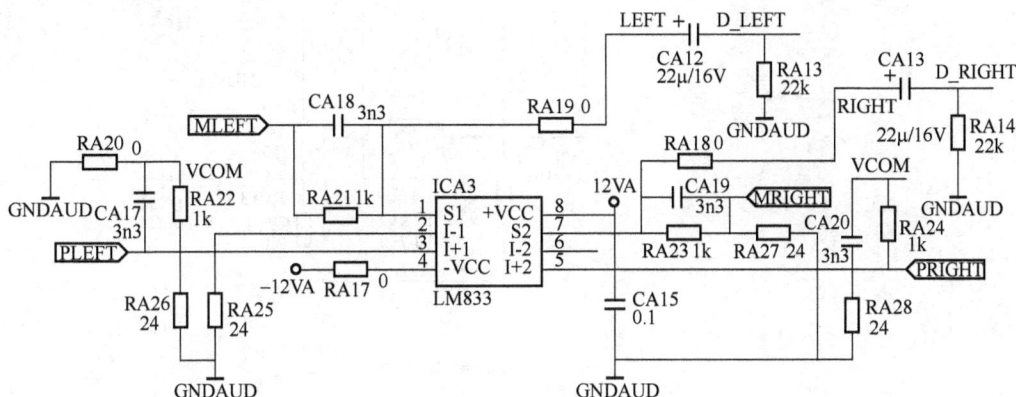

图 12-13　音频输出电路

音频输出幅度为 $1V_{PP}$（与输入信号类型有关）。电路的性能指标要达到国家标准，电路中运用的芯片和参数选择很重要。

为了克服开机和关机的噪声，将音频放大电路 LM833 的供电＋12V 由前面板的单片机控制，在机器启动之后再加上去，这样避免了开机时电路中的噪声由放大器放大输出。

2. 视频输出电路

STI5516 芯片的视频输出分为 3 路，第一路是复合视频输出 CVBS；第二路是 Y/C 输出；第三路是分量 R/G/B 输出。本机采用 CVBS 输出到音视频（AV）端子，Y/C 输出到 S 端子。

CVBS 复合视频输出电路如图 12-14 所示。

视频信号从 STI5516 出来后（此时彩色全电视信号 CVBS 为 $1V_{PP}$）需要进行滤波，这里采用由 LV3、CV2、CV3 组成的 LCⅡ型滤波电路；由于视频端子输出都要求阻抗为 75Ω（与电视机的阻抗匹配），端子空载时信号为 $2V_{PP}$，端子带载时信号为 $1V_{PP}$，所以运用 QV1（2SC1015）将信号放大 2 倍；复合视频输出又是两路（CVBS1、CVBS2），必须用射随器进行隔离，以排除两路视频输出的相互干扰，用 QV2（2SC1815）进行射随倒相；射随器输出的信号通过一只 75Ω 的电阻串入，这样就使输出信号达到阻抗要求。

STI5516 输出的 Y 信号和 C 信号分别为 $1V_{PP}$ 和 $0.3V_{PP}$，同样为了满足与电视机的 75Ω 阻抗匹配，采用与 CVBS 复合视频输出电路相同的放大滤波电路，生成 S 端子的 Y、C 信号。

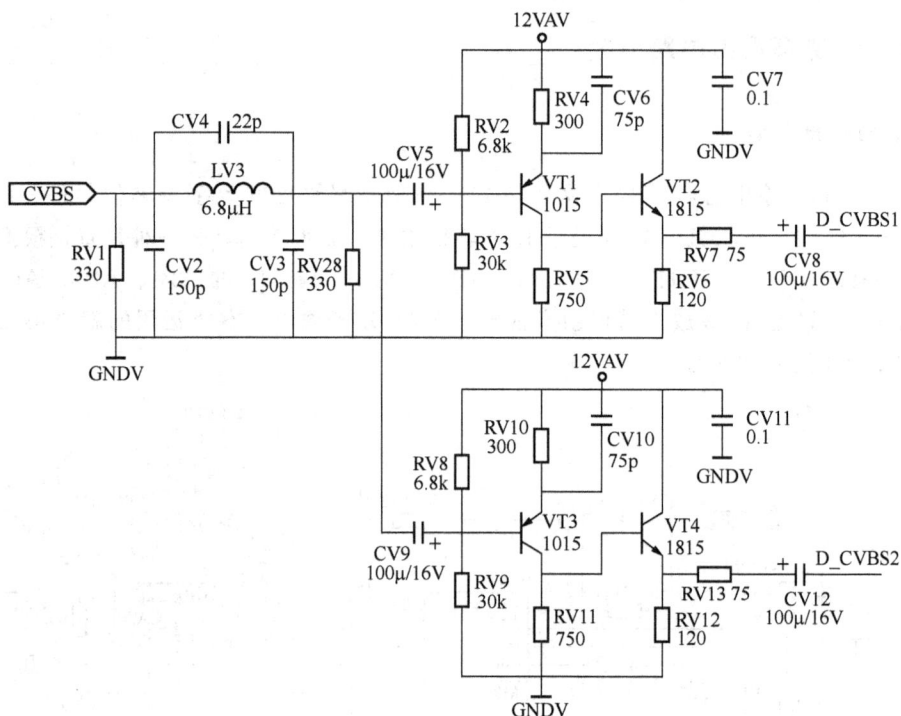

图 12-14　CVBS 输出电路

注：视频输出的性能指标要求很严格，要想得到画质高的图像效果，视频的频响、微分相位失真、微分增益失真、亮色增益差、亮色时延差、视频信噪比等视频指标必须符合国家标准（见表 11-1 DVB-C 机顶盒性能指标参数），所以视频输出电路中的各参量设置十分重要。

12.4.4　前面控制板电路分析

前面控制板应用美国 ATMEL 公司生产的单片机 AT89C2051 作为微处理器，用它与主板的 STI5516 进行通信：正在收看的节目频道号由 STI5516 的 GPIO 口传送给 AT89C2051 的 I/O 口 P3.0（DATA）和 P3.1（CLK），由 AT89C2051 来控制数码管显示；AT89C2051 还要控制 STI5516 的复位（CPURST）、主板 +12V 的通断以消除开机噪声（CTL12）、待机时开关电源的通断（ON/OFF）等。

AT89C2051 的外围电路如图 12-15 所示。单片机的供电是一路单独的 +5V（SB），待机时开关电源只保留这一路 +5V，而将其他的电源都关断。单片机的复位采用最简单的 RC 高电平复位。单片机的时钟输入用 3.579545MHz 晶体实现。用单片机的 P1.2 控制待机时发光二极管发红色，用 P1.6 控制主板上的 +12V 的通断，用 P1.7 控制开机瞬间 STI5516 的复位。

遥控接收器采用德律丰根 HS0038B 红外遥控接收器，它负责接收由遥控器发出的脉冲方波信号，信号 IR1 送往 STI5516，信号 IR 送往 AT89C2051 进行处理。遥控接收电路如图 12-16 所示。

数码显示运用 4 位共阳 LED 数码管 LG3641H 完成，LG3641H 的 4 位段选由 AT89C2051 的 I/O 口（P3.5、P3.4、P1.0、P3.7）控制，但单片机 I/O 口的驱动能力不够，所以要用三

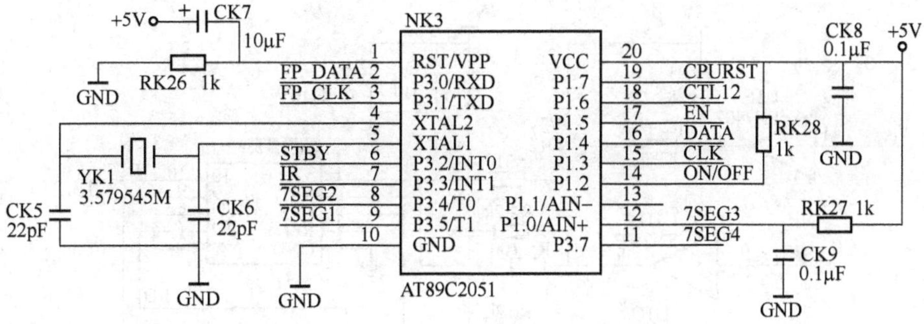

图 12-15　AT89C2051 的外围电路

极管（2SC1015）放大电路驱动；每个字符的 8 段由单片机送出串行信号，8 位串行移位寄存器芯片 74LS164 转换出 8 位并行信号控制 "8" 字和小数点的 8 段显示相应的字符，单片机的 P1.3、P1.4、P1.5 口分别作为 CLK、DATA 、EN 使能与 74LS164 连接。

前面板的键盘设置了 7 个按键：MENU、OK、UP、DOWN、LEFT、RIGHT、STBY，矩阵键盘电路见图 12-17，采用扫描控制方式，直接由 STI5516 的 GPIO 口进行控制。

前面板与主板的连接采用的是 15 芯的排线连接。

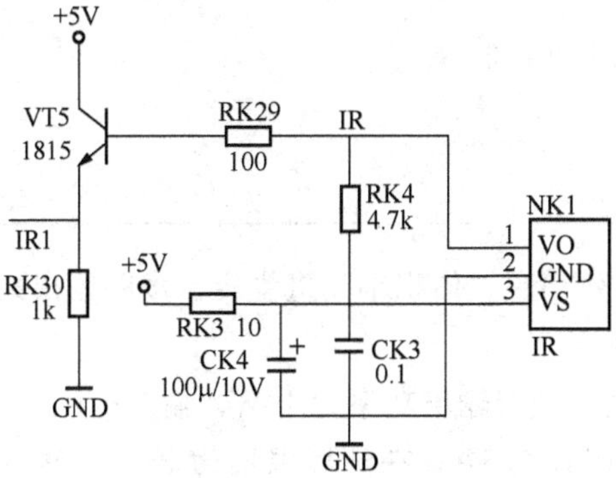

图 12-16　遥控接收电路

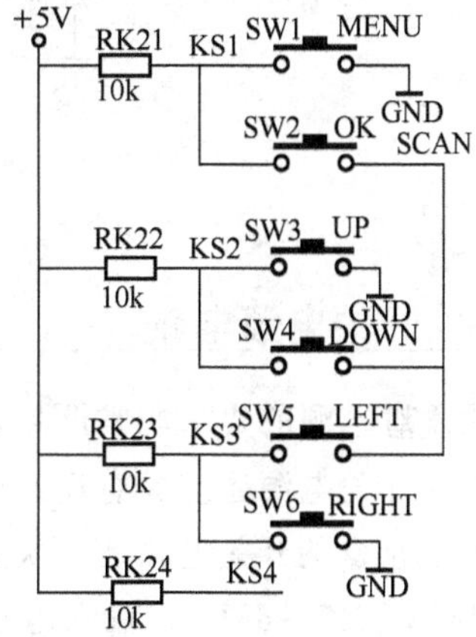

图 12-17　键盘扫描电路

12.4.5　智能卡板电路分析

为了接收电视台加密后的节目，在机顶盒中必须设置解密电路。解密工作是在 STI5516 中由软件完成的，但在硬件方面，我们必须有智能卡板将授权的智能卡信息传送给 STI5516。机顶盒运用的是 SMART 智能卡，所以通常称为 SMART 卡。智能卡接口符合 ISO7816-3 规范，使用异步协议。SMART 卡板的电路见图 12-18。从图中可以看到，SMART 卡与主板的 STI45516 之间需要传送电源（V_{ccEN}）、复位（RST）、时钟（CLK）、输入数据（DIN）和输出数据（DOUT）信息，分别由 STI5516 的一组 GPIO 口来接收和发送数据。

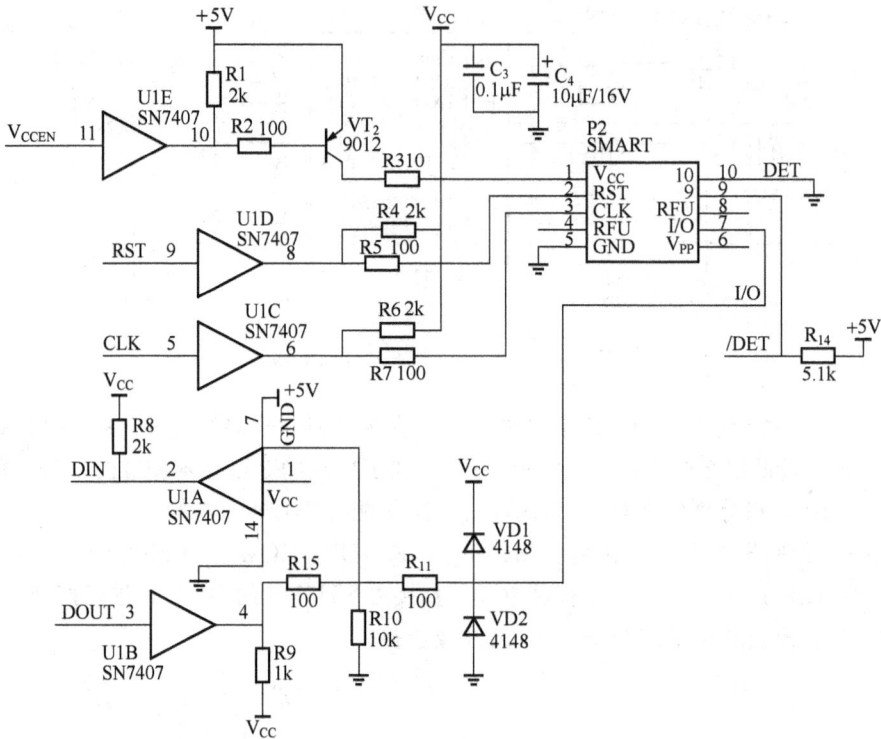

图 12-18　智能卡板电路

12.4.6　开关电源电路

机顶盒对电源的要求非常严格，一般需采用效率高、体积小、重量轻、多路输出式开关电源。这种开关电源还应具有良好的电磁兼容性。

3216 机顶盒的开关电源是一款交-直流转换器，额定输出功率为 10W，输入电压为 200～240V、频率为 47～63Hz；输入电压为 220V 时最大 0.3A；在环境温度为 25℃，输入电压为 250V，输出额定负载，冷起动时不大于 50A；输出应具有短路保护、过电流保护、过电压保护。输出效率，输入在适应电压范围内，输出带额定负载时，效率不小于 72%。

开关电源的电原理如图 12-19 所示。该电源采用开关电源芯片 TNY268P，线性光耦合器 LTV817A（PC1），可调式精密并联稳压器 TL431（U2）。TNY268P 是美国 PI 公司于近年研制的新一代单片开关电源集成电路。它不仅设计先进、功能完善，而且外围电路简单，使用非常灵活，是目前设计机顶盒电源的一种理想器件。TNY258P 的最大输出功率为 50W。为减小高频变压器体积和增加磁场耦合程度、次级绕组采用堆叠式绕法。由 R1、C2 和 VD5 构成的可吸收高频变压器漏感产生的尖峰电压，降低射频噪声对电视机等视频设备的干扰。

（1）整流电路

该电源的交流输入电压范围是 220（1±15%），电源效率可达 80%。交流电压依次经过电磁干扰（EMI）滤波器（CX1 和 LF1A、LF1B）、输入整流滤波器（VD1～VD4，压敏电

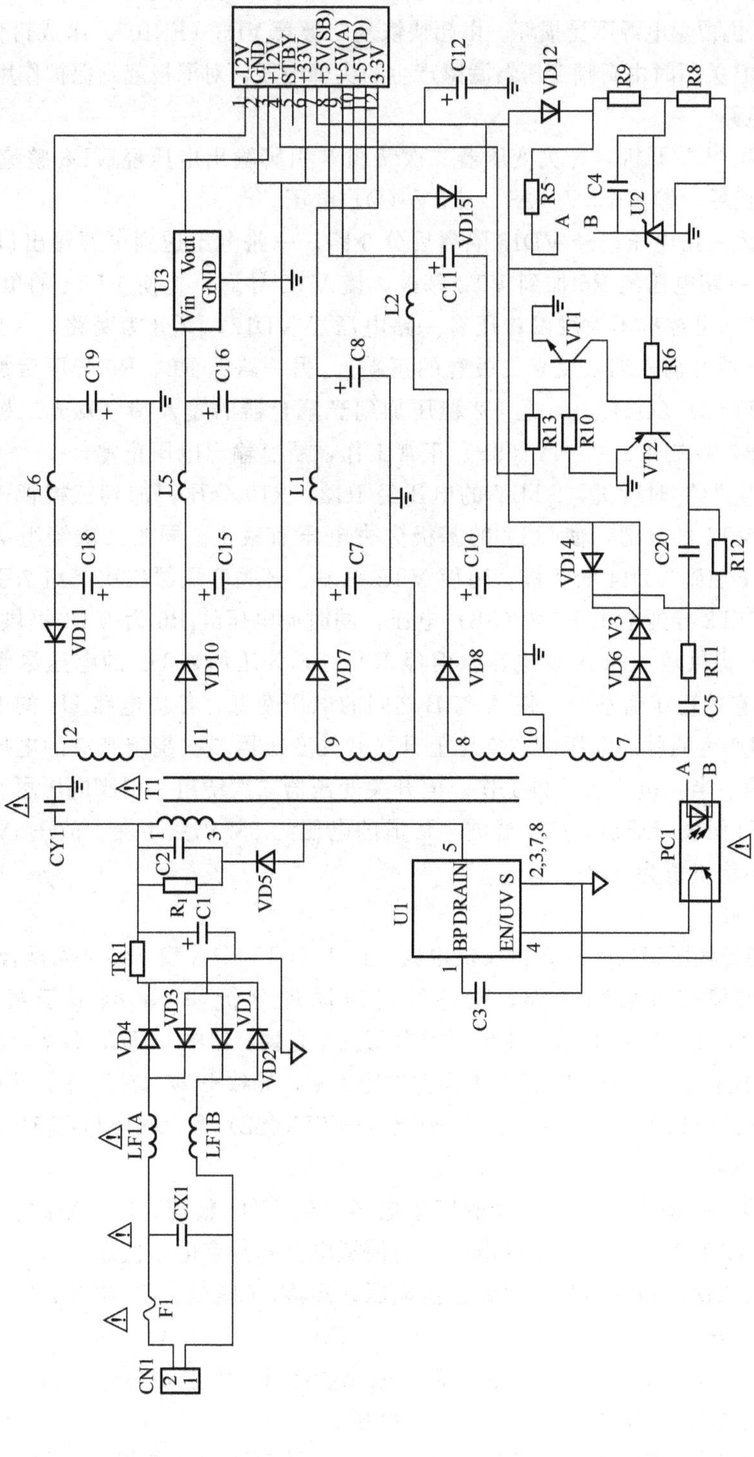

图 12-19　3216 型 DVB-C 接收机开关电源的电原理图

阻 TR1、C1）后获得直流高压 300V，经高频变压器的初级 1、3 引脚接 TNY268P 内部功率开关管的漏极 D。为承受电网的异常电压，在交流输入端还串联一只熔丝。TNY268P 中没定欠电压保护、过电压保护的阈值电压，若 $U_1 < 100V$ 时进行欠电压保护，$U_1 > 450V$ 进行过电压保护，均可保护机顶盒电源不受损坏。由超快恢复二极管 VD5（FR107）组成箝位电路，用于吸收在 TNY268P 关断时由高频变压器漏感产生的尖峰电压，对漏极起到保护作用。

（2）控制电路

当 STBY 为"0"开机，开关变压器二次绕组 8 引脚输出电压经 VD8 整流，C10 滤波，L2 消除高频干扰后，输出 +5V（A）、+5V（D）电压。

L2 输出的另一路电压，经 VD15 隔离后分 3 路，一路电压送到电源输出口，产生 +5V（SB）电压；另一路电压经 R6 加到 VT2 基极，使 VT2 导通，迫使 VD14 的负极电压下降，VD14 截止，VT3 可控硅不被触发；还有一路电压经 VD12，又分为两路，一路经 R5 加到 A 点，即光耦合器的输入端（发光二极管的正端），另一路经 R8、R9 分压后加到可调式精密并联稳压器 TL431（U2）上，经 U2 稳压加到光耦合器的输入端（发光二极管的负端），使光耦合器工作，控制 U1（TNY268P）正常工作，所有输出电压正常。

当 STBY 为"1"时待机，STBY 的电压经 R13、R10 分压，加到三极管 VT1 的基极，使 VT1 导通，VT1 的导通，使 VT2 的基极失去电压而截止。同时二次绕组 7 引脚的脉冲电压经 C5、R11 加到 VD14 的负极，迫使 VT3 触发，开关变压器二次绕组 7 引脚输出电压经 VD6 整流，VT3 导通输出 +5V（SB）电压，同时此电压经 R6 为 VT1 提供集电极电压；也经 VD12、R5 提供较低的 A 点电压，但经 R9、R8 分压加到 U2 的电压尽管也降低，但 U2 是稳压块，它的稳压值不变，使 A 与 B 之间的电压变低，集成电路 U1 的 EN/UV 端电压上升，5 引脚产生的脉冲电压的占空比上升，开关变压器二次绕组感应的电压也降低，降低到原来电压的一半，机顶盒不再工作。但开关变压器二次绕组 7 引脚电压尽管也降低，经 VD6 整流，VT3 触发导通后，C12 滤波，形成的电压约 5V 仍然不变。故 +5V（SB）不论在开机，还是在待机恒为 +5V。

（3）稳压电路

该电源采用带稳压管的光耦合器反馈电路。PC1（LTV817A 型）线性光耦合器。U2 采用 TL431 型可调式精密并联稳压器。现将其稳压原理分析如下：当由于某种原因致使 +5V（SB）↑时，由 TLA31C 所产生的误差电压就令光耦合器中 LED 的 I_F↑，经过光耦合器使 TNY268P 的控制端 EN/UV 电流 I_C↑而占空比 D↓，导致 +5V（SB）↓，从而实现了稳压目的；反之，+5V（SB）↓ → I_F↓ → I_C↓ → D↑ → +5V（SB）↑，同样起到稳压的作用。

（4）输出电路

开关变压器二次绕组 8 引脚产生的感生电压，经 VD8 整流、C10 滤波、L2 隔离高频后，形成 +5V（A）和 +5V（D）的电压，送模拟电路和数字电路使用。

开关变压器二次绕组 9 引脚产生的感生电压，经 VD7 整流、C7 滤波、L1 隔离高频后，形成 +3.3V 的电压。

开关变压器二次绕组 11 引脚产生的感生电压，经 VD15 整流、C7 滤波、L5 隔离高频后，经三端稳压块 U3（7812）形成 +12V 的电压。

开关变压器二次绕组 12 引脚产生的感生电压，经 VD11 反向整流、C18、L6、C19 滤波后，形成 -12V 的电压。

12.5 熊猫 3216 型数字有线电视机顶盒故障维修

12.5.1 高频调谐器电路故障维修

机顶盒中高频头出现故障直接影响到收看电视节目的质量，可能会没有图像显示和伴音输出。下面对 3216 机顶盒高频头的几种故障现象进行分析。

| 实例 1 |

故障现象：打开机顶盒，屏幕显示"信号质量较差"或在搜台时搜索失败。

故障检修：先检查高频头的 RF 输入头是否连接得很好，RF 输入线上是否有符合要求的信号（信号电平在 35～80dBμV 范围内），如果信号电平超过 80dBμV 或低于 35dBμV，高频头都不能锁定，显示"信号质量较差"。可能是射频线或射频头不好，换一根射频线。

| 实例 2 |

故障现象：打开机顶盒，屏幕显示"信号质量较差"或在搜台时搜索失败。

故障检修：输入信号都很好，检查高频头是否锁定，测量 AGC 引脚电压是否在 3.9～4.1V 范围内，超出范围则说明高频头没有锁定，可能有下面几种情况：

1）ACCV1、ACCV2、ACCV3 上的 +5V 电压可能不正常。

2）ACCV4 上的 +3.3V 电压可能不正常。

3）RC 复位电路的工作可能不正常。

4）I^2C 总线没有上拉到高电平。

根据上面 4 种情况做分别处理，电源电压不正常则针对相应的支路进行维修，复位电路工作不正常维修使电路输出高电平复位信号，I^2C 总线的 SCL、SDA 都必须上拉到高电平。

| 实例 3 |

故障现象：打开机顶盒，屏幕显示"信号质量较差"。

故障检修：高频头是锁定的，检测高频头输出 8 位数据线上都有信号，可能是数据或时钟与 STI5516 连接中串联的排阻 RPL1、RPL2 或电阻 RL4 出错。将出错的排阻或电阻换掉。

12.5.2 CPU 核心电路故障维修

1. 主板电路的主要信号测试与检验

（1）STI5516（CPU）供电电源的检测

用数字万用表测量 ICP1 的 4 引脚上的电压应为 +1.8V±0.1V；用数字万用表测量 ICP2 的 4 引脚上的电压 +3.3V±0.3V。

（2）STI5516（CPU）时钟的检测

用数字示波器或逻辑分析仪测量 RU4 上的时钟 CLK，要求 27MHz（±30PPM）。

（3）STI5516（CPU）复位信号的检测

用数字示波器测量 CPU 的复位信号，STI5516 是低电平复位，开机瞬间 QU3 和 CU71 相连处应该有负跳变信号。

（4）Flash 复位信号的检测

用数字示波器测量 Flash 的复位信号，M29W640 是低电平复位，开机瞬间 RM1 和 CM2 相连处应该有负跳变信号。

（5）高频头的复位信号的检测

用数字示波器测量高频头的复位信号，高频头是高电平复位，开机瞬间 RL2 和 CL22 相连处应该有正跳变信号。

（6）高频头输出 TS 流信号的检测

用数字示波器测量 RPL1、RPL2 各引脚上的 8 位高频头输出的 TS 流信号波形。

（7）音频输出信号的检测

用数字示波器分别测量两路 Audio 输出的左右（L，R）声道输出（RA15、RA16 上）信号，幅度应该为 $4V_{pp}\pm300mV$（输入信号为 Codec43. trp 时）。

（8）复合视频输出信号的检测

用数字示波器分别测量两路 Video 输出（RV7、RV13 上）信号，幅度应该为 $1V_{PP}\pm50mV$。

（9）S 端子 Y/C 输出信号的检测

用数字示波器测量 S-Video 输出的 Y 信号（LV4）幅度为 $1V_{pp}\pm100mV$，C 信号（LV5）幅度为 $0.3V_{pp}\pm30mV$。

2. 主板电路的典型故障维修

| 实例 1 |

故障现象：开机面板指示灯亮绿灯，数码管显示"8888"。

故障检修：机器不工作，有以下几种可能。

1）检查主板上 ICP1 的 4 引脚上是否为 1.8V，ICP2 的 4 引脚上是否为 3.3V；否则，更换 ICP1 的 AMC1117-1.8V 或 ICP2 的 AMC1117-3.3V。

2）检查 CPU 的复位信号是否正确，测量 RU18（4.7kΩ）上的电平在开机瞬间有否负跳变，若没有，则检查面板上的单片机 19 引脚输出 CPURST 对否，若不对，则更换；若单片机的 CPURST 对，则检查 QU3（2SC1815）是否工作正确，若不正确，则更换。

3）用频率计检测 RU4 上的时钟是否为 27MHz（±30PPM），如果超出范围更换 XU1（27MHz）晶体或 ICU2（PT7V4027W）。

4）用串口检验有否打印信息，没有信息出现将 ICM1 的 Flash（M29W320ET 或 M29W640FB）更换（Flash 要烧录好程序）；如果有信息出现但在中间停止或出现错误信息，可能是 ICU1（STI5516AWC）坏或虚焊，也可能是 ICM2（K4S281632F-UC75）坏或虚焊。

| 实例 2 |

故障现象：图像花。

故障检修：检查 SDRAM——ICS1（K4S641632H-UC75 或 K4S281632F-UC75）是否虚焊或坏，以及其四周的排阻有否虚焊；检查 RS6（200Ω）连接是否正常。

| 实例 3 |

故障现象：开机界面正常，没有电视信号。

故障检修：这种情况一般有以下几种可能。

1）检查节目列表中有无节目存储，若无，则进行节目搜索。

2）检查输入射频信号的电缆线是否连接好。

3）在界面中查看信号质量，如果红条显示有信号而收不到，检查主板上的高频头是否工作，如果高频头的电压都正确，I²C 也正常，则高频头坏，更换；高频头上的电压不正确，检查供电的开关电源是否正确。

12.5.3　音视频输出电路故障维修

机顶盒的音频和视频输出电路常见故障有以下几种情况：

实例 1

故障现象：开机面板指示灯亮绿灯，数码管频道号显示正常，电视机无图像显示。

故障检修：这种情况一般有几种可能。

1）电视机没有设置到 AV 状态或 AV 通道错。

2）连接机顶盒和电视机的 AV 线不好。

3）用示波器测量 CPU 上方的 CVBS 测试点，没有视频波形则是 ICU1（STI5516）无视频输出，更换。

4）CVBS 测试点有视频波形，CV8 或 CV12 上无视频波形，检查视频的滤波和放大电路。

5）CV8 或 CV12 上有视频波形，P1 视频输出头有问题。

实例 2

故障现象：图像正常，没有声音。

故障检修：这种情况一般有以下几种可能。

1）连接机顶盒和电视机的 AV 线不好。

2）检测 ICA3（LM833）的 4 引脚－12V，8 引脚＋12V 是否正确，－12V 不正常检查开关电源的输出对不对，＋12V 不正常检查控制它的电路是否工作正常或 KEY 板上控制＋12V 通断的"CTL12"是否正确（更换 KEY 板的单片机）。

3）检测主板上的 MLEFT、MRIGHT、PLEFT、PRIGHT 4 个测试点是否有音频的波形，没有波形即 STI5516 的音频无输出。

12.5.4　前面控制板电路故障维修

前面控制板电路常见故障维修有以下几种情况：

实例 1

故障现象：开机面板指示灯和数码管不亮。

故障检修：

1）检查机顶盒的电源插座是否插好或者接线板是否有电。

2）检查前面板与主板的连接排线是否插好或者是否有不导通现象。

实例 2

故障现象：开机面板指示灯亮红灯，数码管不亮。

故障检修：

1）打开机器上盖检测开关电源各路电压是否正常，不正常换电源。

2) 如果电源工作正常，检查面板上的单片机 NK3（AT89C2051）工作是否正常，不正常换单片机。

| 实例 3 |

故障现象：开机面板指示灯亮绿灯，数码管不亮。

故障检修：

1) 检查面板上的数码管 NK2 是否坏。

2) 八位串行移位寄存器芯片 74LS164 NK4 工作是否正常。

3) 检查供给段选的驱动电路电压＋3.3V 是否加上。

| 实例 4 |

故障现象：开机面板指示灯亮绿灯，数码管某一位不亮。

故障检修：检查数码管段选的驱动电路中与不亮位相对应的驱动三极管 VT1、VT2、VT3、VT4 工作是否正常。

| 实例 5 |

故障现象：开机面板正常，不遥控。

故障检修：检查遥控器有否发出信号；面板上的遥控接收头有否收到信号。

| 实例 6 |

故障现象：前面板某一按键不作用。

故障检修：

1) 检查此按键是否坏。

2) 检查与主板连接的排线中与传送此键信号的线是否不通。

12.5.5　智能卡板电路故障维修

SMART 卡板的故障维修很简单，开机界面显示智能卡错误，可能有以下 3 种情况：

1) 检查智能卡有否插错，如方向不对，则重插。

2) SMART 卡板与主板的连接是否都导通，10 芯的排线可能有个别断开，10 芯的排插与排线可能连接不好。

3) 检查智能卡板是否错误：芯片 SN7407 工作是否正常；SMART 卡上的 IC 部分是否受到损坏；卡板上的元器件有否脱焊（因为是单面板）。

12.5.6　开关电源电路故障维修

开关电源无电压输出故障是各类机顶盒较为常见的故障。熊猫 3216 型机顶盒的主电源＋3.3V 和＋5V（SB）共用一开关变压器，只要电源指示灯亮，就说明开关电源已工作。机顶盒的开关电源是目前故障率最低的可靠电源，它采用了 PI 公司最新的 TinySwitch-Ⅱ 的 TNY268P 开关电源集成电路。它不仅设计先进、功能完善，过电流、过电压保护电路和失电压保护电路以及恒流激励等技术。

如果电源指示灯不亮，机顶盒出现故障时，故障多为开关电源本身。

如果电源指示灯亮为红色，且数码管无显示时，通常是遥控器、遥控接收电路、CPU 电路故障，但也可能是稳压电路或控制电路故障。

1. 机顶盒电源故障检修关键点

(1) 整流滤波输出端 C1 正极

TNY268P 的 D 极上的＋300V 电源电压是整流滤波电路经 C1 提供的，若 C1 正极上无＋300V 电压输出时，TNY268P 不能工作，即无＋5V（A）的电路输出。故 C1 上有无＋300V 电压，是在无电压＋5V（A）输出时，判断故障是在整流滤波电路 F1、VD1～VD4、TR1 等元器件，还是在开关电源 TNY268P 开关电源集成电路、控制电路和稳压等元器件的分界点。如果没有＋300V 电压在 C1 上，则故障在前者；如果有，则故障在后者。

(2) ＋5VSB 上常有电压 C12 正极

此电压送给 CPU 作待机使用，无论是开机还是待机，此点电压恒有，便于 CPU 执行遥控指令。若此点无电压，则整个开关电源不工作，则查 U1、U2、VD6、VD12、VT3。若有电压，则查 STBY 控制的待机控制电路。

(3) 开关电源＋5V（A）电压输出端 C11 正极

C11 正极上有无＋5V（无表示只有＋2.5V）的 B＋电压输出是判断开关稳压电源有无正常工作的重要检测点。通常 C11 上无＋5V 时，俗称为"死机"，电源指示灯也应不亮。在此应检查＋12V 和－12V，判断＋5V（A）是否由于负载短路而引起。若其他电压正常，则查＋5V（A）的负载，若其他电压也只有一半，则查 VD8、C10、L2、VD15。

(4) 遥控控制电路 STBY

STBY 电压是遥控输入控制电压，当 STBY 为高电平时，电源处于待机状态。若此点电压恒为高时，应检查 CPU；若此点为低电平时，应查 VT1、VT2、R6 和 R12。

2. 机顶盒电源典型故障维修

| 实例 1 |

故障现象：一台熊猫 3216 型 DVB－C 接收机机顶盒开机后，电源指示灯不亮，无图像和伴音信号输出。

分析与检修：因开机电源指示灯不点亮，则说明开关电源有故障。

检测 U_1 的 5 引脚上无＋300V 电压，再测 T1 的 1 引脚也无＋300V 电压，再测 CX1 两端无交流 220V，用万用表电阻挡分别测量电源线、电源开关和熔丝，发现电源开关损坏，更换电源开关，故障排除。

| 实例 2 |

故障现象：一台熊猫 3216 型 DVB-C 接收机机顶盒开机后，电源指示灯不亮，无图像和伴音信号输出。

分析与检修：因开机电源指示灯不亮，则说明开关电源有故障。

检测 U1 的 5 引脚上有＋300V 电压，再测电源输出＋5V（SB）的端口无电压，再测 T1 初级 1、3 两端无交流电压，说明开关电源没有振荡，测量光耦合器 PC1 的输入端 A、B 无电压，测量 VD12 的负极无电压，关机后再测开机瞬间，发现 VD12 的负极有电压，怀疑 VD12 损坏，用万用表电阻挡测量 VD12，发现正向电阻很大，更换 VD12，故障排除。当然，在 PC1 的 A、B 两端无电压时，可以检查供电电路的 VD12、R9 等元器件才判断供电电路是否有故障。

│实例 3│

故障现象：一台熊猫 3216 型 DVB-C 接收机机顶盒开机后，电源指示灯不亮，无图像和伴音信号输出。

分析与检修：因开机电源指示灯不亮，则说明开关电源有故障。

检测 U1 的 5 引脚上有＋300V 电压，再测电源输出＋5V（SB）的端口无电压，再测 T1 初级 1、3 两端无交流电压，说明开关电源没有振荡，测量光耦合器 PC1 的输入端 A、B 无电压，说明光耦合器没有工作，查 U1 各引脚电压，发现 4 引脚电压为＋1.8V，异常，高于正常电压 0.8V，怀疑光耦合器 PC1 损坏，在光耦合器 PC1 的输入脚 A、B 加 0.6V 的电压，机顶盒仍不工作，更换一只光耦合器一试，故障排除，说明光耦合器损坏。

│实例 4│

故障现象：一台熊猫 3216 型 DVB-C 接收机机顶盒开机后，电源指示灯点亮为红色，无图像和伴音信号输出。

分析与检修：因开机电源指示灯点亮，则说明开关电源已工作，但处于待机状态。

按遥控开机开关，电源仍不开机，打开机顶盒外壳，用万用表测量 STBY 端的输入电压，发现为低电平，说明遥控器控制正常，检查控制三极管 VT1，发现集电极电压只有 0.3V，远低于正常电压＋5V。用万用表电阻挡测量 VT1，发现 VT1 的集电极与发射极之间电阻很小，说明 VT1 损坏，更换 VT1，故障排除。

│实例 5│

故障现象：一台熊猫 3216 型 DVB-C 接收机机顶盒开机后，电源指示灯不亮，无图像和伴音信号输出。

分析与检修：因开机电源指示灯不亮，则说明开关电源有故障。

检测 U1 的 5 引脚上有＋300V 电压，再测电源输出＋5V SB 的端口无电压，再测 T1 初级 1、3 两端无交流电压，说明开关电源没有振荡，测量光耦合器 PC1 的输入端 A、B 有 0.5V 电压，说明光耦合器已工作，但查 U1 各脚电压，发现 4 引脚电压为＋1.8V，异常，更换一只光耦合器，仍不能开机，断开光耦合器，在 U1 的 4 引脚加一个 10kΩ 可变电位器，边调节电位器边监测 U1 的 4 引脚电压，当电压降到 0.8V 或以下时，电源仍不启动，怀疑 U1 损坏，更换一只 U1，故障排除。

│实例 6│

故障现象：一台熊猫 3216 型 DVB-C 接收机机顶盒开机后，电源指示灯点亮为红色，无图像和伴音信号输出。

分析与检修：因开机电源指示灯点亮，则说明开关电源已工作，但处于待机状态。

按遥控开机开关，电源仍不开机，打开机顶盒外壳，用万用表测量 STBY 端的输入电压，发现为低电平，说明遥控器控制正常，检查控制三极管 VT1 和 VT2，发现 VT2 的基极电压近似为 0V，远低于正常电压＋5V。用万用表电阻挡测量 VT1 和 VT2；发现 VT2 已短路，更换 VT2，故障排除。

注：机顶盒故障中电源出现故障的情况比较多，也较易维修，但维修电源时注意将后面主板与电源断开，这样不易损伤机顶盒。

本章小结

　　数字有线电视机顶盒主要由模拟视音频接收、数字信号接收、有线电视用户接入因特网和双向控制信道组成。数字有线电视机顶盒的软件系统分为应用层、DVB 数据广播规范层和系统层。它的基本功能是接收数字有线电视广播节目，同时具有多媒体应用功能：电子节目指南、高速数据广播、软件在线升级、因特网接入和电子邮件、条件接收和交互电视等。

　　数字有线电视机顶盒的电路重点在于前端的高频头和后端的解复用、解码和音视频 D/A 转换综合功能芯片。熊猫 3216 型数字有线电视机顶盒采用的是旭光电子的 DCQ-1D/CW11F2-D5 高频头和 ST 公司的 STI5516 机顶盒芯片的方案。对机顶盒的各部分电路原理和信号流程有清晰的认识后，才能准确地分析机顶盒的故障原因和排除故障。

实验十二　DVB-C 机顶盒的主要信号测试与故障维修

一、实验目的

1）掌握机顶盒的信号流程。

2）掌握机顶盒工作的基本条件。

3）认识 I^2C 控制信号。

4）认识机顶盒的音频和视频输出信号。

5）会根据机顶盒的故障现象进行相应的维修。

二、实验任务

1）测试机顶盒的时钟信号和复位信号。

2）测试机顶盒的 I^2C 信号。

3）测试机顶盒的音频和视频输出信号。

4）维修不同故障的机顶盒。

5）撰写试验报告。

三、实验器材

1）熊猫 3216 数字有线电视机顶盒 1 台。

2）彩色电视机 1 台。

3）3513B-001 多制式数字电视信号发生器 1 台。

4）数字万用表 1 只。

5）数字示波器 1 台。

6）D1660E68 型 HP 逻辑分析仪 1 台。

四、实验方法和步骤

测试设备的连接见图 12-20。

　　1）用有线电缆线将机顶盒的 RF 输入端与 3513B-001 多制式数字电视信号发生器的输出端连接起来。

　　2）用音视频连接线将机顶盒的 AV 输出端子与彩色电视机的 AV 输入端子连接起来。

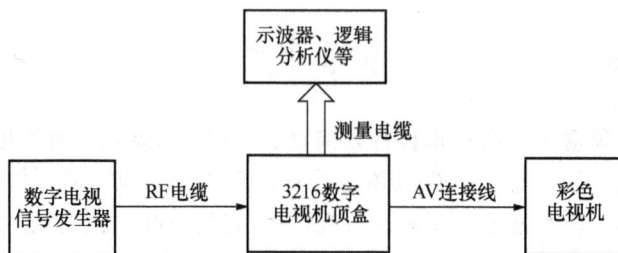

图 12-20   测量设备连接

3）示波器、逻辑分析仪等的测量电缆探头与机顶盒的被测点连接。

1. 测试机顶盒的时钟信号和复位信号

机顶盒的 CPU 是 STI5516，它的工作必须具备 3 个条件：电源、时钟和复位。

1）时钟信号的检测：用示波器测量 RU4 上的时钟 CLK，记录测量波形和数据。

2）复位信号的检测：开机瞬间用示波器测量 QU3 和 CU71 相连处的复位信号，记录测量波形和数据。

2. 测试机顶盒的 I²C 信号

1）将逻辑分析仪的探头连接到机顶盒高频头的 24 引脚 SDA 和 25 引脚 SCL 上。

2）设置数字电视信号发生器，输出任意频率和符号率的 DVB-C 电视信号。

3）将逻辑分析仪设置为时序模式"Timing"。

4）设定时序触发的项和触发条件。

5）使机顶盒进入搜索节目状态，按分析仪的 RUN 键，屏幕显示 SCL 和 SDA 的时序波形，记录捕获的波形及相关参数。

3. 测试机顶盒的音频和视频输出信号

将机顶盒设置为接收节目的状态。

1）音频输出信号的测试：用示波器分别测量 RA15、RA16 上的两路 Audio 输出信号，记录测量波形和数据。

2）复合视频输出信号的测试：用示波器分别测量 RV7、RV13 上两路 Video 输出信号，记录测量波形和数据。

3）S 端子 Y/C 输出信号的测试：用示波器测量 LV4 的 Y 信号和 LV5 的 C 信号，记录测量波形和数据。

4. 对具有以下几种故障的机顶盒分别进行维修

1）开机指示灯不亮。

2）开机指示灯亮红灯，没有任何显示。

3）开机指示灯亮绿灯，数码管显示"8888"。

4）开机显示"信号质量较差"，没有图像。

五、实验报告要求

1) 制表记录试验中所有测试项目的测量波形和数据。

2) 将测试的机顶盒的波形和数据与理论值进行比较并分析差异的原因。

3) 详细描述机顶盒的维修流程和维修方法。

4) 总结机顶盒维修过程中的经验。

思考与练习

一、选择题

1. 我国的数字有线电视采用（　　）标准。

    A. DVB-S　　　　B. DVB-C　　　　C. DVB-T　　　　D. ATSC

2. 数字有线电视机顶盒采用（　　）调制方式。

    A. QPSK　　　　B. QAM　　　　C. COFDM　　　　D. 16VSB

3. 数字有线电视机顶盒接收（　　）MHz 的高频信号。

    A. 0~223　　　　B. 48~860　　　　C. 48~980　　　　D. 950~2150

4. 机顶盒的软件系统保存在电路中的（　　）之中。

    A. SRAM　　　　B. SDRAM　　　　C. E^2PROM　　　　D. Flash

5. 因为软件中运用了（　　），机顶盒可以实现实时多任务。

    A. 功能强大的应用程序　　　　　　　B. 网络

    C. 操作系统　　　　　　　　　　　　D. 多层次的数据结构

6. 机顶盒的 CPU 运用（　　）控制高频头。

    A. GPIO 口　　　　B. I^2C 总线　　　　C. 串行口　　　　D. 并行口

7. 机顶盒运用（　　）与计算机通信。

    A. GPIO 口　　　　B. I^2C 总线　　　　C. 并行口　　　　D. 串行口

8. 机顶盒接收的图像花，不清晰，色彩不均匀，故障最可能在（　　）。

    A. Flash　　　　B. SDRAM　　　　C. CPU　　　　D. 高频头

二、填空题

1. _____是在过渡时期用模拟电视机接收数字有线电视节目、提供综合信息业务的终端设备。

2. 数字有线电视机顶盒整个软件系统分为 3 层：_____、_____、_____。

3. 数字有线电视机顶盒的前端由一体化高频头实现_____，后端由机顶盒 CPU 芯片实现_____。

4. STV0297QAM 解调芯片内集成了 _____、_____、_____、_____、_____和_____等功能。

5. 熊猫 3216 数字有线电视机顶盒采用_____一体化高频头和_____主芯片。

6. STI5516 是基于 ST20 操作系统的_____位 VL-RISC CPU：主频为_____MHz，内部有_____KB 直接缓存，_____KB 存储器，_____KB SDRAM。

7. 3216 数字有线电视机顶盒的电源采用美国 PI 公司研制的开关电源集成芯片_____。

8. 机顶盒解出的音视频信号必须经过_____处理才能满足指标要求。

三、问答题

1. 画出数字有线电视机顶盒系统结构图并说明其工作原理。

2. 数字有线电视机顶盒具有什么功能？

3. 画图说明 3216 数字有线电视机顶盒的结构与工作流程。

4. STI5516 芯片的特点是什么？它有哪些功能？

5. 3216 机顶盒的信源部分电路结构是怎样的？CPU 是怎样控制机顶盒的各个部分的？

6. 数字有线电视机顶盒对电源有哪些要求？

7. 3216 机顶盒开机指示灯亮红灯，不启动，请说明检修流程。

8. 3216 机顶盒菜单操作正常，但收不到电视节目，分析可能有哪几种故障会造成此现象？

9. 3216 机顶盒开机指示灯不亮，请描述维修过程。

10. 3216 机顶盒开机面板指示灯亮绿灯，数码管显示"8888"。请分析可能有哪几种故障会造成此现象？

附　　录

附录 A　汇佳彩色电视机常见故障索查表

故 障 现 象	常 见 故 障 原 因
三无、烧熔丝	压敏电阻 RT501 击穿短路 C403、C404、C405、C406 击穿短路 整流二极管 VD403～VD406 击穿短路 VT513 击穿短路 C501、C502、C518 击穿短路
三无、指示灯不亮	熔丝 FU501 开路 保护电阻 R502、R510 开路 启动电阻 R520、R521、R522、R524 开路 R519、R569 开路 VT513 开路 VT511、VT512 损坏 VD516、VD518、VD519 击穿短路 开关变压器 T511 损坏 行逆程电容 C435、C436 击穿短路 行输出管 VT432 击穿短路 行推动变压器 T431 损坏
三无、指示灯亮	保护电阻 R550 开路 VD562、VD563 损坏 VT551、VT552、VT553、VT554 损坏 N501、N551 损坏 R400、R434、R436、R470、R491 开路 C404、C405 击穿短路 集成电路 N101 损坏 行推动管 VT431、行输出管 VT432 损坏 行输出变压器 T471 局部短路或部分绕组开路
不开机、三无	VT703、VT552 损坏 VT702、VD703 损坏 G701 损坏 N553 损坏

故 障 现 象	常 见 故 障 原 因
水平一条亮线	集成电路 N101、N451 损坏 电容 C402、C403 击穿短路 取样电阻 R459 开路 负反馈电阻 R456、R457 开路 R451、R452、R453 开路 VD451、VD452 击穿短路 场偏转线圈 V.DY 开路
竖直一条亮线	插座 XS401 接触不良 行偏转线圈 H.DY 断路或焊点虚焊 S 校正电容 C441 开路或失效 线性电感 L441 开路或失效
一条竖直彩色窄暗带	行偏转线圈 H.DY 匝间短路 VT431、VT432 性能不良 L441、R441、C441 性能不良 行输出变压器 T471 性能不良
不定时无光栅	T431 虚焊
不定时烧坏行输出管	T431 虚焊 VT431 性能不良
行不同步	R273、R413 变值
图像左侧有 5cm 黑边	C210 漏电
行幅、场幅缩小且移位	R470 阻值变大 VT432 性能不良 C435、C436 漏电
行幅缩小	行逆程电容 C435、C436 中有一只电容开路 行输出变压器 T471 匝间短路
图像右边有黑边，伴有收缩闪动现象	VT431 性能不良 T431 性能不良或焊点虚焊 集成电路 N101 损坏
图像呈现斜条纹状	集成电路 N101 损坏 电阻 R413、R414 变值 VD411 击穿短路
场线性不良	集成电路 N451 性能不良 反馈电阻 R455、R458 变值 C453 漏电 C457 容量下降

故 障 现 象	常见故障原因
画面有横线干扰	集成电路 N451 性能不良 C453、C455 漏电
屏幕上部出现几条回扫线	VD451 性能不良 场输出升压电容 C451 变质
场幅不足	集成电路 N101、N451 性能不良 C403、C451、C456 变质或失容
有光栅、无图像、无伴音	R104 开路 C104、C120 击穿 声表面波滤波器 Z101 损坏 T101 性能不良 调谐管 VT701、预中放管 VT102 损坏
图像上部扭曲、不稳定	R119、R104 变值 C119、C120 漏电
图像暗淡、左右杂乱扭动	中周 T101 性能不良
图像淡且含噪波点	R107～R111 C110～C112 漏电 VT102 性能不良
图像雪花点大	VT102、Z101 性能不良
无光栅、有伴音	灯丝电阻 R491 开路 显像管损坏
对比度失控	R404、R404 变值 VD401、VD402 损坏
图像模糊	CRT 管座绝缘下降
亮度低且时亮时暗	C231 失效 C408 漏电
亮度暗	R412 开路 R223、R232、R404 阻值增大
图像边缘不清晰	R204 变值 C203 漏电或失效
图像上有间断性黑线	ABL 滤波电容 C408 脱焊
无彩色	集成电路 N101 损坏 C207 漏电 C208、C210 短路 C209 开路 Z101、G201 损坏

续表

故　障　现　象	常见故障原因
彩色不同步	R302 变值 C209 漏电 晶体 G201 性能不良
彩色时有时无	C208 漏电
有的台有彩色、有的台无彩色	R207 变值
彩色爬行	C210 漏电或失效
无光栅、有伴音	灯丝电阻 R491 开路 显像管 U901 损坏 行输出变压器 T471 局部短路或部分绕组开路
满屏白光栅，且有回扫线，亮度失控	整流二极管 VD552 开路 C552、C562 击穿短路 C932 漏电 VT931 击穿 T471 局部损坏
满屏红光栅，且有回扫线，亮度失控	视放管 VT902 击穿短路 隔离电阻 R908 开路
满屏绿光栅，且有回扫线，亮度失控	视放管 VT912 击穿短路 隔离电阻 R918 开路
满屏蓝光栅，且有回扫线，亮度失控	视放管 VT922 击穿短路 隔离电阻 R928 开路
图像红色镶边	R902
图像绿色镶边	R912
图像蓝色镶边	R922
光栅缺少红基色	视放管 VT902 开路 限流电阻 R907 开路
光栅缺少绿基色	视放管 VT912 开路 限流电阻 R917 开路
光栅缺少蓝基色	视放管 VT922 开路 限流电阻 R927 开路
关机彩斑	C933 容量下降 VD933 击穿 VT932 损坏
不能搜索选台	R710～R718、R755 损坏 C706～C711 漏电 调谐激励管 TV701 击穿或开路 稳压管 N705 击穿短路 G201 损坏 T101 性能不良

续表

故障现象	常见故障原因
自动搜台不存台	R113、R114、R744～R747、R756 变值 C118、C137 漏电 C123 击穿 C120 容量下降 集成电路 N701、N702、N101 损坏
逃台	R113、R114 变值 C118、C139 漏电或失效 稳压管 N705 性能不良 高频头 A101 性能不良
无字符显示	R729～R734 变值或开路 C732、C799 漏电 倒相管 VT704、VT705 损坏
字符缺红色	电阻 R736、R737 开路
字符缺绿色	R738、R739 开路
字符缺蓝色	R740、R741 开路
字符颜色随画面变化而变化	R742、R743 变值或损坏
无伴音	集成电路 N101、N603 损坏 R127 开路 C126、C838 开路 C122、C139 击穿
伴音小	R635 变值 C634 容量下降
伴音噪声大	R122 变值 C125、C126 漏电或失容 L121 开路
伴音失真	R120 变值 C117、C124、C140 漏电 Z101 不良

附录 B　熊猫 3216 型数字有线电视机顶盒的技术指标

1. 机顶盒的特点

支持条件接收系统（CA）。

中、英文电子节目指南（EPG），支持节目预约。

频道自动排序功能（需当地电视台支持）。

软件在线自动升级。

快速换台功能。

内置国家标准字库。

具备全自动搜台功能，整个搜台过程无需用户介入。

具备家长分级功能（需当地电视台支持）。

具备 NVOD 准视频点播（需当地电视台支持）。

具备实时股票分析功能（需当地电视台支持）。

具备数据广播功能（需当地电视台支持）。

超低门限，超强接收。

2. 机顶盒的技术指标

视频遵循标准：ISO/IEC 13818-2，MPEG-2，MP@ML。

视频制式：PAL/NTSC/AUTO。

视频格式：4：3。

输出标准：720×576（最大）。

视频输出：CVBS；S-VIDEO 输出。

阻抗：75Ω。

音频遵循标准：ISO/IEC 13818-3 MPEG-1Layer Ⅰ和Ⅱ。

音频解码：MPEG-Ⅱ Layer Ⅰ和Ⅱ。

音频输出：RCA 接口。

伴音通道：左声道/右声道/立体声。

抽样频率：32/44.1/48kHz。

阻抗：600Ω。

3. 机顶盒的硬件配置

主芯片：STI5516，主频 180MHz。

Flash ROM：8MB。

SDRAM：32MB。

输入频率：110～860MHz。

输入电平：35～85dBμV。

调制方式：QAM 16/32/64/128/256。

RF 输入：IEC 169-2 （F） 75Ω。

RF loop 输出：IEC 169-2 （M） 75Ω。

参 考 文 献

郭文友，韩广兴，赵立生.2009. 彩色电视机实用单元电路原理与维修图说 [M]. 北京：电子工业出版社.

姜秀华.2003. 数字电视原理与应用 [M]. 北京：人民邮电出版社.

金明，马晓阳，王璇.2010. 彩色电视机维修 [M]. 北京：机械工业出版社.

金明.2005. 数字电视原理与应用 [M]. 南京：东南大学出版社.

科林.2004. 新型单片彩色电视机电路分析与检修 [M]. 北京：电子工业出版社.

李怀甫，贾正松.2008. 彩色电视机原理与维修 [M]. 北京：人民邮电出版社.

李雄杰，施慧莉，韩包海.2007. 电视技术 [M]. 北京：机械工业出版社.

梁长垠.2006. 电视机综合实训技术 [M]. 北京：清华大学出版社.

刘大会.2006. 数字电视实用技术 [M]. 北京：北京邮电大学出版社.

刘午平，王绍华.2002. 用万用表修彩电从入门到精通 [M]. 北京：国防工业出版社.

彭克发.2002. 大屏幕彩电常见故障剖析与检修方法 [M]. 北京：电子工业出版社.

屈振华，刘克友，等.2002. 新型彩色电视机微处理器与故障检修 [M]. 北京：人民邮电出版社.

余兆明.2004. 数字电视原理 [M]. 北京：人民邮电出版社.

张建国.2010. 电视技术 [M]. 北京：北京理工大学出版社.

张丽华.2008. 电视原理与接收机 [M]. 北京：机械工业出版社.

张仁霖，王家龙.2008. 彩色电视机原理与技术 [M]. 安徽：安徽科学出版社.

张校珩，张伯虎.2008. 数码与超级单片彩色电视机 [M]. 北京：中国电力出版社.

赵坚勇.2005. 数字电视技术 [M]. 西安：西安电子科技大学出版社.

周红锴，尤文坚.2009. 彩色电视机维修技术 [M]. 北京：北京理工大学出版社.